普通高等教育“十三五”规划教材
卓越工程师培养计划创新系列教材

# Java EE 技术与应用

张军朝 主编 赵荣香 王 浩 副主编
吕丰德 张江华 薛彦龙 参编



電子工業出版社
Publishing House of Electronics Industry
北京 · BEIJING

## 内 容 简 介

本书基于最新的 Java EE 7 规范对 Java EE 的基础知识和应用开发技术进行系统讲解。书中主要内容分为五篇：入门篇对 Java EE 做了基本的介绍。第一篇介绍了 Java EE 的概念和 Java 语言基础以及实际开发中涉及的各种基础技术，包括 SQL 语言与 MySQL、XML、HTML、CSS、JavaScript、Servlet、JSP 等，可使读者全面认识 Java EE 以及各种基础技术。第二篇以 Java EE 企业应用的表现层、数据持久化层和业务逻辑层的开发为主线，重点讲解实际开发中涉及的各种框架技术，包括 Struts 2、Hibernate、Spring 等，使读者掌握开发完整 Java EE 企业应用所用到的框架技能。第三篇讲解了快速开发平台的概念，并以 TDFY 快速开发平台为例，讲解了该平台的功能、设计思想、技术选型、安装部署以及使用步骤，同时还讲解了该平台中常用组件的使用以及手机端的基础接口知识，使读者掌握 TDFY 平台开发技巧，从而能够快速开发出企业级应用。第四篇以一个基于 TDFY 快速开发平台的公共资源交易系统为例，讲解了该项目从需求分析、系统设计、功能设计、详细设计到最后代码编程的整个过程，并以其中一个场地安排模块为例，详细讲解了 TDFY 快速开发平台在实际项目中的使用。本书配套资源有：PPT、源代码、习题解答等。

本书可作为高等学校计算机专业教材，也可作为相关人员的参考书。本书每一章都是一个完整独立的部分，因此教师在授课时可根据授课重点及课时数量进行灵活调整。



**图书在版编目（CIP）数据**

Java EE 技术与应用/张军朝主编．—北京：电子工业出版社，2016.2

ISBN 978-7-121-27717-7

Ⅰ．①J…　Ⅱ．①张…　Ⅲ．①JAVA 语言－程序设计－高等学校－教材　Ⅳ．①TP312

中国版本图书馆 CIP 数据核字（2015）第 287149 号

策划编辑：任欢欢
责任编辑：郝黎明
印　　刷：三河市鑫金马印装有限公司
装　　订：三河市鑫金马印装有限公司
出版发行：电子工业出版社
　　　　　北京市海淀区万寿路 173 信箱　　邮编：100036
开　　本：787×1092　1/16　印张：25.75　字数：659.2 千字
版　　次：2016 年 2 月第 1 版
印　　次：2016 年 2 月第 1 次印刷
定　　价：58.00 元

凡所购买电子工业出版社图书有缺损问题，请向购买书店调换。若书店售缺，请与本社发行部联系，联系及邮购电话：(010)88254888。

质量投诉请发邮件至 zlts@phei.com.cn，盗版侵权举报请发邮件至 dbqq@phei.com.cn。

服务热线：(010)88258888。

# 前　言

Java EE 是一套全然不同于传统应用开发的技术架构，包含许多组件，主要可简化且规范应用系统的开发与部署，进而提高可移植性、安全性与再用价值。

Java EE 的核心是一组技术规范与指南，其中所包含的各类组件、服务架构及技术层次，均有共同的标准及规则，让各种依循 Java EE 架构的不同平台之间，存在良好的兼容性，解决了过去企业后端使用的信息产品彼此之间无法兼容，导致企业内部或外部难以互通的问题。

Java EE 典型有四层结构组件：客户层组件（HTML，脚本语言，各种标签）；WEB 层组件（JSP 页面，Servlets，使用 JavaBean 处理用户输入）；业务层组件（EJB 进行处理）；EIS 层组件。企业级 JavaBean 有三种：会话 Bean（与客户端程序的临时交互），实体 Bean（数据库表中的永久记录），消息驱动（允许业务层组件亦不接受 JMS 消息）。

为了帮助众多的软件开发人员尽快地掌握 Java EE 平台的相关知识，尽快地步入实际项目的开发中，作者根据多年教学和项目开发经验编写了此书。

本书既介绍了 Java EE 的基本知识，也对项目开发中流行的几个框架进行了讲解，还通过一个真实案例向读者介绍了 Java EE 项目完整的开发步骤。读者通过本书可以尽快地掌握在 Java EE 平台下进行项目开发的技能。

本书具有以下特点：

1．内容饱满、由浅入深

本书内容既包括 Java EE 平台下开发的基础知识，也有项目编程的实用技巧，还提供了多个真实案例供读者学习。本书在知识的层次上由浅入深，使读者可以从 Java EE 的门外汉平稳、快速地步入 Java EE 开发的殿堂。

2．结构清晰、语言简洁

本书中所有案例都是按照笔者的真实项目开发过程进行介绍的，结构清晰，语言简洁，便于实际练习。为了帮助读者更好地理解相关知识点，全书穿插了很多实用技巧及温馨提示。

3．实际商业案例

本书的案例均具有实际商业价值，如果进行开发，价格要数万元，笔者将其完整地展现给了读者。

本书共分 17 章：第 0 章是 Java EE 概述；第 1 章全面讲述了 Java 的发展、开发环境、Java 语法及基础知识，通过学习这些基础知识，读者可以对 Java 有更深入的了解，在理解后续框架时会更容易些；第 2 章主要讲述了 jdk1.5、jdk1.6、jdk7、jdk8 的一些新特性，了解 jdk 版本更新带给开发者的一些最新技术；第 3 章全面讲述了 SQL 和 MySQL 的相关概念与使用，通过本章内容的学习，读者可以对数据库的常见概念有所了解，并学会使用常用的 SQL 语句对数据库的数据记录进行操作；第 4 章主要介绍了标记语言 XML，并对 XML 的语法规则进行详细介绍，最后介绍了如何使用 JAXP 解析 XML，通过学习本章内容读者可以对 XML 有更深入的了解；第 5 章全面讲述了 HTML、CSS 的概念以及使用，帮助开发者更灵活地使用 HTML 和 CSS，本章还对 Bootstrap 这个近期比较流行的响应式框架做了介绍，利用 Bootstrap 可以简单迅速地做出漂亮的前端页面；第 6 章主要介绍了前端开发中需要用到的 JavaScript、AJAX、Json、JQuery 等技术的概念、语法以及使用等内容，使开发者对这些技术有基本的了解；第 7 章主要讲述了 Serlvet 技术，通过 4 节内容分别对 Servlet

原理、生命周期、服务器内部调整和外部跳转、Session、Cookie、URL 重写等内容进行了介绍；第 8 章主要讲述了 JSP 的概念以及如何使用 JSP，通过本章的学习读者可以知道如何在前端页面中显示 Java 服务器端的数据；第 9 章通过 MVC 模式简介、Struts 2 框架来历简介、Struts 2 概述、Struts 2 原理的介绍、构件基于 Struts 2 的应用等内容全面讲述了 Struts 2 这个框架，通过学习本章内容，读者可以很轻松地运用 Struts 2 来实现 Java 与前端页面的数据交互；第 10 章讲述了 JDBC、Hibernate、MyBatis 等持久层技术的相关概念以及使用的详细讲解，通过学习持久层框架技术，读者可以很方便地通过配置 XML 文件属性的方法简单地实现 Java 与数据库的交互；第 11 章讲述了 Spring 的概念以及 Spring 的 IoC 注入、AOP、代理模式以及 Spring 事务管理机制等内容，通过学习本章内容可以对 Spring 框架整体有所了解，通过使用 Spring 的控制反转和面向切面的特性来编程可以大大提高开发效率；第 12 章通过快速开发平台内置功能、设计思想、技术选型、安装部署、文件结构、系统配置文件等方面内容的介绍，对快速开发平台做了全面的讲述；第 13 章全面介绍了快速开发平台的各种组件，包括布局组件、用户工具、全局缓存、字典工具、功能权限控制、数据权限等常用组件，通过认识这些组件，在开发过程中遇到类似的开发需求就可以直接调用组件而不用重新开发，所以使用组件开发可以提升开发效率；第 14 章详细讲述了快速开发平台中代码生成器的详细使用步骤，利用代码生成器组件可以根据数据库表的信息快速生成 Java 代码，提高开发效率；第 15 章全面讲述了快速开发平台对手机端应用程序提供的基础接口，介绍了传输格式、账号登录、登录成功、登录失败、请求页面、获取基础信息等方面的内容；第 16 章通过讲述公共资源交易平台系统这样一个真实的项目案例，来带领读者了解真正的软件是怎样的开发流程，都包括哪些内容，如何去开发一个实用的应用系统。这里主要从项目概述、需求分析、系统设计、功能设计、场地安排模块等方面详细讲解公共资源交易平台系统。

本书的内容通俗易懂，涵盖了 Java EE 相关的所有基础技术，并向读者介绍了真实项目的开发流程，特别适合做为软件工程、计算机科学与技术、物联网工程、计算机应用、电子商务等专业的高年级本科生和研究生的教材，也适合相关软件开发技术人员参考，同时也是职业技术类学院和各种软件开发培训机构的首选教材。

作者从事工程应用软件开发 15 年，主持开发的工程应用系统有：建设工程招投标信息处理系统、建设工程（土建、装饰、安装、市政、园林绿化、抗震加固、水利水电、电力、公路、邮电通信、煤炭）造价信息处理系统、建筑工程三维可视化算量软件、建设工程招投标企业信用信息系统、建筑工程监管信息系统、公共资源交易系统、重点项目（重点企业）动态监察系统、混凝土质量动态监管系统、大型建筑工地太阳能 3G 无线远程视频监控系统、大型流域和城市防洪预警会商系统、城市火灾预警和消防装备全生命周期管理系统、路灯景观灯照明控制系统等。其中基于 Zigbee 和 GPRS 的路灯照明调光节能控制系统已在太原市滨河东路景观照明系统工程、太原市汾河公园照明工程、长风商务区景观照明工程、汾东商务区路灯照明工程、江苏宜兴团氿公园景观照明工程、山东曹县路灯照明工程、河南中牟县路灯照明工程中推广应用。

本书共 17 章，分为入门篇、基础篇、框架篇、平台篇、应用篇五个部分，总学时为 48 学时，其中授课时间为 40 学时，试验练习时间为 8 个学时。

本书由张军朝担任主编，制定本书大纲、内容安排并指导写作；高保禄负责全书的组织工作；孙靖宇负责全书的统稿工作；赵荣香负责本书所有源代码的调试工作；王浩负责本书应用篇的项目编程规划编写。张军朝编写了第 0、1、2、3 章；赵荣香编写了第 4、5、6 章；高保禄编写了第 7、8、9 章；孙靖宇编写了第 10、11、12 章；吕丰德编写了第 13、14 章，张江华编写了第 15 章，王浩编写了第 16 章。本书由太原理工大学陈俊杰教授主审。

在本书的编写过程中得到了计算机专业教学指导委员会委员、太原理工大学陈俊杰教授，太原理工大学崔冬华教授，山西太原天地方圆电子科技有限公司赵荣香高工、吕丰德工程师、张江华工程师自始至终的支持和帮助；太原理工大学赵阳硕士、王青文硕士、陶亚男硕士在编写和校对过程中也做了大量的工作。在此一并致以衷心的感谢！

编者力求将实践和理论相结合，科研和教学相结合，工程和教学相结合，硬件和软件相结合，先进和实用相结合，编写出高质量、高水平的教材，但由于编者水平有限，书中错误和不当之处在所难免，敬请读者谅解和指正，联系邮箱：zhangjunchao@tyut.edu.cn。

张军朝

2016 年 1 月 1 日　于　太原理工大学 国交楼

# 目　　录

## 第0篇　入　门　篇



## 第1篇　基　础　篇

## 第 2 篇 框 架 篇

## 第 3 篇 平 台 篇



## 第 4 篇 应 用 篇

# 第0篇 入 门 篇

# 第0章 Java EE概述

## 0.1 Java EE是什么

Java平台有三个版本，这使软件开发人员、服务提供商和设备生产商可以针对特定的市场进行开发：

Java SE（Java Platform，Standard Edition）。Java SE 以前称为 J2SE。它允许开发和部署在桌面、服务器、嵌入式环境和实时环境中使用的 Java 应用程序。Java SE 包含了支持 Java Web 服务开发的类，并为 Java Platform，Enterprise Edition（Java EE）提供基础。

Java ME（Java Platform，Micro Edition）。这个版本以前称为 J2ME。Java ME 为在移动设备和嵌入式设备（比如手机、PDA、电视机顶盒和打印机）上运行的应用程序提供一个健壮且灵活的环境。Java ME 包括灵活的用户界面、健壮的安全模型、许多内置的网络协议以及对可以动态下载的连网和离线应用程序的丰富支持。基于 Java ME 规范的应用程序只需编写一次，就可以用于许多设备，而且可以利用每个设备的本机功能。

Java EE（Java Platform，Enterprise Edition）。这个版本以前称为 J2EE。企业版帮助开发和部署可移植、健壮、可伸缩且安全的服务器端 Java 应用程序。Java EE 是在 Java SE 的基础上构建的，它提供 Web 服务、组件模型、管理和通信 API，可以用来实现企业级的面向服务体系结构（service-oriented architecture，SOA）和 Web 2.0 应用程序。Java EE 其实是一种企业级应用的软件架构，同时是一种思想，一套规范。

## 0.2 Java EE发展史

Java Enterprise Edition 的发展不知不觉已经17年了，一开始，Java Enterprise Edition 简称“J2EE”，直到版本5才改名为 Java EE，而现在最新的版本则是 Java EE 7。

到这里，或许有人会问，为什么会有这么多套 Java EE 规范？这些版本的差别是什么？

1．J2EE1.2 的出现，主要是将之前各个单独的规范绑定到一起。

2．J2EE1.3，则是继续完善 J2EE 体系结构。

3．J2EE1.4，主要是加入了一个重要主题：Web Service。

4．Java EE 5，主题则是“简化”，简化之前复杂的 J2EE 思想，改善开发体验。

5．Java EE 6，进一步简化开发流程，增加平台的灵活性，从而更好地解决轻量级 Web 应用程序。此外，Java EE 6 开始与开源架构进行无缝集成，并对现有的技术做了精简。

6. Java EE 7，扩展了 Java EE 6，利用更加透明的 JCP 和社区参与来引入新的功能，主要包括加强对 HTML5 动态可伸缩应用程序的支持、提高开发人员的生产力和满足苛刻的企业需求。

Java EE 的发展史示意图如图 0-1 所示。

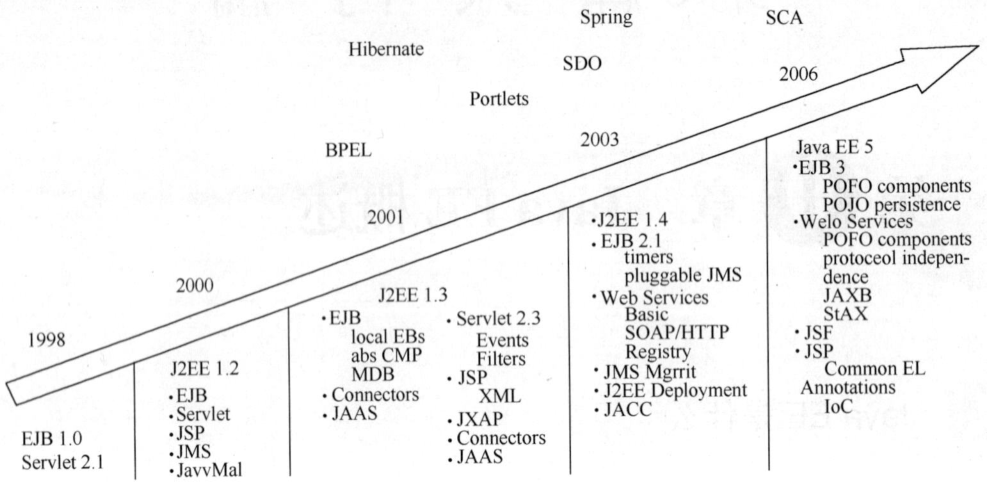


图 0-1 Java EE 发展史示意图

## 0.3 Java EE 到底要解决什么问题

从 Java EE 发展背景看，它与“分布式应用”以及“互联网应用”的关系密不可分，而这两者也正是 Java EE 要解决的问题！

其实，分布式应用随着 20 世纪 90 年代互联网的兴起逐渐开始普及。在 90 年代中，各种分布式应用标准逐渐诞生，如：OMG 的 CORBA，MS 的 DCOM 等，而 Sun 在推出 Java 的 RMI（Remote Method Invocation）后，便以 RMI 作为通信基础构建了 Java EE。笔者认为，Java EE 最核心要解决的问题就是“分布式应用”。而在接下来的竞争中，Java EE 也不负所托，逐渐取代了 CORBA、DCOM 的地位。

## 0.4 Java EE 组件、容器、服务器

### 0.4.1 组件（Component）

组件可以定义为一种自治的、提供外部公共接口的、动态可用的事物处理过程，组件可以用来构建其他组件或者应用程序。简言之，组件就是能完成一定功能的封装体，小到一个类，大到一个系统。

组件是满足某种规范的代码，只要满足这个规范，你的代码就可以部署到特定的容器（下边有阐述），容器就可以运行它了，我们可以把组件看成容器的增值服务。

举个例子，我们平常使用的 JVM 也可以认为是一种容器，你只要把你写的程序交给 jvm 运行就可以了，我们可以把程序看作一个组件，但是这个组件有个特征那就是它必定有个 main 方法。

### 0.4.2 容器（Container）

Java EE 的组件是不能独立运行的，必须要为它提供相应的运行环境，为组件提供运行环境的就是容器。

这里特别讲解 Servlet 容器（Container），它是一个 Java 撰写而成的程序，负责管理 JSP/Servlet 运行过程中所需要的各种资源，并负责与 Web 服务器进行沟通，管理 JSP/Servlet 中所有对象的产生与消灭。Servlet 容器的实现必须符合 JSP/Servlet 的规范，这个规范是由 Sun Microsystems Inc 公司制定的。

例如，当使用者请求来到 Web 服务器时，Servlet 容器会将请求、响应等信息包装为各种 Java 对象（如 HttpRequest、HttpResponse、Cookies 等），对象中包括了客户端的相关信息，像是请求参数，session、cookie 等信息，当您使用 JSP/Servlet 的对象，例如 HttpResponse 发送信息时，Servlet 容器将之转换为 HTTP 信息，然后由服务器将信息发回客户端。以 JSP 来说，容器负责将 JSP 转换为 Servlet 程序代码，然后编译 Servlet 程序代码，将之加载执行环境并执行，容器也提供了许多资源，除了基本的 Servlet 加载与执行之外，例如 Web 环境设定、使用者认证、session 追踪等等，JSP/Servlet 事实上与容器之间的依赖日渐深厚，要想真正发挥 JSP/Servlet 的功能，正确设计出良好架构与功能的 Web 应用程序，了解容器的特性是不可少的。

### 0.4.3 服务器（Server）

容器也是不能直接运行的，容器必须要运行在服务器之上，一个服务器可以同时运行多个不同的容器。 Java EE 容器是底层服务器的组成部分。Java EE 产品供应商通常使用现有的事务处理框架结合 Java SE 技术来实现 Java EE 服务器端功能。Java EE 客户端功能通常构建于 Java SE 技术。

在现有的 Java web 开发中，关于应用服务器，大家最熟知的开源有：Tomcat、Jboss、Resin，目前看来这三个开源应用服务器的使用相当广泛，主要原因以笔者来看有下面几点：

1．Tomcat 是 Apache 鼎力支持的 Java Web 应用服务器，由于它优秀的稳定性以及丰富的文档资料，广泛的使用人群，从而在开源领域受到最广泛的青睐。

2．Jboss 作为 Java EE 应用服务器，它不但是 Servlet 容器，而且是 EJB 容器，从而受到企业级开发人员的欢迎，从而弥补了 Tomcat 只是一个 Servlet 容器的缺憾。

3．Resin 也仅仅是一个 Servlet 容器，然而由于它优秀的运行速度，使得它在轻量级 Java Web 领域备受喜爱，特别是在互联网 Web 服务领域，众多知名公司都采用其作为他们的 Java Web 应用服务器，譬如 163、ku6 等。

在商用应用服务器里主要有：Weblogic、Websphere，对于 Weblogic，有些开发者也只用其当 Servlet 容器，然而就在同等条件下，在性能及易用性等方面，要比 Tomcat 优秀很多。

还有一款由大名鼎鼎的 Sun 公司推出的 Glassfilsh 的 Java EE 服务器，Glassfish 是一个免费、开放源代码的应用服务，它实现了 Java EE 5，Java EE 5 平台包括了以下最新技术：EJB 3.0、JSF 1.2、Servlet 2.5、JSP 2.1、JAX-WS 2.0、JAXB 2.0、 Java Persistence 1.0、Common Annonations 1.0、StAX 1.0 等。

### 0.4.4 组件、容器、服务器三者的功能

1．组件主要由应用开发人员完成，用来实现应用系统的功能。

2．容器有两个主要的功能：一是提供组件运行环境，二是控制组件生命周期。

3．服务器也有两个主要的功能：一是提供容器运行环境，二是实现 JEE 中的技术对应的规范。

### 0.4.5 组件体系结构

组件体系结构图如图 0-2 所示。

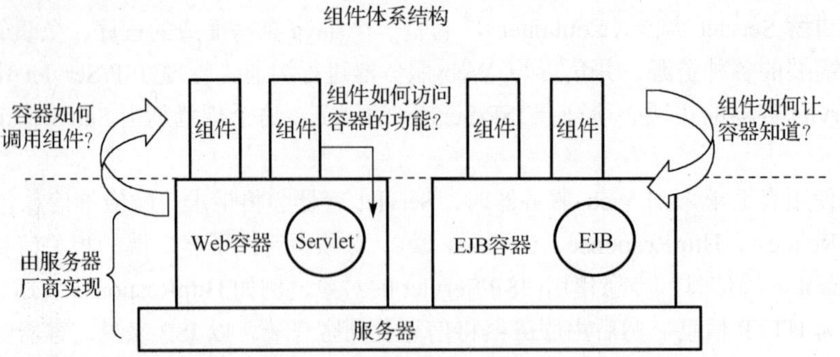


图 0-2　组件体系结构图

# 0.5 Java EE 主要技术

## 0.5.1　JSP，Servlet

JSP，Servlet 同属“Web 层”，并都属于“动态网页技术”。所谓“动态网页技术”和传统的“静态网页技术”不一样，传统的“静态网页技术”就是把做好的 html 文件直接上传到服务器并直接供客户浏览，而“动态网页技术”则是每次都根据用户请求，动态生成响应页面并返回。“动态网页技术”的好处不言自明，无论从灵活性，数据保密性等方面说都是“静态网页”所无法媲美的。但“动态网页技术”也是有缺点的，就是相对较慢，现在的解决方案一般是：把“动态网页”中相对固定的部分做缓存，即所谓“静态页面”。

### 1．Servlet

Servlet 实际上就是按照 Servlet 规范编写的一个 Java 类，与传统的命令行启动的 Java 应用程序不同，Servlet 位于 Web 服务器内部，并由 Web 服务器加载并调用。

### 2．JSP

JSP 全称是：JavaServer Page。这项技术的推出目的其实很简单，为了弥补 Servlet 一个很重要的缺陷：“麻烦”。

先看看 Servlet 到底什么地方让人觉得麻烦，下面是一个 Servlet 处理 Get 请求例子：

```
public void doGet(HttpServletRequest request, HttpServletResponse response)
                throws ServletException, IOException
{
System.out.println("处理 GET 请求 ing......");
response.setContentType("text/html;charset=GB2312");
PrintWriter out = response.getWriter();
out.println("<HTML>");          //静态内容
out.println("<BODY>");          //静态内容
out.println("Hyddd's Servlet Demo " + new Date().toString());  // 动态内容
out.println("</BODY>");         //静态内容
out.println("</HTML>");         //静态内容
}
```

从上面这个例子，相信大家已经发现问题了，Servlet主要是把动态内容混合到静态内容中以产生 html，这导致 Servlet 代码中将会输出大量的 html 标识，同时，这也非常不利于程序员和 UI 美工的配合。为了解决这些问题，JSP 诞生了。

JSP 是一种建立在 Servlet 规范之上的动态网页技术，通常做法是：在 html 页面中嵌入 JSP 标记和脚本代码。JSP 把静态内容和动态内容的分离，实现了内容和表示的分离。

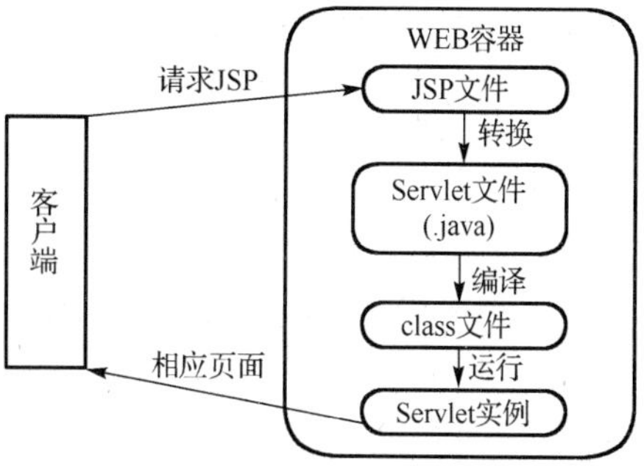


图 0-3　Servlet 与 JSP 的关系

3．Servlet 与 JSP 的关系

图 0-3 描述了 Servlet 与 JSP 的关系，JSP 文件先是转换为 Servlet 类，然后编译，并启动 Servlet 实例响应客户端请求。为什么说 JSP 是建立在 Servlet 上的动态网页技术，从这里可以看出来。

Web 层主要就是 JSP 以及 Sevlet 这两项技术。

### 0.5.2　EJB（Enterprise JavaBean）

分布式应用是 Java EE 一个基础的需求，那在不同机器上的“分布式”的应用到底会以一个什么样的形态出现呢？答案就是：EJB。EJB 属于业务逻辑层上的内容。

所谓 Bean，其实是“组件”的意思。EJB 可以让你像搭积木一样，通过本地/分布式调用组装不同应用到大型应用中，使你能集中精力来处理企业的业务逻辑，而像事务、网络、安全等等这些底层服务则统统留给 EJB 服务器开发商来解决。

利用基于组件的开发，可以把代码重用上升到一个新的高度。利用面向对象开发，重用的是类，而基于组件时，重用的则是更大的功能块。

1．EJB vs Java Bean

Java Bean 相当于是数据存储类（不涉及具体业务逻辑），专门用来存数数据，提供 getter，setter 方法，并且在 JVM 上可直接运行。EJB 则相当于一个功能模块，提供业务逻辑的服务，而运行时，则需要 EJB 容器的帮助。EJB 是业务逻辑层最重要的技术。

### 0.5.3　Container（容器）

Container 这个概念经常在 Java EE 中出现，所谓 Container，在 Java EE 5 Tutorial 中有这样一段解释：“Containers are the interface between a component and the low-level platform-specific functionality that supports the component.”，而 Container 的作用，个人的认为是：为“应用程序”提供一个环境，使其可以不必须关注某些问题，如：系统环境变量，事务，生命周期……。通俗地说，Container 就像“秘书”，帮“应用程序”管理着各种杂乱的问题，为其提供运行时支持。

其中，Java EE 里有两个很重要的容器：Web 容器和 EJB 容器。

1．Web 容器

Web 容器是用于托管“Web 应用程序”的 J2EE 容器，主要负责管理“Servlet”和“JSP”运行，如图 0-4 所示。

2．EJB 容器

EJB 容器主要负责管理“EJB”的运行，如图 0-5 所示。

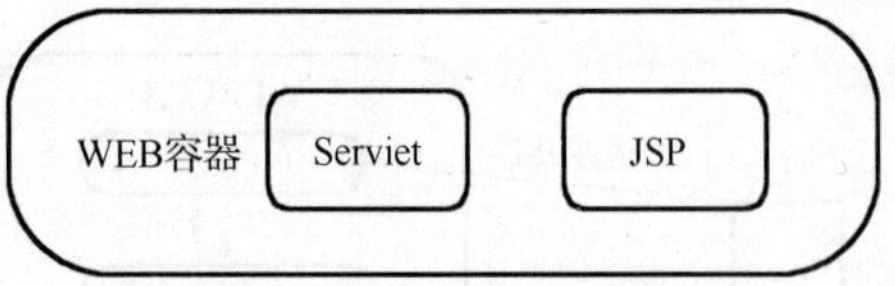


图 0-4 Web 容器示意图

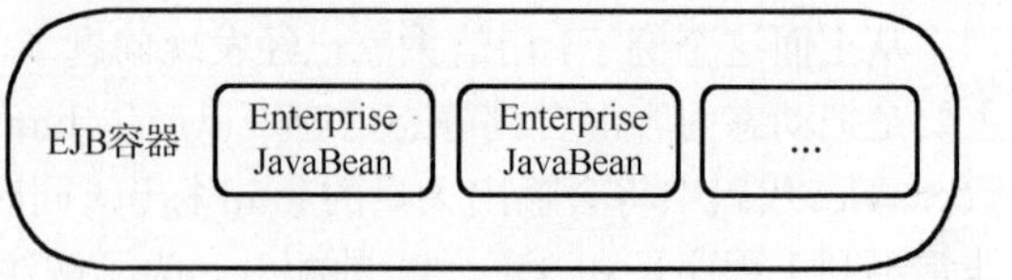


图 0-5 EJB 容器示意图

而 EJB 的设计实际上是基于对象池的思想，你可以认为 EJB=对象池+远程对象池。如图 0-6 所示。

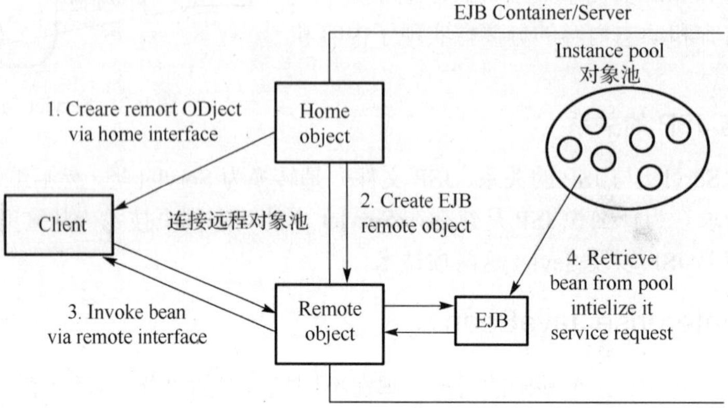


图 0-6 EJB 设计思路示意图

### 3. Servlet 与 EJB

其实，根据 Servlet 和 EJB 的设计初衷，我们已经可以看出 Java EE 对两者角色的定义了。线程的本质决定了 Servlet 只适合一些比较简单的轻量级应用；一旦问题复杂了，最好的就是使用 EJB。

## 0.5.4 RMI

RMI 全称：Java Remote Method Invocation，就是利用 Java 对象序列化的机制，实现远程类对象的实例化以及调用的方法。

RMI 在 Java EE 中主要是负责解决通信问题，特别是不同的 EJB 容器之间的通信。大家知道，在分布式应用中，各个功能模块（EJB）之间通信需要有统一的 RPC 协议，否则没法通信，而 RMI 就是负责这方面的工作。

### 1. RMI 与 CORB

可以说，RMI 就是 CORBA 的 Java 版实现。

### 2. 远程调用

现在主流的远程调用方式，不管是 com/com+，soap，webservice，rmi，.net remoting，都一样的，就是序列化，网络传输，反序列化。

序列化方式：同种 runtime 的，可以 native 的二进制序列化，序列化的效率高。文本的序列化（xml/json/自定义格式）的方式，可以跨平台和语言，一般基于中间类型。但此序列化方式的效率低，数据量也偏大。

网络传输：可以使 socket/http 或是自定义协议的。 socket 数据冗余最小，效率最高。RMI 其实是 socket 上的自定义协议。 http 要走 http 的报文，文本的方式最合适，实现最简单，开发和部署方便。

远程调用方式示意图如图 0-7 所示。

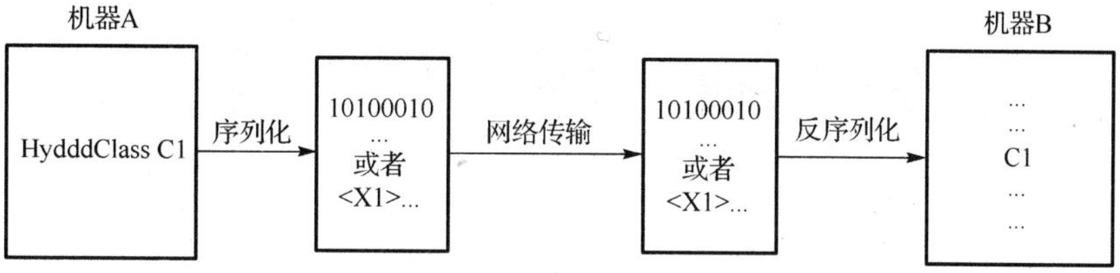


图 0-7　远程调用方式示意图

## 0.5.5　JMS

JMS：Java Message Service。JMS 提供一种消息机制，主要作用是提供异步通信的支持，是 Java EE 的重要基础模块。值得注意的是，异步通信一般都采用消息机制，这种情况在 Windows 中最常见。

## 0.5.6　JTA

JTA：Java Transaction API，主要提供事务服务和分布式事务管理功能，保证分布式事务的一致性，是 Java EE 的重要基础模块。

## 0.5.7　JAAS

JAAS：Java Authentication Authorization Service（Java 认证与授权服务），提供了对 Java 组件的安全保护，如哪些 Servlet，JSP 能被哪些用户访问，哪些 EJB 能被调用等。但需要注意的是，JAAS 只提供了对 Java EE 组件的保护，对于企业应用业务的权限，它是做不到的。

## 0.5.8　Connector

Connector 主要作用就是把其他已有的资源、服务、系统整合到 Java EE 系统中。不同的服务提供商和 Java EE 平台会定义不同的协议，而 Connector 就是指这些协议的实现。

# 第1篇 基 础 篇

# 第1章 CoreJava

本章主要内容：

- Java 简介与使用
- 表达式和程序控制
- 高级语言特性
- 异常
- 文件和 IO 流
- 标识、关键字、类型
- 数组
- 集合
- 线程
- 网络编程

本章全面讲述了 Java 的发展、开发环境、简单使用、标识、关键字、类型、表达式和程序控制、数组、高级语言特性（面向对象、封装、继承、多态）、集合、异常、线程、文件和 IO 流、网络编程等内容，通过学习这些基础知识，读者可以对 Java 有更深入的了解，在理解后面介绍的框架的时候会更容易。

## 1.1 Java 简介与使用

### 1.1.1 JDK

Sun 公司在推出 Java 语言的同时，也推出了 Java 的一系列开发工具，如 JDK——Java Development Kit（Java 开发工具包）。可以从网上免费下载 JDK。

通常以 JDK 的版本来定义 Java 的版本，如表 1-1 所示。

表 1-1 JDK 历史表

| 时间 | 版本 | 解释 |
|---|---|---|
| 1996 | JDK1.0(Java1.0) | 重点是 applet |
| 1997 | JDK1.1(Java1.1) | 比较适用于开发图形界面 |
| 1998 | JDK1.2(Java2) | 可达到平台原始速度，可用于书写正规企业级应用程序或移动应用程序 |
| 2000 | JDK1.3(Java2) | JNDI 服务开始被作为一项平台级服务使用 |
| 2002 | JDK1.4(Java2) | 该版本是 Java 走向成熟的一个版本，许多著名的公司都有参与甚至实现自己独立的 JDK1.4，许多主流应用(SSH)都能直接运行在 JDK1.4 之上。代表技术：正则表达式，异常链，NIO，日志类，XML 解析器等 |
| 2004 | JDK1.5(Java5.0) | 对语言本身做了重大改变，更稳定、更安全、更高效 |

JDK 主要包括如下内容。

（1）Java 虚拟机：负责解析和执行 Java 程序。Java 虚拟机可运行在各种平台上。

（2）JDK 类库：提供最基础的 Java 类及各种实用类。java.lang，java.io，java.util，javax.swing 和 java.sql 包中的类都位于 JDK 类库中。

（3）开发工具：如下开发工具都是可执行程序。

javac.exe：编译工具。

java.exe：运行工具。

javadoc.exe：生成 JavaDoc 文档的工具。

jar.exe：打包工具等。

### 1.1.2　设置 Java 开发环境

设置 Java 开发环境的步骤如下。

（1）获取 J2SDK。

（2）安装 J2SDK。

（3）设置环境变量。

JAVA_HOME：简化其他变量设置过程中的内容输入。在变量设置过程中有可能需要多次使用到 JDK 的安装路径，如何简化多次输入过程呢？可先行将 JDK 的安装路径定义为一变量，以后凡使用到 JDK 安装路径的地方均使用该变量进行替换即可。

PATH：指定执行外部命令时找寻对应可执行文件的路径范围。

CLASSPATH：代表 Java 类的根路径。Java 命令会从 classpath 中寻找所需的 Java 类， Java 编译器编译 Java 类时，也会从 classpath 中寻找所需的 Java 类。classpath 的默认值为当前路径。

### 1.1.3　为什么发明 Java

#### 1．虚拟机 JVM 提供了一个解释环境

（1）加速开发：Java 开发之初的目的是开发适用于智能化电子消费设备上的软件，它基于 C++ 语言，但做了简化，能加速软件的开发过程。

（2）一次编译，到处运行：跨平台。

（3）多线程：多线程编程的简单性是 Java 成为流行的服务器端开发语言的主要原因之一。

（4）支持动态更新：软件代码文件的替换，即更新。

#### 2．提供一个比较容易的方式编程

（1）更健壮：没有指针、没有内存管理。

（2）纯粹的面向对象的编程：在 Java 中认为一切均是对象，对象有属性及改变属性值的方法。通过 Java 编程，围绕着构建对象的模板、实例化对象、调用对象的方法和属性等来进行。

#### 3．垃圾回收机制

垃圾回收机制让程序员无需在代码中进行内存管理。

#### 4．代码安全校验

代码安全校验保证了 Java 代码的安全性。

### 1.1.4　Java 虚拟机的特征

Java 虚拟机（Java Virtual Machine，JVM）使用软件来模拟一个虚拟的环境。使用 Java 编写的源程序经过编译以后生成字节码文件，JVM 提供了一个解释运行 Java 字节码文件的环境，只要在

不同操作系统上安装了 JVM 后，就能对同一个 Java 程序进行解释运行，这就是 Java 的跨平台性能，即一次编译，到处运行。

Jconsole 是 JDK 自带的内存监测工具，位于 jdk/bin 目录下，即 jconsole.exe，双击此程序运行即可。Jconsole 运行效果如图 1-1 所示。

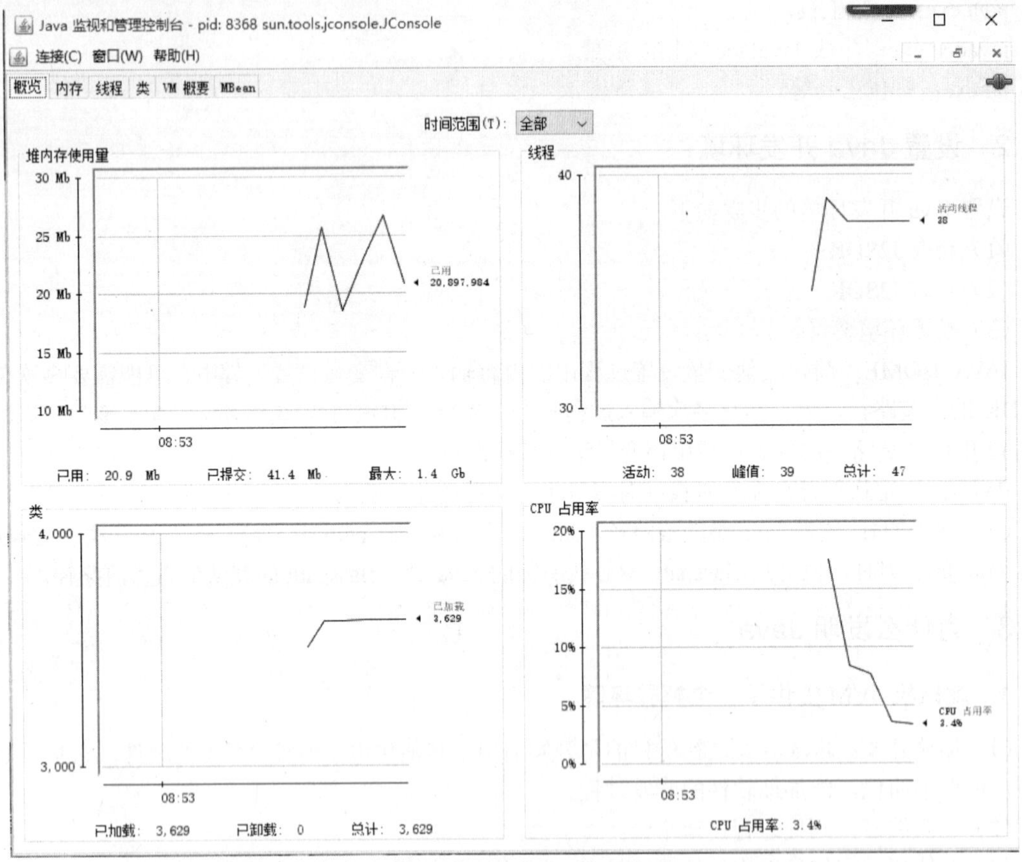


图 1-1 Jconsole 运行效果

### 1.1.5 垃圾回收集的概念

#### 1. 什么是垃圾回收

垃圾：无用对象所占据的内存空间。

垃圾回收：将无用对象所占据的内存空间进行回收的过程。

#### 2. 为什么要垃圾回收

对象创建时需要占用内存空间，在一个程序运行过程中要创建无数个对象，如果对象永久占用内存，那么内存很快会消耗完，导致后续对象无法创建或者出现内存不足的情况。因此，必须采取一定的措施及时回收那些无用对象的内存，这样可保证内存被重复利用。

C++等程序由程序员显式进行内存释放，这样有可能忘记内存释放，导致无端的内存占用；释放核心类库占用内存，导致系统崩溃。

### 3. Java 中垃圾回收处理

Java 中的垃圾回收由虚拟机通过一个系统级的垃圾回收器线程自动完成，不会忘记也不会释放错，系统更加稳定。

其特点如下。

（1）由虚拟机通过垃圾回收器线程自动完成。

（2）只有当对象不再被使用时，它的内存才有可能被回收；如果虚拟机认为系统不需要额外的内存，则即便对象不再使用，内存也不会回收。

（3）程序无法显式迫使垃圾回收器立即执行垃圾回收，可以通过 java.lang.System.gc()/java.lang.Runtime.gc()建立虚拟机回收对象。

（4）垃圾回收器线程在释放无用对象占用内存之前会先行调用该对象的 finalize()方法。该方法是否被调用以及被调用的时间极其不可靠，因此不建议重写。

## 1.1.6　Java 平台代码安全实现策略

Java 虚拟机为 Java 程序提供了运行时环境，其中一项重要的任务就是管理类，管理类的加载、连接和初始化。

### 1. 加载

查找并加载类的二进制文件（class 文件），将其置于内存的方法区中，然后在堆区中创建一个 java.lang.Class 对象，用来封装类在方法区内的数据结构。

Java 虚拟机可以从多种来源加载类的二进制数据，包括如下几种来源。

（1）从本地文件系统中加载.class 文件，最常见。

（2）通过网络下载.class 文件。

（3）从 zip，jar 或其他类型的归档文件中提取.class 文件。

（4）从一个专有数据库中提取.class 文件。

（5）把一个 Java 源文件动态编译为.class 文件。

### 2. 连接

（1）验证：确保被加载类的正确性（有正确的内部结构，并且与其他类协调一致）。

验证的原因：Java 虚拟机不知道某个特定的.class 文件到底是由正常的 Java 编译器生成的，还是黑客特制的。类的验证能提高程序的健壮性，确保程序被安全执行。

类验证内容：代码和 JVM 规范一致；代码不能破坏系统的完整性；没有堆栈的上溢和下溢；参数类型是正确的；类型转换是正确的。

（2）准备：为类的静态变量分配内存，并将其初始化为默认值。

（3）解析：把类中的符号引用转换为直接引用（一个指向调用方法在方法区内的内存位置的指针）。

### 3. 初始化

初始化指给类的静态变量赋予正确的初始值。

## 1.1.7　定义类、包、applets 和应用程序

### 1. Java 的工作方式

Java 的工作方式如图 1-2 所示。

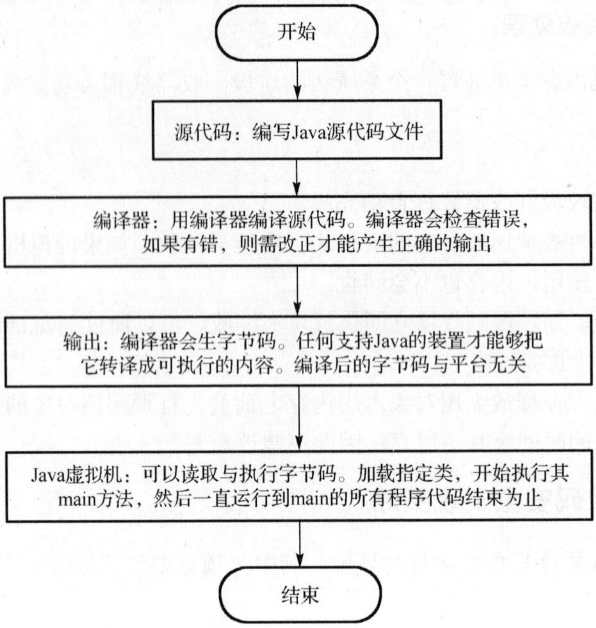


图 1-2　Java 工作方式

### 2．Java 的程序结构

（1）源文件：包含 Java 代码（按 Java 语法规则编写的内容）的文件。

特征：

① 以 java 作为后缀。

② 可以包含多个类/接口。

③ 名称与类名（只包含一个类/接口）或 public 修饰的类/接口（包含多个类/接口）同名。

结构：

① 包的声明语句（可有可无，如有，则只能有一行，且位于最前面）。

② import 语句（可有可无，可有多行，紧跟着包的声明语句）。

③ 类的声明语句。

（2）类：Java 代码组织的单位，Java 代码都是以一个个类形式组织的。用 Java 语言编写程序其实就是编写一个个类；一个类里的语句内容用大括号括起来，一个类里带有零至多个方法。

结构：

① 类的声明语句，如 public class HelloWorld;。

② 类的内容语句，用大括号括起来，即属性；方法。

（3）方法：类似于其他语言里的函数或过程。方法里带有零至多行语句。

结构：

① 方法的声明语句，如 public static void main(String[] args);。

② 方法体，用大括号括起来：属性；Java 语句。

（4）main 方法：Java 虚拟机执行 Java 程序时，首先执行调用的方法。main 方法又称程序的入口方法或起点方法。不管程序有多大，不管程序有多少个类，一定会有一个 main()方法来作为程序的起点。

### 3. 剖析类

```
public class FirstJavaProgram{
    public static void main(String[] args) {
        System.out.println("Hello Java, I am your fans!");
    }
}
```

此类中各部分解析如下。

（1）public：　公开给其他类存取。
（2）class：　类声明的关键字。
（3）FirstJavaProgram：　类的名称。
（4）void：　方法的返回值。
（5）main：　方法的名称。
（6）String[]：　数组类型。
（7）args：　参数名称。
（8）System.out.println：　打印到标准输出上（默认为命令行）。
（9）"Hello Java, I am your fans!"：　要输出的字符串内容。
（10）;：　每一行语句必须用分号结尾。

# 1.2 标识、关键字、类型

## 1.2.1 注释

### 1. 作用

注释可使部分内容只为程序员可见，不为编译器所编译、虚拟机所执行。

### 2. 位置

注释可位于类声明前后、方法声明前后、属性声明前后、方法体中。注释几乎可以在一个源文件的任意位置，但不能在一个关键字字符中插入注释。

### 3. 类型

（1）单行注释。

```
//text
```

从"//"到本行结束的所有字符均作为注释而被编译器忽略。

（2）多行注释。

```
/*text*/
```

从"/*"到"*/"间的所有字符会被编译器忽略。

（3）文档注释。

```
/** text */
```

从"/**"到"*/"间的所有字符会被编译器忽略。当这类注释出现在任何声明（如类的声明、类的成员变量的声明或者类的成员方法的声明）之前时，会作为 JavaDoc 文档的内容使用。

使用 JavaDoc 工具生成 API 文档查看文档注释效果：

```
    javadoc -d 文档存放目录 -author -version 源文件名.java
```

这条命令是编译一个名为“源文件名.java”的 Java 源文件，并将生成的文档存放在“文档存放目录”指定的目录下，生成的文档中 index.html 就是文档的首页。-author 和 -version 两个选项可以省略。

4．示例

```
(1) //package declaration
    package ch01;                                                    //允许
(2) package /*package declaration*/ch01;                           //允许
(3) class /*class declaration*/ FirstJavaProgram {
    }                                                                //允许
(4) System.out./*out content to console*/println("Hello Java"); //允许
(5) System.out.print/*out content to console*/ln("Hello Java"); //不允许
```

## 1.2.2 分号、块和空格

（1）每个语句短语以;结束。

（2）代码段以{}结束。

（3）空白处［空格、Tab 键、新行和回车（几个语句短语连接在一起)］是无关紧要的。

## 1.2.3 标识符

标识符即类、方法和变量的名称。

（1）Java 标识符以字母、_和$开头，不能以数字开头，后跟字母、数字、“_”和“$”的组合。

（2）大小写敏感。

（3）没有长度限制。

举例：

| 合法标识符 | 非法标识符 |
|---|---|
| try | try# |
| GROUP_7 | 7GROUP |
| openDoor | open-door |
| boolean1 | boolean |

## 1.2.4 关键字

Java 语言的关键字是程序代码中的特殊字符。关键字主要包括以下几类。

（1）类和接口的声明——class，extends，implements，interface。

（2）包引入和包声明——import，package。

（3）数据类型——boolean，byte，char，double，float，int，long，short。

（4）某些数据类型的可选值——false，true，null。

（5）流程控制——break，case，continue，default，do，else，for，if，return，switch，while。

（6）异常处理——catch，finally，throw，throws，try。

（7）修饰符——abstract，final，native，private，protected，public，static，synchronized，transient，volatile。

（8）操作符——instanceof。

（9）创建对象——new。

（10）引用——this，super。

（11）方法返回类型——void。

Java 语言的保留字是指预留的关键字，它们虽然现在不是关键字，但在以后的升级版本中有可能是关键字，如 goto。

以下几点需要特别注意。

（1）所有关键字都是小写的。

（2）friendly, sizeof 不是 Java 语言的关键字，这有别于 C++。

（3）程序中标识符不能以关键字命名。

### 1.2.5 基本类型和引用类型

程序的基本功能是处理数据，程序用变量来表示数据；程序中必须先定义变量才能使用；定义变量是指设定变量的数据类型和变量的名称，定义变量的基本语法如下。

```
数据类型  变量名;
```

Java 语言把数据类型分为基本类型和引用类型。

（1）基本类型代表简单的数据类型，如整数和字符。

（2）引用类型代表复杂的数据类型，引用类型所引用的实例包括操纵这种数据类型的行为。通过"."运算符，即能访问引用变量所引用的实例的方法。

（3）Java 虚拟机会为基本类型分配数据类型实际占用的内存空间。

（4）引用类型仅是一个指向堆区中某个实例的指针。

举例：

```
public class Counter {
  int count = 13;
}
Counter counter = new Counter();
```

其中，counter 引用变量即 Counter 实例，count 变量（占 4 个字节，值为 13），counter 引用变量的取值为 Counter 实例的内存地址；counter 引用变量本身也占用一定的内存空间，到底占用多少内存空间取决于 Java 虚拟机的实现，这对 Java 程序是透明的。

counter 引用变量到底位于 Java 虚拟机运行时数据区的哪个区，取决于 counter 变量的作用域，如果是局部变量，则位于 Java 栈区；如果是静态成员变量，则位于方法区；如果是实例成员变量，则位于堆区。

### 1.2.6 boolean 类型

在 Java 源程序中不允许把整数或 null 赋给 boolean 类型的变量，这是它有别于其他语言（如 C 语言）的地方。

举例：

```
boolean isMarried = 0;          //编译出错，提示类型不匹配
boolean isMarried = null;       //编译出错，提示类型不匹配
```

boolean 类型取值如表 1-2 所示。

表 1-2　boolean 类型取值

| 位置 | boolean 类型变量取值 |
|---|---|
| Java 源程序 | 只能是 true 或 false |
| class 文件 | 用 int 或 byte 表示 boolean |
| 虚拟机中 | 用整数 0 来表示 false, 用任意一个非零整数表示 true |

## 1.2.7　文本数据类型

### 1．字符编码

Java 语言对文本字符采用了 Unicode 字符编码。由于计算机内存只能存取二进制数据，因此必须为各个字符进行编码。

所谓字符编码，是指用一串二进制数据来表示特定的字符。常见的字符编码包括以下几种。

1）ASCII 字符编码

ASCII（American Standard Code for Information Interchange，美国信息交换标准代码）主要用于表达现代英语和其他西欧语言中的字符。它是现今最通用的单字节编码系统，它只使用了一个字节的 7 位，一共表示 128 个字符。

2）ISO-8859-1 字符编码

此编码又称为 Latin-1，是国际标准化组织（ISO）为西欧语言中的字符制定的编码，用一个字节（8 位）来为字符编码，与 ASCII 字符编码兼容。所谓兼容，是指对于相同的字符，它的 ASCII 字符编码和 ISO-8859-1 字符编码相同。

3）GB2312 字符编码

其包括对简体中文字符的编码，一共收录了 7445 个字符（6763 个汉字+682 个其他字符）。它与 ASCII 字符编码兼容。

4）GBK 字符编码

GBK 是对 GB2312 字符编码的扩展，收录了 21886 个字符（21003 个汉字+883 个其他字符），它与 GB2312 字符编码兼容。

5）Unicode 字符编码

Unicode 字符编码由国际 Unicode 协会编制，收录了全世界所有语言文字中的字符，是一种跨平台的字符编码。

UCS（Universal Character Set）是采用 Unicode 字符编码的通用字符集。

Unicode 具有如下两种编码方案。

① 用 2 个字节（16 位）编码，被称为 UCS-2，Java 语言采用。

② 用 4 个字节（32 位）编码，被称为 UCS-4。

6）UTF 字符编码

有些操作系统不完全支持 16 位或 32 位的 Unicode 字符编码，UTF（UCS Transformation Format）字符编码能够把 Unicode 字符编码转换为操作系统支持的编码，常见的 UTF 字符编码包括 UTF-8、UTF-7 和 UTF-16。

### 2．char 的几种可能取值

Java 语言采用 UCS-2 字符编码，字符占 2 个字节。

字符 a 的二进制数据形式为 0000 0000 0110 0001，十六进制数据形式为 0x0061，十进制数据形式为 97。

以下 4 种赋值方式是等价的。

```
char c = 'a';
char c = '\u0061';          //设定"a"的十六进制数据的 Unicode 字符编码
char c = 0x0061;            //设定"a"的十六进制数据的 Unicode 字符编码
char c = 97;                //设定"a"的十进制数据的 Unicode 字符编码
```

### 3. 转义字符

Java 编程人员在给字符变量赋值时，通常直接从键盘输入特定的字符，而不会使用 Unicode 字符编码，因为很难记住各种字符的 Unicode 字符编码值。

对于某些特殊字符，如单引号，若不知道它的 Unicode 字符编码，则直接从键盘输入编译错误：

```
har c = ''';          //编码出错
```

为了解决这个问题，可采用转义字符来表示单引号和其他特殊字符，例如：

```
char c = '\'';
char c = '\\';
```

转义字符以反斜杠开头，常用转义字符如下。

\n：换行符，将光标定位到下一行的开头。

\t：垂直制表符，将光标移到下一个制表符的位置。

\r：回车，将光标定位到当前行的开头，不会移到下一行。

\\：反斜杠字符。

\'：单引号字符。

## 1.2.8　整数类型

byte，short，int 和 long 都是整数类型，并且都是有符号整数。与有符号整数对应的是无符号整数，两者的区别在于把二进制数转换为十进制整数的方式不一样。

（1）有符号整数把二进制数的首位作为符号数，当首位是 0 时，对应十进制的正整数，当首位是 1 时，对应十进制的负整数。对于一个字节的二进制数，它对应的十进制数的取值是–128～127。

（2）无符号整数把二进制数的所有位转换为正整数。对于一个字节的二进制数，它对应的十进制数的取值是 0～255。

在 Java 语言中，为了区分不同进制的数据，八进制数以“0”开头，十六制以“0x”开头，表 1-3 所示为进制转换。

表 1-3　进制转换表

| 一个字节的二进制数 | 八进制数 | 十六进制数 | 有符号十进制数 | 无符号十进制数 |
|---|---|---|---|---|
| 0000 0000 | 0000 | 0x00 | 0 | 0 |
| 1111 1111 | 0377 | 0xFF | -1 | 255 |
| 0111 1111 | 0177 | 0x7F | 127 | 127 |
| 1000 0000 | 0200 | 0x80 | -128 | 128 |

如果一个整数值在某种整数类型的取值范围内，就可以把它直接赋给这种类型的变量，否则必须进行强制类型的转换。

```
byte = 13;
```

如 129 不在 byte 类型的取值范围（–128～127）内，则必须进行强制类型的转换。

```
byte b = (byte)129;       //变量 b 的取值为-127
```

如果一个整数后面加上后缀——大写“L”或小写“l”，则表示它是一个 long 型整数。以下两种赋值是等价的。

```
long var = 100L;          //整数 100 后面加上大写的后缀"L"，表示 long 型整数
long var = 100l;          //整数 100 后面加上小写的后缀"l"，表示 long 型整数
```

Java 语言允许把八进制数（以“0”开头），十六进制数（以“0x”开头）和十进制数赋给整数类型变量。

举例：

```
int a1 = 012;             //012 为八进制数，变量 a1 的十进制取值为 10
int a2 = 0x12;            //0x12 为十六进制数，变量 a2 的十进制取值为 18
int a3 = 12;              //12 为十进制数，变量 a3 的十进制取值为 12
int a4 = 0xF1;            //0xF1 为十六制数，变量 a4 的十进制取值为 241
byte b = (byte)0xF1       //0xF1 为十六制数，变量 b 的十进制取值为-15
```

## 1.2.9 浮点类型

浮点类型表示有小数部分的数字。Java 中有如下两种浮点类型。

（1）float：占 4 个字节，共 32 位，称为单精度浮点数。

（2）double：占 8 个字节，共 64 位，称为双精度浮点数。

float 和 double 类型都遵循 IEEE 754 标准，该标准分别为 32 位和 64 位浮点数，规定了二进制数据表示形式。

float=1（数字符号）+8（指数，底数为 2）+23（尾数）

double=1（数字符号）+11（指数，底数为 2）+52（尾数）

在默认情况下，小数及采用十进制科学计数法表示的数字都是 double 类型，可以把它直接赋值给 double 类型变量。

```
double d1 = 1000.1;
double d2 = 1.0001E+3;   //采用十进制科学计数法表示的数字，d2 实际取值为 1000.1
double d3 = 0.0011;
double d4 = 0.11E-2;     //采用十进制科学计数法表示的数字，d4 实际取值为 0.0011
```

如果把 double 类型的数据直接赋给 float 类型变量，则有可能会造成精度丢失，因此必须进行强制类型的转换，否则会导致编译错误，例如：

```
float f1 = 1.0                //编译错误，必须进行强制类型转换
float f2 = 1;                 //合法，把整数 1 赋值给 f2，f2 的取值为 1.0
float f3 = (float)1.0;        //合法，f3 的取值为 1.0
float f4 = (float)1.5E+55;    //合法，1.5E+55 超出了 float 类型的取值范围，f4 的
                              //取值为正无穷大
System.out.println(f3);       //输出 1.0
System.out.println(f4);       //输出 Infinity
Float.NaN                     //非数字
Float.POSITIVE_INFINITY       //无穷大
Float.NEGATIVE_INFINITY       //负无穷大
float f1 = (float)(0.0/0.0);      //f1 的取值为 Float.NaN
float f2 = (float)(1.0/0.0);      //f2 的取值为 Float.POSITIVE_INFINITY
float f3 = (float)(-1.0/0.0);     //f3 的取值为 Float.NEGATIVE_INFINITY
System.out.println(f1);           //输出 NaN;
System.out.println(f2);           //输出 Infinity
System.out.println(f3);           //输出-Infinity
```

Java 语言之所以提供以上特殊数字，是为了提高 Java 程序的健壮性，并且简化编程。当数字运算出错时，可以用浮点数取值范围内的特殊数字来表示所产生的结果。否则，如果 Java 程序在进行数学运算时遇到错误就会抛出异常，会影响程序的健壮性，而且程序中必须提供捕获数学运算异常的代码块，增加了编程工作量。

### 1.2.10　变量的声明和赋值

程序的基本功能是处理数据，程序用变量来表示数据，程序中必须先定义变量才能使用。定义变量是指设定变量的数据类型和变量的名称，定义变量的基本语法如下。

```
数据类型　变量名;
```

Java 语言要求变量遵循先定义，再初始化，然后使用的规则。变量的初始化是指自从变量定义后，首次为它赋初始值的过程。例如：

```
int a;              //定义变量 a
a = 1;              //初始化变量 a
a++;                //使用变量 a
int b=a;            //定义变量 b，初始化变量 b，使用变量 a
b++;                //使用变量 b
```

### 1.2.11　推荐命名规则

（1）类名以大写字母开头。

举例：

```
User,Company
```

（2）接口名以大写字母开头。

举例：

```
UserDao,CompanyDao
```

（3）方法名以小写字母开头。

举例：

```
get(),set()
```

（4）变量名以小写字母开头。

举例：

```
count,sum
```

（5）常量名全部大写，多个单词以"_"连接。

举例：

```
BUTTON_ON,BUTTON_OFF,YES,NO
```

### 1.2.12　创建类

类是一组具有相同属性和行为对象的模板。面向对象编程的主要任务就是定义对象模型中的各个类。

举例：

```
package com.tdfy.youku.request;
public class Teacher {
    /** attributes of a teacher */
```

```
        private String name;
        private int age;
        private double salary;

        /** Creates a new instance of Teacher */
        public Teacher(String name, int age, double salary) {
            this.salary = salary;
            this.age = age;
            this.name = name;
        }

        /** operations on properties */
        /** get the name of this teacher */
        public String getName() {
            return name;
        }

        /** get the salary of this teacher */
        public double getSalary() {
            return salary;
        }

        /** get the age of teacher teacher */
        public int getAge() {
            return age;
        }
}
```

（1）package sample;：包声明语句，将 Java 类放到特定的包中，便于类的组织、权限访问和区分名称相同的类。

（2）public class Teacher {...}：类的声明语句，类名为 Teacher，public 修饰符意味着这个类可以被公开访问。

声明类的格式如下。

```
class 类名 {
    类内容
}
```

（3）private String name;：类的属性（也称为成员变量）的声明语句；Teacher 类有一个 name 属性，字符串类型，private 修饰符意味着这个属性不能被公开访问。

（4）public String getName() { return name; }：方法的声明语句和方法体。方法名为 getName，不带参数，String 表明返回类型为 String。public 表明这个方法可以被公开访问。getName 后紧跟的大括号为方法体，代表 getName 的具体实现。

声明方法的格式如下。

```
返回值类型 方法名 (参数列表) {
    方法体
}
```

返回值类型是方法的返回数据的类型，如果返回值类型为 void，则表示没有返回值；

方法名是任意合法的标识符；

参数列表可包含零个或多个参数，参数之间以逗号","分开；

方法体每个语句用";"结束；

方法体中使用 return 语句返回数据或结束本方法的执行。

### 1.2.13　创建实例

```
public static void main(String[] args) {
    Teacher gzhu = new Teacher("George Zhu", 30, 10000);  //创建实例
    System.out.println("Teacher: " + gzhu.getName());
    System.out.println("\tAge: " + gzhu.getAge());
    System.out.println("\tSalary: " + gzhu.getSalary());
}
```

main()方法是 Java 应用程序的入口点，每个 Java 应用程序都是从 main()方法开始运行的。作为程序入口的 main()方法必须同时符合以下几个条件。

（1）用 public static 修饰。

（2）返回类型为 void。

（3）方法名为 main。

（4）参数类型为 String[]。

包含 main 方法的类又称主程序类。类创建好之后，通过 new 关键字创建具体对象。它有以下作用。

（1）为对象分配内存空间，将对象的实例变量自动初始化为其变量类型的默认值。

（2）如实例变量显式初始化，将初始化值赋给实例变量。

（3）调用构造方法。

（4）返回对象的引用。

## 1.3　表达式和程序控制

程序的基本功能是处理数据，程序用变量来表示数据，程序中必须先定义变量才能使用，定义变量是指设定变量的数据类型和变量的名称，Java 语言要求变量遵循先定义，再初始化，然后使用的规则。变量的使用有一个作用域的问题，作用域是指它的存在范围，只有在这个范围内，程序代码才能访问它。

此外，作用域决定了变量的生命周期。变量的生命周期是指从一个变量被创建并分配内存空间开始，到这个变量被销毁并清除其所占用内存空间为止的整个过程。当一个变量被定义时，它的作用域即被确定了。按照作用域的不同，变量可分为以下类型。

（1）成员变量：在类中声明，它的作用域是整个类。

（2）局部变量：在一个方法的内部或方法的一个代码块的内部声明。如果在一个方法内部声明，则它的作用域是整个方法；如果在一个方法的某个代码块的内部声明，则它的作用域是这个代码块。代码块是指位于一对大括号"{}"以内的代码。

（3）方法参数：方法或者构造方法的参数，它的作用域是整个方法或者构造方法。

（4）异常处理参数：和方法参数很相似，差别在于前者是传递参数给异常处理代码块，而后者是传递参数给方法或者构造方法。异常处理参数是指 catch(Exception e)语句中的异常参数"e"，其作用域是紧跟在 catch(Exception e)语句后的代码块。

### 1.3.1　局部变量

（1）局部变量定义在方法的内部或方法的一个代码块的内部。

```
public void method1() {
int a = 0;                          //局部变量，作用域为整个 method01 方法
  {
    int b = 0;                      //局部变量，作用域为所处的代码块
    b = a;
  }
  b = 20;                           //编译出错，b 不能被访问
}
```

（2）局部变量没有默认值，使用之前必须先初始化。

（3）局部变量的生命周期，创建分配内存空间到销毁清除内存空间的过程。

举例：

```
public class Sample {
    public int add() {
        int addResult = 1;
        addResult = addResult + 2;
        return addResult;
    }

    public int subtract() {
        int subResult = 1;
        subResult = subResult - 2;
        return subResult;
    }

    public static void main(String[] args) {
        Sample s = new Sample();
        s.add();/*开始局部变量 addResult 的生命周期，位于 Java 栈区；结束局部变量
                  addResult 的生命周期，退回到 main 方法*/
    }
}
```

addResult 变量的内存分析如图 1-3 所示。

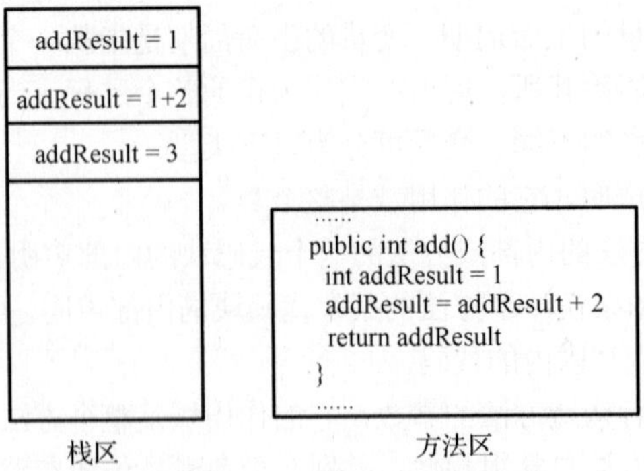


图 1-3 addResult 变量的内存分析

## 1.3.2 实例变量

（1）在类中声明，它的作用域是整个类。

举例：

```
class Test {
    private int n1 = 0;
    private int n2 = 0;

    public int add() {
        int result = n1 + n2;  //类内部可以访问实例变量 n1 和 n2
        return result;
    }
}
```

（2）实例变量有默认值，使用之前无需初始化。

举例：

```
public class InstanceVarariableTest {
  //primitive type variables  基本类型变量
  private int itest;
  private byte btest;
  private short stest;
  private long ltest;
  private float ftest;
  private double dtest;
  private boolean bltest;
  private char ctest;
  //reference variable  引用类型变量
  String strTest;
  public static void main(String[] args) {
  String t = "\t";
  InstanceVarariableTest ivTest = new InstanceVarariableTest();
  System.out.println("byte"+ t + "short" + t + "char" + t + "int" + "long"
  + t + "float" + t + "double" + t+ "boolean" + t + "String");
  System.out.println(ivTest.btest + "\t" + ivTest.stest + "\t" + ivTest.ctest
  + "\t" + ivTest.itest +"\t" + ivTest.ftest + "\t" + ivTest.dtest + "\t"
  + ivTest.bltest + "\t" + ivTest.strTest);
  }
}
```

程序输出：

```
byte    short   char    intlong float   double  boolean String
0       0               0       0.0     0.0     false   null
```

表 1-4 是各种类型的实例变量的默认值。

**表 1-4　实例变量默认值**

| byte | short | int | long | float | double | char | boolean | 引用类型 |
|---|---|---|---|---|---|---|---|---|
| 0 | 0 | 0 | 0L | 0.0f | 0.0d | '\u0000' | false | null |

（3）实例变量具有生命周期，即创建分配内存空间到销毁内存空间的过程。

举例：

```
class Test {
    private int n1 = 0;
    private int n2 = 0;
    public int add() {
```

```
            int result = n2 + n2;
            n1 = n1 + 1;
            n2 = n2 + 2;
            return result;
        }
        public static void main(String[] args) {
            Test t1 = new Test();
            Test t2 = new Test();
            t1.add();
            t1.add();
            t2.add();
        }
    }
```

创建 Test 实例，开始实例变量 n1、n2 的生命周期，n1、n2 位于堆区。

执行完 Test 类的 main 方法，结束 Test 实例及它的实例变量 n1、n2 的生命周期，卸载 Sample 类，Java 虚拟机运行结束。

Test 实例内存分析如图 1-4 所示。

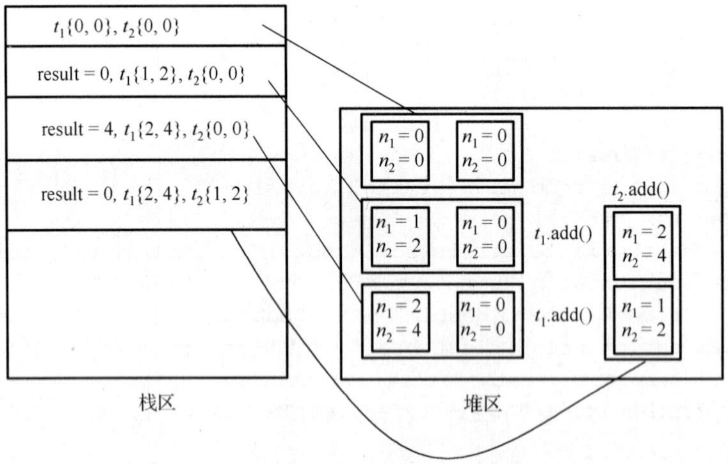


图 1-4 Test 实例内存分析

## 1.3.3 操作符

程序的基本功能就是处理数据，程序用变量来表示数据。任何编程语言都有自己的操作符，Java 语言也不例外。操作符能与相应类型的数据组成表达式，以完成相应的运算。

一般情况下，不用刻意记住操作符的优先级，当不能确定操作符的执行顺序时，可以使用圆括号来显式指定运算顺序。

### 1．赋值操作符

（1）=：如 int x=0，i=1，j=1。

（2）*=：这里的"*="由操作符"*"和"="复合而成，它等价于 a=a*b。这种复合操作符能使程序变得更加简洁。

（3）/=：a/=b 等价于 a=a/b。

（4）%=：a%=b 等价于 a=a%b。

### 2. 比较操作符

（1）>：大于。

（2）>=：大于等于。

（3）<：小于。

（4）<=：小于等于。

以上操作符只适用于整数类型和浮点数类型。

```
int a=1,b=1;
double d=1.0;
boolean result1 = a>b;        //result1 的值为 false
boolean result2 = a<b;        //result2 的值为 false
boolean result3 = a>=d;       //result3 的值为 true
boolean result4 = a<=b;       //result4 的值为 true
```

（5）instanceof：判断一个引用类型所引用的对象是否为一个类的实例。该操作符左边是一个引用类型，右边是一个类名或接口名。形式如下：

```
obj instanceof ClassName 或者 obj instanceof InterfaceName
```

举例：

```
String a = "zs";
System.out.println(a instanceof String);     //输出 true
```

### 3. 相等操作符

（1）==：等于。

（2）!=：不等于。

这两种操作符既可以是基本类型，又可以是引用类型。

① 基本类型。

举例：

```
int a=1,b=1;
float c=1.0f;
double d=1.0;
System.out.println(a==b);        //输出 true
System.out.println(a==c);        //输出 true
System.out.println(a==d);        //输出 true
System.out.println(c==d);        //输出 true
```

② 引用类型。

两个引用变量必须都引用同一个对象，结果才为 true。

举例：

```
Student s1 = new Student("zs",25,100)
Student s2 = new Student("zs",25,100)
Student s3 = s1;

System.out.println(s1 == s2);    //输出 false
System.out.println(s1 == s3);    //输出 true
System.out.println(s2 == s3);    //输出 false
```

### 4. 数学运算操作符

（1）+：数据类型值相加或字符串连接。

① 数据类型值相加。

举例：

```
int    a=1+2;                          //a 值为 3
double b=1+2;                          //b 值为 3.0
double b=1+2.0;                        //c 值为 3.0
```

② 字符串连接。

举例：

```
System.out.println(1+2+"a");             //输出 3a
System.out.println(1+2.0+"a");           //输出 3.0a
System.out.println(1+2.0+"a"+true);      //输出 3.0atrue
System.out.println("a"+1+2);             //输出 a12
System.out.println(1+"a"+2);             //输出 1a2
```

（2）/：整除，如操作数均为整数，运算结果为商的整数部分。

举例：

```
int a1=12/5;                           //a1 变量的取值为 2
int a2=13/5;                           //a2 变量的取值为 2
int a3=-12/5;                          //a3 变量的取值为-2
int a4=-13/5;                          //a4 变量的取值为-2
int a5=1/5;                            //a5 变量的取值为 0
double a6=12/5;                        //a6 变量的取值为-2.0
double a7=12/5.0;                      //a7 变量的取值为-2.4
```

（3）%：//取模操作符。

举例：

```
int a1=1%5;                            //a1 变量的取值为 1
int a2=13%5;                           //a2 变量的取值为 3
double a3=1%5;                         //a3 变量的取值为 1.0
double a4=12%5.1;                      //a4 变量的取值为 1.8000000000000007
```

### 5. 移位操作符

（1）>>：算术右移位运算，也称带符号右移位运算。

举例：

```
int a1 = 12 >> 1;                      //a1 变量的取值为 6
int a2 = 128 >> 2;                     //a2 变量的取值为 32
int a3 = 129 >> 2;                     //a3 变量的取值为 32
int a1 = 12 >> 33;                     //a1 变量的取值为 6
```

① 对 12 右移一位的过程：舍弃二进制数的最后一位，在二进制数的开头增加一位符号位，由于 12 是正整数，因此增加的符号位为 0。

② 对–12 右移两位的过程：舍弃二进制数的最后两位，在二进制数的开头增加两位符号位，由于–12 是负整数，因此增加的符号位为 1。

③ 表达式" a>>b " 等价于 a/2^b%32。

（2）>>>：逻辑右移位运算，也称不带符号右移位运算。

```
int a1 = 12 >>> 1;                          //a1 变量的取值为 6
int a2 = -12 >>> 2;                         //a2 变量的取值为 1073741821
```

① 对 12 右移一位的过程：舍弃二进制数的最后一位，在二进制数的开头增加一个 0。

② 对–12 右移两位的过程：舍弃二进制数的最后两位，在二进制数的开头增加两个 0。

（3）<<：左移位运算，也称不带符号左移位运算。

```
int a1 = 12 << 1;                           //a1 变量的取值为 24
int a2 = -12 << 2;                          //a2 变量的取值为-48
int a3 = 128 << 2;                          //a3 变量的取值为 512
int a4 = 129 << 2;                          //a4 变量的取值为 516
```

① 对 12 左移一位的过程：舍弃二进制数的开头一位，在二进制数的尾部增加一个 0。

② 对–12 左移两位的过程：舍弃二进制数的开头两位，在二进制数的尾部增加两个 0。

### 6．位运算操作符

（1）&：与运算，对两个操作元的每个二进制位进行与运算。运算规则如下：1&1->1, 1&0->0, 0&1->0, 0&0->0。

（2）|：或运算，对两个操作元的每个二进制位进行或运算。运算规则如下：1|1->1, 1|0->1, 0|1->1, 0|0->0。

（3）^：异或运算，对两个操作元的每个二进制位进行异或运算。运算规则如下：1^1->0, 1^0->1, 0^1->1, 0^0->0，即若两个值相同，则为 0，不同则为 1。

（4）~：取反运算，~1->0，~0->1。

### 7．逻辑操作符

短路操作符：如果能根据操作左边的布尔表达式推算出整个表达式的布尔值，则不执行操作符右边的布尔表达式。

&&：左边的布尔表达式的值为 false，整个表达式值肯定为 false，此时会忽略右边的布尔表达式。

||：若左边的布尔表达式的值为 true，则整个表达式值肯定为 true，此时会忽略右边的布尔表达式。

### 8．条件操作符

布尔表达式 ？表达式 1 ：表达式 2：如果布尔表达式的值为 true，则返回表达式 1 的值，否则返回表达式 2 的值。

```
int score = 61;
String result = score>=60?"及格":"不及格";
```

## 1.3.4　类型转换

（1）使用在基本数据类型和实例对象之间的转换。

（2）隐式转换和显式转换。隐式转换是在运行期间转换的，从子类转换到父类；显式转换可缩小变化。

举例：

```
public class CastingTest {
  public void implictCasting() {//隐式类型转换
    byte a = 0x60;
    int ia = a;
    char b = 'a';
```

```
    int c = b;
    long d = c;
    long e = 1000000000L;
    float f = e;
    double g = f;
    String s = "hello";
    Object o = s;
  }
  public void explicitCasting() {//显式类型转换，即强制转换
    long l = 1000000L;
    int i = l; //(int)l;
    double d = 12345.678;
    float f = d; //(float)d;
    Object o = new String("Hello");
    String str = o; //(String)o;
  }
}
```

### 1.3.5 条件语句

有些程序代码只有在满足特定条件的情况下才会被执行，Java 语言支持如下两种条件处理语句。

#### 1. if ... else

（1）if 后面的表达式必须是布尔表达式，而不能为数字类型。

举例：下面的 if(x)是非法的。

```
int x=0;
if(x) {                 //编译出错
System.out.println("x 不等于 0");
} else {
System.out.println("x 等于 0");
}
```

（2）假如 if 语句或 else 语句的程序代码块中包括多条语句，则必须放在大括号{}内。若程序代码块只有一条语句，则可以不用大括号{}。流程控制语句(如 if...else 语句)可作为一条语句使用。

```
public void amethod(int x) {
    if(x>0)
    System.out.println("x 不等于 0");
    else if(x==0)
    System.out.println("等于 0");
    else if(x<0)
    System.out.println("小于 0");
}
```

#### 2. switch

语法：

```
switch(expr) {
    case value1:
        statements;
        break;
```

```
        ...
        case valueN
            statments;
            break;
        default:
            statements;
            break;
    }
```

（1）expr 的类型必须是 byte，short，char 或者 int。

（2）valueN 类型必须是 byte，short，char 或者 int，该值必须是常量。各个 case 子句的 valueN 值不同。

（3）当 switch 表达式的值不与任何 case 子句匹配时，程序执行 default 子句，假如没有 default 子句，则程序直接退出 switch 语句。default 子句可以位于 switch 语句中的任何位置。

（4）如果 switch 表达式与某个 case 表达式匹配，或者与 default 情况匹配，则从这个 case 子句或 default 子句开始执行。假如遇到 break，则退出整个 switch 语句，否则依次执行 switch 语句中后续的 case 子句，不再检查 case 表达式的值。

（5）switch 语句的功能也可以用 if...else 语句来实现。但 switch 语句会使程序更简洁，可读性更强。而 if...else 功能更为强大。

### 1.3.6　循环语句

循环语句的作用是反复执行一段代码，直到不满足循环条件为止。循环语句一般应包括如下 4 部分内容。

（1）初始化部分：用来设置循环的一些初始条件，如循环控制变量的初始值。

（2）循环条件：这是一个布尔表达式，每一次循环都要对该表达式求值，以判断到底是继续循环还是终止循环。

（3）循环体：这是循环操作的主体内容，可以是一条语句，也可以是多条语句。

（4）迭代部分：用来改变循环控制变量的值，从而改变循环条件表达式的值。

Java 语言提供 3 种循环语句：for 语句、while 语句和 do...while 语句。for 语句、while 语句在执行循环体之前测试循环条件，而 do...while 语句在执行循环体之后测试循环条件。因此，for 语句、while 语句有可能连一次循环都未执行，而 do...while 至少执行一次循环体。

#### 1．for 循环

语法：

```
for(初始化部分; 循环条件; 迭代部分){
循环体
}
```

在执行 for 语句时，先执行初始化部分，这部分只会被执行一次；计算作为循环条件的布尔表达式，如果为 true，则执行循环体；执行迭代部分，再计算作为循环条件的布尔表达式，如此反复。

#### 2．while 循环

语法：

```
[初始化部分]
while(循环条件) {
```

```
    循环体,包括迭代部分
    }
```

当循环条件为 true 时，重复执行循环，否则终止循环。

### 3. do...while 循环

语法：

```
    [初始化部分]
    do {
    循环体,包括迭代部分
    }while(循环条件)
```

先执行循环体，当循环条件为 true 时，重复执行循环，否则终止循环。

以上三种循环功能类同。作为一种编程惯例，for 语句一般用在循环次数事先可确定的情况下，而 while 和 do...while 语句则用在循环次数事先不可确定的情况下。

## 1.3.7 循环语句中流程跳转

### 1. break

break 语句用于终止当前或指定循环。

举例：

```
public int sum(int n) {
int result = 0,i=1;
    while(i<=n) {
        result = result + i;
        i=i+1;
        if(i>10)
        break;
    }
    return result;
}
```

以上代码实现了从 1 加到 10，当 i>10 时，通过 break 终止当前循环。

### 2. continue

continue 语句用于跳过本次循环，执行下一次循环，或执行标号标识的循环体。

举例：

```
public int sum(int n) {
    int result = 0;
    for(int i=1;i<=100;i++) {
        if(i%2==0)
        continue;
        result = result + i;
    }
    return result;
}
```

以上代码实现了求指定范围内奇数的和的功能。当 i 满足 i%2==0 的条件时，跳过本次循环。

### 3. label

label 用来标识程序中的语句，标号的名称可以是任意的合法标识符。

continue 语句中的标识必须定义在 while、do...while 和 for 循环语句前面；break 语句中的标识必须定义在 while、do...while 和 for 循环语句或 switch 语句前面。

举例：

```
loop: while (true) {
    for (int i=0; i < 100; i++) {
        switch (c = System.in.read()) {
            case -1:
            case ` \n ` :
            //跳出 while-loop 循环到 end while
            break loop;
            ....
        }
    } //end for
} //end while

test: for (...) {
    ....
    while (...) {
        if (j > 10) {
        //跳出 for 循环到 end for
        continue test;
        }
    } //end while
} //end for
```

## 1.4 数组

数组是指一组数据的集合，数组中的每个数据称为元素。在 Java 中，数组也是 Java 对象。数组中的元素可以是任意类型（包括基本类型和引用类），但同一个数组里只能存放类型相同的元素。创建数组大致包括如下步骤。

（1）声明一个数组类型的引用变量，简称为数组变量。

（2）用 new 语句构造数组的实例，new 语句为数组分配内存，并且为数组中的每个元素赋予默认值。

（3）初始化，即为数组的每个元素设置合适的初始值。

### 1.4.1 数组变量的声明

#### 1. 数组

数组是一个存放同一类型数据的集合，既可以是基本类型，又可以是对象类型；数组中的每个数据为元素；数组是一个对象，成员是数组长度和数组中的元素；声明了一个数组变量并不是创建了一个对象。

#### 2. 声明数组的方式

int[] IArray 或者 int IArray[]基本数据类型数组，数组中存放的是基本数据类型。

Teacher[] tArray 或者 Teacher tArray[]类数组，数组中存放的是 Teacher 类创建的若干个对象。

**注意**：声明数组变量的时候，不能指定数组的长度，以下声明方式是非法的。

```
int x[1];
int[2] x;
```

### 1.4.2 初始化

初始化就是自变量创建后首次赋值的过程。数据类型的默认值如表 1-5 所示。

#### 1．创建数组对象

数组对象和其他 Java 对象一样，也使用 new 语句创建。

```
int[] iArray = new int[2];
```

new 语句执行以下步骤。

（1）在堆区中为数组分配内存空间，以上代码创建了一个包含两个元素的 int 数组；每个元素都是 int 类型，占 4 个字节，因此整个数组对象在内存中占用 8 个字节。

（2）为数组中的每个元素赋予其数据类型的默认值。

（3）返回数组对象的引用。

表 1-5 数据类型默认值

| 数据类型 | 默认值 |
|---|---|
| byte/short/int/long | 0 |
| float | 0.0f |
| double | 0.0d |
| string | null |
| char | '\u0000' |
| boolean | false |

在用 new 语句创建数组对象时，需要指定数组长度。数组长度表示数组中包含的元素数目。数组长度可以用具体的数值表示，也可以用变量表示。例如：

```
int[] x = new int[10];
```

或者

```
int size=10;
int[] x = new int[size];
```

数组的长度可以为 0，此时数组中一个元素也没有。例如：

```
int[] x = new int[0];
```

对于 Java 类的程序入口方法 main(String args[])，如果运行时此类没有输入参数，那么 main()方法的参数 args 并不是 null，而是一个长度为 0 的数组。例如：

```
public class Sample {
    public static void main(String[] args) {
        System.out.println(args.length);          //打印 0
    }
}
```

数组对象创建后，它的长度是固定的。数组对象的长度是无法改变的，但是数组变量可以改变所引用的数组对象。

```
int[] x = new int[3];
int[] y = x;
x = new int[4];
```

#### 2．初始化数组对象

数组中的每个元素都有一个索引，或者称为下标。数组中的第一个元素的索引为 0，第二个元素的索引为 1，以此类推。

通过索引可以访问数组中的元素或者给数组中元素内容赋值。

（1）声明、创建、初始化分开：

```
int[] iArray;
iArray = new int[2];
iArray[0] = 0;
iArray[1] = 1;
```

（2）声明、创建的同时初始化数组：

```
int[] iArray = {0, 1};
Student sArray[] = new Student[] { new Student("George","Male",20),new Student()};
Student[] stArray = { new Student(), new Student()} ;
```

**注意**：非法的数组初始化方式有如下几种。

```
int[] x = new int[5]{5,4,3,2,1};             //编译出错，不能在[]中指定数组的长度
int[] x;
x = {5,4,3,2,1};     //{5,4,3,2,1}必须在声明数组变量的语句中使用，不能单独使用
```

### 1.4.3　多维数组

Java 支持多维数组。假定某个宾馆有三层，第一层有 4 个房间，第二层有 3 个房间，第三层有 5 个房间。某天客人住宿情况如下所示。

第三层：　　|　　|Tom |Jerry|　　|Rose|。

第二层：　　|Mary|　　|Kevin|。

第一层：　　|Mike|Jane|Duke |　　|。

可以用二维数组来存储各个房间的客人信息。

```
String[][] room = new String[3][];
room[0] = new String[]{"Mike","Jane","Duke",null};
room[1] = new String[]{"Mary",null,"kevin"};
room[2] = new String[]{null,"Tom","Jerry",null,"Rose"}
```

以上代码等价于：

```
String[][] room = {{"Mike","Jane","Duke",null},
{"Mary",null,"kevin"},
{null,"Tom","Jerry",null,"Rose"}};
```

通过以上代码引出两维数组，然后对照书上的讲解。通过画内存分配图进一步阐述。

多维数组本质上是数组的数组，数组元素的内容还是数组。

### 1.4.4　数组的边界

（1）一个数组的下标从 0 开始，数组通过数组对象的引用变量的下标访问数组。

数组中第一个元素的索引为 0，第二元素的索引为 1，以此类推。如果一个数组长度是 5，则要访问最后一个数组元素可以通过下标 4 来访问；如果通过下标 5 访问，则超出了数组的边界，在运行时会抛出 ArrayIndexOutOfBoundsException。

（2）通过调用数组的 length 方法可以获得一个数组的元素个数（数组长度）。

所有 Java 数组都有一个 length 属性，表示数组的长度，该属性只能读取，但是不能修改。

以下代码用于修改数组的 length 属性，这是非法的。

```
int[] x = new int[4];
```

```
x.length = 10;          //编译出错，length 属性不能被修改
```

（3）数组变量必须在引用一个数组对象之后，才能访问其元素。

```
public class Sample {
    private int[] x;
    public static void main(String[] args) {
        Sample s = new Sample();
        System.out.println(s.x);     //打印 null
        System.out.println(s.x[0]); //运行时抛出 NullPointerException
        System.out.println(s.x.length); //运行时抛出 NullPointerException
    }
}
```

（4）当数组的元素为引用类型时，数组中存放的是对象的引用，而不是对象本身。

### 1.4.5 数组的复制

数组的长度一旦确定就不能调整，可以通过复制数组的内容来改变数组长度。System 类中的辅助的 arraycopy 方法提供了复制数组内容的功能。

```
public static void arraycopy(Object src,
int srcPos,
Object dest,
int destPos,
int length)
```

其中，各参数的含义如下。

src：源数组。

srcPos：要从源数组复制数据的开始位置。

dest：目标数组。

destPos：目标数组中要放复制内容的开始位置。

length：要复制数据的个数。

## 1.5 高级语言特性

### 1.5.1 OOP 中的基本概念

Java 的编程语言是面向对象的，采用这种语言进行编程称为面向对象编程（Object Oriented Programming，OOP），它允许设计者将面向对象设计实现为一个可运行的系统。Java 的编程单位是类，对象最后要通过类进行实例化（即“创建”）。

面向对象编程有如下 3 个特性。

（1）封装：Java 是以类为基础的，所有的属性和方法都是封装在类中的，不像 C++在类外还可以定义函数。

（2）多态：表面来看是多种状态的意思。

（3）继承：继承可以使子类具有父类的各种属性和方法，而不用再次编写相同的代码。

下面要对这 3 个特性进行详细的分析，在 Java 中一切以类为基础，这 3 个特性与类是分不开的，下面先介绍类。

### 1.5.2 类和对象

在 C++中，可以用 struct 来表示一个类。

在 Java 中，用 class 关键字来表示一个类，类是一个抽象的数据类型。

面向对象的开发方法把软件系统看成各种对象的集合，对象就是最小的子系统，一组相关的对象能够组合成更复杂的子系统。面向对象的开发方法将软件系统看成各种对象的集合，接近人的自然思维方式。

对象是对问题领域中事件的抽象。对象具有以下特性。

（1）万物皆为对象。问题领域中的实体和概念都可以抽象为对象。例如，学生、成绩单、教师、课程和教室。

（2）每个对象都是唯一的。

（3）对象具有属性和行为。

例如，小张，性别女，年龄 22，身高 1.6m，体重 40kg，能够学习，唱歌。小张的属性包括姓名、性别、年龄、身高和体重，行为包括学习、唱歌。

例如，一部手机，品牌是诺基亚，价格是 2000 元，银白色，能够拍照、打电话和收发短信等。这部手机的属性包括品牌类型 type、价格 price 和颜色 color，行为包括拍照 takePhoto()、打电话 call()、收短信 receiveMessage()和发短信 sendMessage()。

（4）对象具有状态。状态是指某个瞬间对象的各个属性的取值。对象的某些行为会改变对象自身的状态，即属性的取值。

例如，小张本来体重为 40kg，经为减肥后，体重减到 35kg，其对象状态图如图 1-5 所示。

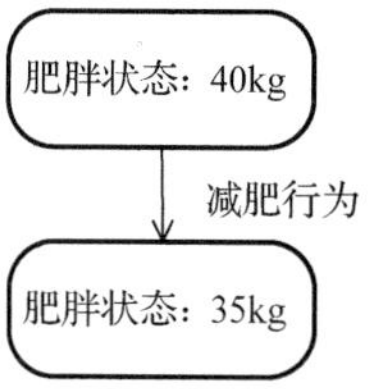

图 1-5 对象状态图

（5）每个对象都是某个类的实例。例如，小张和小王都属于学生类、中国和美国都属于国家类、中文和英文都属于语言类。

类是具有相同属性和行为的对象的集合。

同一个类的所有实例都有相同属性，但是它们的状态和属性取值不一定相同。例如，小张和小王都属于学生类，都有姓名、性别、年龄、身高和体重这些属性，但是其属性取值不同。

同一个类的所有实例都有相同行为，意味着它们具有一些相同的功能。

类是一组具有相同属性和行为对象的模板。面向对象编程的主要任务就是定义对象模型中的各个类。

（1）类是一种类型：即一种引用类型。

（2）类是元数据：描述数据的数据，数据在面向对象领域里以对象的形式存在，类是对象共有属性和方法的抽象描述。

Java 程序是各种对象相互作用，而不是类相互作用。举例：

（1）早上到公司上班，在电梯中碰到总经理我们会说，张总早或王总早，而不会说人早呀！

（2）我们要看电视，则要买电视机，而不是买制作电视机的模具。

在 Java 中，类的声明和实现在同一时间，而且必须在一起，前面已经举过很多的例子。而在 C++中，类的声明和实现可以被分开。

### 1.5.3 定义方法的形式及参数传递

类中定义方法的语法格式如下。

```
修饰符 返回类型 方法名（参数列表）异常抛出类型
```

（1）必须有返回值，如果方法没有返回值，必须用 void 声明返回类型。

（2）构造器没有返回类型，试问下同学们构造器加了返回类型变成了什么？

方法中定义的参数通常称为形参，调用有参数的方法时，通常会传递一些实参给方法，那么在 Java 中方法的参数是如何传递的呢？

参数传递分为如下两种。

（1）对于基本数据类型，参数通过值传递。

（2）对于类类型，参数通过引用(对象的引用)传递。

只有引用传递的内容能被改变，而按值传递不会变化。

举例：

```
public class ParameterTest{
    public static void increment(int i){
        i++;
        System.out.println("in increment,i:" + i);
    }
    public static void changeName(Student s){
        s.name = "Tom";
        System.out.println("in changeName,name:" + s.name);
    }
    public static void main(String[] args){
        int i = 10;
        System.out.println("before increment,i:" + i);
        increment(i);
        System.out.println("after increment,i:" + i);

        System.out.println("*************");
        Student s = new Student();
        s.name = "Jack";
        s.age = 20;
        s.gender = "male";
        System.out.println("before changeName,name:" + s.name);
        System.out.println("s:" + s);
        changeName(s);
        System.out.println("after changeName,name:" + s.name);
    }
}
```

每当用 Java 命令启动一个 Java 虚拟机进程时，Java 虚拟机就会创建一个主线程，该线程从程序入口 main()方法开始执行。主线程在 Java 栈内有一个方法调用栈，每执行一个方法，就会向方法调用栈中压入一个包含该方法的局部变量及参数的栈帧。

主线程先把 main()方法的栈帧压入方法调用栈，在这个栈帧中包含 2 个局部变量 i 和 s，当主线程开始执行 increment()方法时，会把该方法的栈帧也压入方法调用栈。在这个栈帧中包含 1 个 i 参数，它的初始值由 main()方法的 i 局部变量传递。

## 1.5.4 封装

当属性前面用 private 修饰时，表示该属性不能被其他类访问和修改，它只能被本类访问和修改，范围限制在本类内。

封装有两个方面：一方面是数据隐藏，另一方面就是让实现细节不可见，即实现的具体细节隐藏)。

那么如何访问那些 private 的属性呢？

Java 提供了一个统一的接口给所有的用户，用户只能通过这个接口来访问。其可以提高可维护性。

封装等方法是在属性（实例变量）前加 private，然后通过统一的方法访问及修改这些属性值的实现过程。

**注意：**

① 实现封装的关键在于绝不让其他类访问该类的实例字段。

② 提供一个统一的接口给所有的用户，用户只能通过这个接口来访问。

## 1.5.5 方法重载

有时，类的同一种功能有多种实现方式，换句话说，有很多相同名称的方法，只是参数不同。这为用户对这种功能的调用提供了很大的灵活性。对于类的方法（包括从父类中继承的方法），如果有两个方法的方法名相同，但参数不一致，则说一个方法是另一个方法的重载方法。这种现象称为重载。

重载必须满足以下条件。

（1）方法名称相同。

（2）参数（参数类型、个数和顺序）不同。

（3）返回类型可以不相同。

在一个类中不允许定义两个方法名相同，并且参数签名也完全相同的方法。因为假如存在这样的两个方法，Java 虚拟机在运行时就无法决定到底执行哪个方法。参数签名是指参数的类型、个数和顺序。

## 1.5.6 创建和初始化对象

按照前面讲述的定义类的形式、定义方法的形式构建好类之后，程序要真实地运行，还要通过对象的交互来完成。创建好了类，只是创建了构建对象的模板。可以通过 new 操作符来快速地构建出对象。使用 new 有以下作用。

（1）为对象分配内存空间，将对象的实例变量自动初始化为其变量类型的默认值。

（2）如实例变量显示初始化，则将初始化值赋给实例变量。

（3）调用构造方法。

（4）返回对象的引用。

## 1.5.7 构造方法

### 1. 概念

构造方法是一种特殊的方法，它是一个与类同名且没有返回值类型的方法。对象的创建就是通过构造方法来完成的，其功能主要是完成对象的初始化。当类实例化一个对象时会自动调用构造方法。构造方法和其他方法一样也可以重载。

简而言之，有和类名相同的名称且没有返回类型的方法就是构造方法（有返回类型的构造器变成普通方法）。

### 2. 作用

方法有什么作用，构造方法就有什么作用，只是构造方法的作用在创建对象的时候生效，一般放置在属性初始化代码。

### 3．构造方法的作用域

构造方法只能通过以下方式被调用。

（1）当前类的其他构造方法通过 this 语句调用它。

（2）当前类的子类的构造方法通过 super 语句调用它。

（3）在程序中通过 new 语句调用它。

### 4．构造方法重载

当通过 new 语句创建一个对象时，在不同的条件下，对象可能会有不同的初始化行为。例如，对于公司新来的一个雇员，在开始的时候，有可能他的姓名和年龄是未知的，也有可能仅仅他的姓名是已知的，也有可能姓名和年龄都是已知的。如果姓名是未知的，则暂且把姓名设为“无名氏”，如果年龄是未知的，则暂且把年龄设为–1。可通过重载构造方法来表达对象的多种初始化行为。在一个类的多个构造方法中，可能会出现一些重复操作。为了提高代码的可重用性，Java 语言允许在一个构造方法中，用 this 语句来调用另一个构造方法。

使用 this 语句来调用其他构造方法时，必须遵守以下语法规则。

（1）假如在一个构造方法中使用了 this 语句，那么它必须为构造方法的第一条语句（不考虑注释语句）。

```
public Employee() {
String name="无名氏";
this(name);        //编译错误，this 语句必须为第一条语句
}
```

（2）只能在一个构造方法中用 this 语句来调用类的其他构造方法，而不能在实例方法中用 this 语句来调用类的其他构造方法。

（3）只能用 this 语句来调用其他构造方法，而不能通过方法名来直接调用构造方法。

```
public Employee() {
String name="无名氏";
Employee(name);       //编译错误
}
```

### 5．默认的构造方法

默认构造方法：没有参数的构造方法，可分为如下两种。

（1）隐含的默认构造方法。

（2）程序显式定义的构造方法。

在 Java 语言中，每个类至少有一个构造方法。为了保证这一点，如果用户定义类中没有提供任何构造方法，那么 Java 语言将自动提供一个隐含的默认构造方法。该构造方法没有参数，用 public 修饰，而且方法体为空，格式如下。

```
public ClassName(){}       //隐含的默认构造方法
```

在程序中也可以显式地定义默认构造方法，它可以是任意的访问级别。

如果类中显式定义了一个或多个构造方法，那么 Java 语言便不再分配隐含的默认构造方法。

举例：

```
public class Sample{
    public Sample(int a) {
        System.out.println("My Constructor");
    }
}
```

创建 Sample 类对象的语句举例：

```
Sample s1 = new Sample();        //编译出错
Sample s2 = new Sample(1);       //合法的
```

## 1.5.8　继承

### 1. 概念

什么是继承呢？生活中不乏这样的例子，老张有个儿子小张，老张健在的时候，小张继承了老张的坏脾气，国字脸，八字脚。老张过世后，作为子女之一，小张继承了老张的财产。小张只有亲生爸爸老张，老张却有包括小张在内的多个子女。

Java 中类与类之间也有生活中类似的继承关系。在 Java 类继承关系中，对应于父亲的类称为父类，对应于儿子的类称为子类。父子类间的继承关系也称为“is a”关系。这种关系通过类声明上的 extends 关键字体现。

一个子类只有一个父类，一个父类可有多个子类。

### 2. 为什么要继承？

（1）通过继承，我们可以快速构建出一个带有丰富功能的新类。

（2）不修改源代码，修改既有类的行为；通过继承，在子类中构建父类中已有的方法，可以改变父类方法的行为。

### 3. Object 类

所有的 Java 类都直接或间接地继承了 java.lang.Object 类。Object 类是所有 Java 类的祖先，在这个类中定义了所有的 Java 对象都具有的相同行为。

### 4. 注意事项

（1）构造器不能被继承，方法和实例变量可以被继承。

（2）子类构造器隐式地调用父类的默认无参构造器。

（3）如果父类中没有定义无参构造器，只定义了有参构造器，那么子类构造器必须显式地调用父类的有参构造器，且必须放置在第一条语句，否则会有语法错误。

（4）this()和 super()在构造器中都必须为第一条语句，两者不能同时出现。

（5）当一个子类继承了一个父类后，父类中所有的字段和方法都被子类继承拥有，子类可以任意地支配使用，每个子类对象中都拥有了父类中的所有字段。当构造一个子类的实例对象时，该对象的实例变量包括了子类本身以及父类中的所有实例变量，实例方法也包括了子类和父类中的所有实例方法。子类构造器用来初始化子类中所有的实例变量，而父类构造器 super（实参）用来初始化父类中所有的实例变量，那么在堆中为子类实例对象分配的内存区域中包括了子类和父类中所有初始化后的实例变量。

（6）父子类同包，子类继承父类中 public、protected 和默认访问级别的成员变量和成员方法；父子类不同包，子类继承父类中 public、protected 的成员变量和成员方法。

## 1.5.9　方法覆盖

在 Java 中，子类可继承父类中的方法，而不需要重新编写相同的方法。但有时子类并不想原封不动地继承父类的方法，而想做一定的修改，这时就需要采用方法的重写。方法重写又称方法覆盖。

若子类中的方法与父类中的某一方法具有相同的方法名、返回类型和参数表，则新方法将覆盖原有的方法。方法覆盖只存在于子类和父类（包括直接父类和间接父类）之间。在同一个类中方法只能被重载，不能被覆盖。

### 1. 静态方法

静态方法不能被覆盖：

（1）父类的静态方法不能被子类覆盖为非静态方法，否则会编译错误。

（2）子类可以定义与父类的静态方法同名的静态方法，以便在子类中隐藏父类的静态方法。

（3）父类的非静态方法不能被子类覆盖为静态方法，否则会编译错误。

### 2. 私有方法

私有方法不能被子类覆盖。

举例：

```
class Base {
    private String showMe() {
        return "Base";
    }

    public void print() {
        System.out.println(showMe());
    }
}

public class Sub extends Base {
    private String showMe() {
        return "Sub";
    }

    public static void main(String args[]) {
        sub sub = new Sub();
        sub.print(); /*打印出结果"Base", 因为print()方法在Base类中定义，因此
                      调用在Base类中定义的private类型的showMe().若将
                      private换成public类型，其他代码不变，则打印"Sub"*/
    }
}
```

抽象方法：抽象方法可以覆盖。

（1）父类的抽象方法可以被子类覆盖为非抽象方法：子类实现父类抽象方法。

（2）父类的抽象方法可以被子类覆盖为抽象方法：重新声明父类的抽象方法。

（3）父类的非抽象方法可以被子类覆盖为抽象方法。

## 1.5.10 this 和 super 关键字

### 1. this 关键字

在方法调用、参数传递过程中，极有可能出现参数名称与实例变量名同名的情况。在一个方法内，可以定义和成员变量同名的局部变量或参数，此时成员变量被屏蔽。此时如果要访问实例变量，可以通过 this 关键字来访问，this 为当前实例的引用。

### 2. super 关键字

子类中要访问父类中屏蔽的方法或变量时：子类方法中定义和父类成员变量同名变量；子类中写了一个和父类中相同的方法；子类中写了一个和父类中相同的属性。

### 3. 使用注意事项

（1）只能在构造方法或实例方法内使用 super 关键字，在静态方法和静态代码块内不能使用 super 关键字。

（2）在子类构造方法中如没有使用 this 关键字，则会隐式调用父类的无参构造方法。

（3）构造方法中 this(...)和 super(...)不能同时出现。

举例：

```
<--------------------------------例 1-------------------------------->
class Father() {
public Father() {
                System.out.println("In Father()");
        }
}

class Son extends Father {
}

public class Test {
        public static void main(String[] args) {
                new Son(); //打印输出 In Father()
        }
}

<--------------------------------例 2-------------------------------->

class Father() {
public Father() {
                System.out.println("In Father()");
        }
}

class Son extends Father {
        public Son() {
                System.out.println("In Son()");
        }
}

public class Test {
        public static void main(String[] args) {
            new Son();
            //打印输出 In Father()
            //        In Son()
        }
}
```

```
<-----------------------------例 3------------------------------------->

class Father() {
public Father(String name) {
                System.out.println("In Father() " + name);
        }
}

class Son extends Father {
        public Son() {
                System.out.println("In Son()");
        }
}

public class Test {
        public static void main(String[] args) {
                new Son();  /*编译出错，子类会隐式调用父类中无参构造方法，而此时
                              父类中不存在无参构造方法*/
        }
}

<-----------------------------例 4------------------------------------->

class Father() {
public Father(String name) {
                System.out.println("In Father() " + name);
        }
}

class Son extends Father {
        public Son() {
                super("zs");
                System.out.println("In Son()");
        }
}

public class Test {
        public static void main(String[] args) {
                new Son();
                //打印输出:
                //In Father() zs
                //In Son()
        }
}

<-----------------------------例 5 ------------------------------------->

class Father() {
public Father() {
                System.out.println("In Father()");
        }
```

```
public Father(String name) {
                System.out.println("In Father(String name)");
        }
}

class Son extends Father {
        public Son() {
                this("zs");
                System.out.println("In Son()");
        }

        public Son(String name) {
                System.out.println("In Son(String name)");
        }
}

public class Test {
        public static void main(String[] args) {
                new Son();
                //打印输出：
                //In Father()
                //In Son(String name)
                //In Son()
        }
}
```

## 1.5.11　多态及对象类型转换

### 1．多态

多态就是同一操作作用于不同的对象，可以有不同的解释，产生不同的执行结果。Java 多态性的概念也可以被称为“一个接口，多个方法”。Java 实现运行时多态性的基础是动态方法调度，它是一种在运行时而不是在编译期调用重载方法的机制。

### 2．类型转换

（1）使用 instanceof 识别类型。

（2）子类型隐式地扩展到父类型（自动转换）。

（3）父类型必须显式地缩小到子类型。

转换规则：被转换的实际对象类型一定是转换以后对象类型的自身或者它的子类。

```
Person p = new Person();
Student s = (Student)p; //编译不会错，运行时错误
Person p2 = new Student();
Student s = (Student)p2 或者 Person p = (Student)p2;   //正确
```

### 3．继承现象总结

（1）子类重写父类方法，调用子类方法。

（2）子类属性与父类同名（不管子类属性前修饰符如何均允许），如获取属性，则查看获取属性方法位置；如在父类中，则获取的是父类属性；如在子类中，则获取的是子类属性。

（3）子类私有方法与父类私有方法同名，如调用该方法，则查看私有方法被调用的位置；如在父类中，则调用的是父类方法；如在子类中，则调用的是子类方法。

（4）子类静态方法与父类静态方法同名，子类静态方法屏蔽父类静态方法。如调用该静态方法，则查看实例化对象时所声明的类型；如声明为父类，则调用的是父类中的静态方法，反之是子类中的静态方法。

## 1.5.12 static 修饰符

static 修饰符可以用来修饰类的成员变量、成员方法和代码块。用 static 修饰的成员变量表示静态变量，可以直接通过类名来访问；用 static 修饰的成员方法表示静态方法，可以直接通过类名来访问；用 static 修饰的程序代码表示静态代码块，当 Java 虚拟机加载类时，会执行该代码块；被 static 所修饰的成员变量和成员方法表明归某个类所有，它不依赖于类的特定实例，被类的所有实例共享。只要这个类被加载，Java 虚拟机就能根据类名在运行时数据区的方法区内定位到它们。

### 1. static 变量

成员变量：定义在类里面、方法外面的变量，有两种，即实例变量和静态变量；形式和实例变量类似，在实例变量前面加 static 关键字。

静态变量和实例变量的区别如下。

（1）对于每个类而言 static 变量在内存中只有一个，能被类的所有实例所共享；实例变量对于每个类的每个实例都有一份，它们之间互不影响。

（2）Java 虚拟机在加载类的过程中为 static 变量分配内存，实例变量在加载完类后创建对象时分配内存。

（3）static 变量存在方法区，实例变量存在堆区。

（4）static 变量可以直接通过类名访问，实例变量通过引用类型变量访问。

### 2. static 方法

成员方法分为静态方法和实例方法。用 static 修饰的方法称为静态方法，或类方法。静态方法也和静态变量一样，不需要创建类的实例，可以直接通过类名来访问。

举例：

```
public class Sample1 {
        public static int add(int x, int y) {
                return x+y;
        }
}

public class Sample2 {
        public void method() {
                int result = Sample1.add(1,2);
                System.out.println("result= " + result);
        }
}
```

（1）static 方法可以直接访问所属类的实例变量和实例方法，直接访问所属类的静态变量和静态方法。

**注意：**

① 不能使用 this 关键字。

② super 关键字用来访问当前实例从父类中继承的方法和属性。super 关键字与类的特定实例相关。

③ 静态方法必须被实现。静态方法用来表示某个类所特有的功能，这种功能的实现不依赖于类的具体实例，也不依赖于它的子类。既然如此，当前类必须为静态方法提供实现。

（2）父类的静态方法不能被子类覆盖为非静态方法。

举例：

```
public class Base {
        public static void method() {}
}

public class Sub extends Base {
        public void method() {}//编译出错
}
```

以上代码会编译出错。

子类可以定义与父类的静态方法同名的静态方法，以便在子类中隐藏父类的静态方法。子类的静态方法也要满足覆盖条件。

在子类隐藏父类的静态方法和子类覆盖父类的实例方法中，其区别在于：运行时，JVM 把静态方法和所属的类绑定，而把实例方法和所属的实例绑定。

（3）父类的非静态方法不能被子类覆盖为静态方法。

### 3．static 代码块

类中可以包含静态代码块，它不存于任何方法中。在 Java 虚拟机中加载类时会执行这些静态代码块。如果类中包含多个静态代码块，那么 Java 虚拟机将按照它们在类中出现的顺序依次执行它们，每个静态代码块只会被执行一次。

举例：

```
public class Sample {
    static int i = 5;
    static {//第一个静态代码块
            System.out.println("First Static code i="+i++);
    }
    static {//第二个静态代码块
            System.out.println("Second Static code i="+i++);
    }
    public static void main(String[] args) {
            Sample s1 = new Sample();
            Sample s2 = new Sample();
            System.out.println("At last, i= "+i);
    }
}
```

类的构造方法用于初始化类的实例，而类的静态代码块可用于初始化类，给类的静态变量赋初始值。静态代码块与静态方法一样，也不能直接访问类的实例变量和实例方法，而必须通过实例的引用来访问它们。

## 1.5.13　final 修饰符

final 具有“不可改变的”含义，它可以修饰非抽象类、非抽象成员方法和变量。

（1）用 final 修饰的类不能被继承，没有子类。

（2）用 final 修饰的方法不能被子类的方法覆盖。

（3）用 final 修饰的变量表示常量，只能被赋一次值。

final 不能用来修饰构造方法，因为“方法覆盖”这一概念仅适用于类的成员方法，而不适用于类的构造方法，父类的构造方法和子类的构造方法之间不存在覆盖关系。因此用 final 修饰构造方法是无意义的。父类中用 private 修饰的方法不能被子类的方法覆盖，因此 private 类型的方法默认是 final 类型的。

### 1．final 类

继承关系的弱点是打破封装，子类能够访问父类的实现细节，而且能以方法覆盖的方式修改实现细节。在以下情况中，可以考虑把类定义为 final 类型，使这个类不能被继承。

（1）子类有可能会错误地修改父类的实现细节。

（2）出于安全性方面的考虑，类的实现细节不允许有任何改动。

（3）在创建对象模型时，确信这个类不会再被扩展。

例如，JDK 中 java.lang.String 类被定义为 final 类型。

### 2．final 方法

在某些情况下，出于安全原因，父类不允许子类覆盖某个方法， 此时可以把这个方法声明为 final 类型。例如，在 java.lang.Object 类中，getClass()方法为 final 类型。

### 3．final 变量

（1）final 可以修饰静态变量、实例变量、局部变量。

（2）final 变量都必须显式初始化，否则会导致编译错误。

① 静态变量，只能在定义变量时进行初始化。

② 实例变量，可以在定义变量时，或者在构造方法中进行初始化。

（3）final 变量只能赋一次值。

举例：

```
public class Sample {
    private final int var1 = 1;

    public Sample() {
        var1 = 2;          //编译出错，不允许改变 var1 实例变量的值
    }

    public void method(final int param) {
        final int var2 = 1;
        var2++;            //编译出错，不允许改变 var2 局部常量的值
        param++;           //编译出错，不允许改变 final 类型参数的值
    }
}

public class Sample {
    final int var1;              //定义 var1 实例常量
    final int var2 = 0;          //定义并初始化 var2 实例常量
```

```
        Sample() {
            var1 = 1;               //初始化 var1 实例常量
        }

        Sample() {
            var1 = x;               //初始化 var1 实例常量
        }
    }
```

## 1.5.14　接口

### 1. abstract 修饰符

abstract 修饰符可用来修饰类和成员方法。

（1）用 abstract 修饰的类表示抽象类，抽象类不能实例化，即不允许创建抽象类本身的实例。没有用 abstract 修饰的类称为具体类，具体类可以被实例化。

（2）用 abstract 修饰的方法表示抽象方法，抽象方法没有方法体。抽象方法用来描述系统具有什么功能，但不提供具体的实现。没有 abstract 修饰的方法称为具体方法，具体方法具有方法体。

### 2. 抽象类语法规则

（1）抽象类中可以没有抽象方法，但包含了抽象方法的类必须被定义为抽象类。

（2）没有抽象构造方法，也没有抽象静态方法。

（3）抽象类中可以有非抽象的构造方法。

（4）抽象类及抽象方法不能被 final 修饰符修饰。

（5）抽象类不允许实例化。

### 3. 接口的作用

使用接口可以解决多重继承问题。例如，Fish 类继承 Animal 类，表明 Fish 是一种动物，但鱼同样也是一种食物，如何表示这种关系呢？由于 Java 语言不支持一个类有多个直接的父类，因此无法用继承关系来描述鱼既是一种食物，又是一种动物，为了解决这一问题，Java 语言引入接口类型，简称接口。一个类只能有一个直接的父类，但是可以实现多个接口。采用这种方式，Java 语言对多继承提供了有力的支持。

### 4. 接口与抽象类

接口是抽象类的抽象，抽象类可存在具有方法体的方法，而接口中的方法全部为抽象方法。

（1）接口中的所有方法均是抽象方法， 默认都是 public、abstract 类型的。

```
public interface A {
void method1();                     //合法，默认为 public、abstract 类型
public abstract void method2(); //合法，显式声明为 public、abstract 类型
```

（2）接口中的成员变量默认都是 public，static，final 类型的，必须被显式初始化。

① final：接口里定义的是规则，不可改变。

② static：接口不能被实例化，对成员变量的访问只能通过类名.变量名来进行。

```
public interface A {
int CONST = 1;                  //合法，CONST 默认为 public, static, final 类型
public static final int OPAQUE = 1;//合法，显式声明为 public static final 类型
}
```

（3）接口中只能包含 public，static，final 类型的成员变量和 public、abstract 类型的成员方法。

（4）接口中没有构造方法，不能被实例化。

（5）一个类只能继承一个直接的父类，但能实现多个接口。

### 5. 抽象类和接口比较

1）相同点

（1）都不能被实例化。

（2）都能包含抽象方法。

2）不同点

（1）抽象类中可以为部分方法提供默认的实现，从而避免子类中重复实现它们，提高代码的可重用性，而接口中只能包含抽象方法。

（2）一个类只能继承一个直接的父类，这个父类有可能是抽象类；但一个类可以实现多个接口，这是接口的优势所在。

## 1.5.15 访问控制

面向对象的基本思想之一是封装实现细节并且公开方法。Java 语言采用访问控制修饰符来控制类及类的方法和变量的访问权限，从而只向使用者暴露方法，但隐藏实现细节。访问控制分为 4 种级别，如表 1-6 所示。

表 1-6 访问级别表

| 访问级别 | 访问控制修饰符 | 同类 | 同包 | 子类 | 不同的包 |
|---|---|---|---|---|---|
| 公开级别 | public | y | y | y | y |
| 受保护 | protected | y | y | y | n |
| 默认 | 没有访问控制符 | y | y | n | n |
| 私有 | private | y | n | n | n |

成员变量、成员方法和构造方法可以处于 4 个访问级别中的一个；顶层类只可以处于公开或默认访问级别。

内部类应用：在一个类的内部定义的类称为内部类。内部类允许把一些逻辑相关的类组织在一起，并且控制内部类代码的可视性。随着对内部类的逐步了解，就会发现它有独到的用途。它能够使程序结构变得更优雅。

变量按照作用域可分为成员变量，包括实例变量、静态变量；局部变量。

同样，内部类按照作用域可分为成员内部类，即实例内部类、静态内部类；局部内部类。

顶层类只能处于 public 和默认访问级别，而成员内部类可以处于 public，protected，private 和默认访问级别。

### 1. 静态内部类

静态内部类是成员内部类的一种，用 static 修饰。静态内部类具有以下特点。

（1）静态内部类的实例不会自动持有外部类的特定实例的引用，在创建内部类的实例时，不必创建外部类的实例。

举例：

```
class A {
    public static class B {
```

```
            int v;
        }
    }

    class Tester {
        public void test() {
            A.B b = new A.B();
            b.v = 1;
        }
    }
```

（2）静态内部类可以直接访问外部类的静态成员，如果访问外部类的实例成员，则必须通过外部类的实例去访问。

举例：

```
class A {
    private int a1;                    //实例变量 a1
    private static int a2;             //静态变量 a2

    public static class B {
        int b1 = a1;                   //编译错误，不能直接访问外部类 A 的实例变量 a1
        int b2 = a2;                   //合法，可以直接访问外部类 A 的静态变量 a2
        int b3 = new A().a1;           //合法，可以通过类 A 的实例访问变量 a1
    }
}
```

（3）在静态内部类中可以定义静态成员和实例成员。

举例：

```
class A {
    public static class B {
        int v1;                    //实例变量
        static int v2;             //静态变量

        public static class C {
            static int v3;     //静态内部类
        }
    }
}
```

（4）可以通过完整的类名直接访问静态内部类的静态成员。

举例：

```
class A {
    public static class B {
        int v1;                    //实例变量
        static int v2;             //静态变量

        public static class C {
            static int v3;     //静态内部类
            int v4;
        }
    }
```

```
    }

    public class Tester {
        public void test() {
            A.B b = new A.B();
            A.B.C c = new A.B.C();
            b.v1 = 1;
            v.v2 = 1;
            A.B.v1 = 1;          //编译错误
            A.B.v2 = 1;          //合法
            A.B.C.v3 = 1;        //合法
        }
    }
```

## 2. 实例内部类

实例内部类是成员内部类的一种，没有 static 修饰符。其具有以下特点。

（1）在创建实例内部类的实例时，外部类的实例必须已经存在。

举例：

```
Outer.InnerTool tool = new Outer().new InnerTool();
```

等价于：

```
Outer outer = new Outer();
Outer.InnerTool tool = outer.new InnerTool();
```

以下代码会导致编译错误：

```
Outer.InnerTool tool = new Outer.InnerTool();
```

（2）实例内部类的实例自动持有外部类的实例的引用。在内部类中，可以直接访问外部类的所有成员，包括成员变量和成员方法。

举例：

```
public class A {
    private int a1;
    public int a1;
    static int a1;

    public A(int a1, int a2) {
        this.a1 = a1;
        this.a2 = a2;
    }

    protected int methodA() {
        return a1 * a2;
    }

    class B {
        int b1 = a1;                    //直接访问 private 的 a1
        int b2 = a2;                    //直接访问 public 的 a2
        int b3 = a3;                    //直接访问 static 的 a3
        int b4 = new A(3, 4).a1;        //访问一个新建的实例 A 的 a1
        int b5 = methodA();             //访问 methodA()方法
```

```
        }

        public static void main(String args[]) {
            A.B b = new A(1, 2).new B();
            System.out.println("b.b1=" + b.b1);      //打印 b.b1=1;
            System.out.println("b.b2=" + b.b2);      //打印 b.b2=2;
            System.out.println("b.b3=" + b.b3);      //打印 b.b3=0;
            System.out.println("b.b4=" + b.b4);      //打印 b.b4=3;
            System.out.println("b.b5=" + b.b5);      //打印 b.b5=2;
        }
    }
```

（3）外部类实例与内部类实例之间是一对多的关系，一个内部类实例只会引用一个外部类实例，而一个外部类实例对应零个或多个内部类实例。在外部类中不能直接访问内部类的成员，必须通过内部类的实例去访问。

举例：

```
    class A {
        class B {
            private int b1 = 1;
            public int b2 = 2;
            class C {
            }
        }

        public void test() {
            int v1 = b1;                        //invalid
            int v2 = b2;                        //invalid
            B.C c1 = new C();                   //invalid

            B b = new B();
            int v3 = b.b1;                      //valid
            int v4 = b.b2;                      //valid
            B.C c2 = b.new C();                 //valid
            B.C c3 = new B().new C();           //valid
        }
    }
```

（4）实例内部类中不能定义静态成员，只能定义实例成员。

（5）如果实例内部类 B 与外部类 A 包含同名的成员，那么在类 B 中，this.v 表示类 B 的成员，A.this.v 表示类 A 的成员。

### 3. 局部内部类

在一个方法中定义的内部类，它的可见范围是当前方法。和局部变量一样，局部内部类不能用访问控制修饰符（public，private 和 protected）及 static 修饰符来修饰。其具有以下特点。

（1）局部内部类只能在当前方法中使用。

举例：

```
    class A {
        B b = new B(); //编译错误
```

```
        public void method() {
            class B {
                int v1;
                int v2;

                class C {
                    int v3;
                }
            }
            B b = new B();        //合法
            B.C c = b.new C();    //合法
        }
    }
```

（2）局部内部类和实例内部类一样，不能包含静态成员。

举例：

```
    class A {
        public void method() {
            class B {
                static int v1;        //编译错误
                int v2;               //合法

                static class C {      //编译错误
                    int v3;
                }
            }
        }
    }
```

（3）在局部内部类中定义的内部类也不能被 public、protected 和 private 等访问控制修饰符修饰。

（4）局部内部类和实例内部类一样，可以访问外部类的所有成员。此外，局部内部类还可以访问所在方法中的 final 类型的参数和变量。

### 4．几种内部类的区别

1）创建

（1）声明的位置。

静态内部类：类的内部，方法的外部，用 static 关键字修饰。

实例内部类：类的内部，方法的外部，不用 static 关键字修饰。

局部内部类：方法的内部。

匿名内部类：既可以在类的内部、方法的外部，又可以在方法的内部。

（2）实例化方式。

静态内部类：

```
    new Outer.Inner();            //在外部类外创建
    new Inner();                  //在外部类内、内部类外创建
```

实例内部类：

```
    new Outer().new Inner();      //在外部类外创建
    this.new Inner();             //在外部类内、内部类外创建
```

局部内部类：

```
    new Inner();                        //只能在方法内部创建
```

匿名内部类：

```
    new 类名() {};
```

2）访问

（1）外部类访问内部类。

静态内部类：通过完整的类名直接访问静态内部类的静态成员。

实例内部类：通过内部类的实例访问内部类的成员。

局部内部类：不能访问。

匿名内部类：不能访问。

（2）内部类访问外部类。

静态内部类：直接访问外部类的静态成员。

实例内部类：可以直接访问外部类的所有成员。

局部内部类：可以直接访问外部类的所有成员，访问所在方法中的 final 类型的参数和变量。

匿名内部类：可以直接访问外部类的所有成员，访问所在方法中的 final 类型的参数和变量。

## 1.6 集合

数组的长度是固定的，在许多应用场合中，一组数据的数目是不固定的，如一个单位的员工数目是变化的，有员工跳槽，也有新的员工进来。又如，一个单位的客户是变化的，有客户流失，也有新的客户签单。为了使程序能方便地存储和操纵数目不固定的一组数据，JDK 类库提供了 Java 集合，所有 Java 集合类都位于 java.util 包中。与 Java 数组不同，Java 集合中不能存放基本类型数据，而只能存放对象的引用。出于表达上的便利，下面把“集合中的对象的引用”简称为“集合中的对象”。

Java 中的集合主要分为以下 3 种类型。

（1）Set：无序，并且没有重复对象。

（2）List：有序（放入的先后的次序），可重复。

（3）Map：集合中的每一个元素包含键对象和值对象，集合中没有重复的键对象，值对象可以重复。

图 1-6 清晰地展示了 Collection、Set、List、Map 及其实现类和子类的关系。

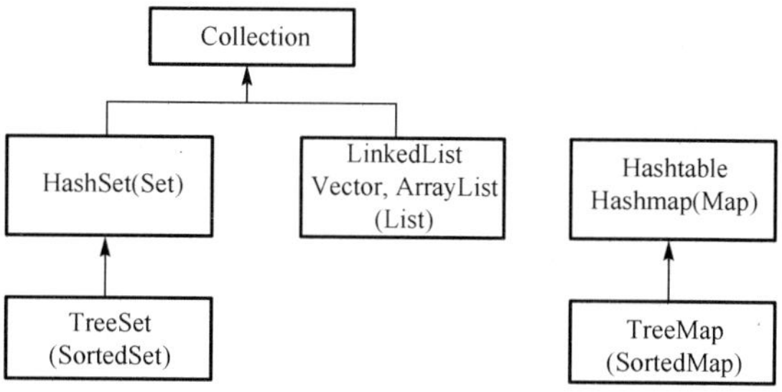


图 1-6　集合的关系结构

### 1.6.1 Collection 和 Iterator 接口

在 Collection 接口中声明了适用于 Set 和 List 的通用方法。

```
boolean add(Object o)         //向集合中加入一个对象的引用
void clear()                  //删除集合中的所有对象引用，即不再持有这些对象的引用
boolean contains(Object o)    //判断在集合中是否持有特定对象的引用
boolean isEmpty()             //判断集合是否为空
Iterator iterator()           //返回一个 Iterator 对象，可用它来遍历集合中的元素
boolean remove(Object o)      //从集合中删除一个对象的引用
int size()                    //返回集合中元素的数目
Object[] toAttray()           //返回一个数组，该数组包含集合中的所有元素
```

Iterator 接口隐藏底层集合的数据结构，向客户程序提供了遍历各种类型的集合的统一方法。Iterator 接口中声明方法如下。

```
hasNext()                     //判断集合中的元素是否遍历完毕，如没有，则返回 true
next()                        //返回下一个元素
remove()                      //从集合中删除上一个由 next()方法返回的元素
```

通过下面程序实践上面的方法。

```
import java.util.*;
public class Visitor {
    public static void print(Collection c) {
        Iterator it = c.iterator();
        while (it.hasNext()) {
            Object element = it.next();
            System.out.println(element);
        }
    }

    public static void main(String args[]) {
        Set set = new HashSet();
        set.add("Tom");
        set.add("Mary");
        set.add("Jack");
        print(set);

        List list = new ArrayList();
        list.add("Linda");
        list.add("Mary");
        list.add("Rose");
        print(list);

        Map map = new HashMap();
        map.put("M", "男");
        map.put("F", "女");
        print(map.entrySet());
    }
}
```

### 1.6.2　Set、List、Map 集合

#### 1．Set

Set 是最简单的一种集合，集合中的对象无序、不能重复。其主要实现的类如下。

（1）HashSet：按照哈希算法来存取集合中的对象，存取速度比较快。

（2）LinkedHashSet：HashSet 子类，不仅实现 Hash 算法，还实现链表数据结构，链表数据结构能提高插入和删除元素的性能。

（3）TreeSet：实现 SortedSet 接口，具有排序功能。

一般用法：Set 集合中存放的是对象的引用，并且没有重复对象。

```
Set set = new HashSet();
String s1 = new String("hello");
String s2 = s1;
String s3 = new String("world");
set.add(s1);
set.add(s2);
set.add(s3);
System.out.println(set.size());//集合中对象数目为 2
```

当一个新的对象加入到 Set 集合中时，Set 的 add 方法是如何判断这个对象是否已经存在于集合中的呢？它遍历既存对象，通过 equals 方法比较新对象和既存对象是否有相等的。

```
boolean isExist = false;
Iterator it = set.iterator();
while(it.hasNext()) {
String oldStr = it.next();
if(newStr.equals(oldStr)) {
isExists = true;
break;
}
}
```

举例：

```
Set set = new HashSet();
String s1 = new String("hello");
String s2 = new String("hello");
set.add(s1);
set.add(s2);
System.out.println(set.size());//集合中对象数目为 1
```

1）HashSet

按照哈希算法来存取集合中的对象，存取速度比较快。当向集合中加入一个对象时，HashSet 会调用对象的 hashCode()方法来获得哈希码，然后根据这个哈希码进一步计算出对象在集合中的存放位置。

Object 类中定义了 hashCode()方法和 equals()方法，Object 类的 equals()方法按照内存地址比较对象是否相等，因此如果 object.equals(object2)为 true，则表明 object1 变量和 object2 变量实际上引用同一个对象，那么 object1 和 object2 的哈希码也肯定相同。

为了保证 HashSet 能正常工作，要求当两个对象用 equals()方法比较的结果为 true 时，它们的哈希码也相等。如果用户定义的 Customer 类覆盖了 Object 类的 equals()方法，但是没有覆盖 Object 类的 hashCode()方法，则会导致当 customer1.equals(customer2)为 true 时，而 customer1 和 customer2 的哈希码不一定一样，这会使 HashSet 无法正常工作。

举例：

```
public class Customer {
    private String name;
    private int age;

    public Customer(String name, int age) {
        this.name = name;
        this.age = age;
    }

    public String getName() {
        return name;
    }

    public int getAge() {
        return age;
    }

    public boolean equals(Object o) {
        if (this == o)
            return true;
        if (!(o instanceof Customer))
            return false;
        Customer other = (Customer) o;

        if (this.name.equals(other.getName())
                && this.age.equals(other.getAge()))
            return true;
        else
            return false;

    }
}
```

以下程序向 HashSet 中加入两个 Customer 对象。

```
Set set = new HashSet();
Customer customer1 = new Customer("Tom", 15);
Customer customer2 = new Customer("Tom", 15);
set.add(customer1);
set.add(customer2);
System.out.println(set.size());//打印出 2
```

出现以上结果的原因在于 customer1 和 customer2 的哈希码不一样，因此两个 customer 对象计算出了不同的位置，于是把它们放到集合中的不同地方。此时，应加入以下 hashCode()方法。

```
public int hashCode() {
  int result;
  result = (name==null?0:name.hashCode());
  result = 29*result + age;
  return result;
}
```

2）TreeSet

TreeSet 实现了 SortedSet 接口，能够对集合中的对象进行排序。当 TreeSet 向集合中加入一个对象时，会把它插入到有序的对象序列中。那么 TreeSet 是如何对对象进行排序的呢？TreeSet 支持两种排序方式：自然排序和客户化排序。默认情况下，TreeSet 采用的是自然排序方式。

（1）自然排序：在 JDK 类库中，有一部分类实现了 Comparable 接口，如 Integer、Double 和 String 等。Comparable 接口有一个 compareTo(Object o)方法，它返回整数类型。对于 x.compareTo(y)，如如返回 0，则表明 x 和 y 相等；如返回值大于 0，则表明 x>y；如返回值小于 0，则表明 x<y。

TreeSet 调用对象的 compareTo()方法比较集合中对象的大小，然后进行升序排序，这种排序方式称为自然排序。

JDK 类库中实现了 Comparable 接口的一些类的排序方式，如表 1-7 所示。

表 1-7　Comparable 接口排序方式

| 基本数据类型 | 排序方式 |
| --- | --- |
| Byte，Short，Integer，Long，Double，Float | 按数字大小排序 |
| Character | 按数字大小排序 |
| String | 按字符串中字符的 Unicode 值排序 |

使用自然排序时，TreeSet 中只能加入相同类型的对象，且这些对象必须实现了 Comparable 接口，否则会抛出 ClassCastException 异常。当修改了对象的属性后，TreeSet 不会重新排序。最适合 TreeSet 排序的是不可变类（它们的对象的属性不能修改）。

（2）客户化排序：除了自然排序外，TreeSet 还支持客户化排序。java.util.Comparator 接口提供了具体的排序方法，它包含一个 compare(Object x, Object y)方法，用于比较两个对象的大小，当 compare(x,y)返回 0 时，表明 x 和 y 相等；返回值大于 0 时，表明 x>y；返回值小于 0 时，表明 x<y。

如果希望 TreeSet 按照 Customer 对象的 name 属性进行降序排列，则可以先创建一个实现 Comparator 接口的类 CustomerComparator。

举例：

```
import java.util.*;
public class CustomerComparator implements Comparator {
    public int compare(Object o1, Object o2) {
        Customer c1 = (Customer) o1;
        Customer c2 = (Customer) o2;

        if (c1.getName().compareTo(c2.getName()) > 0)
            return -1;
        if (c1.getName().compareTo(c2.getName()) < 0)
            return 1;
        return 0;
    }

    public static void main(String[] args) {
        Set set = new TreeSet(new CustomerComparator());

        Customer customer1 = new Customer("Tom", 15);
        Customer customer3 = new Customer("Jack", 16);
        Customer customer2 = new Customer("Mike", 26);
        set.add(customer1);
        set.add(customer2);
        set.add(customer3);
```

```
            Iterator it = set.iterator();

            while (it.hasNext()) {
                Customer customer = it.next();
                System.out.println(customer.getName() + " " + customer.getAge());
            }
        }
    }
```

输出结果：

```
    Tom 15
    Mike 26
    Jack 16
```

### 2. List

List 的主要特征是其元素以线性方式存储，集合中允许存放重复对象。其主要实现类包括 ArrayList 和 LinkedList。

ArrayList：代表长度可变的数组。允许对元素进行快速的随机访问，但是向 ArrayList 中插入与删除元素的速度较慢。

LinkedList：在实现中采用链表结构。对顺序访问进行了优化，向 List 中插入和删除元素的速度较快，随机访问速度相对较慢。随机访问是指检索位于特定索引位置的元素。

List 的遍历方式有如下两种。

（1）list.get(i);　　//通过索引检索对象

（2）Iterator it = list.iterator();

　　it.next();

### 3. Map

Map 是一种把键对象和值对象进行映射的集合，它的每一个元素都包含一对键对象和值对象。向 Map 集合中加入元素时，必须提供一对键对象和值对象，从 Map 集合中检索元素时，只要给出键对象，就会返回对应的值对象。

```
    map.put("2", "Tuesday");
    map.put("3", "Wednesday");
    map.put("4", "Thursday");
    String day = map.get("2");          //day的值为"Tuesday"
```

Map 集合中的键对象不允许重复，如以相同的键对象加入多个值对象，则第一次加入的值对象将被覆盖。而值对象没有唯一性的要求，可以将任意多个键对象映射到同一个值对象上。

```
    map.put("1", "Mon");
    map.put("1", "Monday");             //"1"此时对应"Monday"
    map.put("one", "Monday");           //"one"此时对应"Monday"
```

Map 有两种比较常见的实现：HashMap 和 TreeMap。

1）HashMap

HashMap 按哈希算法来存取键对象，有很好的存取性能，为了保证 HashMap 正常工作，和 HashSet 一样，要求当两个键对象通过 equals()方法比较为 true 时，这两个键对象的 hashCode()方法返回的哈希码也一样。

2）TreeMap

TreeMap 实现了 SortedMap 接口，能对键对象进行排序。和 TreeSet 一样，TreeMap 也支持自然排序和客户化排序两种方式。

举例：

```
Map map = new TreeMap();
map.put("1", "Monday");
map.put("3", "Wednesday");
map.put("4", "Thursday");
map.put("2", "Tuesday");

Set keys = map.keySet();
Iterator it = keys.iterator();
while(it.hasNext()) {
String key = (String)it.next();
String value= (String)map.get(key);
System.out.println(key + " " + value);
}
```

输出结果：

```
1 Monday
2 Tuesday
3 Wednesday
4 Thursday
```

### 1.6.3 反射机制

提到反射可能会使我们联想到光学中的反射概念，但其在 Java 中是另一个概念。平时我们照镜子的时候，在镜子后面会有自己的影子，其实 Java 中的反射也是类似的，一个类或者对象通过反射可以获得自身的对象，该对象是一个 java.lang.Class 对象（就像一个镜像文件）。

一个对象或者类获得自身的 Class 对象的过程称为反射。

有两种方法可以获得自身的 Class 对象引用，对每一个被装载的类型（类或接口），虚拟机都会为它创建一个 java.lang.Class 的实例：

（1）Class c = Class.forName("com.tdfy.Shape");　　//虚拟机中没有该类的 Class 的实例对象

（2）Class c = stu.getClass();　　//虚拟机中已经存在 Class 的实例对象

Class c = this.getClass();　　//虚拟机中已经存在 Class 的实例对象

**注意：类和它所创建的所有对象通过反射获得的 Class 对象是同一个。**

反射可以使用户利用这个 Class 对象来获取和修改私有的变量和方法，不通过共有的方法获得，可以破坏数据的封装性。

反射的作用如下。

（1）确定一个对象的 Class。

（2）可以获得一个类的修饰符、字段、方法、构造器和父类。

（3）获得接口声明的常量和方法。

（4）创建 Class 的实例，直到运行时才获得。

（5）运行前即使字段名称不知道，也可以在程序运行时获得和修改这些字段的值。

（6）运行前即使对象的方法名不知道，可以在程序运行时触发调用该方法。

（7）运行前创建了一个大小和元素都未知的新数组，可以在运行时修改数组的元素。

反射机制通过在运行时探查字段和方法，从而帮助用户写出通用性很好的程序，这项能力对系统编程来说特别有用，但它并不适用于应用编程。然而，反射是脆弱的，编译不能帮助用户发现编译错误，任何错误在运行时被发现都会导致异常。

举例：

Shape.java：

```
public class Shape{
    int x;
    int y;
    public Shape(){}
    public Shape(int x,int y){
        this.x = x;
        this.y = y;
    }
    public void draw(){
        System.out.println("Shape draw");
    }
}
```

properties.txt：

```
Methodname=draw
```

ReflectionTest.java：

```
import java.util.*;
import java.lang.reflect.*;
import java.io.*;
public class ReflectionTest{
    public static void main(String args[]) throws Exception{
        String classname = args[0];
        Class c = Class.forName(classname); //获取类镜像
        Shape s1 = (Shape)c.newInstance();
        Properties props = new Properties();
        props.load(new FileInputStream("properties.txt")); //加载属性文件到内存
        String methodname = props.getProperty("Methodname");
        //获取 Methodname 的值
        System.out.println("Methodname:"+methodname);
        Method[] methods = c.getMethods();
        for(int i=0;i<methods.length;i++){
            Method method = methods[i];
    if(method.getName().equals(methodname)&&method.getParameterTypes().
    length==0){
                method.invoke(s1,new Object[]{});         //调用 draw 方法
            }
        }
        s1.draw(); //调用 draw 方法
    }
}
```

# 1.7 异常

尽管人人都希望处理的事情能顺利进行，所操纵的机器能正常运转，但在现实生活中总会遇到各种异常情况。例如，职工小王开车去上班，在正常情况下，小王会准时到达单位。但是天有不测风云，当小王去上班时，可能会遇到一些异常情况：如小王的汽车出了故障，小王只能改为步行，结果上班迟到；或者遭遇车祸而丧命。

异常情况会改变正常的流程，导致恶劣的后果。为了减少损失，应该事先充分预计到所有可能出现的异常，然后采取解决措施。程序运行时也会遇到各种异常情况，异常处理的原则和现实生活中异常处理原则相似。首先应该预计到所有可能出现的异常，然后考虑能否完全避免异常，如果不能完全避免，再考虑异常发生时的具体处理方法。

Java 语言提供了一套完善的异常处理机制。正确运用这套机制，有助于提高程序的健壮性。所谓程序的健壮性，指程序在多数情况下能够正常运行，返回预期的正确结果；如果偶尔遇到异常情况，程序也会采取妥当的解决措施。

Java 语言按照面向对象的思想来处理异常，使得程序具有更好的可维护性。Java 异常处理机制具有以下优点。

（1）把各种不同类型的异常情况进行分类，用 Java 类来表示异常情况，这种类被称为异常类。把异常情况表示成异常类，可以充分发挥类的可扩展和可重用的优势。

（2）异常流程的代码和正常流程的代码分离，提高了程序的可读性，简化了程序的结构。

（3）可以灵活地处理异常，如果当前方法有能力处理异常，则捕获并处理它，否则只需要抛出异常，由方法调用者来处理它。

## 1.7.1 异常的基本概念

### 1. 异常产生的条件

异常产生的条件也可称为异常情况。在 Java 代码中，异常情况有以下几种。

（1）整数相除运算中，分母为 0。

（2）通过一个没有指向任何具体对象的引用去访问该对象的方法。

（3）使用数组长度作为下标访问数组元素。

（4）将一个引用强制转化成不相干的对象。

### 2. 异常会改变正常程序流程

异常产生后，正常的程序流程被打破了，要么程序中止，要么程序被转向异常处理的语句。

（1）当一个异常的事件发生后，该异常被虚拟机封装成异常对象抛出。

（2）用来负责处理异常的代码被称为异常处理器。

（3）通过异常处理器来捕获异常。

举例：

```
class ExceptionTest {
    public static void divide(int a, int b) {
        try {
        int result = a / b;
        System.out.println(a + "/" + b + "=" + result);
```

```
            } catch(ArithmeticException e) {
            System.out.println("Sorry, error in divide");
            }
        }

        public static void main(String[] args) {
            divide(1, 2);
            divide(10, 2);
            divide(10, 0);
            divide(10, 5);
        }
    }
```

### 1.7.2 try...catch 语句

在 Java 语言中，用 try...catch 语句来捕获处理异常。其语法格式如下。

```
try {
    可能会出现异常情况的代码;
} catch(异常类型 异常参数) {
    异常处理代码
} catch(异常类型 异常参数) {
    异常处理代码
}
```

（1）如果 try 代码块中没有抛出异常，则 try 代码块中的语句会顺序执行完，catch 代码块内容不会被执行。

（2）如果 try 代码块中抛出 catch 代码块所声明的异常类型对象，则程序跳过 try 代码块中下面的代码，直接执行 catch 代码块中的对应内容。

注意：

① 可以存在多个 catch 代码块，究竟执行哪个，取决于抛出的异常对象是否为 catch 代码块中的异常类型。

② 异常只能被一个异常处理器所处理，不能声明两个异常处理器处理相同类型的异常。

③ 多个 catch 语句块所声明的异常类型不能越来越小。

④ 不能捕获一个在 try 语句块中没有抛出的异常。

（3）如果 try 代码块中抛出 catch 代码块未声明的异常类型对象，则异常被抛给调用者；哪里调用了这段语句块，哪里就负责处理这个异常。

### 1.7.3 finally 语句

finally 语句是任何情况下都必须执行的代码。

由于异常会强制中断正常流程，这会使得某些不管在任何情况下都必须执行的步骤被忽略，从而影响程序的健壮性。例如，小王开了一家小店，在店里上班的正常流程为打开店门、工作 8 个小时、关门；异常流程为小王在工作时突然犯病，因而提前下班。举例：

```
public void work() {
        try {
            开门();
            工作 8 个小时();
            关门();
```

```
            } catch(Exception e) {
                //异常处理语句
            }
    }
```

假如小王在工作时突然犯病，那么流程会跳转到 catch 代码块，这意味着关门的操作不会被执行，这样的流程显然是不安全的，必须确保关门的操作在任何情况下都会被执行。finally 代码块能保证特定的操作总是会被执行的，其形式如下。

```
    public void work() {
        try {
            开门();
            工作 8 个小时();
        } catch(Exception e) {
            //异常处理语句
        } finally {
            关门();
        }
    }
```

当然，finally 代码块中的代码也可位于 catch 语句块之后，例如：

```
    public void work() {
        try {
            开门();
            工作 8 个小时();
        } catch(Exception e) {
            //异常处理语句
        }
        关门();
    }
```

这在某些情况下是可行的，但不推荐使用。

finally 语句把与 try 代码块相关的操作孤立开来，使程序结构松散，可读性差，影响程序的健壮性。假设 catch 语句块中继续有异常抛出，关门动作便不会执行。

举例：

```
    public class ExceptionTest{
        public static void main(String args[]){
            int num1;
            int num2;
            int result;
            try{
                num1 = Integer.parseInt(args[0]);
                num2 = Integer.parseInt(args[1]);
                if(num2 == 0)
                    throw new Exception();
                result = num1/num2;
            }catch(NumberFormatException e1){
                //System.out.println("Error:Please input integer number");
                //System.exit(1);
                //e1.printStackTrace();
                System.err.println(e1.getCause());
```

```
            }catch(ArrayIndexOutOfBoundsException e2){
                System.out.println("Error:Please input two integer arguments");
                System.exit(1);
            }catch(ArithmeticException e3){
                System.out.println("Error:num2 can not be zero ");
                System.exit(3);
            }catch(Exception e4){
                System.out.println("Error:num2 can not 0");
                System.exit(4);
            }finally{//释放资源
                System.out.println("in finally");
            }
        }
    }
```

## 1.7.4 异常调用栈

异常处理时所经过的一系列方法调用过程被称为异常调用栈。

### 1. 异常的传播

哪个方法被调用，就由哪个方法处理。

（1）异常情况发生后，发生异常所在的方法可以处理。

（2）异常所在的方法内部没有处理，该异常将被抛给该方法调用者，调用者可以处理。

（3）如调用者没有处理，异常将被继续抛出；如一直没有对异常处理，则异常将被抛至虚拟机。

如果异常没有被捕获，那么异常将使程序被停止。

异常产生后，如果一直没有进行捕获处理，则该异常被抛给虚拟机，程序将被终止。

### 2. 常用的异常 API

getCause()：返回类型是 Throwable，该方法获得 Throwable 的异常原因或者 null。

getMessage()：获得具体的异常出错信息，可能为 null。

printStatckTrace()：打印异常在传播过程中所经过的一系列方法的信息，简称异常处理方法调用栈信息；在程序调试阶段，此方法可用于跟踪错误。

## 1.7.5 异常层级关系

所有异常类的祖先类为 java.lang.Throwable 类。它有两个直接的子类：Error 类和 Exception 类。

Error 类：表示仅靠程序本身无法恢复的严重错误，如内存空间不足，或者 Java 虚拟机的方法调用栈溢出。在大多数情况下，遇到这样的错误时，建议使程序终止。

Exception 类：表示程序本身可以处理的异常。Exception 还可以分为两种：运行时异常和受检查异常。

### 1. 运行时异常

1）基本概念

RuntimeException 类及其子类都被称为运行时异常，这种异常的特点是 Java 编译器不会检查它，也就是说，当程序中可能出现这类异常时，即使没有用 try...catch 语句捕获它，也没有用 throws 子句声明抛出它，还是会编译通过。例如，divide()方法的参数 b 为 0，执行 a/b 操作时会出现 ArithmeticException 异常，它属于运行时异常，Java 编译器不会检查它。

```
public int divide(int a, int b) {
return a/b;      //当参数 b 为 0 时，抛出 ArithmeticException
}
```

2）深入解析

运行时异常表示无法使程序恢复运行的异常，导致这种异常的原因通常是执行了错误操作。一旦出现了错误操作，就建议终止程序，因此 Java 编译器不检查这种异常。运行时异常应该尽量避免。在程序调试阶段，遇到这种异常时，正确的做法是改进程序的设计和实现方式，修改程序中的错误，从而避免这种异常。捕获它并且使程序恢复运行并不是明智的办法。

3）与 Error 类的对比

相同点：Java 编译器不会检查它们；当程序运行时只要它们出现，就会终止程序。

不同点：Error 类及其子类表示的错误通常是由 Java 虚拟机抛出的，在 JDK 中预定义了一些错误类，如 OutOfMemoryError 和 StackOutofMemoryError，而 RuntimeException 表示程序代码中的错误；Error 类一般不会扩展以创建用户自定义的错误类，而 RuntimeException 是可以扩展的，用户可以根据特定的问题领域来创建相关的运行时异常类。

### 2. 受检查异常

除了 RuntimeException 及其子类以外，其他的 Exception 类及其子类都属于受检查异常（Checked Exception）。这种异常的特点是 Java 编译器会检查它，也就是说，当程序中可能出现这类异常时，要么用 try...catch 语句捕获它，要么用 throws 子句声明抛出它，否则编译不会通过。

受检查异常有如下几种。

java.lang.ArithmeticException：算术异常，如除 0。

java.lang.NullPointerException：空指针引用，如未初始化一个 References 便使用。

java.lang.ArrayIndexoutofBoundsException：数组越界，如调用一个有 10 个元素的 Array 的第 11 个元素的内容。

java.lang.SecurityException：违反了 Java 定义的安全规则。

java.lang.NumberFormatException：数据格式异常，如 Integer.parseInt("a");。

java.lang.NegativeArraySizeException：数组长度为负数异常。

## 1.7.6　异常声明和处理

使用 throw 声明代码会导致异常；使用 try…catch…finally 语句结构处理或在方法声明上声明 throws 继续抛出。

异常处理语句的语法规则如下。

（1）try 代码块不能脱离 catch 代码块或 finally 代码块而单独存在。try 代码块后面至少有一个 catch 代码块或 finally 代码块。

（2）try 代码块后面可以有零个或多个 catch 代码块，还可以有零个或至多一个 finally 代码块。如果 catch 代码块和 finally 代码块并存，则 finally 代码块必须在 catch 代码块后面。

（3）try 代码块后面可以只跟 finally 代码块。

（4）在 try 代码块中定义的变量的作用域为 try 代码块，在 catch 代码块和 finally 代码块中不能访问该变量。

（5）当 try 代码块后面有多个 catch 代码块时，Java 虚拟机会把实际抛出的异常对象依次和各个 catch 代码块声明的异常类型匹配，如果异常对象为某个异常或其子类的实例，则执行此 catch 代码块，而不会再执行其他的 catch 代码块。

（6）如果一个方法可能出现受检查异常，则要么用 try...catch 语句捕获，要么用 throws 子句声明将它抛出。

（7）throw 语句后面不允许紧跟其他语句，因为这些语句永远不会被执行。

在特定的问题领域，可以通过扩展 Exception 类或 RuntimeException 类来创建自定义的异常。异常类包含了和异常相关的信息，这有助于负责捕获异常的 catch 代码块，正确地分析并处理异常。

举例：

（1）异常抛出和捕获处理，DivisionByZero.java：

```
public class DivisionByZero{
    public void division() throws ArithmeticException{
        int a = 10;
        int b = 0;
        /*try{
        int result = a/b;
        }catch(Exception e){
            System.out.println("error number 2 is 0");
        }*/
        if(b == 0){
        throw new ArithmeticException("error!");
        }
        int result = a/b;
    }
    public static void main(String[] args){
        DivisionByZero dbz = new DivisionByZero();
        try{
        dbz.division();
        }catch(ArithmeticException e){
            System.out.println(e.getMessage());
        }
    }
}
```

（2）自定义异常，OwnExceptionHandler.java：

```
class OwnException extends Exception{
    public OwnException(){
        super();
    }
    public OwnException(String msg){
        super(msg);
    }
}
class OwnExceptionSource{
    public void a() throws OwnException{
        throw new OwnException("in OwnExceptionSource!");
    }
}
public class OwnExceptionHandler{
    public static void main(String[] args){
        OwnExceptionSource oes = new OwnExceptionSource();
        try{
```

```
                oes.a();
                }catch(Exception e){
                    System.out.println(e.getMessage());
                }
            }
        }
```

## 1.7.7　断言

假设要进行如下计算：

```
double y = Math.sqrt(x);
```

为了使程序更健壮，应先进行测试检查并抛出异常而不使 x 的值为负数。

```
if(x<0) throw new IllealArgumentException("x < 0");
```

但是，即使测试结束了，以后实际运行时 x 的值也不会小于 0。这种测试代码会一直保留在程序中。如果程序中有太多的检查，则程序的运行会慢很多。

如果在测试阶段有这种检查，则在发布阶段能自动删除这些检查。这就是断言机制。

### 1．断言使用

在 JDK1.4 中，Java 语言引入一个新的关键字：assert。该关键字有如下两种形式。

```
assert  条件
assert  条件： 表达式
```

这两种形式都会对条件进行评估，如果结果为假，则抛出 AssertionError。在第二种形式中，表达式会传入 AssertionError 的构造器并转换成一个消息字符串。

表达式部分的唯一目的就是生成一个消息字符串。AssertionError 对象并不存储表达式的值，因此用户不可能在以后获取它。

要断言 x 不是负数，只需要使用如下简单语句：

```
assert x >= 0;
```

或者可以将 x 的值传递给 AssertionError 对象，从而可以在以后显示：

```
assert x >= 0 : x;
```

### 2．断言内容代码编译

因为 assert 是一个新的关键字，因此在使用时需要告诉编译器用户编译所使用的 JDK 的版本号。

```
javac -source 1.4 MyClass.java
```

在 JDK 的后续版本中，对断言的支持成为默认特性。

### 3．断言内容代码执行

默认情况下，断言是关闭的。要通过-enableassertions 或者-ea 选项来运行程序以打开断言，即：

```
java -enableassertions MyApp
```

打开或关闭断言是类装载器的功能。当断言功能被关闭时，类装载器会跳过那些和断言相关的代码，因此不会降低程序运行速度。

也可以对某个类或者某个包打开断言功能，例如：

```
java -ea:MyClass -ea: com.mycompany.mylib... MyApp
```

该命令打开类 MyClass 和在 com.mycompany.mylib 包及其子包中全部类的断言功能。选项-ea...会打开默认包中全部类的断言功能。

同样，也可以关闭特定类或者包的断言功能。这是通过-disableassertions 或者-da 选项来实现的。

# 1.8 线程

## 1.8.1 线程概念

进程是指运行中的应用程序，每一个进程都有自己独立的内存空间；一个应用程序可以同时启动多个进程。例如，每打开一个 IE 浏览器窗口，就启动了一个新的进程。同样，每次执行 JDK 的 java.exe 程序，就启动了一个独立的 Java 虚拟机进程，该进程的任务是解析并执行 Java 程序代码。

线程是指进程中的一个执行流程。一个进程可以有多个线程组件。也就是说，在一个进程中可以同时运行多个不同的线程，它们分别执行不同的任务，当进程内的多个线程同时运行时，这种运行方式称为并发运行。

线程与进程的主要区别在于：每个进程都需要操作系统为其分配独立的内存地址空间，而同一进程中的所有线程在同一块地址空间中工作，这些线程可以共享同一块内存和系统资源。例如，共享一个对象或者共享已经打开的一个文件。

## 1.8.2 线程的组成部分

在 Java 虚拟机进程中，执行程序代码的任务是由线程来完成的。每当用 Java 命令启动一个 Java 虚拟机进程时，Java 虚拟机都会创建一个主线程。该线程从程序入口 main()方法开始执行。

（1）方法区：存放了线程所执行的字节码指令。

（2）堆区：存放了线程所操纵的数据（以对象的形式存放）。

（3）栈区：保存了线程的工作状态。

计算机中机器指令的真正执行者是 CPU，线程必须获得 CPU 的使用权，才能执行一条指令。

## 1.8.3 线程的创建和启动

前面提到了 Java 虚拟机的主线程，它从启动类的 main()方法开始运行。此外，用户还可以创建自己的线程，它将和主线程并发运行。创建线程有两种方式；扩展 java.lang.Thread 类和实现 Runnable 接口。

### 1. 扩展 java.lang.Thread 类

Thread 类代表线程类，其最主要的两个方法如下。

（1）run()：包含线程运行时所执行的代码。

（2）tart()：用于启动线程。

用户的线程类只需要继承 Thread 类， 覆盖 Thread 类的 run()方法即可。在 Thread 类中，run()方法的定义如下。

```
public void run();    //没有抛出异常，所以子类重写亦不能抛出异常
```

1）主线程与用户自定义的线程并发运行

（1）Thread 类的 run()方法是专门被自身的线程执行的，主线程调用 Thread 类的 run()方法，违背了 Thread 类提供 run()方法的初衷。

（2）Thread thread = Thread.currentThread();　　//返回当前正在执行此行代码的线程引用
String name = thread.getName();　　//获得线程名称

每个线程都有默认名称，主线程默认的名称为 main，用户创建的第一个线程的默认名称为“Thread-0”，第二个线程的默认名称为“Thread-1”，以此类推。Thread 类的 setName()方法可以显式地设置线程的名称。

2）多个线程共享同一个对象的实例变量

实例方法和静态方法被所有的线程共享。

3）不要随便覆盖 Thread 类的 start()方法

创建了一个线程对象后，线程并不自动开始运行，必须调用它的 start()方法。对于以下代码：

```
Machine machine = new Machine();
machine.start();
```

当用 new 语句创建 Machine 对象时，仅仅在堆区内出现一个包含实例变量 a 的 Machine 对象，此时 Machine 线程并没有被启动。当主线程执行 Machine 对象的 start()方法时，该方法会启动 Machine 线程，在 Java 栈区为它创建相应的方法调用栈。

4）一个线程只能被启动一次

举例：

```
Machine machine = new Machine();
machine.start();
machine.start();          //抛出 IllegalThreadStateException 异常
```

举例：NumberThread.java。

```
public class NumberThread extends Thread{
    //static int i = 1;
    public void run(){
        int i = 1;
        for(;i <= 100;i++){
            System.out.println(getName() + ":" + i);
            try{
                Thread.sleep(100);
                //System.out.println(isAlive());
            }catch(InterruptedException e){
                e.printStackTrace();
            }
        }
    }
    public static void main(String[] args){
        Thread t1 = new NumberThread();
        Thread t2 = new NumberThread();
        t1.start();
        t2.start();
    }
}
```

### 2. 实现 Runnable 接口

Java 不允许一个类继承多个类，因此一旦一个类继承了 Thread 类，就不能再继承其他的类。为了解决这一问题，Java 提供了 java.lang.Runnable 接口，它有一个 run()方法，定义如下。

```
public void run();
```

启动：Thread(Runnable runnable)　//当线程启动时，将执行参数 runnable 所引用对象的 run()方法

举例：NumberRunnable.java。

```
public class NumberRunnable implements Runnable{
    int i = 1;
    public void run(){
        //int i = 1;
        for(;i <= 100;i++){
            System.out.println(Thread.currentThread().getName() + ":" + i);
            try{
                Thread.sleep(100);
            }catch(InterruptedException e){
                e.printStackTrace();
            }
        }
    }
    public static void main(String[] args){
        Runnable r = new NumberRunnable();
        Thread t1 = new Thread(r);
        Thread t2 = new Thread(r);
        t1.start();
        t2.start();
    }
}
```

## 1.8.4 线程状态

线程在它的生命周期中会处于不同的状态，如图 1-7 所示。

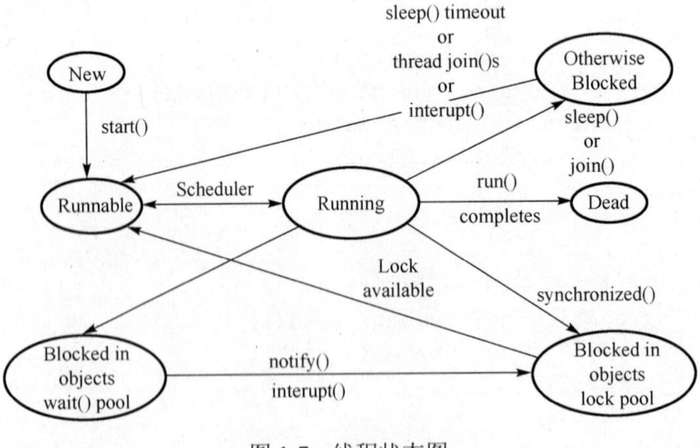


图 1-7　线程状态图

### 1. 新建状态（New）

用 new 语句创建的线程对象处于新建状态，此时它和其他 Java 对象一样，仅在堆区中被分配了内存。

### 2．就绪状态（Runnable）

当一个线程对象创建后，其他线程调用它的 start()方法，该线程即可进入就绪状态，Java 虚拟机会为它创建方法调用栈。处于这个状态的线程位于可运行池中，等待获得 CPU 的使用权。

### 3．运行状态（Running）

处于运行状态的线程占用 CPU，执行程序代码。在并发运行环境中，如果计算机只有一个 CPU，那么任何时刻只会有一个线程处于运行状态。如果计算机有多个 CPU，那么同一时刻可以使几个线程占用不同的 CPU，使它们都处于运行状态。只有处于就绪状态的线程才有机会转到运行状态。

### 4．阻塞状态（Blocked）

阻塞状态指线程因为某些原因放弃 CPU，暂时停止运行。当线程处于阻塞状态时，Java 虚拟机不会给线程分配 CPU，直到线程重新进入就绪状态，它才有机会转到运行状态。

阻塞状态可分为如下 3 种。

（1）位于对象等待池中的阻塞状态：运行状态时，执行某个对象的 wait()方法。

（2）位于对象锁池中的阻塞状态：当线程处于运行状态，试图获得某个对象的同步锁时，如该对象的同步锁已经被其他线程占用，Java 虚拟机就会把这个线程放到此对象的锁池中。

（3）其他阻塞状态：当前线程执行了 sleep()方法，或者调用了其他线程的 join()方法，或者发出了 I/O 请求时，会进入此状态。

当一个线程执行 System.out.println()或者 System.in.read()方法时，会发出一个 I/O 请求，该线程放弃 CPU，进入阻塞状态，直到 I/O 处理完毕，该线程才会恢复运行。

### 5．死亡状态（Dead）

当线程退出 run()方法时，即进入死亡状态，该线程结束生命周期。线程有可能是正常执行完 run()方法退出，也有可能是遇到异常而退出。不管线程正常结束还是异常结束，都不会对其他线程造成影响。

## 1.8.5　线程调度

计算机通常只有一个 CPU，在任意时刻只能执行一条机器指令，每个线程只有获得 CPU 的使用权才能执行指令。所谓多线程的并发运行，其实是指从宏观上看，各个线程轮流获得 CPU 的使用权，分别执行各自的任务。在可运行池中，会有多个处于就绪状态的线程在等待 CPU，Java 虚拟机的一项任务就是负责线程的调度。线程的调度是指按照特定的机制为多个线程分配 CPU 的使用权。有如下两种调度模型。

（1）分时调度模型：使所有线程轮流获得 CPU 的使用权，并且平均分配每个线程占用 CPU 的时间片。

（2）抢占式调度模型：使可运行池中优先级高的线程占用 CPU，如果可运行池中线程的优先级相同，那么随机选择一个线程，使其占用 CPU。处于可运行状态的线程会一直运行，直至它不得不放弃 CPU。Java 虚拟机一般采用此调度模型。

一个线程会因为以下原因而放弃 CPU。

（1）Java 虚拟机使当前线程暂时放弃 CPU，转到就绪状态。

（2）当前线程因为某些原因而进入阻塞状态。

（3）线程运行结束。

线程的调度不是跨平台的，它不仅取决于 Java 虚拟机，还依赖于操作系统。在某些操作系统中，只要运行中的线程没有阻塞，就不会放弃 CPU；在某些操作系统中，即使运行中的线程没有遇到阻塞，也会在运行一段时间后放弃 CPU，给其他线程运行机会。

以下是常用的线程方法。

#### 1．stop

Thread 类的 stop()方法可以强制终止一个线程，但从 JDK1.2 开始废弃了 stop()方法。在实际编程中，一般是在受控制的线程中定义一个标志变量，其他线程通过改变标志变量的值，来控制线程的自然终止、暂停及恢复运行。

#### 2．isAlive

final boolean isAlive()：判定某个线程是否为活动的（该线程如果处于可运行状态、运行状态和阻塞状态、对象等待队列和对象的锁池，则返回 true）

#### 3．Thread.sleep(5000)

此方法用于放弃 CPU，转到阻塞状态。当结束睡眠后，首先转到就绪状态，如有其他线程正在运行，则会在可运行池中等待获得 CPU。线程在睡眠时如果被中断，则会收到一个 InterrupedException 异常，线程跳到异常处理代码块。

#### 4．void sleepingThread.interrupt()

此方法用于中断某个线程的运行。

#### 5．boolean otherThread.isInterrupted()

此方法用于测试某个线程是否被中断，与 static boolean interrupted()不同，对它的调用不会改变该线程的“中断”状态。

#### 6．static boolean Thread.interrupted()

此方法用于测试当前线程（即正在执行该指令的线程）是否已经被中断，它会将当前线程的“中断”状态改为 false。

#### 7．public void join()

语法：

```
public void join(long timeout);
```

此方法用于挂起当前线程（一般是主线程），直至它所调用的线程终止才被运行。线程 A 中调用线程 B.join()，即使 A 阻塞。

## 1.8.6 线程的同步

线程的职责就是执行一些操作，而多数操作涉及处理数据。这里有一个程序处理实例变量 a：

```
a+=i;
a-=i;
System.out.println(a);
```

多个线程在操纵共享资源实例变量时，有可能引起共享资源的竞争。为了保证每个线程能正常执行操作，保证共享资源能正常访问和修改，Java 引入了同步进制，具体做法是在有可能引起共享资源竞争的代码前加上 synchronized 标记。这样的代码被称为同步代码块。

每个 Java 对象都有且只有一个同步锁，在任何时刻，最多只允许一个线程拥有这把锁。当一个线程试图执行带有 synchronized 标记的代码块时，该线程必须先获得 this 关键字引用的对象的锁。

如果这个锁已经被其他线程占用，Java 虚拟机就会把这个消费者线程放到 this 指定对象的锁池中，线程进入阻塞状态。在对象的锁池中可能会有许多等待锁的线程。等到其他线程释放了锁，Java 虚拟机会从锁池中随机取出一个线程，使这个线程拥有锁，并且转到就绪状态。

假如这个锁没有被其他线程占用，线程就会获得这把锁，开始执行同步代码块。在一般情况下，线程只有执行完同步代码块，才会释放锁，使得其他线程能够获得锁。如果一个方法中的所有代码都属于同步代码，则可以直接在方法前用 synchronized 修饰。

```
public synchronized String pop(){...}
```

等价于：

```
public String pop(){
    synchronized(this){...}
}
```

线程同步的特征如下。

（1）如果一个同步代码块和非同步代码块同时操纵共享资源，则仍然会造成对共享资源的竞争。因为当一个线程执行一个对象的同步代码块时，其他线程仍然可以执行对象的非同步代码块。

（2）每个对象都有唯一的同步锁。

（3）在静态方法前面也可以使用 synchronized 修饰符。此时，该同步锁的对象为类对象。

（4）当一个线程开始执行同步代码块时，并不意味着必须以不中断的方式运行。进入同步代码块的线程也可以执行 Thread.sleep()或者执行 Thread.yield()方法，此时它并没有释放锁，只是把运行机会（即 CPU）让给了其他的线程。

（5）synchnozied 声明不会被继承。

同步是解决共享资源竞争的有效手段。当一个线程已经在操纵共享资源时，其他共享线程只能等待。为了提升并发性能，应该使同步代码块中包含尽可能少的操作，使一个线程尽快释放锁，减少其他线程等待锁的时间。

### 1.8.7 线程的通信

通常通过以下方法实现线程的通信。

（1）Object.wait()：执行该方法的线程释放对象的锁，Java 虚拟机把该线程放到该对象的等待池中。该线程等待其他线程将它唤醒。

（2）Object.notify()：执行该方法的线程唤醒在对象的等待池中等待的一个线程。Java 虚拟机从对象的等待池中随机选择一个线程，把它转到对象的锁池中。如果对象的等待池中没有任何线程，那么 notify()方法什么也不做。

（3）Object.notifyAll()：会把对象的等待池中的所有线程都转到对象的锁池中。

假如 t1 线程和 t2 线程共同操纵一个 s 对象，这两个线程可以通过 s 对象的 wait()和 notify()方法来进行通信。通信流程如图 1-8 所示。

（1）当 t1 线程执行对象 s 的一个同步代码块时，t1 线程持有对象 s 的锁，t2 线程在对象 s 的锁池中等待。

（2）t1 线程在同步代码块中执行 s.wait()方法，t1 释放对象 s 的锁，进入对象 s 的等待池。

（3）在对象 s 的锁池中等待锁的 t2 线程获得对象 s 的锁，执行对象 s 的另一个同步代码块。

（4）t2 线程在同步代码块中执行 s.notify()方法，Java 虚拟机把 t1 线程从对象 s 的等待池移到对象 s 的锁池中，在其中等待获得锁。

（5）t2 线程执行完同步代码块，释放锁。t1 线程获得锁，继续执行同步代码块。

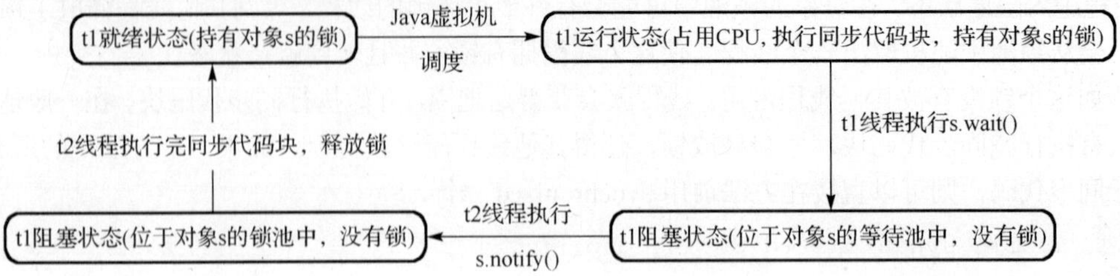


图 1-8 线程通信

举例：WaitNotifyTest.java。

```
class Result{
    private int value;
    private boolean flag;
    public void setValue(int value){
        this.value = value;
    }
    public int getValue(){
        return value;
    }
    public void setFlag(boolean flag){
        this.flag = flag;
    }
    public boolean getFlag(){
        return flag;
    }
}
class Sender extends Thread{
    private Result r;
    public Sender(String name,Result r){
        super(name);
        this.r = r;
    }
    public void run(){
        int total = 0;
        for(int i = 1;i <= 10000;i++){
            total += i;
        }
        synchronized(r){
            r.setValue(total);
        }
        while(!r.getFlag()){
            try{
                sleep(100);
            }catch(InterruptedException e){
                e.printStackTrace();
            }
```

```
            }
            synchronized(r){
                r.notifyAll();
            }
        }
    }
    class Fetcher extends Thread{
        private Result r;
        public Fetcher(String name,Result r){
            super(name);
            this.r = r;
        }
        public void run(){
            synchronized(r){
                try{
                    r.setFlag(true);
                    r.wait();
                }catch(InterruptedException e){
                    e.printStackTrace();
                }
                System.out.println(getName() + ":" + r.getValue());
            }
        }
    }
    public class WaitNotifyTest{
        public static void main(String[] args){
            Result r = new Result();
            Thread t1 = new Sender("Sender:",r);
            Thread t2 = new Fetcher("Fetcher",r);
            t1.start();
            t2.start();
            try{
                t1.join();
                t2.join();
            }catch(InterruptedException e){
                e.printStackTrace();
            }
            System.out.println("End main()");
        }
    }
```

## 1.8.8 线程死锁、线程让步

线程死锁即 A 线程等待 B 线程持有的锁，而 B 线程正在等待 A 线程持有的锁。

线程让步可以通过以下方法实现。

（1）Thread.yield()静态方法，如果此时具有相同优先级的其他线程处于就绪状态，那么 yield()方法将把当前运行的线程放到可运行池中并使另一个线程运行。如果没有相同优先级的可运行线程，则 yield()方法什么也不做。

（2）sleep()和 yield()方法都是 Thread 类的静态方法，都会使当前处于运行状态的线程放弃 CPU，把运行机会让给其他的线程。这两种方法的区别如下。

（1）sleep()不考虑其他线程优先级；yield()只会给相同优先级或者更高优先级的线程一个运行的机会。

（2）sleep()转到阻塞状态；yield()转到就绪状态。

（3）sleep()会抛出 InterruptedException 异常，yield()不抛出任何异常。

（4）sleep()比 yield 方法具有更好的可移植性。对于大多数程序员来说，yield()方法的唯一用途是在测试期间人为地提高程序的并发性能，以帮助发现一些隐藏的错误。

### 1.8.9 调整线程优先级

所有处于就绪状态的线程根据优先级存放在可运行池中，优先级低的线程获得较少的运行机会，优先级高的线程获得较多的运行机会。Thread 类的 setPriority(int)和 getPriority()方法分别用来设置优先级和读取优先级。优先级用整数来表示，取值是 1～10，Thread 类有以下 3 个静态常量。

（1）MAX_PRIORITY:10，最高。

（2）MIN_PRIORITY: 1，最低。

（3）NORM_PRIORITY: 5，默认优先级。

#### 1．什么时候释放对象的锁？

（1）执行完同步代码块后。

（2）执行同步代码块过程中，遇到异常而导致线程终止时，释放锁。

（3）在执行同步代码块过程中，执行了锁所属对象的 wait()方法，释放锁进入对象的等待池。

#### 2．什么时候线程不释放锁？

（1）Thread.sleep()方法，放弃 CPU，进入阻塞状态。

（2）Thread.yield()方法，放弃 CPU，进入就绪状态。

（3）suspend()方法，暂停当前线程，已废弃。

## 1.9 IO 流和文件流

### 1.9.1 流的概念

程序的主要任务是操纵数据。在 Java 中，把一组有序的数据序列称为流。根据操作的方向，可以把流分为输入流和输出流两种。程序从输入流读取数据，向输出流写数据，如图 1-9 所示。

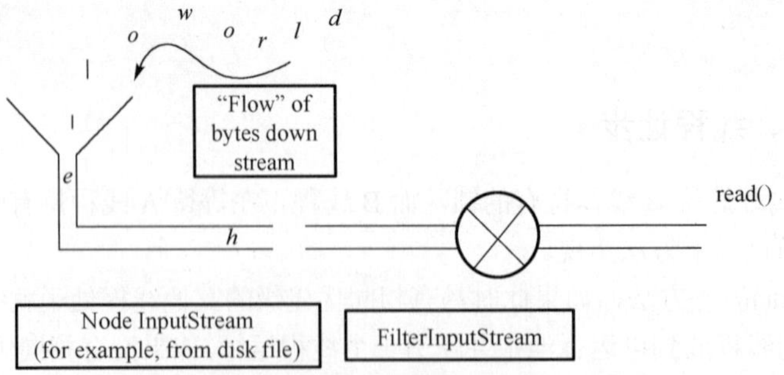


图 1-9 流的概念

Java 的 I/O 系统负责处理程序的输入和输出，I/O 类库位于 java.io 包中，它对各种常见的输入流和输出流进行了抽象。

如果数据流中最小的数据单元是字节，则称这种流为字节流；如果数据流中最小的数据单元是字符，则称这种流为字符流。在 I/O 类库中，java.io.InputStream 和 java.io.OutputStream 分别表示字节输入流和字节输出流，java.io.Reader 和 java.io.Writer 分别表示字符输入流和字符输出流。

## 1.9.2 字节输入流和输出流

在 java.io 包中，java.io.InputStream 表示字节输入流，java.io.OutputStream 表示字节输出流，它们都是抽象类，不能被实例化。

### 1. InputStream 输入流

InputStream 类提供了一系列和读取数据有关的方法。

（1）read()：从输入流读取数据，它有以下 3 种重载形式。

① int read()：从输入流读取一个 8 位的字节，把它转换为 0～255 之间的整数，并返回这一整数。例如，如果读到的字节为 9，则返回 9；如果读到的字节为–9，则返回 247；如果遇到输入流的结尾，则返回–1。

② int read(byte[] b)：从输入流读取若干个字节，把它们保存到参数 b 指定的字节数组中。返回的整数表示读取的字节数。如果遇到输入流的结尾，则返回–1。

③ int read(byte[] b, int off, int len)：从输入流读取若干个字节，把它们保存到参数 b 指定的字节数组中。返回的整数表示读取的字节数。参数 off 指定在字节数组中开始保存数据的起始下标，参数 len 指定读取的字节数目。返回的整数表示实现读取的字节数。如果遇到输入流的结尾，则返回–1。

以上第一个 read 方法从输入流读取一个字节，而其余两个 read 方法从输入流批量读取若干字节。当从文件或键盘读数据时，采用后面两个 read 方法可以减少进行物理读文件或键盘的次数，因此能提高 I/O 操作的效率。

（2）void close()：关闭输入流，InputStream 类本身的 close()方法不执行任何操作。它的一些子类覆盖了 close()方法，在 close()方法中释放和流有关的系统资源。

（3）int available()：返回可以从输入流中读取的字节数目。

（4）skip(long)：从输入流中跳过参数 n 指定数目的字节。

（5）boolean markSupported()，void mark(int)，void reset()：如果要从流中重复读入数据，则先用 markSupported()方法来判断这个流是否支持重复读入数据，如果返回 true，则表明可以在流上设置标记。再调用 mark(int readLimit)方法，从流的当前位置开始设置标记。最后调用 reset()方法，该方法使输入流重新定位到刚才做了标记的起始位置。这样即可重复读取做过标记的数据。

### 2. OuputStream 输出流

OuputStream 类提供了一系列和写数据有关的方法。

（1）write()：向输出流写入数据，有以下 3 种重载形式。

① void write(int b)：向输出流写入一个字节。

② void write(byte[] b)：把参数 b 指定的字节数组中的所有字节写到输出流。

③ void write(byte[] b, int off, int len)：把参数 b 指定的字节数组中的所有字节写到输出流，参数 off 指定字节数组的起始下标，从这个位置开始输出由参数 len 指定数目的字节。

以上第一个 write 方法从输出流写入一个字节，而其余两个 write 方法从输出流批量写出若干字节。在向文件或控制台写数据时，采用后面两个 write 方法可以减少进行物理读文件或键盘的次数，因此能提高 I/O 操作的效率。

（2）void close()：关闭输出流，OutputStream 类本身的 close()方法不执行任何操作。它的一些子类覆盖了 close()方法，在 close()方法中释放和流有关的系统资源。

（3）void flush()：OutputStream 类本身的 flush()方法不执行任何操作，它的一些带有缓冲区的子类（如 BufferedOutputStream 和 PrintStream 类）覆盖了 flush()方法。通过带缓冲区的输出流写数据时，数据先保存在缓冲区中，积累到一定程度才会真正写到输出流中。缓冲区通常用字节数组实现，实际上是一块内存空间。flush()方法强制把缓冲区内的数据写到输出流中。

## 1.9.3 输入流和输出流层级结构

输入流和输出流的层级结构如图 1-10 所示。

ByteArrayInputStream：把字节数组转换为输入流。

FileInputStream：从文件中读取数据。

PipedInputStream：连接一个 PipedOutputStream。

SequenceInputStream：把几个输入流转换为一个输入流。

ObjectInputStream：对象输入流。

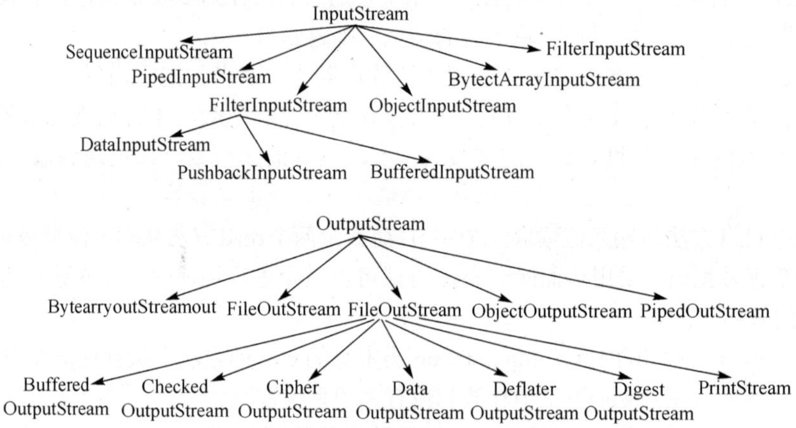


图 1-10 输入流和输出流层级结构

FilterInputStream：过滤器，扩展其他输入流功能。

BufferedInputStream 类：BufferedInputStream 类覆盖了被过滤的输入流的读数据行为，利用缓冲区来提高读数据的效率。BufferedInputStream 类先把一批数据读入到缓冲区，read()方法只需要从缓冲区内获取数据，即可减少物理性读取数据的次数。

BufferedInputStream(InputStream in)：参数 in 指定需要被过滤的输入流。

BufferedInputStream(InputStream in, int size)：参数 in 指定需要被过滤的输入流。参数 size 指定缓冲区的大小，以字节为单位。

DataInputStream 类：DataInputStream 实现了 DataInput 接口，用于读取基本类型数据，如 int、float、long、double 和 boolean 等。

readByte()——从输入流中读取 1 个字节，指将它转换为 byte 类型的数据。

readLong()——从输入流中读取 8 个字节，指将它转换为 long 类型的数据。

readFloat()——从输入流中读取 4 个字节，指将它转换为 float 类型的数据。

readUTF()—— 从输入流中读取 1～3 个字节，指将它转换为 UTF-8 字符编码的字符串。

PipedInputStream 类：PipedInputStream 管道输入流从一个管理输出流中读取数据。通常由一个线程向管理输出流写数据，由另一个线程从管理输入流中读取数据，两个线程可以用管理来通信。

以上介绍了各类型的 InputStream，OutputStream 与其类似，在此不做介绍。

## 1.9.4　字符输入/输出流

InputStream 和 OutputStream 类处理的是字节流，也就是说，数据流中的最小单元为一个字节，它包括 8 个二进制位。在许多应用场合中，Java 应用程序需要读写文本文件。在文本文件中存放了采用特定字符编码的字符。为了便于读各种字符编码的字符，java.io 包中提供了 Reader/Writer 类，它们分别表示字符输入流和字符输出流。

在处理字符流时，最主要的问题是进行字符编码的转换。Java 语言采用 Unicode 字符编码。对于每一个字符，Java 虚拟机会为其分配两个字节的内存。而在文本文件中，字符有可能采用其他类型的编码，如 GBK 和 UTF-8 字符编码等。

Reader 类能够将输入流中采用其他编码类型的字符转换为 Unicode 字符，然后在内存中为这些 Unicode 字符分配内存。Writer 类能够把内存中的 Unicode 字符转换为其他编码类型的字符，并写到输出流中。

在默认情况下，Reader 和 Writer 会在本地平台的字符编码和 Unicode 字符编码之间进行编码转换。Reader 和 Writer 方法如图 1-11 所示。

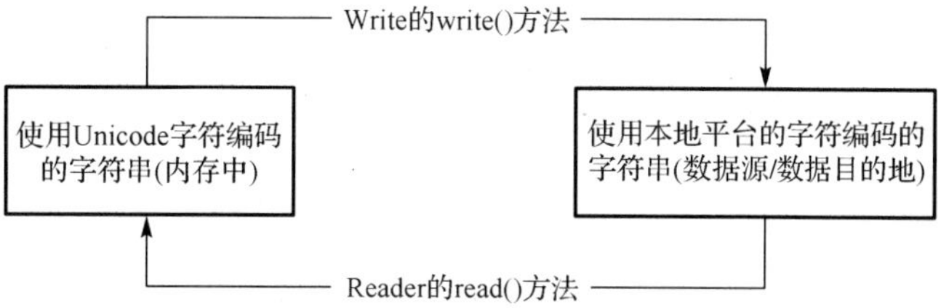


图 1-11　Reader 和 Writer

如果要输入或输出采用特定类型编码的字符串，则可以使用 InputStreamReader 类和 OutputStreamWriter 类，如图 1-12 所示。在它们的构造方法中可以指定输入流或输出流的字符编码。

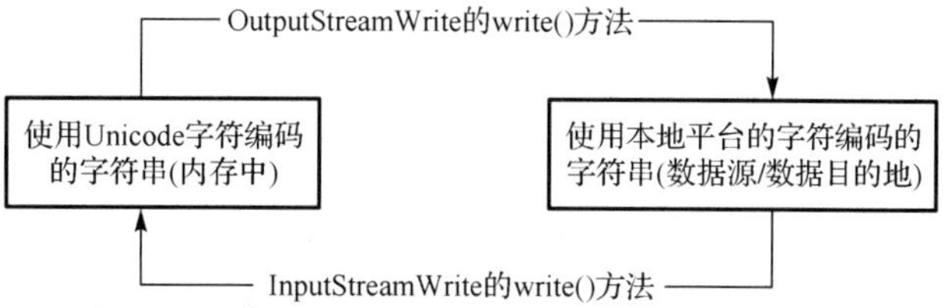


图 1-12　InputStreamReader 和 OutputStreamWriter

由于 Reader 和 Writer 采用了字符编码转换技术，Java I/O 系统能够正确地访问采用各种字符编码的文本文件。此外，在为字符分配内存时，虚拟机对字符统一采用 Unicode 字符编码，因此 Java 程序处理字符具有平台独立性。

### 1. InputStreamReader 类

InputStreamReader 是过滤器，把 InputStream 转换为 Reader，可以指定字符编码。其构造方法如下。

InputStreamReader(InputStream in)：按照本地平台的字符编码读取输入流中的字符。

InputStreamReader(InputStream in, String charsetName)：按照指定的字符编码读取输入流中的字符。

### 2. FileReader 类

FileReader 是 InputStreamReader 的一个子类，用于从文件中读取字符数据。该类只能按照本地平台的字符编码来读取数据，用户不能指定其他字符编码类型。其构造方法如下。

FileReader(File file)：参数 file 指定需要读取的文件。

FileReader(String name)：参数 name 指定需要读取的文件的路径。

### 3. BufferedReader 类

Reader 类的 read()方法每次都从数据源读入一个字符，BufferedReader 带有缓冲区，它可以先把一批数据读到缓冲区内，接下来的操作都从缓冲区内获取数据，避免每次都从数据源读取数据并进行字符编码转换，从而提高了读操作的效率。

BufferedReader 的 readLine()方法可以一次读入一行字符，以字符形式返回。

它的构造方法如下。

BufferedReader(Reader in)：指定被修饰的 Reader 类。

BufferedReader(Reader in, int sz)：参数 in 指定被装饰的 Reader 类，参数 sz 指定缓冲区的大小，以字符为单位。

### 4. CharArrayReader 类

CharArrayReader 类可以把字符数组转换为 Reader，从字符数组中读取字符。

### 5. StringReader 类

StringReader 类可以把字符串转换为 Reader，从字符串中读取字符。

### 6. PipedReader 类

PipedReader 类可以连接一个 PipedWriter。

### 7. PushBackReader 类

PushBackReader 类能把读到的字符压回到缓冲区中，通常作为编译器的扫描器使用，程序中一般很少使用它。

## 1.9.5 文件流

### 1. File 类

File 类提供管理文件或目录的方法。File 实例表示真实文件系统中的一个文件或者目录。

1）构造方法

File(String pathname)：参数 pathname 表示文件路径或者目录路径。

File(String parent, String child)：参数 parent 表示根路径，参数 child 表示子路径。

File(File parent, String child)：参数 parent 表示根路径，参数 child 表示子路径。

若只处理一个文件，则使用第一个构造方法；若处理一个公共目录的若干子目录或文件，则使用第二个或者第三个方法更方便。

2）普通方法

boolean createNewFile()：创建一个新的文件，如果文件已经存在，则创建失败（返回 false），否则创建成功（返回 true）。

boolean delete()：删除文件或者空目录。

boolean mkdir()/mkdirs()：创建一个或者多个目录（连续创建），如果该目录的父目录不存在，则会创建所有的父目录。

boolean renameTo(File destination)：文件重命名。

boolean canRead()/canWrite()：判断指定的文件是否能读取或者写入数据。

boolean exists()：判断指定的文件或者目录是否存在。

String[] list()：返回指定目录下所有文件名或者子目录名所组成的字符串数组。

long lastModified()：返回指定文件最后一次被修改的时间（从 1970 年 1 月 1 日凌晨 12 点起到此文件的修改时间之间所经历的毫秒数）。

String getPath()/getAbsolutePath()：返回指定文件或者目录的路径和绝对路径。

String getCanonicalPath()：获取该 File 对象所代表的文件或者目录的正规路径。

String getParent()/getName()：返回指定文件或者目录的父目录（没有返回 null）和名称。

举例：

```
File f = new File(".\\test.txt"));
System.out.println(f.getCanonicalPath());   //输出: c:\mypath\test.txt
System.out.println(f.getAbsolutePath());    //输出: c:\mypath\ .\test.txt
System.out.println(f.getPath());            //输出: .\test.txt
if(!f.exists()) f.createNewFile());
```

### 2. FileInputStream 和 FileOutputStream

（1）当创建一个 FileInputStream 对象的时候，文件必须存在并是可读的。其语法如下。

```
FileInputStream(File file)
FileInputStream(String name)
```

（2）当创建一个 FileOutputStream 对象的时候，可以创建一个新的文件，也可以覆盖一个已经存在的同名文件。其语法如下。

```
FileOutputStream(File file)
FileOutputStream(File file, boolean append)
```

（3）如果要创建的文件已经存在，则可以选择向旧文件中添加新的内容（append 为 true）或者以新的内容覆盖旧文件的内容（append 为 false）。其语法如下。

```
FileOutputStream(String name)
FileOutputStream(String name, boolean append)
```

### 3. FileReader 和 FileWriter

使用 FileReader 和 FileWriter 读写字符文件非常方便。它们的构造器如下。

（1）FileReader(File file)。

（2）FileReader(String name)。

（3）FileWriter(File file)。

（4）FileWriter(String filename)。

举例：

```
FileReader:new FileReader("d:/back/string.txt") =new InputStreamReader(new
FileInputStream( "d:/back/string.txt" ));
FileWriter:new FileWriter("d:/back/string.txt") =new InputStreamWriter(new
FileOutputStream( "d:/back/string.txt" ));
```

## 1.9.6 对象的序列化和反序列化

对象的序列化：把对象写到一个输出流中。

对象的反序列化：从一个输入流中读取一个对象。

### 1. 对象序列化的概念

（1）对象的持久化。

（2）仅仅是一个对象的数据被序列化（将对象的数据序列化成字节流）。

（3）标识为 transit 的数据不能被序列化。例如，transit 类名表示该类不能被序列化或者 transit 字段。

（4）要序列化的对象必须实现 java.io.Serializable 接口。

### 2. 对象序列化的应用

（1）网络中传输的是字节流的数据，网络中对象的传输，是指将对象的数据经过序列化后转换成字节流。

（2）将对象数据序列化到文件中，将对象数据转换成字节流存储到文件中。从文件中读取字节流数据并转换成对象称为对象的反序列化。

### 3. ObjectInputStream 和 ObjectOutputStream 中的对象序列化

对象输入和输出流可以读写基本数据类型和对象。

ObjectInputStream 和 ObjectOutputStream 为应用程序提供对象的持久化存储。

一个 ObjectInputStream 可以反序列化通过 ObjectOutputStream 写入的基本数据类型和对象。

1）构造器

ObjectInputStream(InputStream in)

ObjectOutputStream(OutputStream out)

2）方法

readObject()/writeObject()：将对象写入到输出流中或者从输入流中读取对象。

举例：

Student.java：

```
import java.io.Serializable;

public class Student implements Serializable{
    public static final long serialVersionUID = 1000L;
    private String name;
    private int age;
    private transient String gender;
    public Student(){}
    public Student(String name,int age,String gender){
        this.name = name;
        this.age = age;
        this.gender = gender;
    }
    public void setName(String name){
        this.name = name;
    }
    public String getName(){
        return name;
    }
```

```
        public void setAge(int age){
            this.age = age;
        }
        public int getAge(){
            return age;
        }
        public void setGender(String gender){
            this.gender = gender;
        }
        public String getGender(){
            return gender;
        }
        public String toString(){
            return name + "," + age + "," + gender;
        }
    }
```

ReadObject.java：

```
    public class ReadObject{
        public static void main(String[] args){
            if(args.length != 1){
                System.out.println("Please input a file path!");
                System.exit(1);
            }
            System.out.println(1000);
            ObjectInputStream ois = null;
            Student s = null;
            try{
                ois = new ObjectInputStream(new FileInputStream(args[0]));
                s = (Student)ois.readObject();
                System.out.println(s);
            }catch(FileNotFoundException e1){
                e1.printStackTrace();
            }catch(ClassNotFoundException e2){
                e2.printStackTrace();
            }catch(IOException e3){
                e3.printStackTrace();
            }finally{
                try{
                    if(ois != null)
                        ois.close();
                }catch(IOException e){
                    e.printStackTrace();
                }
            }
        }
    }
```

WriteObject.java：

```
    public class WriteObject{
        public static void main(String[] args){
            if(args.length != 1){
                System.out.println("Please input a file path!");
                System.exit(1);
            }
```

```
            ObjectOutputStream oos = null;
            Student s = new Student("Jack",20,"Male");
            try{
                oos = new ObjectOutputStream(new FileOutputStream(args[0]));
                oos.writeObject(s);
            }catch(FileNotFoundException e1){
                e1.printStackTrace();
            }catch(IOException e2){
                e2.printStackTrace();
            }finally{
                try{
                    if(oos != null)
                        oos.close();
                }catch(IOException e){
                    e.printStackTrace();
                }
            }
        }
    }
```

# 1.10 网络编程

## 1.10.1 网络相关概念

### 1. 计算机网络

计算机网络是相互连接的独立自主的计算机的集合，最简单的网络形式是由两台计算机组成的。

### 2. 网络通信

1）IP 地址

（1）IP 网络中每台主机都必须有一个唯一的 IP 地址。

（2）IP 地址是一个逻辑地址。

（3）因特网上的 IP 地址具有全球唯一性。

（4）其有 32 位，4 个字节，常用点分十进制的格式表示，如 192.168.0.16。

2）协议

（1）协议为进行网络中的数据交换（通信）而建立的规则、标准或约定，即协议=语义+语法+规则。

（2）不同层具有不同的协议。

3）端口号

端口使用一个 16 位的数字来表示，其值为 0～65535，1024 以下的端口号保留给预定义的服务，如 HTTP 使用 80 端口。

### 3. OSI 参考模型

物理层：二进制传输，确定如何在通信信道上传递比特流。

数据链路层：加强物理层的传输功能，建立一条无差错的传输线路。

网络层：在网络中数据到达目的地有很多线路，网络层就负责找出最佳的传输线路。

传输层：传输层为源计算机到目的计算机提供了可靠的数据传输服务，隔离了网络的上下层协议，使得上层网络应用的协议与下层无关。

会话层：在两个相互通信的应用进程之间建立、组织和协调其之间的通信。

表示层：处理被传送数据的表示问题，即信息的语法和语义，如有必要将使用一种通用的格式在多种格式中进行转换。

应用层：为用户的应用程序提供网络通信服务。

OSI（Open System Interconnection，开放式系统互连）参考模型并不是物理实体上存在这 7 层，这只是功能的划分，是一个抽象的参考模型。进行网络通信时，每层提供本层对应的功能。

（1）通信实体的对等层之间不允许直接通信，它们之间是虚拟通信，实际通信在最底层完成。

（2）各层之间是严格单向依赖的。

（3）上层使用下层提供的服务，即 Service User。

（4）下层向上层提供服务，即 Service Provider。

（5）对等层实体之间虚拟通信。

（6）下层向上层提供服务，实际通信在最底层完成。

#### 4. OSI 各层所使用的协议

（1）应用层：远程登录协议（Telnet）、文件传输协议（FTP，在网上下载一个软件或者资料的时就会使用该协议）、超文本传输协议（HTTP，使用较多，通过 IE 浏览一个网页的时候会使用该协议）、域名服务（DNS，使用较多，通过网络访问计算机时一般不使用该主机的 IP 地址，而通过该主机的域名访问）、简单邮件传输协议（SMTP，通过 Foxmail 发送邮件）、邮局协议 POP3 等。

（2）传输层：传输控制协议（TCP）、用户数据报协议（UDP）。

① TCP：面向连接的可靠的传输协议；在利用 TCP 协议进行通信的时候，先要经过三步握手建立起通信双方的连接，一旦连接建立即可通信了。TCP 协议提供数据确认和重传的机制，保证数据一定能够到达数据接收端。

② UDP：无连接的、不可靠的传输协议；采用 UDP 协议进行通信时，不需要建立连接，可以直接向一个 IP 地址发送数据，至于是不是能够收到则不能保证，发送过程中数据有可能丢失、IP 地址可能不存在、IP 地址代表的主机没有运行等。

（3）网络层：网际协议（IP）、Internet 控制报文协议（ICMP）、Internet 组管理协议（IGMP）。

### 1.10.2 基于 TCP 的 Socket 编程步骤

#### 1. 服务器程序编写

（1）调用 ServerSocket(int port)创建一个服务器端套接字，并绑定到指定端口上。

（2）调用 accept()，监听连接请求，如果客户端请求连接，则接收连接，返回通信套接字。

（3）调用 Socket 类的 getOutputStream()和 getInputStream，获取输出流和输入流，开始网络数据的发送和接收。

（4）关闭通信套接字。

举例：TimeTcpServer.java。

```
import java.net.*;
import java.io.*;
import java.util.Date;
public class TimeTcpServer{
    public static void main(String[] args){
        /*1.调用 ServerSocket(int port)创建一个服务器端套接字，并绑定到指定端口上*/
        ServerSocket ss = null;
```

```
            Socket s = null;
            int port = Integer.parseInt(args[0]);
            String time = null;
            BufferedWriter bw = null;
            try{
                ss = new ServerSocket(port);
                /*2.调用 accept()，监听连接请求，如果客户端请求连接，则接收连接，
                    返回通信套接字*/
                while(true){
                try{
                    s = ss.accept();
                    System.out.println("100");
                /*3.调用 Socket 类的 getOutputStream()和 getInputStream，获取输出流
                    和输入流，开始网络数据的发送和接收*/
                    time = new Date().toString();
                    bw = new BufferedWriter(new OutputStreamWriter(s.
                          getOutputStream()));
                    bw.write(time,0,time.length());
                    bw.flush();
                }finally{
                    try{
                        if(bw != null)  bw.close();
                        if(s != null)  s.close();
                    }catch(Exception e){
                        e.printStackTrace();
                    }
                }
                }
            }catch(Exception e){
                e.printStackTrace();
            }finally{
                try{
                    if(ss != null)
                        ss.close();
                }catch(IOException e){
                    e.printStackTrace();
                }
            }
        }
    }
```

2. 客户端程序编写

（1）调用 Socket()创建一个流套接字，并连接到服务器端。

（2）调用 Socket 类的 getOutputStream()和 getInputStream，获取输出流和输入流，开始网络数据的发送和接收。

（3）关闭通信套接字。

举例：TimeTcpClient.java。

```
    import java.net.*;
    import java.io.*;
    public class TimeTcpClient{
        public static void main(String[] args){
```

```
            Socket s = null;
            String ip = args[0];
            int port = Integer.parseInt(args[1]);
            BufferedReader br = null;
            try{
                s = new Socket(ip,port);
                br = new BufferedReader(new InputStreamReader(s.getInputStream()));
                System.out.println("Time:"+br.readLine());
            }catch(Exception e){
                e.printStackTrace();
            }finally{
                try{
                    if(br != null) br.close();
                    if(s != null) s.close();
                }catch(IOException e){
                    e.printStackTrace();
                }
            }
        }
    }
```

## 1.10.3 基于 UDP 的 Socket 编程步骤

### 1. 接收端程序编写

（1）调用 DatagramSocket(int port)创建一个数据报套接字，并绑定到指定端口上。

（2）调用 DatagramPacket(byte[] buf, int length)，建立一个字节数组以接收 UDP 包。

（3）调用 DatagramSocket 类的 receive()，接收 UDP 包。

（4）关闭数据报套接字。

举例：TimeUdpServer.java。

```
import java.io.*;
import java.net.*;
import java.util.*;
public class TimeUdpServer{
    public static void main(String[] args){
        DatagramSocket ds = null;
        DatagramPacket dp = null;
        byte[] buffer = new byte[1024];
        int port = Integer.parseInt(args[0]);
        String time = null;
        InetAddress clientAddress = null;
        int clientPort;
        try{
            ds = new DatagramSocket(port);
            dp = new DatagramPacket(buffer,buffer.length);
            while(true){
                ds.receive(dp);
                time = new Date().toString();
                buffer = time.getBytes();
                clientAddress = dp.getAddress();
```

```
                    clientPort = dp.getPort();
                    dp = new DatagramPacket(buffer,buffer.length,clientAddress,
                        clientPort);
                    ds.send(dp);
                }
            }catch(Exception e){
                e.printStackTrace();
            }finally{
                if(ds != null)  ds.close();
            }
        }
    }
```

**2. 发送端程序编写**

（1）调用 DatagramSocket()创建一个数据报套接字。

（2）调用 DatagramPacket(byte[] buf, int offset, int length, InetAddress address, int port)，建立要发送的 UDP 包。

（3）调用 DatagramSocket 类的 send()，发送 UDP 包。

（4）关闭数据报套接字。

举例：TimeUdpClient.java。

```
import java.io.*;
import java.net.*;
public class TimeUdpClient{
    public static void main(String args[]){
    DatagramSocket ds = null;
    DatagramPacket dp = null;
    byte[] buffer = new byte[1024];
    InetAddress serverAddress = null;
    int port = Integer.parseInt(args[1]);
    String time = null;
    try{
        ds = new DatagramSocket();
        serverAddress = InetAddress.getByName(args[0]);
        dp = new DatagramPacket(buffer,buffer.length,serverAddress,port);
        ds.send(dp);
        dp = new DatagramPacket(buffer,buffer.length);
        ds.receive(dp);
        time = new String(buffer);
        System.out.println("time:"+time);
    }catch(Exception e){
        e.printStackTrace();
    }finally{
        try{
            if(ds != null)  ds.close();
        }catch(Exception e){}
    }
  }
  }
```

## 习题

1．什么是 JDK，其包括哪些内容？

2．和 Java 相关的环境变量有哪几个，它们有什么作用？

3．Java 有何优秀特性？

4．字节码校验器验证哪些内容？

5．什么是 API，如何查看 API？

6．Java 中注释的分类有几种？

7．Java 中标示符有何命名规则？

8．Java 中有哪些常用的基本数据类型？

9．类和对象的概念有何区别？

10．基本数据类型和引用类型有何区别？

11．编程。

已知类 MyPoint 表示一个二维的点，其定义如下。

```
public class MyPoint {
  public int x;
  public int y;

  public String toString() {
    return ("[" + x + "," + y + "]");
  }
}
```

使用上面已提供的 MyPoint 类，建立一个 TestMyPoint 程序，该程序执行下列操作。

（1）定义两个类型为 MyPoint 的变量，变量名为 start 和 end。每个变量赋一个新的 MyPoint 的对象。

（2）将 start 的 x 和 y 值设置为 10，end 的 x 值设置为 20，y 值为 30。

（3）打印输出这两个变量，使用类似于如下的代码：System.out.println("Start point is"+start);。

（4）编译运行 TestMyPoint。

（5）声明一个类型为 MyPoint 的新变量 stray，将现有变量 end 的引用值赋值给 stray。

（6）打印输出 stray 和 end。

（7）将新值赋值给 stray 变量的 x 和 y 成员，打印输出 stray end start。

（8）编译运行 TestMyPoint。end 报告的值反映了 stray 中的变化，说明这两个变量引用的是同一个 MyPoint 对象。但是 start 并没有改变，说明 start 与另两个变量无关。

输出结果应与下面的模式类似。

```
Start point is 【10, 10】
End point is 【20, 30】

Stray point is 【20, 30】
End point is 【20, 30】

Stray point is 【47, 50】
End point is 【47, 50】
Start point is 【10, 10】
```

12．编程。

编写 Test.java，要求如下。

（1）传入一个 int 数，要求清除该数的低 8 位，高 24 位不变，将结果以十进制形式输出。

（2）传入一个 int 数，要求将该数的低 16 位置 1，高 16 位不变，将结果以十进制形式输出。

（3）实现两个 int 类型变量值的交换，要求不使用中间变量。

（4）以二进制形式输出一个十进制数。

（5）分别使用 while/do/for 循环求 1*2*…*10 的值。

（6）打印 4 种形式的九九乘法表。

提示：

① System.out.println()的功能为输出+换行；System.out.print()的功能为输出。

② 在适当的位置可以使用'\t'进行对齐操作。

形式 1：

```
1*1= 1
1*2= 2	2*2= 4
1*3= 3	2*3= 6	3*3= 9
1*4= 4	2*4= 8	3*4=12	4*4=16
1*5= 5	2*5=10	3*5=15	4*5=20	5*5=25

1*6= 6	2*6=12	3*6=18	4*6=24	5*6=30	6*6=36
1*7= 7	2*7=14	3*7=21	4*7=28	5*7=35	6*7=42	7*7=49
1*8= 8	2*8=16	3*8=24	4*8=32	5*8=40	6*8=48	7*8=56	8*8=64
1*9= 9	2*9=18	3*9=27	4*9=36	5*9=45	6*9=54	7*9=63	8*9=72	9*9=81
```

形式 2：

```
1*9= 9	2*9=18	3*9=27	4*9=36	5*9=45	6*9=54	7*9=63	8*9=72	9*9=81
1*8= 8	2*8=16	3*8=24	4*8=32	5*8=40	6*8=48	7*8=56	8*8=64
1*7= 7	2*7=14	3*7=21	4*7=28	5*7=35	6*7=42	7*7=49
1*6= 6	2*6=12	3*6=18	4*6=24	5*6=30	6*6=36
1*5= 5	2*5=10	3*5=15	4*5=20	5*5=25
1*4= 4	2*4= 8	3*4=12	4*4=16
1*3= 3	2*3= 6	3*3= 9
1*2= 2	2*2= 4
1*1= 1
```

形式 3：

```
                                                1*1= 1
                                        1*2= 2  2*2= 4
                                1*3= 3  2*3= 6  3*3= 9
                        1*4= 4  2*4= 8  3*4=12  4*4=16
                1*5= 5  2*5=10  3*5=15  4*5=20  5*5=25
```

| | | | | | | | | |
|---|---|---|---|---|---|---|---|---|
| | | | 1*6= 6 | 2*6=12 | 3*6=18 | 4*6=24 | 5*6=30 | 6*6=36 |
| | | 1*7= 7 | 2*7=14 | 3*7=21 | 4*7=28 | 5*7=35 | 6*7=42 | 7*7=49 |
| | 1*8= 8 | 2*8=16 | 3*8=24 | 4*8=32 | 5*8=40 | 6*8=48 | 7*8=56 | 8*8=64 |
| 1*9= 9 | 2*9=18 | 3*9=27 | 4*9=36 | 5*9=45 | 6*9=54 | 7*9=63 | 8*9=72 | 9*9=81 |

形式 4：

| | | | | | | | | |
|---|---|---|---|---|---|---|---|---|
| 1*9= 9 | 2*9=18 | 3*9=27 | 4*9=36 | 5*9=45 | 6*9=54 | 7*9=63 | 8*9=72 | 9*9=81 |
| | 1*8= 8 | 2*8=16 | 3*8=24 | 4*8=32 | 5*8=40 | 6*8=48 | 7*8=56 | 8*8=64 |
| | | 1*7= 7 | 2*7=14 | 3*7=21 | 4*7=28 | 5*7=35 | 6*7=42 | 7*7=49 |
| | | | 1*6= 6 | 2*6=12 | 3*6=18 | 4*6=24 | 5*6=30 | 6*6=36 |
| | | | | 1*5= 5 | 2*5=10 | 3*5=15 | 4*5=20 | 5*5=25 |
| | | | | | 1*4= 4 | 2*4= 8 | 3*4=12 | 4*4=16 |
| | | | | | | 1*3= 3 | 2*3= 6 | 3*3= 9 |
| | | | | | | | 1*2= 2 | 2*2= 4 |
| | | | | | | | | 1*1= 1 |

13．编程。

编写 GcdLcm.java，求任意两个正整数的最大公约数（GCD）和最小公倍数(LCM)。

提示：

求最大公约数可以用辗转相除法，即先将 m 除以 n（m>n）得余数 r，再用余数 r 去除原来的除数，得到新的余数，重复此过程，直到余数为 0 时停止，此时的除数就是 m 和 n 的最大公约数。

求 m 和 n 的最小公倍数即 m 和 n 的积除以 m 和 n 的最大公约数。

14．编程，使用数组实现选择排序（Selection.java）、冒泡排序（Bubble.java）和插入排序（Insertion.java）。

提示：

（1）选择排序就是在要排序的一组数中，选出最小的一个数与第一个位置的数交换；然后在剩余的数中再找最小的数并与第二个位置的数交换，如此循环，直到倒数第二个数和最后一个数比较完为止。

（2）冒泡排序就是在要排序的一组数中，对当前还未排好序的范围内的全部数，自上而下对相邻的两个数依次进行比较和调整，使较大的数往下沉，较小的数往上冒。也就是说，每当两个相邻的数比较后发现它们的排序与排序要求相反时，就将它们互换。

（3）插入排序就是排序过程的某一中间时刻，R 被划分成两个子区间 R[1.. i-1]（已排好序的有序区）和 R[i.. n]（当前未排序的部分，可称无序区）。插入排序的基本操作是，将当前无序区的第 1 个记录 R[i]插入到有序区 R[1.. i-1]中适当的位置上，使 R[1.. i]变为新的有序区。因为这种方法每次使有序区增加 1 个记录，因此称为增量法。插入排序与打扑克时整理手上的牌非常类似。摸来的第 1 张牌无需整理，此后每次从桌上的牌（无序区）中摸最上面的 1 张并插入左手的牌（有序区）中正确的位置上。为了找到这个正确的位置，必须自左向右（或自右向左）将摸来的牌与左手中已有的牌逐一比较。

15．简述 Java 三大特性及其具体含义。

16．简述 Java 中的访问修饰符及其区别。

17．什么是构造器？其有什么作用？

18．方法重载和方法重写有何区别？

19．抽象类和接口有何区别？

20．谈谈对 List、Set、Map 的认识和区别。

21．编程，使用 TreeSet 和 Comparator 编写 TreeSetTest.java。

要求：对 TreeSet 中的元素 1，2，3，4，5，6，7，8，9，10 进行排列，排序逻辑为奇数在前偶数在后，奇数按照升序排列，偶数按照降序排列。

22．编程，使用 TreeSet 和 Comparator 编写 TreeSetTestInner.java。

要求：对 TreeSet 中的元素"HashSet"、"ArrayList"、"TreeMap"、"HashMap"、"TreeSet"、"LinkedList"进行升序和倒序排列。

（1）使用匿名内部类实现。

（2）使用静态内部类实现。

23．编程。

（1）编写 MyStack.java，实现堆栈功能，在类中使用 ArrayList 保存数据。

（2）编写 MyQueue.java，实现队列功能，在类中使用 ArrayList 保存数据。

用如下代码对所写的堆栈和队列类进行测试。

```
public class Test
{
    public static void main(String[] args)
    {
        MyStack stack = new MyStack();
        stack.push(new Integer(1));
        stack.push(new Integer(2));
        stack.push(new Integer(3));
        System.out.println(stack.pop());
        stack.push(new Integer(4));
        System.out.println(stack.pop());
        System.out.println(stack.pop());
        System.out.println(stack.pop());
        System.out.println(stack.pop());
        stack.push(new Integer(5));
        System.out.println(stack.pop());
        System.out.println(stack.pop());

        MyQueue queue = new MyQueue();
        queue.in(new Integer(1));
        queue.in(new Integer(2));
        queue.in(new Integer(3));
        System.out.println(queue.out());
        queue.in(new Integer(4));
        System.out.println(queue.out());
        System.out.println(queue.out());
        System.out.println(queue.out());
        System.out.println(queue.out());
        queue.in(new Integer(5));
        System.out.println(queue.out());
        System.out.println(queue.out());
    }
}
```

24．线程由几个部分组成，每个部分的作用是什么？

25．如何创建和启动线程？

26．简述线程的几种状态。

27．编程，编写 Copy.java。

要求：将一个文件的内容同时复制到多个文件中。

# 第2章 Java 新特性

## 2.1 JDK1.5 新特性

本章主要内容：

- 自动装箱/拆箱
- 类型安全枚举
- 静态导入
- annotation
- 增强 for 循环
- 可变长参数
- 格式化输出
- 泛型

### 2.1.1 自动装箱/拆箱

一般来说，当创建一个类的对象实例的时候，可使用如下代码：

```
Class a = new Class(parameter);
```

当创建一个 Integer 对象时，可使用如下代码：

```
Integer i = 100; (注意：不是 int i = 100; )
```

实际上，执行上面的代码的时候，系统执行了 Integer i = Integer.valueOf(100);，这就是基本数据类型的自动装箱功能。

下面来了解一下装箱/拆箱的概念。

#### 1. 装箱和拆箱操作

装箱操作：将基本数据类型转换为它所对应的包装器类的操作。

拆箱操作：将包装器类转换为对应的基本数据类型的操作。

#### 2. 包装器类

Java 中提倡一切都是面向对象的，数据类型分为基本数据类型和引用类型，位于 java.lang 包下，如表 2-1 所示。

表 2-1 数据类型

| 8 种基本数据类型 | 包装器类 |
|---|---|
| byte | Byte |
| short | Short |
| int | Integer |
| long | Long |
| float | Float |
| double | Double |
| char | Character |
| boolean | Boolean |

包装器类可分为以下两组。

数值型：Byte、Short、Integer、Long、Float、Double，都是 Number 类的子类。

其他类型：Character、Boolean。

Number 类的结构如下。

```
byteValue()
intValue()
.......
```

```
/*Value()主要用于获取该引用类型所代表的基本类型数据，以便进行+、-、*、/操作*/
charValue()
booleanValue()
```

### 3. 进行装箱和拆箱操作的方法

（1）Integer i = 100;：编译器自动做语法编译并进行装箱操作，即 Integer i = Integer.valueOf(100);。

（2）int t=i;：编译器自动做语法编译并进行拆箱操作，即 int t = i.intValue();。

### 4. 自动装箱和自动拆箱

自动装箱：基本数据类型自动转换为包装器类。

自动拆箱：包装器类自动转换为基本数据类型。

这样就大大简化了基本数据类型和引用类型之间的转换。

举例：BoxingTest.java。

```
import java.util.ArrayList;
import java.util.Iterator;
import java.util.List;

public class BoxingTest {

    /*
     * 自动装箱、拆箱
     */
    public static void main(String[] args) {
        /*
         * 自动装箱，编译器会自动将其解析为 Integer i = Integer.valueOf(2);
         */
        Integer i = 2;
        /*
         * 自动拆箱，编译器会自动将其解析为 int j = i.intValue();
         */
        int j = i;
        System.out.println("i:" + i + " j:" + j);
        System.out.println("***********");

        Integer counter = 0;//自动装箱
        //拆箱-->累加-->装箱
        counter++;
        System.out.println("counter:" + counter);
        System.out.println("***********");

        Integer a = 4;//自动装箱
        Integer b = 5;//自动装箱
        //先自动拆箱，再比较
        System.out.println(a > b);
        System.out.println("***********");

        Boolean f1 = true;//自动装箱
        Boolean f2 = false;//自动装箱
        boolean f3 = true;
```

```
        //自动拆箱-->运算-->自动装箱
        Boolean result = (f1 || f2) && f3;
        System.out.println(result);
        System.out.println("***********");

        List list = new ArrayList();
        //JDK1.5 之前
        list.add(new Integer(1));
        list.add(new Integer(2));
        //JDK1.5 以后
        list.add(3);
        list.add(4);
        outList(list);
    }

    private static void outList(List list) {
        //使用 while 循环遍历集合
        Iterator iter = list.iterator();
        while (iter.hasNext()) {
            Object o = iter.next();
            System.out.println(o);
        }
        System.out.println("**********");
        //使用 for 循环遍历集合
        for (Iterator iter2 = list.iterator(); iter2.hasNext();) {
            Object o = iter2.next();
            System.out.println(o);
        }
    }
}
```

### 5. 进行装箱和拆箱操作的原因

在 Java 中，所有要处理的元素几乎都是对象，然而基本数据类型不是对象，有时需要将基本数据类型转换为对象，通过装箱即可轻松实现。

自动装箱与拆箱的设计是一种模式，即享元模式，也就是使用共享物件，用来尽可能地减少内存使用量以及分享资讯给尽可能多的相似物件；它适用于只是因重复而导致使用无法令人接受的大量内存的大量物件。因此使用自动装箱和拆箱机制，可以节省常用数值的内存开销和创建对象的开销，提高效率。

### 6. 包装器类的缓存方式

并不是所有的包装器类内部都有缓存池，以下是各包装器类内部的缓存方式。

（1）Boolean：全部缓存。

（2）Byte：全部缓存。

（3）Character：缓存 ASCII/Unicode<127 的所有字符。

（4）Integer：缓存−128～127 内的数值。

（5）Short：缓存−128～127 内的数值。

（6）Long：缓存−128～127 内的数值。

（7）Float：全部不缓存。

（8）Double：全部不缓存。

## 2.1.2 增强 for 循环

### 1. 语法

对于之前的 for 循环，可使用如下格式。

```
for(初始化变量;循环条件;变量控制) {
    //操作
}
for(int i=0;i<10;i++) {
    //some operation
}
```

JDK1.5 引入的增强 for 循环简化了对集合或数组的遍历。

```
for(type element:arr) {
    //some operation
}
```

其中，type 为类型，指所遍历的数组或集合中所存放的数据类型；element 为元素，指遍历时的临时变量；arr 为所要遍历的数组或集合的引用。

### 2. 弊端

增强 for 循环的缺点如下。

（1）程序本身无法明确指向所遍历元素的索引位置。

（2）容易出现 ClassCastException 类型转换异常。

## 2.1.3 类型安全枚举

JDK1.5 引入了一个全新的“类”，即枚举类型，其中包括 enum、class、interface、annotation。

### 1. 类型安全枚举的作用

例如，定义一个代表星期/性别的类。

```
int  weekday=0
```

星期类只能取值星期一～星期日，而性别只能取男、女两个值。

使用枚举主要是为了控制变量的取值，使变量只能是若干个固定值中的一个，否则编译器报错。枚举会使编译器在编译期间检查源程序的非法值，普通变量无法实现这一目标。

举例：

```
public  class Gender{
    private String name;
    private static Gender male = new Gender("男");
    private static Gender female = new Gender("女");

private Gender() {}
    private Gender(String name) {
        this.name = name;
    }

public static Gender getInstance(int i) {
    switch(i) {
```

```
            case 0:
                return MALE;
            case 1:
                return FEMALE;
            default:
                return null;
        }
    }

        //getter setter
        }

    Gender  male = new Gender("男");
    Gender  female = new Gender("女");
    Gender  female = new Gender("不男不女");
```

以上程序简单实现了性别的枚举，可以看到，不使用枚举类型时，需要编写很多代码来实现相应的功能。

### 2．枚举的定义

枚举的定义如下。

```
public  enum  Gender{
    male,female
}
```

其中，每一个枚举元素都是该枚举类型的一个实例。

### 3．枚举的使用

枚举的语法格式如下。

```
类名  引用变量 = 类名.枚举元素
```

举例：

```
Gender male = Gender.male;
Gender femal  = Gender.femal;
```

### 4．枚举的遍历

对于任意一个自定义的枚举类型，默认提供了两个有用的静态方法：values()和 valueOf()。

（1）values()：返回一个包含该枚举类中所有枚举元素的数组。

（2）valueOf(String str)：通过枚举类获取该类的一个枚举元素。

### 5．Enum 类和 enum 关键字的区别

（1）任意一个使用 enum 关键字定义的枚举类都默认继承于 java.lang.Enum 类。

（2）枚举类型中的所有枚举元素都是该枚举类型的实例，它们都被预设为 public static final。

### 6．Enum 类

Enum 类的语法格式如下。

```
protected  Enum(String name, int ordinal) {}
```

其中，name 代表枚举元素的名称，ordinal 代表枚举元素的编号。

任何一个枚举元素一旦声明都会默认调用此构造方法进行编号，编号采用自动编号方式进行（从 0 开始）。

### 7．枚举类型的属性和方法

枚举类型可以定义属性和方法，但是必须位于元素列表声明之后。

### 8．枚举类型的构造方法

（1）构造方法必须位于元素列表声明之后。
（2）构造方法是 private 的，默认也是私有的。
（3）如果要调用有参构造方法，则应直接在元素声明之后加上参数列表“（参数）”。

### 9．枚举类型的继承性

由于枚举类型默认继承于 java.lang.Enum 类，因此无法再继承于其他类。

### 10．枚举实现接口

（1）枚举类像普通类一样，在类中实现接口中的所有抽象方法。
（2）每一个枚举元素分别实现接口中的抽象方法。

### 11．在枚举中定义抽象方法

在枚举类中可以定义一个或多个抽象方法，但是每一个枚举元素必须分别实现这些抽象方法。

### 12．switch 对枚举的支持

举例：

```
Color color = Color.getColor();//Color 是一个枚举类，getColor()随机获取一个枚举元素
switch (color) {
    case RED:
        System.out.println("RED");
        break;
    case GREEN:
        System.out.println("GREEN");
        break;
    case BLUE:
        System.out.println("BLUE");
        break;
    case YELLOW:
        System.out.println("YELLOW");
        break;
    default:
        System.out.println("unknow!!");
        break;
    }
```

switch 还支持以下类型：byte、int、short、char。

### 13．类集对枚举的支持

JDK1.5 引入了两个类集操作类：EnumMap、EnumSet，其位于 java.util 包中。

（1）EnumMap：实现了 Map 接口，基本功能和 Map 相似，实例化时需要指定键值类型，并且键值类型只能是枚举类型。

（2）EnumSet：实现了 Set 接口，基本功能和 Set 类似，构造方法私有化，通过提供的一系列静态方法，如 allOf()/noneOf()等，获取实例化对象。

### 2.1.4　可变长参数

JDK1.5 引入了可变长参数，使得用户可以声明一个可接收可变数目参数的方法。

举例：

```
public double  sum(double a,double b) {
    return a+b;
}
public double  sum(double a,double b,double c) {
    return a+b+c;
}

public double sum(double[] para) {
    //对数组进行遍历相加
    //需要提前声明一个数组
}
double[]  para = new double[]{1.0,2.0,3.0,4.0};
sum(para);
```

通过以上代码可以知道，通过方法重载，也可以实现可变长参数的方法。当然，这种写法是比较麻烦的，而使用可变长参数的新特性，可以很简单地实现。

#### 1. 可变长参数语法

```
public double sum(double... para) {
    //JDK1.5 将可变参数改为数组以进行操作
    //不需要声明数组
    //直接引用
}
sum(1.0);
sum(1.0,2.0);
double[] para = new double[]{1.0,2.0};
sum(para);
```

#### 2. 可变长参数使用

使用可变长参数后，在调用该可变参数方法时可依据类型传入一个或多个同一类型的参数或者传入一个该类型的数组参数，在方法中可依据数组方式进行处理。

（1）传递离散值：sum(1.0,2.0);。

（2）传递数组：sum(para);。

（3）传递空值：sum();，当传递值为空时，方法内部接收的不是 null，而是一个长度为 0 的数组。

**注意**：一个方法中最多只能声明一个可变长参数，并且该可变长参数必须位于参数列表的最后一位。

举例：VarargsTest.java。

```
public class VarargsTest {
    public static void oldSum(int[] values) {
        int total = 0;
        for (int i : values) {
```

```
                total += i;
            }
            System.out.println("total:" + total);
        }

        public static void newSum(int... values) {
            int total = 0;
            for (int i : values) {
                total += i;
            }
            System.out.println("total:" + total);
        }

        public static void main(String[] args) {
            int[] values = new int[] { 1, 2, 3, 4 };
            System.out.println("**before jdk1.5**");
            oldSum(values);
            System.out.println("**after jdk1.5**");
            newSum(1, 2, 3, 4, 5);
            System.out.println("**********");
            Student s1 = new Student("briup",10);
            System.out.println(s1);
            System.out.println("**********");
            Student s2 =new Student("briup2",20,"Shanghai");
            System.out.println(s2);
            System.out.println("**********");
            Student s3 = new Student("briup3",30,"Shanghai","Beijing");
            System.out.println(s3);
        }
    }
```

## 2.1.5 静态导入

在 JDK1.5 之前，要使用静态成员（变量和方法），必须给出提供该静态成员的类，通过“类名.静态成员”来访问静态成员。

JDK1.5 使用了静态导入，使被导入类的静态成员在当前类中直接可见，使用时不需要提供类名，就像使用当前类的成员一样。

### 1. 静态导入语法

```
import static 类的全名.静态成员;
java.lang.Math;
```

### 2. 静态导入缺陷

过度地使用静态导入会在一定程度上降低代码的可读性。

## 2.1.6 格式化输出

C 语言使用 printf 进行格式化输出。

举例：

```
int num=10;
printf("this is %d",num);
```

输出结果：

```
this is 10
```

JDK1.5 引入格式化输出，并且 Java 的格式化输出语法比 C 更加严格。

Java 的格式化输出由 java.util.Formatter 支持。

### 1. Formatter

Formatter 是 Java 中用来格式化输出的类。其语法格式如下。

```
format(String format,Object... args){}
```

其中，第一个参数是包含格式化说明符的格式化字符串，第二个参数是替换格式化说明符的可变参数列表。

举例：

```
format("this is %s,%d","str",100);
```

输出结果：

```
this is str, 100
```

### 2. 常规说明符语法

常规说明符的语法格式如下。

```
%[argument_index$][flags][width][.precision]conversion
```

其中，argument_index 代表参数在参数列表中的位置，从 1 开始；flags 表示输出格式的标志；width 表示占用的宽度；.precision 表示字符位数，若为浮点数，则表示小数点后保留的位数；conversion 表示具体的转换说明符。

### 3. 时间/日期的格式化说明符语法

```
%[argument_index$][flags][width]conversion
```

其中，conversion 由 t 或 T 加上具体的转换符组成。例如，%tH 或%TH。

String 类和 PrintStream 也增加了对格式化输出的支持。

String 类增加了静态方法：format(String format,Object... args){}。

PrintStream 增加了 printf 方法：printf(String format,Object... args){}。

## 2.1.7 泛型

泛型的本质是参数化类型，即操作的数据类型被指定为一个参数，该参数可以用在类、接口和方法的定义中，分别称为泛型类、泛型接口和泛型方法。JDK1.5 引入泛型的最主要的目的是安全、简单。

### 1. 泛型的特点

泛型的特点是类型安全，不需要强制类型转换。

### 2. 使用泛型的原因

例如，构建一个类 Circle，提供属性 Radius，构建该类并打印出成员，要求属性 Radius 类型为 Integer、Float、Double。

```
IntegerCircle.java
FloatCircle.java
```

在 JDK1.5 之前，为了解决类的通用性，通常把参数类型、返回类型设置为 Object。

Object 存在的问题如下：要进行类型转换，容易出现 ClassCastException。

### 3. 泛型的定义

通过引入泛型，可以获得编译时类型的安全性和运行时更小地抛出 ClassCastException 的可能性。

### 4. 使用泛型的方法

### 1. 泛型类

定义类时，声明一个类型参数

```
class 类名<类型参数,类型参数,...> {
}
```

类型参数可以是任意合法的标识符，一般约定：T 表示 Type，E 表示 Element，K 表示 Key，V 表示 Value。

例如，ArrayList<E>。

其中，ArrayList 称为 ArrayList<E>的原始类型；E 为类型参数；<>读作 typeof；ArrayList<E>称为 ArrayList 的泛型类。

1）注意事项

① 实例化泛型类时，参数类型只能是引用类型，不能使用基本数据类型来实例化泛型类。

② 使用时如果不指定参数类型，则 T 默认为 Object 类型。

③ 泛型类的引用可以指向原始类型。

④ 原始类型的引用也可以指向泛型类。

⑤ 参数类型之间不具有继承性。

2）限制泛型使用类别

在定义泛型类时，预设可以使用任意类型来实例化泛型类中的类型，但是要限制使用泛型类别，当只能是某个特定类或其子类才能实例化该泛型类别时，可以使用 extends 关键字指定该类型是继承于某个类或实现某个接口的。

如果不使用 extends 关键字指定，则默认是 T extends Object。

举例：

```
Generic<T extends Number>
Generic<Integer> g = new Integer<Integer>();
Generic<String> g = new Integer<String>();
```

3）泛型通配符 ?

?：可以匹配任意类型。

? extends 类型：代表该类型为指定类型或子类。

? super 类型：代表该类型为指定类型或父类。

4）泛型上限

泛型上限指参数类型所能操作的最大上限。

T extends Class：定义类时指定所能操作的最大上限。

? extends Class：定义引用所能接受的最大上限。

5）泛型下限

泛型下限指定具体类，通过“? super someClass”定义引用所能接受的最小下限。

6）泛型继承类别/泛型实现接口

① 子类的类型参数声明必须和父类一致。

```
public class Sub<T> extends Super<T> {}
```

② 如果父类的参数类型指定，则子类可以是泛型类，也可以不是泛型类。

```
public class Sub extends Super<String> {}
public class Sub<T> extends Super<String> {}
```

### 2. 泛型接口

泛型接口和泛型类的定义相同。

语法：

```
interface interfaceName<类型参数,类型参数...> {
}
```

举例：

```
public interface Test<T> {
    public void fun(T t);
}
```

### 3. 泛型方法

如果一个方法要使用泛型，那么该参数类型必须提前声明；存在于泛型类中时，由于类型参数在类定义时声明过，所以可以直接使用类型参数；存在于非泛型类中时，由于类型参数在类定义时没有提前声明，所以需要在方法的返回类型前声明参数类型；存在于泛型类中时，当泛型方法的类型参数声明和类的类型参数声明不一致时，该泛型方法等同于非泛型类中的泛型方法。

1）不能实例化类型参数

```
class  Generic<T> {}
new T();   //错误
```

2）在创建数组时不能使用泛型类型

```
ArrayList<String>[] list = new ArrayList<String>[3];(X)
ArrayList[] list = new ArrayList[3];
```

3）静态成员变量不能使用泛型参数类型

```
private  static T name; //错误
```

4）静态方法中不能调用类型为参数类型的成员变量。

```
private T t;
public static void method(){
  Test test = new Test();
  test.t;  错误
}
```

## 2.1.8 Annotation

JDK1.5 引入了 annotation，提供了一些不属于源程序的数据，annotation 实际上表示的是一种注释语法，一种标记。

annotation 根据所起的作用大致分为如下两类。

（1）编译检查：仅作为一个标记，使编译器在编译时进行一些特殊处理。

（2）代码处理：在运行时通过反射获取 annotation 的信息并执行相应的操作。

### 1．系统内建的 Annotation

在 JDK1.5 之后，系统内建了 3 个 annotation，它们都是用做编译检查的，位于 java.lang 包下。

（1）@Override：表示重写/覆写操作，强制保证 @Override 所标记的方法必须是覆写了父类中同名的方法。

（2）@Deprecated：表示过时的、不建议使用的操作。

（3）@SuppressWarnings：表示抑制/压制警告，不让编译器发出警告信息，可同时限制多个警告。

rawtypes：对泛型类实例化时未指定类型参数发出警告。

unchecked：未经检查的操作。

deprecation：过时的操作。

all：消除所有的警告。

unused：相对闲置的代码。

（4）@Override @Deprecated 称为 marker annotation，即名称本身给编译器提供信息。

```
@SuppressWarnings({ "rawtypes", "unchecked",deprecation" })
String[] value1();
```

### 2．自定义 Annotation 的定义及使用

自定义的 annotation 一般用做代码处理。

语法：

```
修饰符  @interface annotationName {
}
```

自定义的 annotation 本质上继承于 java.lang.annotation.Annotation 接口。

1）annotation 和接口的区别

（1）annotation 是一个接口，因此成员和接口中的一致。

（2）annotation 是一个特殊的接口。

① 所有的方法必须没有参数，不能抛出异常，必须有返回值，并且返回值类型有限制。

② 可以为方法的返回值设定默认值。

③ annotation 的方法称之为 annotation 的属性。

④ 使用的时候以标记的形式使用，如@Override。

⑤ 根据保留时间的不同进行不同的处理（高级特性）。

2）annotation 的属性

语法：

```
type attributeName() [default value];
```

其中，type 为属性类型，包括基本数据类型、String 类型、Class 类型、枚举类型、Annotation 类型及其一维数组类型。

**注意：为 annotation 的属性赋值，相当于为方法设定一个返回值。**

3）annotation 的使用

① 如果属性没有默认值，则使用的时候必须为属性赋值。

② 属性的默认名称为 value。

③ 如果包含多个属性，并且除了 value 属性外，其他属性都有默认值，则在使用 annotation 时可以不指定属性名称。

### 3. 高级特性

元注解：标识注解的注解，位于 java.lang.annotation 包中。

（1）@Retention：本身也是一个元注解，主要是限制 annotation 的保留范围，由枚举类 RetentionPolicy 支持。

```
public  enum RetentionPolicy {
    SOURCE //annotation 被保留在 Java 源文件中
    CLASS //保留在编译后的 class 文档中，默认
    RUNTIME //保留在编译后的 class 文档中，并且会被 JVM 通过反射机制读取
}
@Retention(RetentionPolicy.CLASS)
public @interface MyAnnotation{
}
```

一个自定义的 annotation 要想起作用，可以通过反射机制获取该 annotation 信息，RUNTIME 的 annotation 可以通过反射机制获取。

```
java.lang.reflect.AnnotatedElement:
boolean isAnnotationPresent(Class<? extends Annotation> annotationType)
```

这段代码用于判断指定元素上是否有指定类型的 annotation 信息存在。

T　getAnnotation(Class<T> annotationType)：获取元素上指定类型的 annotation 信息。

Annotation[] getAnnotations()：获取元素上所有的 annotation 信息。

Annotation[] getDeclaredAnnotations()：获取元素上所有的声明的 annotation 的信息：

（2）@Target：用来限制 annotation 的使用范围，由枚举类型 ElementType 支持。

```
public enum  ElementType {
    ANNOTATION_TYPE,
    CONSTRUCTOR,
    FIELD,
    LOCAL_VARIABLE,
    METHOD,
    PACKAGE,
    PARAMETER,
    TYPE
}
@Target(ElementType.ANNOTATION_TYPE)
public @interface MyAnnotation{
}
```

**注意**：如果 annotation 要在包声明上使用，则必须位于 package-info.java 文件中。

（3）@Documented：表示被@Documented 所标识的 annotation 在生成 Javadoc 文档时也会把 annotation 的信息加入。

```
@Documented
public @interface MyAnnotation{
}
```

（4）@Inherited：表示一个 annotation 是否会被使用该 annotation 的类的子类继承。

```
@Inherited
public @interface MyAnnotation{
}
```

## 2.2 JDK1.6 新特性

### 1. Desktop 类和 SystemTray 类

在 JDK1.6 中，AWT 新增加了两个类：Desktop 和 SystemTray。

前者可以用来打开系统默认浏览器指定的 URL，打开系统默认邮件客户端给指定的邮箱发送邮件，用默认应用程序打开或编辑文件（例如，用记事本打开以.txt 为扩展名的文件），用系统默认的打印机打印文档；后者可以用来在系统托盘区创建一个托盘程序。

### 2. 使用 JAXB2 来实现对象与 XML 之间的映射

JAXB 是 Java Architecture for XML Binding 的缩写，可以将一个 Java 对象转换为 XML 格式，反之亦然。

可以把对象与关系数据库之间的映射称为 ORM，也可以把对象与 XML 之间的映射称为 OXM（Object XML Mapping）。实际上，在 Java EE 5.0 中，EJB 和 Web Services 也通过 Annotation 来简化开发工作。另外，JAXB2 在底层是用 StAX（JSR 173）来处理 XML 文档的。除了 JAXB 之外，还可以通过 XMLBeans 和 Castor 等来实现同样的功能。

### 3. StAX

StAX（JSR 173）是 JDK1.6.0 中除了 DOM 和 SAX 之外的又一种处理 XML 文档的 API。

StAX 的来历：在 JAXP1.3（JSR 206）中有两种处理 XML 文档的方法，即 DOM（Document Object Model）和 SAX（Simple API for XML）。

JDK1.6.0 中的 JAXB2（JSR 222）和 JAX-WS 2.0（JSR 224）都会用到 StAX，因此 Sun 决定把 StAX 加入到 JAXP 族中，并将 JAXP 的版本升级到 1.4（JAXP1.4 是 JAXP1.3 的维护版本）。

API.StAX 通过提供一种基于事件迭代器的 API，来使程序员控制 XML 文档解析过程，程序遍历这个事件迭代器并处理每一个解析事件。

StAX 也基于事件处理 XML 文档，但是用推模式来解析，解析器解析完整个 XML 文档后，才产生解析事件，然后交给程序处理这些事件；DOM 采用的方式是将整个 XML 文档映射到一颗内存树中，这样可以很容易地得到父节点和子节点及兄弟节点的数据，但文档很大时，会严重影响性能。

### 4. 使用 Compiler API

现在可以用 JDK1.6 的 Compiler API 动态编译 Java 源文件，Compiler API 结合反射功能可以动态地产生 Java 代码并编译执行这些代码，有动态语言的特征。

这个特性对于某些需要用动态编译的应用程序十分有用，如 JSP Web Server，当手动修改 JSP 后，是不希望重启 Web Server 后才能看到效果的，这时可以用 Compiler API 来动态编译 JSP 文件；当然，现在的 JSP Web Server 也是支持 JSP 热部署的；现在的 JSP Web Server 在运行期间通过 Runtime.exe 或 ProcessBuilder 来调用 Javac 来编译代码，这种方式需要产生另一个进程去做编译工作，容易使代码依赖于特定的操作系统；Compiler API 通过一套易用的标准的 API 提供了更加丰富的方式来做动态编译，是跨平台的。

### 5. 轻量级 HTTP Server API

JDK1.6 提供了一个简单的 HTTP Server API，据此可以构建自己的嵌入式 HTTP Server，它支持 HTTP 和 HTTPs 协议，提供了 HTTP1.1 的部分实现，没有被实现的部分可以通过扩展已有的 HTTP Server API 来实现，程序员自己实现 HttpHandler 接口，HTTP Server 会调用 HttpHandler 类的回调方法来处理客户端请求。这里，我们把一个 HTTP 请求和它的响应称为一个交换，包装成 HttpExchange 类，HTTP Server 负责将 HttpExchange 传给 HttpHandler 以实现类的回调方法。

### 6．插入式注解处理 API

插入式注解处理 API（JSR 269）提供了一套标准 API 来处理 Annotations（JSR 175）。实际上，JSR 269 不仅仅用来处理 Annotation，更强大的功能是它建立了 Java 语言本身的一个模型，它把 method、package、constructor、type、variable、enum、annotation 等 Java 语言元素映射为 Types 和 Elements，从而将 Java 语言的语义映射为对象。可以在 javax.lang.model 包中可以看到这些类，也可以利用 JSR 269 提供的 API 来构建一个功能丰富的元编程环境。

JSR 269 用 Annotation Processor 在编译期间而不是运行期间处理 Annotation，Annotation Processor 相当于编译器的一个插件，称为插入式注解处理。如果 Annotation Processor 处理 Annotation 时（执行 process 方法）产生了新的 Java 代码，编译器会再调用一次 Annotation Processor，如果第二次处理还有新代码产生，则会再次调用 Annotation Processor，直到没有新代码产生为止。每执行一次 process()方法被称为一个“round”，因此，整个 Annotation processing 过程可以看做一个 round 的序列。

JSR 269 主要被设计为针对 Tools 或者容器的 API。如果想建立一套基于 Annotation 的单元测试框架（如 TestNG），则在测试类中可以用 Annotation 来标识测试期间需要执行的测试方法。

### 7．用 Console 开发控制台程序

JDK1.6 中提供了 java.io.Console 类，此类专用来访问基于字符的控制台设备。若程序要与 Windows 下的 CMD 或者 Linux 下的 Terminal 交互，则可以用 Console 类代替。但我们不总是能得到可用的 Console，一个 JVM 是否有可用的 Console 依赖于底层平台和 JVM 如何被调用。如果 JVM 是在交互式命令行（如 Windows 的 CMD）中启动的，并且输入输出没有重定向到其他的地方，则可以得到一个可用的 Console 实例。

### 8．对脚本语言的支持

JDK1.6 加入了对 Script（JSR 223）的支持。这是一个脚本框架，提供了使用脚本语言访问 Java 内部的方法。可以在运行的时候找到脚本引擎，然后调用这个引擎来执行脚本。这个脚本 API 允许用户为脚本语言提供 Java 支持。另外，Web Scripting Framework 允许脚本代码在任何的 Servlet 容器（如 Tomcat）中生成 Web 内容。

举例：

示例 1：演示脚本语言如何使用 JDK 平台下的类，调用一个 JDK 平台的 Swing 窗口。

```
private static void testUsingJDKClasses(ScriptEngine engine)throws Exception {
    //Packages 是脚本语言里的一个全局变量，专用于访问 JDK 的 package
    String js = "function doSwing(t){
    var f=new Packages.javax.swing.JFrame(t);f.setSize(400,300);f.
    setVisible(true);}";
    engine.eval(js);
    //Invocable 接口：允许 Java 平台调用脚本程序中的函数或方法
    Invocable inv = (Invocable) engine;
    /*invokeFunction()中的第一个参数就是被调用的脚本程序中的函数，第二个参数是传递
      给被调用函数的参数*/
    inv.invokeFunction("doSwing", "Scripting Swing");
}
```

示例 2：演示脚本语言如何实现 Java 的接口，启动线程来运行 Script 提供的方法。

```
private static void testScriptInterface(ScriptEngine engine)throws ScriptException {
    String script = "var obj = new Object(); obj.run = function() {
    println('run method called'); }";
    engine.eval(script);
    Object obj = engine.get("obj");
    Invocable inv = (Invocable) engine;

    Runnable r = inv.getInterface(obj, Runnable.class);
    Thread th = new Thread(r);
    th.start();
}
```

示例 3：演示如何在 Java 中调用脚本语言的方法，通过 JDK 平台给 Script 方法中的形参赋值。

```
private static void testInvokeScriptMethod(ScriptEngine engine)throws Exception {
    String script = "function helloFunction(name) { return 'Hello everybody,' +
    name;}";
    engine.eval(script);
    Invocable inv = (Invocable) engine;
    String res = (String) inv.invokeFunction("helloFunction", "Scripting");
    System.out.println("res:" + res);
}
```

示例 4：演示如何暴露 Java 对象为脚本语言的全局变量，同时演示将 File 实例赋给脚本语言，并通过脚本语言取得它的各种属性值。

```
private static void testScriptVariables(ScriptEngine engine)throws ScriptException {
    File file = new File("test.txt");
    engine.put("f", file);
    engine.eval("println('Total Space:'+f.getTotalSpace())");
    engine.eval("println('Path:'+f.getPath())");
}
```

### 9. Common Annotations

Common Annotations 原本是 Java EE 5.0（JSR 244）规范的一部分，现在 Sun 将其一部分放到了 Java SE 6.0 中。

随着 Annotation 元数据功能（JSR 175）加入到 Java SE 5.0 中，很多 Java 技术（如 EJB、Web Services）都会用 Annotation 部分代替 XML 文件，以配置运行参数（或者说支持声明式编程，如 EJB 的声明式事务），如果这些技术为通用目的单独定义了自己的 Annotations，则为其他相关的 Java 技术定义一套公共的 Annotation 是有价值的，可以避免重复建设的同时，保证 Java SE 和 Java EE 技术的一致性。

## 2.3 JDK7 新特性

### 1. 对集合类的语言支持

Java 包含对创建集合类的第一类语言支持。这意味着集合类的创建可以像 Ruby 和 Perl 那样简单。为实现此功能，原本需要如下代码：

```
List<String> list = new ArrayList<String>();
list.add("item");
```

```
String item = list.get(0);
Set<String> set = new HashSet<String>();
set.add("item");
Map<String, Integer> map = new HashMap<String, Integer>();
map.put("key", 1);
int value = map.get("key");
```

现在编写以下代码即可：

```
List<String> list = ["item"];
String item = list[0];
Set<String> set = {"item"};
Map<String, Integer> map = {"key" : 1};
int value = map["key"];
```

### 2．自动资源管理

Java 中的某些资源是需要手动关闭的，如 InputStream、Writes、Sockets、Sql classes 等。这个新的语言特性允许 try 语句本身申请更多的资源，这些资源作用于 try 代码块，并自动关闭。

例如，如下代码：

```
BufferedReader br = new BufferedReader(new FileReader(path));
try {
return br.readLine();
   } finally {
       br.close();
}
```

现在可简化为

```
try (BufferedReader br = new BufferedReader(new FileReader(path)) {
   return br.readLine();
}
```

也可以定义关闭多个资源，代码如下。

```
try (
   InputStream in = new FileInputStream(src);
   OutputStream out = new FileOutputStream(dest))
{
//code
}
```

为了支持这个行为，所有可关闭的类将被修改为可以实现一个 Closable（可关闭的）的接口。

### 3．改进的通用实例创建类型推断

类型推断是一个特殊的烦恼，例如，下面的代码：

```
Map<String, List<String>> anagrams = new HashMap<String, List<String>>();
```

通过类型推断后变成：

```
Map<String, List<String>> anagrams = new HashMap<>();
```

这个<>被称为 diamond（钻石）运算符，这个运算符从引用的声明中推断类型。

### 4. 数字字面量下画线支持

很长的数字可读性不好，在 Java 7 中可以使用下画线分隔长 int 及 long 类型的数据，例如：

```
int one_million = 1_000_000;
```

运算时先去除下画线，如 1_1 * 10 = 110，120 - 1_0 = 110。

### 5. 在 switch 中使用 string

以前在 switch 语句中只能使用 number 或 enum，现在可以使用 string，即：

```
String s = ...
switch(s) {
case "quux":
    processQuux(s);
//fall-through
case "foo":
case "bar":
    processFooOrBar(s);
    break;
case "baz":
    processBaz(s);
//fall-through
default:
processDefault(s);
   break;
  }
```

### 6. 二进制字面量

由于继承于 C 语言，因此 Java 代码在传统上迫使程序员只能使用十进制、八进制或十六进制来表示数字。

由于很少有域是以 bit 为导向的，因此这种限制可能导致错误。现在可以使用 0b 前缀创建二进制字面量，即：

```
int binary = 0b1001_1001;
```

现在可以使用二进制字面量，并且使用非常简短的代码，可将二进制字符转换为数据类型，如 byte 或 short。

```
byte aByte = (byte)0b001;
short aShort = (short)0b010;
```

### 7. 简化可变参数方法调用

当程序员试图使用一个不可具体化的可变参数并调用一个*varargs*（可变）方法时，编辑器会生成一个“非安全操作”的警告。

JDK 7 将警告从 call 转移到了方法声明的过程中。这样，API 设计者即可使用 varargs，因为警告的数量大大减少了。

## 2.4 JDK8 新特性

### 2.4.1 接口的默认方法

Java 8 允许用户为接口添加一个非抽象的方法实现，只需要使用 default 关键字即可，这个特征又称扩展方法，示例如下。

```
interface Formula {
    double calculate(int a);
     default double sqrt(int a) {
        return Math.sqrt(a);
    }
}
```

Formula 接口在拥有 calculate 方法之外还定义了 sqrt 方法，即使 Formula 接口的子类只需要实现一个 calculate 方法，默认方法 sqrt 在子类上可以直接使用。

```
Formula formula = new Formula() {
    @Override
    public double calculate(int a) {
        return sqrt(a * 100);
    }
};
formula.calculate(100);      //100.0
formula.sqrt(16);            //4.0
```

以上代码中的 formula 被实现为一个匿名类的实例，该代码非常容易理解，第 5 行代码实现了计算 sqrt(a * 100)的功能。在下一节中，可看到实现单方法接口的更简单的做法。

注意：Java 中只有单继承，如果要使一个类赋予新的特性，则通常使用接口来实现；C++中支持多继承，允许一个子类同时具有多个父类的接口与功能，在其他语言中，让一个类同时具有其他的可复用代码的方法称为 mixin。Java 8 的这个特性从编译器实现的角度上来说更加接近 Scala 的 trait。C#中也有名为扩展方法的概念，允许给已存在的类型扩展方法，和 Java 8 中的概念在语义上有差别。

## 2.4.2　Lambda 表达式

下面先看看在旧版本的 Java 中是如何排列字符串的：

```
List<String> names = Arrays.asList("peter", "anna", "mike", "xenia");
Collections.sort(names, new Comparator<String>() {
@Override
public int compare(String a, String b) {
    return b.compareTo(a);
}
```

只需要给静态方法 Collections.sort 传入一个 List 对象以及一个比较器来按指定顺序排列即可。通常做法是创建一个匿名的比较器对象，然后将其传递给 sort 方法。

而在 Java 8 中没必要使用这种传统方式，Java 8 提供了更简洁的语法，即 Lambda 表达式，其语法如下。

```
Collections.sort(names, (String a, String b) -> {
    return b.compareTo(a);
});
```

此时，代码变得更短且更具有可读性，但是实际上代码还可以缩短：

```
Collections.sort(names, (String a, String b) -> b.compareTo(a));
```

对于函数体只有一行代码的，可以去掉大括号{}及 return 关键字，此时代码还可以缩短，即：

```
Collections.sort(names, (a, b) -> b.compareTo(a));
```

Java 编译器可以自动推导出参数类型，所以不用再写一次类型。

## 2.4.3 函数式接口

Lambda 表达式是如何在 Java 的类型系统中表示的呢？每一个 Lambda 表达式都对应一个类型，通常是接口类型。而“函数式接口”是指仅仅只包含一个抽象方法的接口，每一个该类型的 Lambda 表达式都会被匹配到这个抽象方法上。因为默认方法不算抽象方法，所以也可以为自己的函数式接口添加默认方法。

可以将 Lambda 表达式当做任意只包含一个抽象方法的接口类型，确保接口一定能达到这个要求，此时只需要给接口添加 @FunctionalInterface 注解，当编译器发现标注了这个注解的接口有多于一个抽象方法的时候即会报错。

```
@FunctionalInterface
interface Converter<F, T> {
    T convert(F from);
}
Converter<String, Integer> converter = (from) -> Integer.valueOf(from);
Integer converted = converter.convert("123");
System.out.println(converted);    //123
```

需要注意的是，如果@FunctionalInterface 没有指定，则上面的代码是对的。

注意：将 Lambda 表达式映射到一个单方法的接口上，这种做法在 Java 8 之前就有其他语言已经实现，如 Rhino JavaScript 解释器，如果一个函数参数接收一个单方法的接口，而用户传递的是一个 function，则 Rhino 解释器会自动做一个单接口的实例到 function 的适配器上，典型的应用场景有 org.w3c.dom.events.EventTarget 的 addEventListener 的第二个参数 EventListener。

在 Lambda 表达式中访问外层作用域和旧版本的匿名对象中的方式很相似。可以直接访问标记了 final 的外层局部变量，或者实例的字段及静态变量。

## 2.4.4 方法与构造函数引用

2.4.3 小节中的代码还可以通过静态方法引用来表示，即：

```
Converter<String, Integer> converter = Integer::valueOf;
Integer converted = converter.convert("123");
System.out.println(converted);   //123
```

Java 8 允许使用 :: 关键字来传递方法或者构造函数引用，上面的代码展示了如何引用一个静态方法，也可以引用一个对象的方法，即：

```
converter = something::startsWith;
String converted = converter.convert("Java");
System.out.println(converted);    //"J"
```

下面来看构造函数是如何使用::关键字来引用的，首先定义一个包含多个构造函数的简单类：

```
class Person {
    String firstName;
    String lastName;
     Person() {}
     Person(String firstName, String lastName) {
```

```
        this.firstName = firstName;
        this.lastName = lastName;
    }
}
```

再指定一个用来创建 Person 对象的工厂接口：

```
interface PersonFactory<P extends Person> {
    P create(String firstName, String lastName);
}
```

这里使用构造函数引用来将它们关联起来，而不是实现一个完整的工厂：

```
PersonFactory<Person> personFactory = Person::new;
Person person = personFactory.create("Peter", "Parker");
```

此时，只需要使用 Person::new 来获取 Person 类构造函数的引用，Java 编译器会自动根据 PersonFactory.create 方法的签名来选择合适的构造函数。

## 2.4.5 访问局部变量

可以直接在 Lambda 表达式中访问外层的局部变量，即：

```
final int num = 1;
Converter<Integer, String> stringConverter =
        (from) -> String.valueOf(from + num);
 stringConverter.convert(2);     //3
```

和匿名对象不同的是，这里的变量 num 可以不用声明为 final，即以下代码同样正确。

```
int num = 1;
Converter<Integer, String> stringConverter =
        (from) -> String.valueOf(from + num);
 stringConverter.convert(2);     //3
```

但这里的 num 必须不能被后面的代码修改（即隐性的具有 final 的语义），如下面的代码就无法编译。

```
int num = 1;
Converter<Integer, String> stringConverter =
        (from) -> String.valueOf(from + num);
num = 3;
```

在 Lambda 表达式中试图修改 num 同样是不允许的。

## 2.4.6 访问对象字段与静态变量

和本地变量不同的是，Lambda 内部对于实例的字段及静态变量是既可读又可写的。以下行为和匿名对象是一致的。

```
class Lambda4 {
    static int outerStaticNum;
    int outerNum;
     void testScopes() {
        Converter<Integer, String> stringConverter1 = (from) -> {
            outerNum = 23;
```

```
                return String.valueOf(from);
            };
            Converter<Integer, String> stringConverter2 = (from) -> {
                outerStaticNum = 72;
                return String.valueOf(from);
            };
        }
    }
```

### 2.4.7 访问接口的默认方法

在 2.4.1 小节的 formula 例子中，接口 Formula 定义了一个默认方法 sqrt，可以直接被 formula 的实例包括匿名对象访问到，但是在 Lambda 表达式中此方法是不行的。

Lambda 表达式中是无法访问到默认方法的，如以下代码将无法编译：

```
Formula formula = (a) -> sqrt( a * 100);
Built-in Functional Interfaces
```

JDK8 API 包含了很多内建的函数式接口，在旧版本的 Java 中常用到的接口是 Comparator 或者 Runnable，这些接口都增加了@FunctionalInterface 注解，以便能用在 Lambda 上。

Java 8 API 还提供了很多全新的函数式接口来使工作更加方便，有一些接口来自于 Google Guava 库。

#### 1. Predicate 接口

Predicate 接口只有一个参数，返回 boolean 类型。该接口包含多种默认方法来将 Predicate 组合成其他复杂的逻辑（如与、或、非）。

```
Predicate<String> predicate = (s) -> s.length() > 0;
predicate.test("foo");              //true
predicate.negate().test("foo");     //false
Predicate<Boolean> nonNull = Objects::nonNull;
Predicate<Boolean> isNull = Objects::isNull;
Predicate<String> isEmpty = String::isEmpty;
Predicate<String> isNotEmpty = isEmpty.negate();
```

#### 2. Function 接口

Function 接口有一个参数并且返回一个结果，并附带了一些可以和其他函数组合的默认方法。

```
Function<String, Integer> toInteger = Integer::valueOf;
Function<String, String> backToString = toInteger.andThen(String::valueOf);
backToString.apply("123");     //"123"
```

#### 3. Supplier 接口

Supplier 接口返回一个任意范型的值，和 Function 接口不同的是该接口没有任何参数。

```
Supplier<Person> personSupplier = Person::new;
personSupplier.get();   //new Person
```

#### 4. Consumer 接口

Consumer 接口表示执行在单个参数上的操作。

```
Consumer<Person> greeter = (p) -> System.out.println("Hello, " + p.firstName);
greeter.accept(new Person("Luke", "Skywalker"));
```

### 5. Comparator 接口

Comparator 接口是旧版本 Java 中的经典接口，Java 8 在此之上添加了多种默认方法，即：

```
Comparator<Person> comparator = (p1, p2) -> p1.firstName. compareTo(p2.firstName);
Person p1 = new Person("John", "Doe");
Person p2 = new Person("Alice", "Wonderland");
comparator.compare(p1, p2);             //> 0
comparator.reversed().compare(p1, p2);  //< 0
```

### 6. Optional 接口

Optional 不是函数而是接口，它是用来防止 NullPointerException 异常的辅助类型。

Optional 被定义为一个简单的容器，其值可能是 null。在 Java 8 之前，一般某个函数应该返回非空对象但是偶尔可能返回了 null，而在 Java 8 中，不推荐返回 null 而推荐返回 Optional。

```
Optional<String> optional = Optional.of("bam");
optional.isPresent();           //true
optional.get();                 //"bam"
optional.orElse("fallback");    //"bam"
optional.ifPresent((s) -> System.out.println(s.charAt(0)));     //"b"
```

### 7. Stream 接口

java.util.Stream 表示能应用在一组元素上一次执行的操作序列。Stream 操作分为中间操作和最终操作，最终操作返回一种特定类型的计算结果，而中间操作返回 Stream 本身，这样可以将多个操作依次串连起来。Stream 的创建需要指定一个数据源，如 java.util.Collection 的子类，List、Set、Map 不支持。Stream 的操作可以串行执行或者并行执行。

创建实例代码用到的数据 List，代码如下。

```
List<String> stringCollection = new ArrayList<>();
stringCollection.add("ddd2");
stringCollection.add("aaa2");
stringCollection.add("bbb1");
stringCollection.add("aaa1");
stringCollection.add("bbb3");
stringCollection.add("ccc");
stringCollection.add("bbb2");
stringCollection.add("ddd1");
```

### 8. Filter 过滤

通过一个 Predicate 接口可过滤并只保留符合条件的元素，该操作属于中间操作，所以可以在过滤后的结果中应用其他 Stream 操作（如 forEach）。forEach 需要一个函数来对过滤后的元素依次执行操作。forEach 是一个最终操作，所以不能在 forEach 之后执行其他 Stream 操作。

```
stringCollection
    .stream()
    .filter((s) -> s.startsWith("a"))
    .forEach(System.out::println);
    //"aaa2", "aaa1"
```

### 9. Map 映射

中间操作 map 会使元素根据指定的 Function 接口依次将元素转成其他对象，下面的示例展示了如何将字符串转换为大写字符串。也可以通过 map 来将对象转换成其他类型，map 返回的 Stream 类型是根据传递的函数的返回值来决定的。

```
stringCollection
    .stream()
    .map(String::toUpperCase)
    .sorted((a, b) -> b.compareTo(a))
    .forEach(System.out::println);
    //"DDD2", "DDD1", "CCC", "BBB3", "BBB2", "AAA2", "AAA1"
```

## 2.4.8 Date API

Java 8 在包 java.time 中包含了一组全新的时间日期 API。新的日期 API 和开源的 Joda-Time 库差不多，但又不完全一样。下面的例子展示了这组新 API 中最重要的一部分。

### 1. Clock 类

Clock 类提供了访问当前日期和时间的方法，Clock 是时区敏感的，可以取代 System.currentTimeMillis()，以获取当前的微秒数。某一个特定的时间点也可以使用 Instant 类来表示，Instant 类也可以用来创建旧的 java.util.Date 对象。

```
Clock clock = Clock.systemDefaultZone();
long millis = clock.millis();
Instant instant = clock.instant();
Date legacyDate = Date.from(instant);   //legacy java.util.Date
```

### 2. Timezones 类

在新 API 中时区使用 ZoneId 来表示。Timezones（时区）可以很方便地使用静态方法 of 来获取。时区定义了到 UTS 时间的时间差，在 Instant 时间点对象到本地日期对象之间转换的时候是极其重要的。

```
System.out.println(ZoneId.getAvailableZoneIds());
//prints all available timezone ids
 ZoneId zone1 = ZoneId.of("Europe/Berlin");
ZoneId zone2 = ZoneId.of("Brazil/East");
System.out.println(zone1.getRules());
System.out.println(zone2.getRules());
 //ZoneRules[currentStandardOffset=+01:00]
//ZoneRules[currentStandardOffset=-03:00]
```

### 3. LocalTime 类

LocalTime 定义了一个没有时区信息的时间，如晚上 10 点或者 17:30:15。下面的例子使用前面的代码创建的时区创建了两个本地时间，比较时间后以小时和分钟为单位计算两个时间的时间差。

```
LocalTime now1 = LocalTime.now(zone1);
LocalTime now2 = LocalTime.now(zone2);
System.out.println(now1.isBefore(now2));    //false
long hoursBetween = ChronoUnit.HOURS.between(now1, now2);
long minutesBetween = ChronoUnit.MINUTES.between(now1, now2);
System.out.println(hoursBetween);           //-3
System.out.println(minutesBetween);         //-239
```

LocalTime 提供了多种工厂方法来简化对象的创建，包括解析时间字符串。

```
LocalTime late = LocalTime.of(23, 59, 59);
System.out.println(late);      //23:59:59
DateTimeFormatter germanFormatter =
    DateTimeFormatter
        .ofLocalizedTime(FormatStyle.SHORT)
        .withLocale(Locale.GERMAN);
 LocalTime leetTime = LocalTime.parse("13:37", germanFormatter);
System.out.println(leetTime);   //13:37
```

### 4. LocalDate 类

LocalDate 类表示了一个确切的日期，如 2014-03-11。该对象值是不可变的，使用方法和 LocalTime 基本一致。下面的例子展示了如何给 Date 对象加减天/月/年。另外，需要注意的是，这些对象是不可变的，操作返回的总是一个新实例。

```
LocalDate today = LocalDate.now();
LocalDate tomorrow = today.plus(1, ChronoUnit.DAYS);
LocalDate yesterday = tomorrow.minusDays(2);
LocalDate independenceDay = LocalDate.of(2014, Month.JULY, 4);
DayOfWeek dayOfWeek = independenceDay.getDayOfWeek();
System.out.println(dayOfWeek); //Friday
```

从字符串解析一个 LocalDate 类型和解析 LocalTime 一样简单，即：

```
DateTimeFormatter germanFormatter =DateTimeFormatter
        .ofLocalizedDate(FormatStyle.MEDIUM)
        .withLocale(Locale.GERMAN);
 LocalDate xmas = LocalDate.parse("24.12.2014", germanFormatter);
System.out.println(xmas);   //2014-12-24
```

### 5. LocalDateTime 类

LocalDateTime 类同时表示了时间和日期，相当于将 LocalTime 和 LocalDate 合并到了一个对象上。LocalDateTime 和 LocalTime、LocalDate 一样，都是不可变的。LocalDateTime 提供了一些能访问具体字段的方法。

```
LocalDateTime sylvester = LocalDateTime.of(2014, Month.DECEMBER, 31, 23, 59, 59);
DayOfWeek dayOfWeek = sylvester.getDayOfWeek();
System.out.println(dayOfWeek);      //Wednesday
Month month = sylvester.getMonth();
System.out.println(month);          //DECEMBER
long minuteOfDay = sylvester.getLong(ChronoField.MINUTE_OF_DAY);
System.out.println(minuteOfDay);    //1439
```

只要附加上时区信息，就可以将其转换为一个时间点 Instant 对象，Instant 时间点对象可以很容易地转换为旧式的 java.util.Date。

```
Instant instant = sylvester
        .atZone(ZoneId.systemDefault())
        .toInstant();
Date legacyDate = Date.from(instant);
System.out.println(legacyDate);     //Wed Dec 31 23:59:59 CET 2014
```

格式化 LocalDateTime 和格式化时间、日期是一样的，除了使用预定义好的格式外，也可以自己定义格式，例如：

```
DateTimeFormatter formatter =DateTimeFormatter
        .ofPattern("MMM dd, yyyy - HH:mm");
LocalDateTime parsed = LocalDateTime.parse("Nov 03, 2014 - 07:13", formatter);
String string = formatter.format(parsed);
System.out.println(string);     //Nov 03, 2014 - 07:13
```

和 java.text.NumberFormat 不一样的是，新版的 DateTimeFormatter 是不可变的，所以它是线程安全的。

## 2.4.9 多重 Annotation 注解

Java 8 支持多重注解，以下面的例子为例解释其含义。

首先，定义一个包装类 Hints 注解，用来放置一组具体的 Hint 注解。

```
@interface Hints {
    Hint[] value();
}
@Repeatable(Hints.class)
@interface Hint {
    String value();
}
```

Java 8 允许用户多次使用同一个类型的注解，只需要为该注解标注@Repeatable 即可。

举例：

示例 1：使用包装类为容器来保存多个注解（旧方法）。

```
@Hints({@Hint("hint1"), @Hint("hint2")})
class Person {}
```

示例 2：使用多重注解（新方法）。

```
@Hint("hint1")
@Hint("hint2")
class Person {}
```

在第二个例子里，Java 编译器会隐性地帮助用户定义好@Hints 注解，了解这一点有助于用户使用反射来获取如下信息：

```
Hint hint = Person.class.getAnnotation(Hint.class);
System.out.println(hint);                        //null
Hints hints1 = Person.class.getAnnotation(Hints.class);
System.out.println(hints1.value().length);  //2
Hint[] hints2 = Person.class.getAnnotationsByType(Hint.class);
System.out.println(hints2.length);           //2
```

即便没有在 Person 类上定义@Hints 注解，也可以通 getAnnotation(Hints.class) 来获取 @Hints 注解，还可以使用 getAnnotationsByType 直接获取@Hint 注解。另外，Java 8 的注解还增加到了两种新的 target 上，例如：

```
@Target({ElementType.TYPE_PARAMETER, ElementType.TYPE_USE})
@interface MyAnnotation {}
```

## 习题

1．集合中是否可以存放基本类型？

2．已知 Integer a=100 和 Integer b=100，请问 a、b 是否相等？

3．编程，用增强的 for 循环来遍历数组。

4．编程，用增强的 for 循环来遍历 Map。

5．枚举有何作用？

6．编程，要求如下。

牌型：13 种 enum（ACE, DUECE, THREE, FOUR, FIVE, SIX, SERVEN, EIGHT, NINE, TEN, JACK, QUEEN,KING）。

花色：4 种 enum（SPADES, HEARTS, CLUBS, DIAMONDS）。

要组成 52 张牌，把牌放到集合中（每张牌用字符串 "ACE of HEARTS"表示），4 个人来玩牌，每个人拿 10 张牌。

**注意：**

① 如何打乱集合中牌的顺序（参考 Collections）？

② 如何去掉集合中别人已经取过的牌（参考 List）？

7．静态导入有何作用？

8．编程，实现一个支持泛型的 ArrayList，并进行测试。

9．标注的作用是什么？

# 第3章 SQL+MySQL

本章主要内容：

- SQL 使用和简介
- RDBMS
- SQL 约束
- 数据库规范化
- SQL 的 DML 和 DDL
- MySQL 介绍与安装
- MySQL WHERE、UPDATE、DELETE、LIKE 等语句的使用
- MySQL 排序
- MySQL Join 的使用
- MySQL 事务和索引
- MySQL 临时表

本章全面讲述了 SQL 和 MySQL 的相关概念与使用，通过本章内容的学习，读者可以对数据库的常见概念有所了解，并会使用常用的 SQL 语句对数据库的数据记录进行操作。

## 3.1 SQL 概述

### 1. 什么是 SQL？

SQL 指结构化查询语言。

SQL 使用户有能力访问数据库。

SQL 是一种 ANSI 的标准计算机语言，用来访问和操作数据库系统。

SQL 语句用于取回和更新数据库中的数据。

SQL 可与数据库程序协同工作，如 MS Access、DB2、Informix、MS SQL Server、Oracle、Sybase 及其他数据库系统。

有很多不同版本的 SQL，但是为了与 ANSI 标准相兼容，它们必须以相似的方式共同地支持一些主要的关键词（如 SELECT、UPDATE、DELETE、INSERT、WHERE 等）。

### 2. SQL 能做什么？

（1）SQL 面向数据库执行查询。

（2）SQL 可从数据库取回数据。

（3）SQL 可在数据库中插入新的记录。

（4）SQL 可更新数据库中的数据。

（5）SQL 可从数据库中删除记录。

（6）SQL 可创建新数据库。

（7）SQL 可在数据库中创建新表。

（8）SQL 可在数据库中创建存储过程。

（9）SQL 可在数据库中创建视图。

（10）SQL 可以设置表、存储过程和视图的权限。

### 3. RDBMS

RDBMS（Relational Database Management System，关系数据库管理系统）是 SQL 的基础，也是所有现代数据库系统的基础，如 MS SQL Server、IBM DB2、Oracle、MySQL 及 Microsoft Access。

RDBMS 中的数据存储在被称为表的数据库对象中。表是相关数据条目的集合，它由列和行组成。每个表被分成较小的实体，被称为字段。

一个记录也被称为一行数据，是存在于一个表中的单独的条目。记录是表中的一个水平的实体。

列是包含在一个表中的与特定字段相关联的所有信息表的垂直实体。

### 4. SQL 约束

约束是对表执行对数据列的规则。这些用于限制数据的类型进入表中。这确保了数据库中数据的准确性和可靠性。

约束可能是列级或表级。列级约束仅应用于一列，表级约束应用于整个表。

下面是常用的 SQL 约束。

（1）NOT NULL 约束：确保列不能有 NULL 值。

（2）默认值约束：提供未指定列值时的默认值。

（3）唯一值约束：确保了在一列中的所有的值是唯一的。

（4）主键：唯一标识数据库表中的每一行/记录。

（5）外键：唯一标识任何其他数据库表中的行/记录。

（6）检查约束：确保列中的所有值满足一定的条件。

（7）索引：非常快速地创建和检索数据库中的数据。

### 5. 数据完整性

数据的完整性包括以下几种。

（1）实体完整性：表中没有重复行。

（2）域完整性：通过限制的类型、格式或值的范围强制对于一个给定列的有效条目。

（3）参考完整性：行不能被删除，被其他记录使用。

（4）用户定义的完整性：针对某一具体关系数据库的约束条件，反映了某一具体应用所涉及的数据必须满足的语义要求。

### 6. 数据库规范化

数据库规范化是有效地组织数据库中的数据的过程。规范化处理有以下优点。

（1）消除冗余数据，例如，在同一个表中存储了一个以上相同的数据。

（2）确保数据的相关性意义。

规范符合化准则分为正常形态，人为形式的格式或数据库结构的布局方式。 正常形态的目的是组织数据库结构，使其符合第一范式，然后符合第二范式，最后符合第三范式的规则。

也可以根据情况，使其符合第四范式、第五范式、但总体来讲，满足第三范式即可。

1）第一范式

在任何一个关系数据库中，第一范式（1NF）是对关系模式的基本要求，不满足第一范式的数据库就不是关系数据库。

所谓第一范式，是指数据库表的每一列都是不可分割的基本数据项，同一列中不能有多个值，即实体中的某个属性不能有多个值或者不能有重复的属性。如果出现重复的属性，则可能需要定义一个新的实体，新的实体由重复的属性构成，新实体与原实体之间为一对多关系。在第一范式中，表的每一行只包含一个实例的信息。

2）第二范式

第二范式（2NF）是在第一范式的基础上建立起来的，即满足第二范式必须先满足第一范式。第二范式要求数据库表中的每个实例或行必须可以被唯一地区分。为实现区分，通常需要为表加上一个列，以存储各个实例的唯一标识。

第二范式要求实体的属性完全依赖于主关键字。所谓完全依赖，是指不能存在仅依赖主关键字一部分的属性，如果存在，那么这个属性和主关键字的这一部分应该分离出来并形成一个新的实体，新实体与原实体之间是一对多的关系。为实现区分，通常需要为表加上一个列，以存储各个实例的唯一标识。简而言之，第二范式就是非主属性部分依赖于主关键字

3）第三范式

满足第三范式（3NF）必须先满足第二范式。简而言之，第三范式要求一个数据库表中不包含已在其他表中已包含的非主关键字信息，即属性不依赖于其他非主属性。

#### 7．SQL 的 DML 和 DDL

可以把 SQL 分为两个部分：数据操作语言（Data Manipulation Language，DML）和数据定义语言（Data Definition Language，DDL）。

SQL 是用于执行查询的语法。但是 SQL 也包含用于更新、插入和删除记录的语法。

查询和更新指令构成了 SQL 的 DML 部分。

（1）SELECT：从数据库表中获取数据。

（2）UPDATE：更新数据库表中的数据。

（3）DELETE：从数据库表中删除数据。

（4）INSERT INTO：向数据库表中插入数据。

SQL 的数据定义语言部分使用户有能力创建或删除表格。用户也可以定义索引（键），规定表之间的链接，以及施加表间的约束。

以下是 SQL 中最重要的 DDL 语句。

（1）CREATE DATABASE：创建新数据库。

（2）ALTER DATABASE：修改数据库。

（3）CREATE TABLE：创建新表。

（4）ALTER TABLE：变更（改变）数据库表。

（5）DROP TABLE：删除表。

（6）CREATE INDEX：创建索引（搜索键）。

（7）DROP INDEX：删除索引。

## 3.2 MySQL

#### 1．MySQL 简介

MySQL 是一个关系型数据库管理系统，由瑞典 MySQL AB 公司开发，目前属于 Oracle 公司。MySQL 是一种关联数据库管理系统，关联数据库将数据保存在不同的表中，而不是将所有数据放在一个大仓库内，这样就增加了查找速度并提高了灵活性。

MySQL 是开源的，所以不需要支付额外的费用。

MySQL 支持大型的数据库，可以支持拥有上千万条记录的大型数据库。

MySQL 使用标准的 SQL 数据语言形式。

MySQL 可以应用于多个系统上，并且支持多种语言。这些编程语言包括 C、C++、Python、Java、Perl、PHP、Eiffel、Ruby 等。

MySQL 对 PHP 有很好的支持，PHP 是目前最流行的 Web 开发语言之一。

MySQL 是可以定制的，采用了 GPL 协议，用户可以通过修改源码来开发自己的 MySQL 系统。

### 2. MySQL 安装

在 Windows 上安装 MySQL 相对来说较为简单，只需要下载 Windows 版本的 MySQL 安装包，并解压安装包即可。

下载安装包后，双击 setup.exe 文件，选择安装配置，单击“Next”按钮，默认情况下安装信息会在 C:\mysql 目录中。

打开命令行窗口，切换到 C:\mysql\bin 目录，并输入以下命令：

```
mysqld.exe -console
```

如果安装成功，则会输出一些 MySQL 启动及 InnoDB 信息。

安装成功后，可以在 MySQL Client（MySQL 客户端）中使用 MySQL 命令连接 MySQL 服务器，默认情况下，MySQL 服务器的密码为空，所以本实例不需要输入密码。

命令如下：

```
[root@host]# mysql
```

以上命令执行后会输出 mysql>提示符，这说明已经成功连接到 MySQL 服务器，可以在 mysql>提示符后执行如下 SQL 命令。

```
mysql> SHOW DATABASES;
+----------+
| Database |
+----------+
| mysql    |
| test     |
+----------+
```

### 3. MySQL WHERE 子句

可以从 MySQL 表中使用 SQL SELECT 语句来读取数据。如需有条件地从表中选取数据，则可将 WHERE 子句添加到 SELECT 语句中。

以下是 SQL SELECT 语句使用 WHERE 子句从数据表中读取数据的通用语法。

```
SELECT field1, field2,...fieldN FROM table_name1, table_name2...
[WHERE condition1 [AND [OR]] condition2.....
```

（1）在查询语句中可以使用一个或者多个表，表之间使用逗号(,)分割，并使用 WHERE 语句来设定查询条件。

（2）可以在 WHERE 子句中指定任何条件。

（3）可以使用 AND 或者 OR 指定一个或多个条件。

（4）WHERE 子句也可以运用于 SQL 的 DELETE 或者 UPDATE 命令。

（5）WHERE 子句类似于程序语言中的 if 条件，根据 MySQL 表中的字段值来读取指定的数据。

表 3-1 为操作符号表，可用于 WHERE 子句中。此表中假定 A 为 10，B 为 20。

表 3-1 操作符号表

| 操作符 | 描述 | 实例 |
|---|---|---|
| = | 等号，检测两个值是否相等，如果相等，则返回 true | (A = B) 返回 false |
| <>, != | 不等于，检测两个值是否相等，如果不相等，则返回 true | (A != B) 返回 true |
| > | 大于号，检测左边的值是否大于右边的值，如果左边的值大于右边的值，则返回 true | (A > B) 返回 false |
| < | 小于号，检测左边的值是否小于右边的值，如果左边的值小于右边的值，则返回 true | (A < B) 返回 true |
| >= | 大于等于号，检测左边的值是否大于或等于右边的值，如果左边的值大于或等于右边的值，则返回 true | (A >= B) 返回 false |
| <= | 小于等于号，检测左边的值是否小于或等于右边的值，如果左边的值小于或等于右边的值，则返回 true | (A <= B) 返回 true |

如果想在 MySQL 数据表中读取指定的数据，WHERE 子句是非常有用的。使用主键来作为 WHERE 子句的条件查询是非常快速的。如果给定的条件在表中没有任何匹配的记录，那么查询不会返回任何数据。

在 SELECT 语句中，语句首先从 FROM 子句开始执行，执行后会生成一个中间结果集，然后就开始执行 WHERE 子句。WHERE 子句是对 FROM 子句生成的结果集进行过滤，对中间结果集的每一行记录，WHERE 子句会返回一个布尔值（TRUE/FALSE），如果为 TRUE，这行记录继续留在结果集中，如果为 FALSE，则这行记录从结果集中移除。如：

```
SELECT name FROM student WHERE studentNO = 2
```

FROM 子句返回的中间结果集如下：

```
studentNO  name
---------  ----
        1  张三
        2  李四
        3  王五
        4  赵六
```

总共 4 行记录，对每一行记录执行 WHERE 子句。第一行中 studentNO 是 1，所以 studentNO=2 表达式返回值为 FALSE，这行记录移除。第二行中 studentNO 是 2，所以 studentNO=2 返回 TRUE，这行记录继续保留；同理第三行和第四行记录也移除，执行完 WHERE 语句后的中间结果集为：

```
studentNO  name
---------  ----
        2  李四
```

然后执行 SELECT 语句，最终的结果集为：

```
name
----
李四
```

子查询中的比较运算符：

```
SELECT studentNO FROM student WHERE studentNO > (SELECT studentNO FROM student
WHERE name='李四')
```

一个子查询可以用于 WHERE 子句中。上例中是一个标量子查询，子查询只能返回一个标量值。同样一个行子查询也可以用于 WHERE 子句中：

```
SELECT studentNO FROM student WHERE (studentNO,name) = (SELECT studentNO,name
```

```
FROM student WHERE name='李四')
```

不带比较运算符的 WHERE 子句：

WHERE 子句并不一定带比较运算符，当不带运算符时，会执行一个隐式转换。当 0 时转化为 false，当其他值是转化为 true。

```
如：SELECT studentNO FROM student WHERE 0
```

则会返回一个空集，因为每一行记录 WHERE 都返回 false。

```
SELECT studentNO FROM student WHERE 1
```

或者

```
SELECT studentNO FROM student WHERE 'abc'
```

都将返回 student 表所有行记录的 studentNO 列。因为每一行记录 WHERE 都返回 true。

### 4．MySQL UPDATE 语句

单表的 UPDATE 语法：

```
UPDATE [LOW_PRIORITY] [IGNORE] tbl_name
SET col_name1=expr1 [, col_name2=expr2 ...]
[WHERE where_definition]
[ORDER BY ...]
[LIMIT row_count]
```

多表的 UPDATE 语法：

```
UPDATE [LOW_PRIORITY] [IGNORE] table_references
SET col_name1=expr1 [, col_name2=expr2 ...]
[WHERE where_definition]
```

UPDATE 语法可以用新值更新原有表行中的各列。

SET 子句指示要修改哪些列和要给予哪些值。WHERE 子句指定应更新哪些行。

如果没有 WHERE 子句，则更新所有的行。如果指定了 ORDER BY 子句，则按照被指定的顺序对行进行更新。

LIMIT 子句用于给定一个限值，限制可以被更新的行的数目。

UPDATE 语句支持以下修饰符：

（1）如果使用 LOW_PRIORITY 关键词，则 UPDATE 的执行被延迟了，直到没有其他的客户端从表中读取为止。

（2）如果使用 IGNORE 关键词，则即使在更新过程中出现错误，更新语句也不会中断。

如果出现了重复关键词冲突，则这些行不会被更新。如果列被更新后，新值会导致数据转化错误，则这些行被更新为最接近的合法的值。

如果在一个表达式中通过 tbl_name 访问一列，则 UPDATE 使用列中的当前值。

例如，把年龄列设置为比当前值多一：

```
mysql> UPDATE persondata SET age=age+1;
```

UPDATE 赋值被从左到右评估。

例如，对年龄列加倍，然后再进行增加：

```
mysql> UPDATE persondata SET age=age*2, age=age+1;
```

如果把一列设置为其当前含有的值，则 MySQL 会注意到这一点，但不会更新。

如果把被已定义为 NOT NULL 的列更新为 NULL，则该列被设置到与列类型对应的默认值，并且累加警告数。

对于数字类型，默认值为 0；对于字符串类型，默认值为空字符串('')；对于日期和时间类型，默认值为“zero”值。

UPDATE 会返回实际被改变的行的数目。Mysql_info() C API 函数可以返回被匹配和被更新的行的数目，以及在 UPDATE 过程中产生的警告的数量。

可以使用 LIMIT row_count 来限定 UPDATE 的范围。LIMIT 子句是一个与行匹配的限定。

只要发现可以满足 WHERE 子句的 row_count 行，则该语句中止，不论这些行是否被改变。

如果一个 UPDATE 语句包括一个 ORDER BY 子句，则按照由子句指定的顺序更新行。

也可以执行包括多个表的 UPDATE 操作。table_references 子句列出了在联合中包含的表。

举例：

```
SQL>UPDATE items,month SET items.price=month.price WHERE items.id=month.id;
```

说明：以上代码显示出了使用逗号操作符的内部联合，但是 multiple-table UPDATE 语句可以使用在 SELECT 语句中允许的任何类型的联合，比如 LEFT JOIN。

注释：不能把 ORDER BY 或 LIMIT 与 multiple-table UPDATE 同时使用。

在一个被更改的 multiple-table UPDATE 中，有些列被引用。只需要这些列的 UPDATE 权限即可。有些列被读取了，但是没被修改。只需要这些列的 SELECT 权限即可。

如果使用的 multiple-table UPDATE 语句中包含带有外键限制的 InnoDB 表，则 MySQL 优化符处理表的顺序可能与上下层级关系的顺序不同。

在此情况下，语句无效并被回滚。同时，更新一个单一表，并且依靠 ON UPDATE 功能。该功能由 InnoDB 提供，用于对其他表进行相应的修改。

目前，不能在一个子查询中更新一个表，同时从同一个表中选择。

update 语句的几种基本用法：

① 使用简单的 UPDATE。

下列示例说明如果从 UPDATE 语句中去除 WHERE 子句，所有的行会受到什么影响。

下面这个例子说明，如果表 publishers 中的所有出版社将总部搬迁到佐治亚州的亚特兰大市，表 publishers 如何更新：

UPDATE publishers SET city = 'Atlanta', state = 'GA';

下面示例将所有出版商的名字变为 NULL：

```
UPDATE publishers SET pub_name = NULL;
```

也可以在更新中使用计算值。本示例将表 titles 中的所有价格加倍：

```
UPDATE titles SET price = price * 2;
```

② WHERE 子句和 UPDATE 语句一起使用。

WHERE 子句指定要更新的行，例如，在下面这个虚构的事件中，北加利福尼亚更名为 Pacifica（缩写为 PC），而奥克兰的市民投票决定将其城市的名字改为 Bay City。这个例子说明如何为奥克兰市以前的所有居民（他们的地址已经过时）更新表 authors。

```
UPDATE authors SET state = 'PC', city = 'Bay City' WHERE state = 'CA' AND
city = 'Oakland';
```

必须编写另一个语句来更改北加利福尼亚其他城市的居民所在的州名。

③ 通过 UPDATE 语句使用来自另一个表的信息。

本示例修改表 titles 中的 ytd_sales 列，以反映表 sales 中的最新销售记录。

```
UPDATE titles
    SET ytd_sales = titles.ytd_sales + sales.qty
       FROM titles, sales
          WHERE titles.title_id = sales.title_id
          AND sales.ord_date = (SELECT MAX(sales.ord_date) FROM sales)
```

这个例子假定一种特定的商品在特定的日期只记录一批销售量，而且更新是最新的。否则（即如果一种特定的商品在同一天可以记录不止一批销售量），这里所示的例子将出错。例子可正确执行，但是每种商品只用一批销售量进行更新，而不管那一天实际销售了多少批。这是因为一个 UPDATE 语句从不会对同一行更新两次。

对于特定的商品在同一天可销售不止一批的情况，每种商品的所有销售量必须在 UPDATE 语句中合计在一起，如下例所示：

```
UPDATE titles
SET ytd_sales =
(SELECT SUM(qty)
FROM sales
WHERE sales.title_id = titles.title_id
AND sales.ord_date IN (SELECT MAX(ord_date) FROM sales))
FROM titles, sales
```

④ 将 UPDATE 语句与 SELECT 语句中的 TOP 子句一起使用。

这个例子对来自表 authors 的前十个作者的 state 列进行更新。

```
UPDATE authors
SET state = 'ZZ'
FROM (SELECT TOP 10 * FROM authors ORDER BY au_lname) AS t1
WHERE authors.au_id = t1.au_id
```

### 5. MySQL DELETE 语句

单表 DELETE 语法：

```
DELETE [LOW_PRIORITY] [QUICK] [IGNORE] FROM tbl_name
[WHERE where_definition]
[ORDER BY ...]
[LIMIT row_count]
```

多表 DELETE 语法：

```
DELETE [LOW_PRIORITY] [QUICK] [IGNORE]
tbl_name[.*] [, tbl_name[.*] ...]
FROM table_references
[WHERE where_definition]
```

或：

```
DELETE [LOW_PRIORITY] [QUICK] [IGNORE]
FROM tbl_name[.*] [, tbl_name[.*] ...]
USING table_references
[WHERE where_definition]
```

tbl_name 中有些行满足由 where_definition 给定的条件。MySQL DELETE 用于删除这些行，并返回被删除的记录的数目。

如果编写的 DELETE 语句中没有 WHERE 子句，则所有的行都被删除。当不想知道被删除的行的数目时，有一个更快的方法，即使用 TRUNCATE TABLE。

如果删除的行中包括用于 AUTO_INCREMENT 列的最大值，则该值被重新用于 BDB 表，但是不会被用于 MyISAM 表或 InnoDB 表。如果在 AUTOCOMMIT 模式下使用 DELETE FROM tbl_name（不含 WHERE 子句）删除表中的所有行，则对于所有的表类型（除 InnoDB 和 MyISAM 外），序列重新编排。对于 InnoDB 表，此项操作有一些例外。

对于 MyISAM 和 BDB 表，可以把 AUTO_INCREMENT 次级列指定到一个多列关键字中。在这种情况下，从序列的顶端被删除的值被再次使用，甚至对于 MyISAM 表也如此。DELETE 语句支持以下修饰符：

如果指定 LOW_PRIORITY，则 DELETE 的执行被延迟，直到没有其他客户端读取本表时再执行。

对于 MyISAM 表，如果使用 QUICK 关键词，则在删除过程中，存储引擎不会合并索引端结点，这样可以加快部分种类的删除操作速度。

在删除行的过程中，IGNORE 关键词会使 MySQL 忽略所有的错误（在分析阶段遇到的错误会以常规方式处理）。由于使用本选项而被忽略的错误会作为警告返回。

如果 DELETE 语句包括一个 ORDER BY 子句，则各行按照子句中指定的顺序进行删除。此子句只在与 LIMIT 联用是才起作用。例如，以下子句用于查找与 WHERE 子句对应的行，使用 timestamp_column 进行分类，并删除第一（最旧的）行：

```
DELETE FROM somelog
WHERE user = 'jcole'
ORDER BY timestamp_column
LIMIT 1;
```

可以在一个 DELETE 语句中指定多个表，根据多个表中的特定条件，从一个表或多个表中删除行。不过，不能在一个多表 DELETE 语句中使用 ORDER BY 或 LIMIT。

多表删除有两种语法：

```
DELETE t1, t2 FROM t1, t2, t3 WHERE t1.id=t2.id AND t2.id=t3.id;
```

或：

```
DELETE FROM t1, t2 USING t1, t2, t3 WHERE t1.id=t2.id AND t2.id=t3.id;
```

当搜索待删除的行时，这些语句使用所有三个表，但是只从表 t1 和表 t2 中删除对应的行。

以上例子显示了使用逗号操作符的内部联合，但是多表 MySQL DELETE 语句可以使用 SELECT 语句中允许的所有类型的联合，比如 LEFT JOIN。

本语法允许在名称后面加.*，以便与 Access 相容。

如果使用的多表 MySQL DELETE 语句包括 InnoDB 表，并且这些表受外键的限制，则 MySQL 优化程序会对表进行处理，改变原来的从属关系。在这种情况下，该语句出现错误并返回到前面的步骤。要避免此错误，应该从单一表中删除，并依靠 InnoDB 提供的 ON DELETE 功能，对其他表进行相应的修改。

注释：当引用表名称时，必须使用别名（如果已给定）。

```
DELETE t1 FROM test AS t1, test2 WHERE ...
```

进行多表删除时支持跨数据库删除，但是在此情况下，在引用表时不能使用别名。举例说明：

```
DELETE test1.tmp1, test2.tmp2 FROM test1.tmp1, test2.tmp2 WHERE ...
```

目前，不能从一个表中删除，同时又在子查询中从同一个表中选择。

## 6. MySQL INSERT 语句

INSERT 语法：

```
INSERT [LOW_PRIORITY | DELAYED | HIGH_PRIORITY] [IGNORE]
    [INTO] tbl_name [(col_name,...)]
    VALUES ({expr | DEFAULT},...),(...),...
    [ ON DUPLICATE KEY UPDATE col_name=expr, ... ]
```

或：

```
INSERT [LOW_PRIORITY | DELAYED | HIGH_PRIORITY] [IGNORE]
    [INTO] tbl_name
    SET col_name={expr | DEFAULT}, ...
    [ ON DUPLICATE KEY UPDATE col_name=expr, ... ]
```

或：

```
INSERT [LOW_PRIORITY | HIGH_PRIORITY] [IGNORE]
    [INTO] tbl_name [(col_name,...)]
    SELECT ...
    [ ON DUPLICATE KEY UPDATE col_name=expr, ... ]
```

如果列清单和 VALUES 清单均为空清单，则 INSERT 会创建一个行，每个列都被设置为默认值：

```
INSERT INTO tbl_name () VALUES();
```

假设 worker 表只有 name 和 email，插入一条数据：

```
insert into worker values("tom","tom@yahoo.com");
```

批量插入多条数据：

```
Insert into worker values('tom','tom@yahoo.com'),('paul','paul@yahoo.com');
```

给出要赋值的那个列，然后再列出值的插入数据：

```
insert into worker (name) values ('tom');
insert into worker (name) values ('tom'), ('paul');
```

使用 set 插入数据：

```
insert into worker set name='tom';
```

在 SET 子句中未命名的行都赋予一个默认值，使用这种形式的 INSERT 语句不能插入多行。一个 expression 可以引用在一个值表先前设置的任何列，例如：

```
INSERT INTO tbl_name (col1,col2) VALUES(15,col1*2);
```

但不能这样

```
INSERT INTO tbl_name (col1,col2) VALUES(col2*2,15);
```

使用 INSERT…SELECT 语句插入从其他表选择的行：

```
insert into tbl_name1(col1,col2) select col3,col4 from tbl_name2;
```

如果每一列都有数据

```
insert into tbl_name1 select col3,col4 from tbl_name2;
```

查询不能包含一个 ORDER BY 子句，而且 INSERT 语句的目的表不能出现在 SELECT 查询部分的 FROM 子句。

**ON DUPLICATE KEY UPDATE**

如果指定了 ON DUPLICATE KEY UPDATE，并且插入行后会导致在一个 UNIQUE 索引或 PRIMARY KEY 中出现重复值，则执行旧行 UPDATE。

假设 a，b 为唯一索引，表 table 没有 1，2 这样的行是正常插入数据，冲突时，更新 c 列的值

```
INSERT INTO table (a,b,c) VALUES (1,2,3) ON DUPLICATE KEY UPDATE c=3;
```

或者是

```
INSERT INTO table (a,b,c) VALUES (1,2,3) ON DUPLICATE KEY UPDATE c=values(c);
```

引用其他列更新冲突的行

```
INSERT INTO table (a,b,c) VALUES (1,2,3),(4,5,6) ON DUPLICATE KEY UPDATE
c=VALUES(a)+VALUES(b);
```

向一个已定义为 NOT NULL 的列中插入 NULL。对于一个多行 INSERT 语句或 INSERT INTO...SELECT 语句，根据列数据的类型，列被设置为隐含的默认值。对于数字类型，默认值为 0；对于字符串类型，默认值为空字符串('')；对于日期和时间类型，默认值为“zero”值。

```
INSERT INTO...SELECT 的 ON DUPLICATE KEY UPDATE
insert into tbl_name1(a,b,c)
  select col1,col2,col3 from tbl_name2
ON DUPLICATE KEY UPDATE c=values(c);
```

**INSERT DELAYED**

如果客户端不能等待 INSERT 完成，则这个选项是非常有用的，当一个客户端使用 INSERT DELAYED 时，会立刻从服务器处得到一个确定。并且行被排入队列，当表没有被其他线程使用时，此行被插入。

使用 INSERT DELAYED 的另一个重要的好处是，来自许多客户端的插入被集中在一起，并被编写入一个块。这比执行许多独立的插入要快很多。

```
INSERT DELAYED INTO worker (name) values ('tom'), ('paul');
```

使用 DELAYED 时有一些限制：

（1）INSERT DELAYED 仅适用于 MyISAM, MEMORY 和 ARCHIVE 表。对于 MyISAM 表，如果在数据文件的中间没有空闲的块，则支持同时采用 SELECT 和 INSERT 语句。在这些情况下，基本不需要对 MyISAM 使用 INSERT DELAYED。

（2）INSERT DELAYED 应该仅用于指定值清单的 INSERT 语句。服务器忽略用于 INSERT DELAYED...SELECT 语句的 DELAYED 和 INSERT DELAYED...ON DUPLICATE UPDATE 语句的 DELAYED。

（3）因为在行被插入前，语句立刻返回，所以不能使用 LAST_INSERT_ID()来获取 AUTO_INCREMENT 值。AUTO_INCREMENT 值可能由语句生成。

（4）对于 SELECT 语句，DELAYED 行不可见，直到这些行确实被插入为止。

（5）DELAYED 在从属复制服务器中被忽略了，因为 DELAYED 不会在从属服务器中产生与主服务器不一样的数据。

### 7. MySQL LIKE 子句

我们知道在 MySQL 中可以使用 SQL SELECT 命令来读取数据，也可以在 SELECT 语句中使用 WHERE 子句来获取指定的记录。

WHERE 子句中可以使用等号 (=) 来设定获取数据的条件，如“tutorial_author = 'Sanjay'”。

但是有时需要获取 tutorial_author 字段含有“jay”字符的所有记录，这时就需要在 WHERE 子句中使用 SQL LIKE 子句。

SQL LIKE 子句中使用百分号(%)字符来表示任意字符，类似于 UNIX 或正则表达式中的星号 (*)。

如果没有使用百分号(%)，则 LIKE 子句与等号（=）的效果是一样的。

语法：

```
SELECT field1, field2,...fieldN FROM table_name1, table_name2...
WHERE field1 LIKE condition1 [AND [OR]] filed2 = 'somevalue'
```

（1）可以在 WHERE 子句中指定任何条件。

（2）可以在 WHERE 子句中使用 LIKE 子句。

（3）可以使用 LIKE 子句代替等号(=)。

（4）LIKE 通常与%一起使用，类似于一个元字符的搜索。

（5）可以使用 AND 或者 OR 指定一个或多个条件。

（6）可以在 DELETE 或 UPDATE 命令中使用 WHERE...LIKE 子句来指定条件。

假设一个数据库中有个表 table1，在 table1 中有两个字段，分别是 name 和 sex 二者全是字符型数据。现在我们要在姓名字段中查询以“张”字开头的记录，语句如下：

```
select * from table1 where name like "张*"
```

如果要查询以“张”结尾的记录，则语句如下：

```
select * from table1 where name like "*张"
```

这里用到了通配符“*”，可以说，like 语句和通配符是分不开的。下面详细介绍通配符。

- 多个字符：*

  c*c 代表 cc,cBc,cbc,cabdfec 等，它同于 DOS 命令中的通配符，代表多个字符。

- 多个字符：%

  %c%代表 agdcagd 等，这种方法在很多程序中要用到，主要是查询包含子串的。

- 特殊字符：[*]

  a[*]a 代表 a*a，代替*。

- 单字符：？

  b?b 代表 brb,bFb 等，同 DOS 命令中的？通配符，代表单个字符。

- 单数字：#

  k#k 代表 k1k,k8k,k0k，大致同上，不同的是只能代表单个数字。

- 字符范围：[a-z]

  代表 a 到 z 的 26 个字母中任意一个，指定一个范围中的任意一个。

- 排除：[!字符]

  [!a-z]代表 9,0,%,*等 它只代表单个字符。

- 数字排除 ：[!数字]

  [!0-9]代表 A,b,C,d 等。

- 组合类型：字符[范围类型]

  字符 cc[!a-d]#代表 ccF#等，可以和其他几种方式组合使用。

假设表 table1 中有以下记录：

```
name        sex
张小明      男
```

```
李明天          男
李 a 天         女
王 5 五         男
王清五          男
```

下面我们来举例说明一下：

例 1，查询 name 字段中包含有“明”字：

```
select * from table1 where name like '%明%'
```

例 2，查询 name 字段中以“李”字开头：

```
select * from table1 where name like '李*'
```

例 3，查询 name 字段中含有数字的：

```
select * from table1 where name like '%[0-9]%'
```

例 4，查询 name 字段中含有小写字母的：

```
select * from table1 where name like '%[a-z]%'
```

例 5，查询 name 字段中不含有数字的：

```
select * from table1 where name like '%[!0-9]%'
```

以上例子能列出什么值来显而易见。但在这里，我们着重要说明的是通配符“*”与“%”的区别。

很多朋友会问，为什么在以上查询时有个别的表示所有字符的时候用"%"而不用“*”？

先看看下面的例子能分别出现什么结果：

```
select * from table1 where name like *明*
select * from table1 where name like %明%
```

大家会看到，前一条语句列出来的是所有的记录，而后一条记录列出来的是 name 字段中含有“明”的记录。

所以说，当我们作字符型字段包含一个子串的查询时最好采用“%”而不用“*”，用“*”的时候只在开头或者只在结尾，而不能两端全由“*”代替任意字符。

### 8．MySQL 排序

如果需要对读取的数据进行排序，则可以使用 MySQL 的 ORDER BY 子句实现，可使用该子句设定想按哪个字段哪种方式进行排序，再返回搜索结果。

以下代码表示 SQL SELECT 语句使用 ORDER BY 子句将查询数据排序后再返回结果。

```
SELECT field1, field2,...fieldN FROM table_name1, table_name2...
ORDER BY field1, [field2...] [ASC [DESC]]
```

（1）可以使用任何字段来作为排序的条件，从而返回排序后的查询结果。

（2）可以设定多个字段排序。

（3）可以使用 ASC 或 DESC 关键字来设置查询结果是按升序还是降序排列。 默认情况下，它是按升序排列的。

（4）可以添加 WHERE...LIKE 子句来设置条件。

### 9．MySQL Join 的使用

表 A 记录如表 3-2 所示，表 B 记录如表 3-3 所示。

表 3-2　A 表

| aID | aNum |
|---|---|
| 1 | a20050111 |
| 2 | a20050112 |
| 3 | a20050113 |
| 4 | a20050114 |
| 5 | a20050115 |

表 3-3　B 表

| bID | bName |
|---|---|
| 1 | 2006032401 |
| 2 | 2006032402 |
| 3 | 2006032403 |
| 4 | 2006032404 |
| 8 | 2006032408 |

创建这两个表的 SQL 语句如下。

```
CREATE TABLE  a
aID int( 1 ) AUTO_INCREMENT PRIMARY KEY ,
aNum char( 20 )
)
CREATE TABLE b(
bID int( 1 ) NOT NULL AUTO_INCREMENT PRIMARY KEY ,
bName char( 20 )
)

INSERT INTO a
VALUES ( 1, 'a20050111' ) , ( 2, 'a20050112' ) , ( 3, 'a20050113' ) , ( 4,
'a20050114' ) , ( 5, 'a20050115' ) ;

INSERT INTO b
VALUES ( 1, ' 2006032401' ) , ( 2, '2006032402' ) , ( 3, '2006032403' ) ,
( 4, '2006032404' ) , ( 8, '2006032408' ) ;
```

对这两个表分别进行如下试验。

1）left join（左联接）

SQL 语句如下。

```
SELECT * FROM a
LEFT JOIN  b
ON a.aID =b.bID
```

结果如表 3-4 所示。

表 3-4　left join 结果

| aID | aNum | bID | bName |
|---|---|---|---|
| 1 | a20050111 | 1 | 2006032401 |
| 2 | a20050112 | 2 | 2006032402 |
| 3 | a20050113 | 3 | 2006032403 |
| 4 | a20050114 | 4 | 2006032404 |
| 5 | a20050115 | NULL | NULL |

结果说明：

left join 是以 A 表的记录为基础的，A 可以看做左表，B 可以看做右表，left join 是以左表为准的。

换句话说，左表(A)的记录将会全部表示出来，而右表(B)只会显示符合搜索条件的记录（此例中为 A.aID = B.bID）。B 表记录不足的地方均为 NULL。

2）right join（右联接）

SQL 语句如下。

```
SELECT  * FROM a
RIGHT JOING b
ON a.aID = b.bID
```

结果如表 3-5 所示。

表 3-5　right join 结果

| aID | aNum | bID | bName |
|---|---|---|---|
| 1 | a20050111 | 1 | 2006032401 |
| 2 | a20050112 | 2 | 2006032402 |
| 3 | a20050113 | 3 | 2006032403 |
| 4 | a20050114 | 4 | 2006032404 |
| NULL | NULL | 8 | 2006032408 |

注：所影响的行数为 5 行

结果说明：

仔细观察后会发现，其和 left join 的结果刚好相反，它是以右表(B)为基础的，A 表不足的地方用 NULL 填充。

3）inner join（相等联接或内联接）

SQL 语句如下。

```
SELECT * FROM  a
INNER JOIN  b
ON a.aID =b.bID
```

其等价于以下 SQL 语句：

```
SELECT *
FROM a,b
WHERE a.aID = b.bID
```

结果如表 3-6 所示。

表 3-6　inner join 结果

| aID | aNum | bID | bName |
|---|---|---|---|
| 1 | a20050111 | 1 | 2006032401 |
| 2 | a20050112 | 2 | 2006032402 |
| 3 | a20050113 | 3 | 2006032403 |
| 4 | a20050114 | 4 | 2006032404 |

结果说明：

很明显，这里只显示了 A.aID = B.bID 的记录。这说明 inner join 并不以哪个表为基础，它只显示符合条件的记录。而LEFT JOIN操作可用于任何FROM子句，组合来源表的记录。使用 LEFT JOIN 运算可创建一个左边外部联接。左边外部联接将包含了从第一个（左边）开始的两个表中的全部记录，即使在第二个（右边）表中并没有相符值的记录。

**注意：**如果在 INNER JOIN 操作中要联接包含 Memo 数据类型或 OLE Object 数据类型数据的字段，则会发生错误。

### 10．MySQL NULL 值处理

我们已经知道 MySQL 使用 SQL SELECT 命令及 WHERE 子句来读取数据表中的数据，但是当提供的查询条件字段为 NULL 时，该命令可能无法正常工作。

为了处理这种情况，MySQL 提供了如下三大运算符。

（1）IS NULL：当列的值是 NULL 时，此运算符返回 true。

（2）IS NOT NULL：当列的值不为 NULL 时，运算符返回 true。

（3）<=>：比较操作符（不同于=运算符），当比较的两个值为 NULL 时返回 true。

关于 NULL 的条件比较运算是比较特殊的。不能使用 = NULL 或 != NULL 在列中查找 NULL 值。

在 MySQL 中，NULL 值与任何其他值的比较（即使是 NULL）永远返回 false，即 NULL = NULL 时返回 false。

MySQL 中处理 NULL 使用 IS NULL 和 IS NOT NULL 运算符。

### 11．MySQL 事务

MySQL 事务主要用于处理操作量大、复杂度高的数据。例如，在人员管理系统中，若删除一个人员，则既需要删除人员的基本资料，又要删除和该人员相关的信息，如信箱、文章等，这样，这些数据库操作语句就构成了一个事务。

（1）在 MySQL 中只有使用了 Innodb 数据库引擎的数据库或表才支持事务。

（2）事务处理可以用来维护数据库的完整性，保证成批的 SQL 语句要么全部执行，要么全部不执行。

（3）事务用来管理 insert、update、delete 语句。

一般来说，事务必须满足 4 个条件：Atomicity（原子性）、Consistency（稳定性）、Isolation（隔离性）、Durability（可靠性）。

（1）原子性：一组事务，要么成功，要么撤回。

（2）稳定性：有非法数据（外键约束等），事务撤回。

（3）隔离性：事务独立运行。若一个事务处理后的结果影响了其他事务，那么其他事务会撤回。事务的 100%隔离需要牺牲速度。

（4）可靠性：软、硬件崩溃后，InnoDB 数据表驱动会利用日志文件重构修改。可靠性和高速度不可兼得，innodb_flush_log_at_trx_commit 选项决定了什么时候把事务保存到日志中。

### 12．MySQL 索引

MySQL 索引的建立对于 MySQL 的高效运行是很重要的，索引可以大大提高 MySQL 的检索速度。

索引分为单列索引和组合索引。单列索引，即一个索引只包含单个列，一个表可以有多个单列索引。组合索引，即一个索包含多个列。创建索引时，需要确保该索引应用了 SQL 查询语句的条件（一般作为 WHERE 子句的条件）。实际上，索引也是一张表，该表保存了主键与索引字段，并指向实体表的记录。

上述都是使用索引的好处，但过多地使用索引会造成滥用。虽然索引大大提高了查询速度，但

是会降低更新表的速度，如对表进行 INSERT、UPDATE 和 DELETE 操作等。因为更新表时，MySQL 不仅要保存数据，还要保存一下索引文件，所以建立索引会占用磁盘空间的索引文件。

1）使用 ALTER 命令添加和删除索引

有如下 4 种类型的索引可以添加。

（1）ALTER TABLE tbl_name ADD PRIMARY KEY (column_list)：该语句用于添加一个主键，这意味着索引值必须是唯一的，且不能为 NULL。

（2）ALTER TABLE tbl_name ADD UNIQUE index_name (column_list)：该语句创建的索引的值必须是唯一的（除了 NULL 外，NULL 可能会出现多次）。

（3）ALTER TABLE tbl_name ADD INDEX index_name (column_list)：添加普通索引，索引值可出现多次。

（4）ALTER TABLE tbl_name ADD FULLTEXT index_name (column_list)：该语句指定索引为 FULLTEXT，用于全文索引。

举例：

```
mysql> ALTER TABLE testalter_tbl ADD INDEX (c);
```

还可以在 ALTER 命令中使用 DROP 子句来删除索引。

举例：

```
mysql> ALTER TABLE testalter_tbl DROP INDEX (c);
```

2）使用 ALTER 命令添加主键

主键只能作用于一个列，添加主键索引时，需要确保该主键默认不为空（NOT NULL）。举例：

```
mysql> ALTER TABLE testalter_tbl MODIFY i INT NOT NULL;
mysql> ALTER TABLE testalter_tbl ADD PRIMARY KEY (i);
```

3）使用 ALTER 命令删除主键

```
mysql> ALTER TABLE testalter_tbl DROP PRIMARY KEY;
```

删除主键时只需指定 PRIMARY KEY，但在删除索引时，必须知道索引名。

4）显示索引信息

可以使用 SHOW INDEX 命令来列出表中的相关索引信息。可以通过添加 \G 来格式化输出信息。

举例：

```
mysql> SHOW INDEX FROM table_name\G
```

### 13．MySQL 临时表

MySQL 临时表在用户需要保存一些临时数据时是非常有用的。临时表只在当前连接可见，当关闭连接时，MySQL 会自动删除表并释放所有空间。

临时表在 MySQL 3.23 中添加，如果 MySQL 版本低于 3.23，则无法使用 MySQL 的临时表。

MySQL 临时表只在当前连接可见，如果使用 SQL 来创建 MySQL 临时表，则当 SQL 执行完成后，该临时表也会自动销毁。

如果使用了其他 MySQL 客户端程序连接 MySQL 数据库服务器来创建临时表，则只有在关闭客户端程序时才会销毁临时表。当然，用户也可以手动销毁临时表。

## 习题

1．简述 DDL 和 DML 的区别。

2．有以下表，请根据需求写出 SQL 语句。

表名　User

| Name | Tel | Content | Date |
| --- | --- | --- | --- |
| 张三 | 13333663366 | 大专毕业 | 2006-10-11 |
| 张三 | 13612312331 | 本科毕业 | 2006-10-15 |
| 张四 | 021-55665566 | 中专毕业 | 2006-10-15 |

（1）有一新记录（小王　13254748547　高中毕业　2007-05-06），请用 SQL 语句将其新增至表中。

（2）请用 SQL 语句把张三的时间更新为当前系统时间。

（3）请删除名为张四的全部记录。

3．请写出数据类型(int char varchar datetime text)的意思，varchar 和 char 有什么区别？

4．什么是事务？简述自己对事务的理解。

# 第 4 章 XML

本章主要内容：

- 标记语言
- XML 语法规则
- DTD/Schema
- JAXP 解析 XML

本章主要介绍了标记语言的概念，XML 就是标记语言的一种；并对 XML 的语法规则进行了详细介绍，包括 XML 的声明、标记、元素、实体引用、属性、CDATA、PCDATA、注释等内容；介绍了如何使用 JAXP 解析 XML。通过学习本章内容，读者可以对 XML 有更深入的了解，对 XML 的解析在实际编程中会经常用到。

## 4.1 标记语言

标记语言是一种将文本（Text）及文本相关的其他信息结合起来，展现出关于文档结构和数据处理细节的计算机文字编码。当今广泛使用的标记语言是超文本标记语言（HyperText Markup Language，HTML）和可扩展标记语言 （eXtensible Markup Language，XML）。标记语言广泛应用于网页和网络应用程序。

1．HTML

写法格式：<a href="link.html">link</a>。

超文本标记语言关注数据的展示及用户体验，它的标记是固定的，不可扩展（如 <a></a>表示超链接）。

2．XML

写法格式：同 HTML 样式 <a>link</a>。

可扩展的标记语言仅关注数据本身，标记可扩展，可自定义。

3．XML 和 HTML 是由同一种父语言——SGML（Standard Generalized Markup Language，标准通用标记语言）发展出来的两种语言。

4．解析器

专用解析器（如 XML SPY 专用于解析 XML 文件）包括浏览器，如 MyEclipse。

5．W3C

W3C：开源的语言协会，万维网联盟（World Wide Web Consortium）。

HTML 和 XML 都是 W3C 制定的语言规则。

官网：www.w3.org。

学习网站：http://www.w3school.com.cn/。

6．案例演示

1）HTML 文件演示：book.html

（1）使用记事本打开此文件，如图 4-1 所示。

```
<html>
    <head>
        <title>我的书</title>
    </head>
    <body>
        <center><h1>书籍列表</h1></center>
        <table border="10" width="80%"
                 align="center">
        <tr><td align="center"><b>书名</b></td>
              <td align="center"><b>价格</b></td>
              <td align="center"><b>简介</b></td>
        </tr>
        <tr><td>天龙八部</td>
              <td>50</td>
              <td>一本好书</td>
        </tr>
        <tr><td>Thinking in java</td>
              <td>65</td>
              <td>java编程思想</td>
        </tr>
      </table>
    </body>
</html>
```

图 4-1　book.html 代码

（2）使用 IE 浏览器打开此文件，如图 4-2 所示。

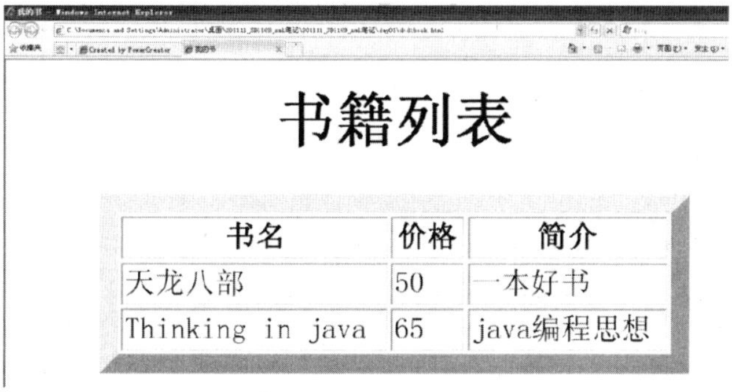
书籍列表
书名
价格
简介
天龙八部
50
一本好书
Thinking in java
65
java编程思想

图 4-2　浏览器解析 book.html

2）XML 文件演示：book.xml

（1）使用文本编辑器 UE 打开此文件，如图 4-3 所示。

（2）使用 MyEclipse 内置浏览器打开此文件，如图 4-4 所示。

```
<?xml version="1.0" encoding="gb2312"?>
<书籍列表>
  <武侠小说>
    <书名>天龙八部</书名>
    <价格>50</价格>
    <简介>一本好书</简介>
  </武侠小说>
  <计算机书籍>
    <书名>Thinking in java</书名>
    <价格>65</价格>
    <简介>Java编程思想</简介>
  <计算机书籍>
</书籍列表>
```

图 4-3　book.xml 代码

book.xml
MyEclipse Web Browser
D:\workspace\sdl108\corejava\MyJDBC\src\day04\book.xml
<?xml version="1.0" encoding="gb2312" ?>
- <书籍列表>
- <武侠小说>
<书名>天龙八部</书名>
<价格>50</价格>
<简介>一本好书</简介>
</武侠小说>
- <计算机书籍>
<书名>Think in java</书名>
<价格>65</价格>
<简介>Java编程思想</简介>
</计算机书籍>
</书籍列表>

图 4-4　浏览器解析 book.xml

## 4.2　XML 语法规则

### 1．XML 的声明

XML 的声明必须写在文件的第 1 行，Encoding（字符集）属性可以省略，默认的字符集是 UTF-8，如图 4-5 所示。

常见错误写法有以下几种。

（1）“?”和 XML 之间不能有空格，如图 4-6 和图 4-7 所示。

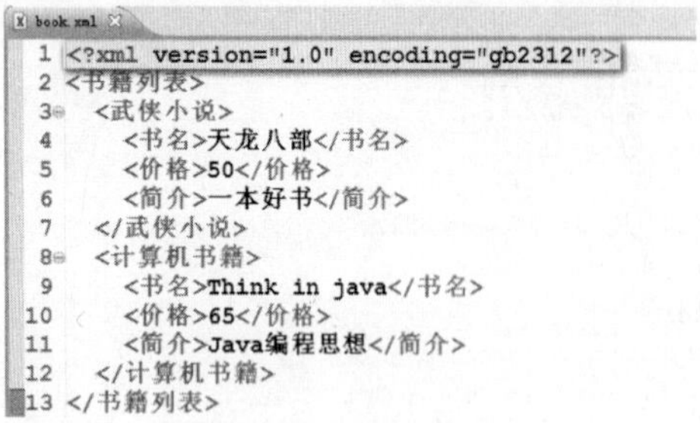
book.xml
1 <?xml version="1.0" encoding="gb2312"?>
2 <书籍列表>
3 <武侠小说>
4 <书名>天龙八部</书名>
5 <价格>50</价格>
6 <简介>一本好书</简介>
7 </武侠小说>
8 <计算机书籍>
9 <书名>Think in java</书名>
10 <价格>65</价格>
11 <简介>Java编程思想</简介>
12 </计算机书籍>
13 </书籍列表>

图 4-5　XML 的声明

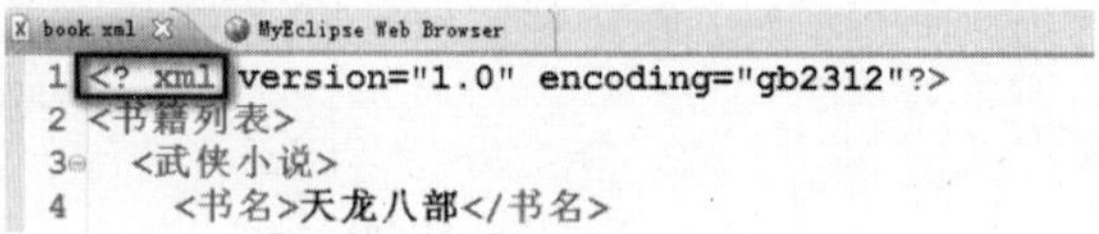
book.xml
MyEclipse Web Browser
1 <? xml version="1.0" encoding="gb2312"?>
2 <书籍列表>
3 <武侠小说>
4 <书名>天龙八部</书名>

图 4-6　XML 声明错误

book.xml
MyEclipse Web Browser
D:\workspace\sd1108\corejava\MyJDBC\src\day04\book.xml
无法显示 XML 页。
使用 样式表无法查看 XML 输入。请更正错误然后单击 刷新按钮，或以后重试。
该位置上不允许有空白。处理资源
'file:///D:/workspace/sd1108/corejava/MyJDBC/src/day04/book.xml'
时出错。第 1 行，位置: 3
<? xml version="1.0" encoding="gb2312"?>
--^

图 4-7　错误信息

（2）声明必须顶头写，不能有空行（用 Firefox 浏览器打开文件），如图 4-8 所示。

（3）不要多写空格（Java 程序员的习惯），否则在 XML 解析时会出现问题，如图 4-9 所示。

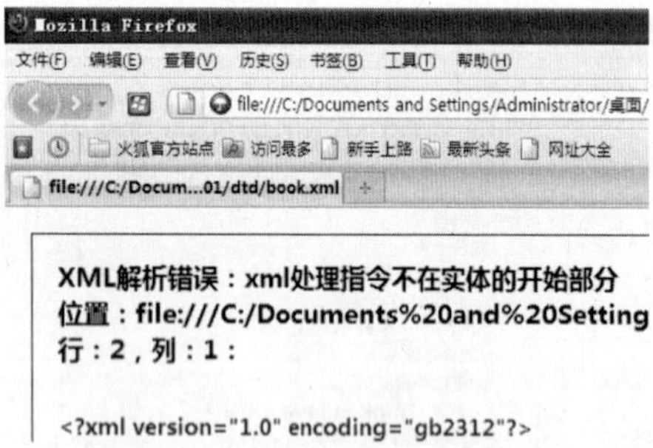
Mozilla Firefox
文件(F) 编辑(E) 查看(V) 历史(S) 书签(B) 工具(T) 帮助(H)
file:///C:/Documents and Settings/Administrator/桌面/
火狐官方站点 访问最多 新手上路 最新头条 网址大全
file:///C:/Docum...01/dtd/book.xml
XML解析错误：xml处理指令不在实体的开始部分
位置：file:///C:/Documents%20and%20Setting
行：2，列：1：
<?xml version="1.0" encoding="gb2312"?>

图 4-8　XML 声明未顶头写

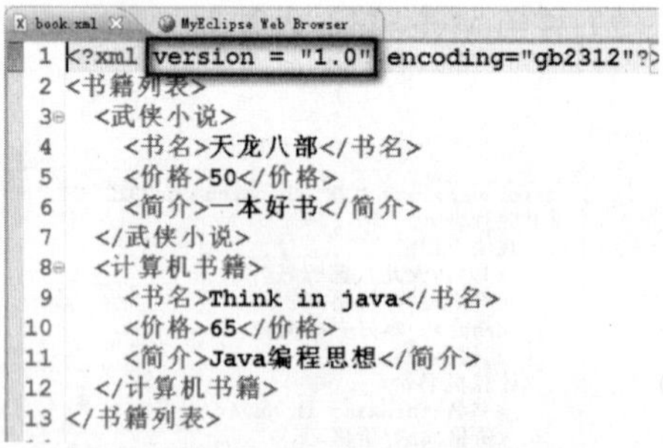
book.xml
MyEclipse Web Browser
1 <?xml version = "1.0" encoding="gb2312"?>
2 <书籍列表>
3 <武侠小说>
4 <书名>天龙八部</书名>
5 <价格>50</价格>
6 <简介>一本好书</简介>
7 </武侠小说>
8 <计算机书籍>
9 <书名>Think in java</书名>
10 <价格>65</价格>
11 <简介>Java编程思想</简介>
12 </计算机书籍>
13 </书籍列表>

图 4-9　XML 中等号两边不要留空格

## 2．标记

诸如 <书名></书名> 这样的格式被称为标记，标记成对出现，包括开始标记和结束标记，如图 4-10 所示。

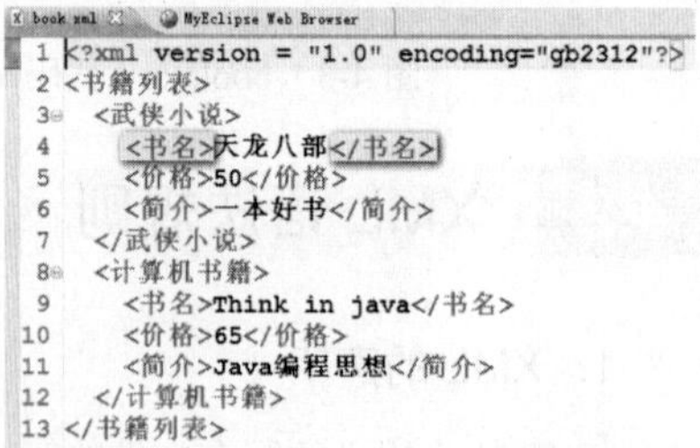
book.xml
MyEclipse Web Browser
1 <?xml version = "1.0" encoding="gb2312"?>
2 <书籍列表>
3 <武侠小说>
4 <书名>天龙八部</书名>
5 <价格>50</价格>
6 <简介>一本好书</简介>
7 </武侠小说>
8 <计算机书籍>
9 <书名>Think in java</书名>
10 <价格>65</价格>
11 <简介>Java编程思想</简介>
12 </计算机书籍>
13 </书籍列表>

图 4-10　XML 的开始标记和结束标记

## 3．元素

（1）元素：元素包括标记和其中的内容。

（2）根元素：最外层的元素称为根元素。

（3）叶子元素：最里层的（没有子元素的）元素称为叶子元素。

（4）空元素：没有内容的元素称为空元素，如<a></a>可以简写为<a />。

（5）元素必须遵循的语法规则如下。

① 所有的标记都必须结束。

② 开始标记和结束标记必须成对出现。

③ 元素必须正确嵌套，如<a><b>c</b></a>（正确），<a><b>c</a></b>（错误）。

④ 标记的大小写敏感，如 Hello 和 hello 不是同一个标记。

⑤ 有且只能有一个根元素。

根元素和叶子元素的示例如图 4-11 所示。

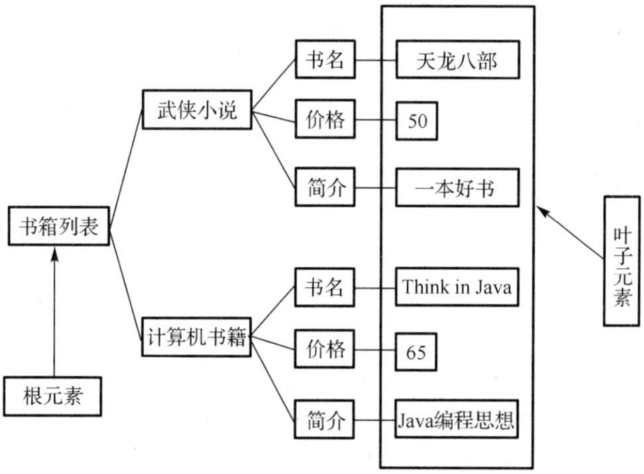
书籍列表
武侠小说
计算机书籍
书名
价格
简介
书名
价格
简介
天龙八部
50
一本好书
Think in Java
65
Java编程思想
叶子元素
根元素

图 4-11　根元素和叶子元素

## 4．转义字符

（1）小于号（<）：less than --> &lt ;。

（2）大于号（>）：great than --> &gt ;。

（3）And 符号（&）：&。

（4）双引号（“）："。

（5）单引号（‘）：'。

注意，这些转义字符都是以&开头，以;结尾的，如用 MyEclipse 内置 XML 编辑器打开时如图 4-12 所示，用 MyEclipse 内置浏览器打开时如图 4-13 所示。

book.xml
MyEclipse Web Browser
<?xml version = "1.0" encoding="gb2312"?>
<书籍列表>
<武侠小说>
<书名><<天龙八部>></书名>
<价格>50</价格>
<简介>一本好书</简介>
</武侠小说>
<计算机书籍>
<书名>Think in java</书名>
<价格>65</价格>
<简介>Java编程思想</简介>
</计算机书籍>
</书籍列表>

图 4-12　XML 转义字符

book.xml
MyEclipse Web Browser
D:\workspace\sd1108\corejava\MyJDBC\src\day04\book.xml
<?xml version="1.0" encoding="gb2312" ?>
<书籍列表>
<武侠小说>
<书名><<天龙八部>></书名>
<价格>50</价格>
<简介>一本好书</简介>
</武侠小说>
<计算机书籍>
<书名>Think in java</书名>
<价格>65</价格>
<简介>Java编程思想</简介>
</计算机书籍>
</书籍列表>

图 4-13　XML 转义字符显示效果

### 5．属性

属性是定义在开始标记中的键值对。

1）格式

```
属性="属性值"
```

2）要求

（1）属性必须有值。

（2）属性值必须用引号引起来，单引号或双引号都可以，但必须一致。

如图 4-14 所示，武侠小说的属性有两组，即 isbn 号码、是否热销标记；计算机书籍的属性有两组，也是 isbn 号码、是否热销标记。

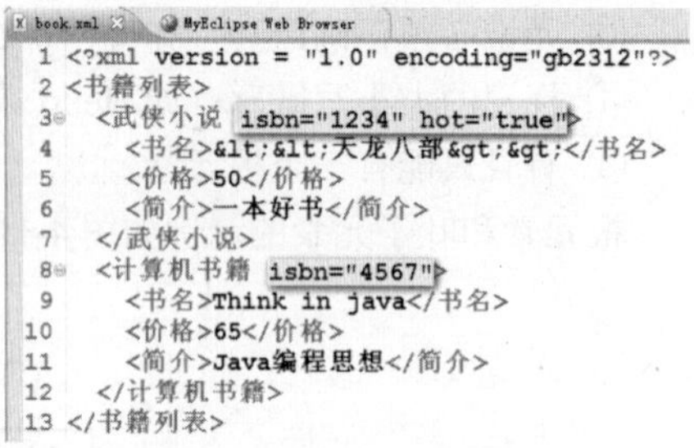
book.xml
MyEclipse Web Browser
<?xml version = "1.0" encoding="gb2312"?>
<书籍列表>
<武侠小说 isbn="1234" hot="true">
<书名><<天龙八部>></书名>
<价格>50</价格>
<简介>一本好书</简介>
</武侠小说>
<计算机书籍 isbn="4567">
<书名>Think in java</书名>
<价格>65</价格>
<简介>Java编程思想</简介>
</计算机书籍>
</书籍列表>

图 4-14　XML 属性值格式

### 6．PCDATA 和 CDATA

（1）PCDATA：可解析的字符内容。

（2）CDATA：无需解析的字符内容。

语法：

```
< ! [ CDATA [ 文本内容 ] ] >
```

特殊标签中的实体引用都会被忽略，所有内容被当做一整块文本数据。

注意：CDATA 表示是一整块数据，其中某些特殊字符，如<<不是全角的《。

CDATA 的使用及效果如图 4-15 和图 4-16 所示。

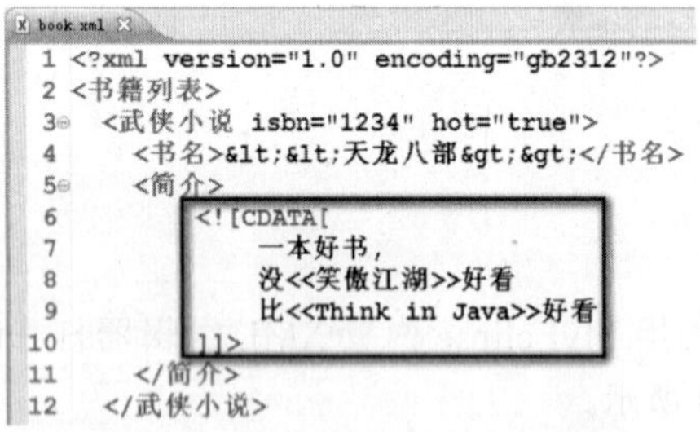
book.xml
<?xml version="1.0" encoding="gb2312"?>
<书籍列表>
<武侠小说 isbn="1234" hot="true">
<书名><<天龙八部>></书名>
<简介>
<![CDATA[
一本好书，
没<<笑傲江湖>>好看
比<<Think in Java>>好看
]]>
</简介>
</武侠小说>

图 4-15　XML 中 CDATA 的使用

MyEclipse Web Browser
D:\workspace\sd1108\corejava\XMLDemo\src\day01\book.xml
<?xml version="1.0" encoding="gb2312" ?>
- <书籍列表>
- <武侠小说 isbn="1234" hot="true">
<书名><<天龙八部>></书名>
- <简介>
- <![CDATA[
一本好书，
没<<笑傲江湖>>好看
比<<Think in Java>>好看
]]>
</简介>
</武侠小说>
- <computer_book isbn="5678">
<书名>Thinking in java</书名>
<价格>65</价格>
<简介>Java编程思想</简介>
</computer_book>
</书籍列表>

图 4-16　XML 使用 CDATA 的效果

### 7．注释（XML 和 HTML 相同）

语法：

```
<!-- 这是一段注释 -->
```

编译器将忽略注释，HTML 和 XML 注释方式相同。

XML 注释的示例如图 4-17 所示。

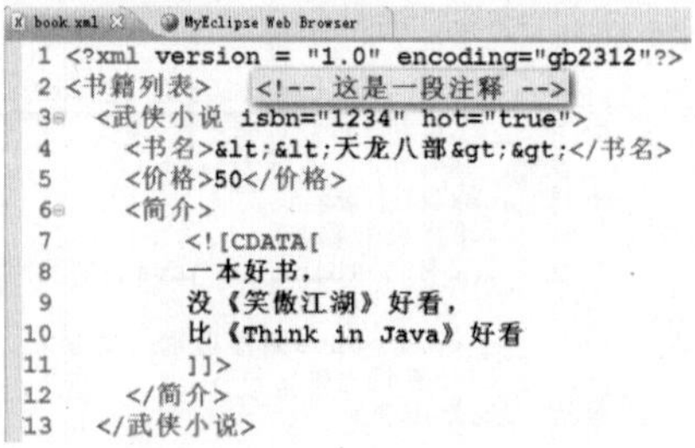
book.xml
MyEclipse Web Browser
<?xml version = "1.0" encoding="gb2312"?>
<书籍列表> <!-- 这是一段注释 -->
<武侠小说 isbn="1234" hot="true">
<书名><<天龙八部>></书名>
<价格>50</价格>
<简介>
<![CDATA[
一本好书，
没《笑傲江湖》好看，
比《Think in Java》好看
]]>
</简介>
</武侠小说>

图 4-17　XML 注释

### 8．规则总结

XML 语法规则总结如下。

（1）必须有唯一的根元素。
（2）XML 标记大小写敏感。
（3）标记必须成对出现，有开始有结束。
（4）元素必须被正确嵌套。
（5）属性必须有值，值必须用引号引起来。
（6）如果遵循所有的规则，则被称为格式良好的 XML 文件。

### 9．使用 XML 文件描述数据

早期属性文件描述数据的方式如下。

```
url = jdbc:oracle:thin@192.168.0.26:1521:tarena dbUser = openlab dbPwd = open123
```

现在使用 XML 的表示方式如下。

```
<datasource id="db oracle">
<property name="url">jdbc:thin@192.168.0.26:1521:tarena</property>
 <property name="dbUser">openlab</property>
<property name="dbPwd">open123</property> </datasource>
```

## 4.3　DTD/Schema

DTD / Schema：用来规范 XML 的标记规则。

有效的 XML 文件 ＝ 格式良好的 XML 文件 ＋ 有 DTD 或 Schema 规则 ＋ 遵循 DTD 或 Schema 的规则。

### 4.3.1　DTD/Schema 的由来

行业交换数据时要求 XML 文件格式相同，所以需要大家遵守规范的 XML 文件格式，如两个 XML 文件要有相同的元素嵌套关系、相同的属性定义、相同的元素顺序、元素出现相同的次数等。

图 4-18 所示为两个数据量相同，但是结构不同的 XML 文件。

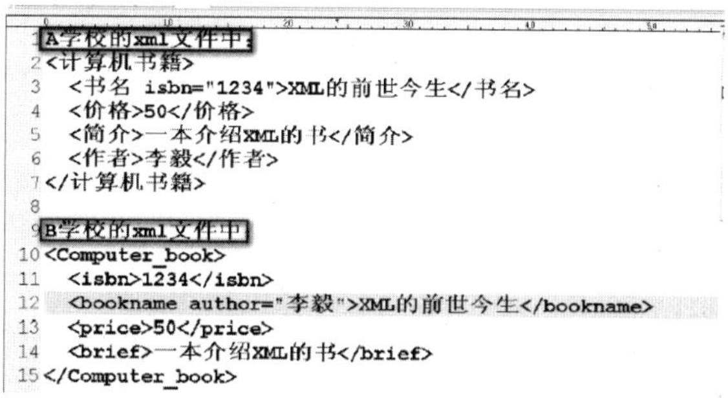


图 4-18　两种格式不同 XML 文件

由于这两个文件数据相同，但结构不同，因此无法交换数据。

### 4.3.2　DTD 中的定义规则

如图 4-19 所示，可以在 XML 文件中加入 DTD 规则，以限定某些节点的内容格式。

浏览器不会显示 DTD 内容，如图 4-20 所示。

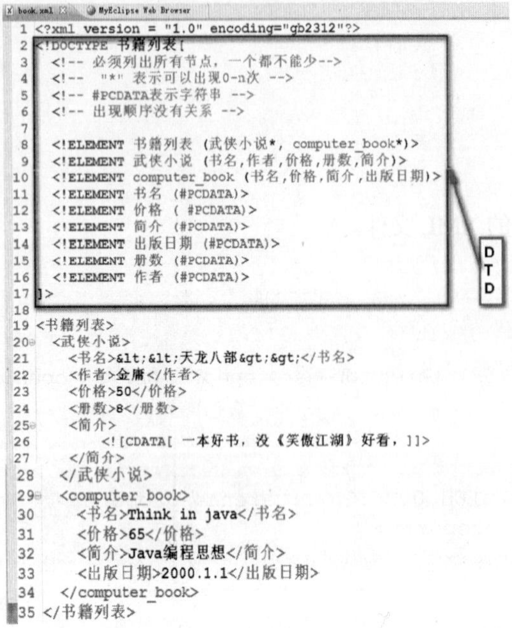


图 4-19　在 XML 文件中使用 DTD 规则

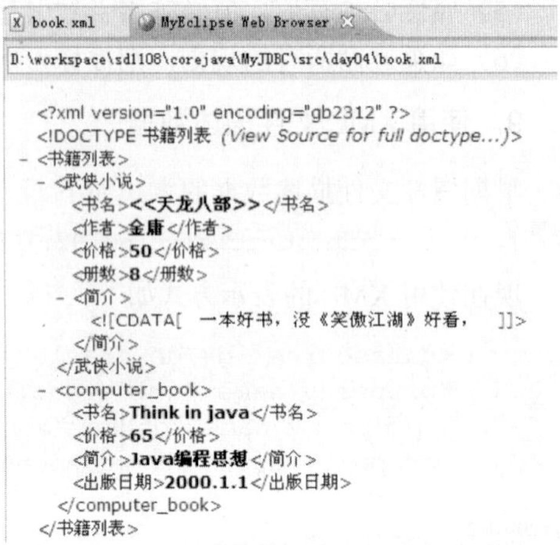


图 4-20　添加 DTD 规则后浏览器的解析效果

## 1．元素限定

（1）"*"星号：表示出现 0～n 次的元素，如图 4-21 所示。

（2）"+"加号：表示出现 1～n 次的元素，如图 4-22 所示。

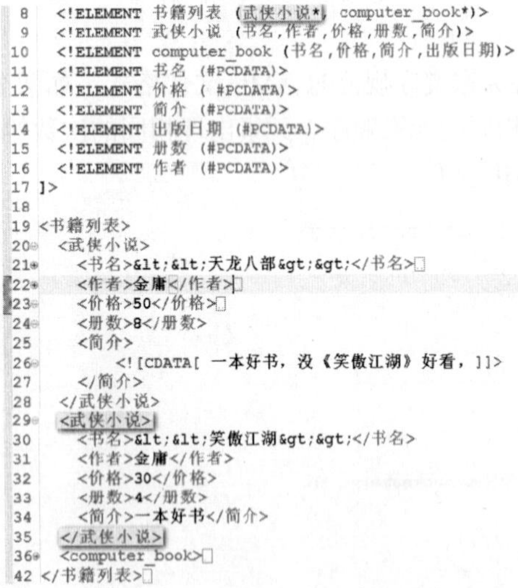


图 4-21　DTD 中星号的使用

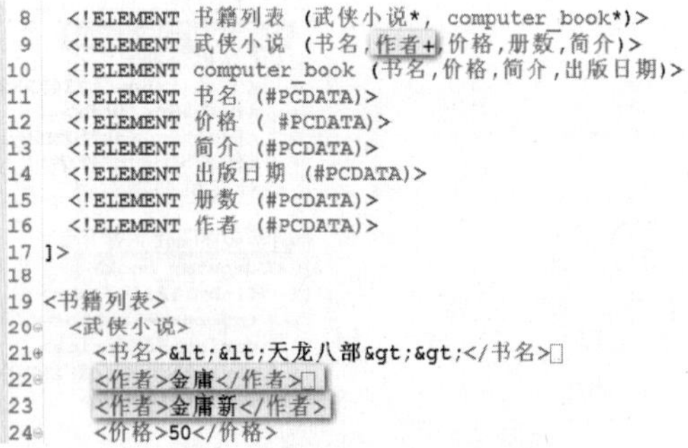


图 4-22　DTD 中加号的使用

（3）"|"：表示或（只能出现一个），例如，(phone | mobile)表示固话或手机二选一，(phone | mobile)* 表示 phone 或 mobile 可出现任意多次，如图 4-23 所示。

（4）"?"问号：表示出现 0 或 1 次，如图 4-25 所示。

（5）<!ELEMENT EMPTY>：空。

（6）#PCDATA：文本内容。

（7）ANY：任意内容。

（8）ELEMENT：子元素，如图 4-24 所示。

（9）Mixed：混合模式，既可以出现文本内容，又可以出现子元素。

book.xml
MyEclipse Web Browser
<?xml version = "1.0" encoding="gb2312"?>
<!DOCTYPE 书籍列表[
<!ELEMENT 书籍列表 (武侠小说*, computer_book*)>
<!ELEMENT 武侠小说
(书名,作者+,(phone|mobile)*,价格,册数,简介)>
<!ELEMENT computer_book (书名,价格,简介,出版日期)>
<!ELEMENT 书名 (#PCDATA)>
<!ELEMENT 价格 ( #PCDATA)>
<!ELEMENT 简介 (#PCDATA)>
<!ELEMENT 出版日期 (#PCDATA)>
<!ELEMENT 册数 (#PCDATA)>
<!ELEMENT 作者 (#PCDATA)>
<!ELEMENT phone (#PCDATA)>
<!ELEMENT mobile (#PCDATA)>
]>
<书籍列表>
<武侠小说>
<书名><<天龙八部>></书名>
<作者>金庸</作者>
<作者>金庸新</作者>
<phone>13811111111</phone>
<价格>50</价格>

图 4-23　DTD 中|号的使用

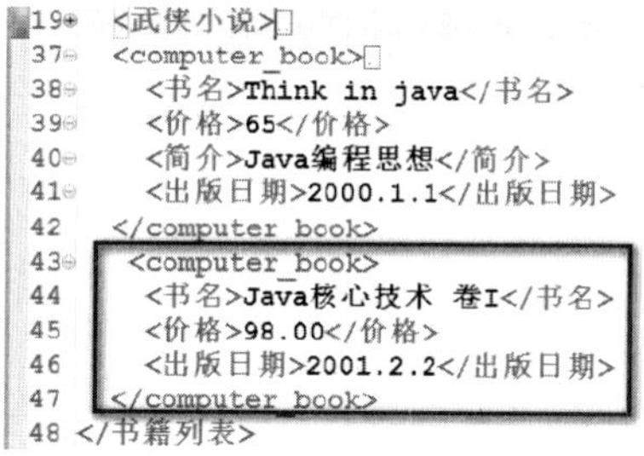
<武侠小说>
<computer_book>
<书名>Think in java</书名>
<价格>65</价格>
<简介>Java编程思想</简介>
<出版日期>2000.1.1</出版日期>
</computer_book>
<computer_book>
<书名>Java核心技术 卷I</书名>
<价格>98.00</价格>
<出版日期>2001.2.2</出版日期>
</computer_book>
</书籍列表>

图 4-24　DTD 中？号的使用

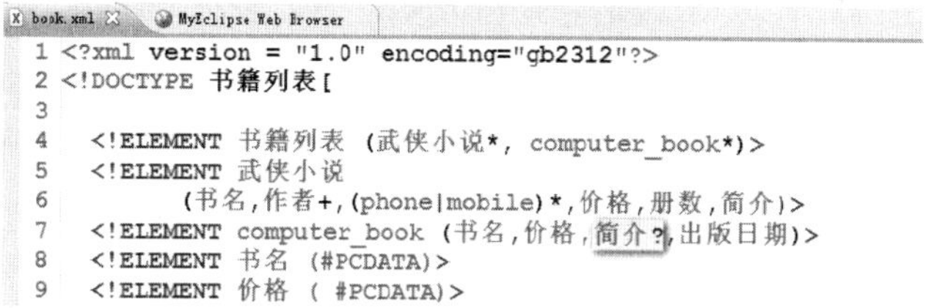
book.xml
MyEclipse Web Browser
<?xml version = "1.0" encoding="gb2312"?>
<!DOCTYPE 书籍列表[
<!ELEMENT 书籍列表 (武侠小说*, computer_book*)>
<!ELEMENT 武侠小说
(书名,作者+,(phone|mobile)*,价格,册数,简介)>
<!ELEMENT computer_book (书名,价格,简介?,出版日期)>
<!ELEMENT 书名 (#PCDATA)>
<!ELEMENT 价格 ( #PCDATA)>

图 4-25　子元素的使用

### 2. 属性限定

语法：

```
<!ATTLIST 标记名称 属性名称 属性类型>
```

ID：属性取值唯一。

CDATA：非解析字符内容。

枚举值：属性取值在枚举范围内。

#REQUERED：属性必须出现。

#IMPLIED：属性可以出现，也可以不出现。

value：属性不出现，显示默认值。

#FIXED：属性可出现可不出现，如果出现，则必须使用指定的值。

举例：

（1）isbn CDATA #REQUIRED：表示 isbn 属性是必需的。

（2）isbn CDATA #IMPLIED：表示 isbn 属性不是必需的。

（3）hot CDATA "false"：表示 hot 的默认值是 false，如果属性 hot 定义了值，则取此定义好的值；如果没定义，则取值 true。

DTD 中属性的限定和限定效果如图 4-26 和图 4-27 所示。

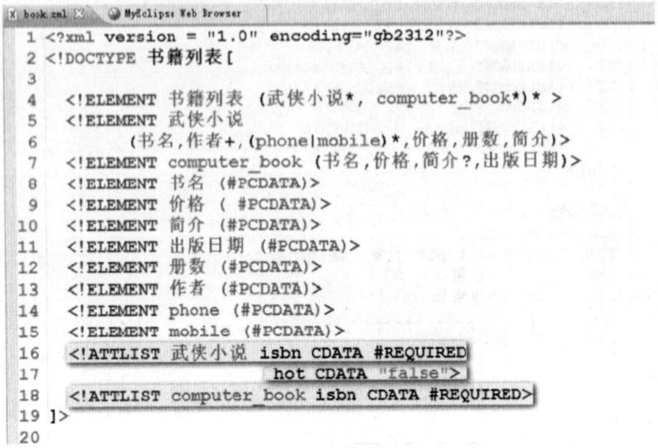

```
<?xml version = "1.0" encoding="gb2312"?>
<!DOCTYPE 书籍列表[

  <!ELEMENT 书籍列表 (武侠小说*, computer_book*)* >
  <!ELEMENT 武侠小说
        (书名,作者+,(phone|mobile)*,价格,册数,简介)>
  <!ELEMENT computer_book (书名,价格,简介?,出版日期)>
  <!ELEMENT 书名 (#PCDATA)>
  <!ELEMENT 价格 ( #PCDATA)>
  <!ELEMENT 简介 (#PCDATA)>
  <!ELEMENT 出版日期 (#PCDATA)>
  <!ELEMENT 册数 (#PCDATA)>
  <!ELEMENT 作者 (#PCDATA)>
  <!ELEMENT phone (#PCDATA)>
  <!ELEMENT mobile (#PCDATA)>
  <!ATTLIST 武侠小说 isbn CDATA #REQUIRED
                    hot CDATA "false">
  <!ATTLIST computer_book isbn CDATA #REQUIRED>
]>
```

图 4-26　DTD 中属性限定

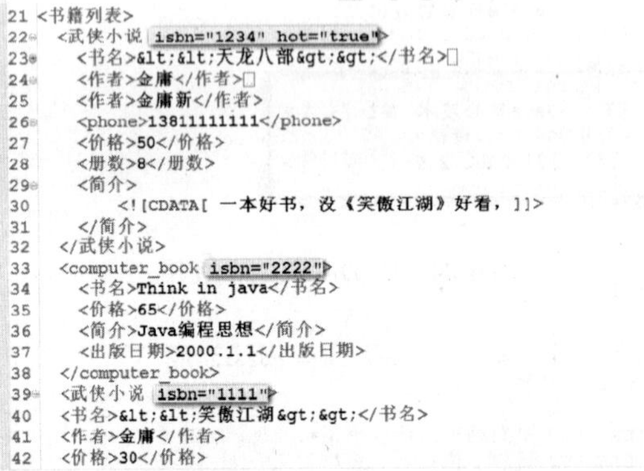

```
<书籍列表>
  <武侠小说 isbn="1234" hot="true">
    <书名>&lt;&lt;天龙八部&gt;&gt;</书名>
    <作者>金庸</作者>
    <作者>金庸新</作者>
    <phone>13811111111</phone>
    <价格>50</价格>
    <册数>8</册数>
    <简介>
        <![CDATA[ 一本好书，没《笑傲江湖》好看，]]>
    </简介>
  </武侠小说>
  <computer_book isbn="2222">
    <书名>Think in java</书名>
    <价格>65</价格>
    <简介>Java编程思想</简介>
    <出版日期>2000.1.1</出版日期>
  </computer_book>
  <武侠小说 isbn="1111">
  <书名>&lt;&lt;笑傲江湖&gt;&gt;</书名>
  <作者>金庸</作者>
  <价格>30</价格>
```

图 4-27　DTD 中属性限定效果

## 4.3.3　文档类型定义

文档类型定义（Document Type Definition，DTD）用来定义 XML 文件的格式，约束 XML 文件中的标记规则，图 4-28 所示为 DTD 文档，其中在第一行中设置字符集是因为文档中有中文。

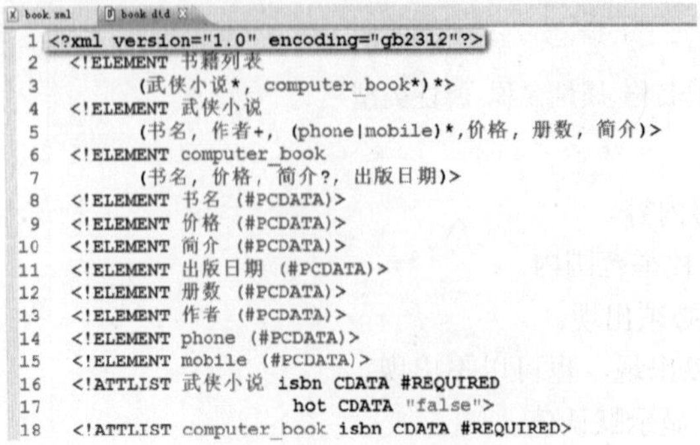

```
<?xml version="1.0" encoding="gb2312"?>
  <!ELEMENT 书籍列表
        (武侠小说*, computer_book*)*>
  <!ELEMENT 武侠小说
        (书名, 作者+, (phone|mobile)*,价格, 册数, 简介)>
  <!ELEMENT computer_book
        (书名, 价格, 简介?, 出版日期)>
  <!ELEMENT 书名 (#PCDATA)>
  <!ELEMENT 价格 (#PCDATA)>
  <!ELEMENT 简介 (#PCDATA)>
  <!ELEMENT 出版日期 (#PCDATA)>
  <!ELEMENT 册数 (#PCDATA)>
  <!ELEMENT 作者 (#PCDATA)>
  <!ELEMENT phone (#PCDATA)>
  <!ELEMENT mobile (#PCDATA)>
  <!ATTLIST 武侠小说 isbn CDATA #REQUIRED
                    hot CDATA "false">
  <!ATTLIST computer_book isbn CDATA #REQUIRED>
```

图 4-28　DTD 文档

在 XML 文件中，可通过如图 4-29 所示方式导入 DTD 规则。

```
book.xml    book.dtd
<?xml version = "1.0" encoding="gb2312"?>
<!DOCTYPE 书籍列表 SYSTEM "book.dtd">

<书籍列表>
  <武侠小说 isbn="1234" hot="true">
    <书名>&lt;&lt;天龙八部&gt;&gt;</书名>
    <作者>金庸</作者>
    <作者>金庸新</作者>
    <phone>13811111111</phone>
    <价格>50</价格>
    <册数>8</册数>
    <简介>
```

图 4-29　XML 中导入 DTD 文件

DTD 类型有两种，即 PUBLIC（行业共用的）和 SYSTEM（小范围自定义的）。

## 4.3.4 Schema

名称空间（NameSpace）：XML 文件允许自定义标记，所以可能出现来自不同源 DTD 或 Schema 文件的同名标记，为了区分这些标记，可以使用名称空间。

（1）使用名称空间的目的是有效地区分来自不同 DTD 的相同标记。

（2）如下 XML 文件中使用了名称空间区分“表格”和“桌子”。

```
<html:table>
  <line>
    <column>这是一个表格</column>
  </line>
</html:table>
<product:table>
  <type>coffee table</type>
  <meterial>wood</meterial>
</product:table>
```

因为 DTD 无法解决命名冲突，所以出现了 Schema，它是 DTD 的替代者，DTD 和 Schema 都是用于描述 XML 结构的。

Schema 支持名称空间，使用 XML 语法实现（Schema 本身就是 XML 文件）。

因为用于规范和描述 XML 文件的定义文件本身也是 XML 文件，所以 XML 也被称为自描述的语言。

Schema 文件的扩展名是.xsd。

Schema 中的名词：复杂元素（有子元素的元素）、简单元素（叶子元素）。

举例：

（1）note.xml 中使用 DTD 约束，如图 4-30 所示。

```
note1.xml
<?xml version="1.0" encoding="gb2312"?>
<!DOCTYPE note [
    <!ELEMENT note (to, from, subject, body)>
    <!ELEMENT to (#PCDATA)>
    <!ELEMENT from (#PCDATA)>
    <!ELEMENT subject (#PCDATA)>
    <!ELEMENT body (#PCDATA)>
]>

<note>
    <to>张无忌</to>
    <from>赵敏</from>
    <subject>Hello</subject>
    <body>别忘了开会！</body>
</note>
```

图 4-30　note.xml 文件中使用 DTD 约束

（2）note.xml 中使用 Schema 约束，如图 4-31 所示。

一般情况下，程序员的工作是根据已有的 XSD 或 DTD 文件规则编写 XML 文件，故现在不必过分关注 DTD 或 XSD 文件细节 note.xsd 文件如图 4-32 所示。

```
<?xml version="1.0" encoding="gb2312"?>
<note xmlns="http://www.tarena.com.cn"
 xmlns:xsi="http://www.w3.org/2001/XMLSchema-instance"
 xsi:schemaLocation="http://www.tarena.com.cn note.xsd"
>
    <to>张无忌</to>
    <from>赵敏</from>
    <subject>Hello</subject>
    <body>别忘了开会！</body>
</note>
```

图 4-31 XML 文件中使用 note.xsd

```
<?xml version="1.0"?>
<xs:schema xmlns:xs="http://www.w3.org/2001/XMLSchema"
  targetNamespace="http://www.tarena.com.cn"
  xmlns="http://www.tarena.com.cn"
>

  <xs:element name="note">
   <xs:complexType>
     <xs:sequence>
       <xs:element name="to" type="xs:string" />
       <xs:element name="from" type="xs:string" />
       <xs:element name="subject" type="xs:string" />
       <xs:element name="body" type="xs:string" />
     </xs:sequence>
   </xs:complexType>
  </xs:element>

</xs:schema>
```

图 4-32 note.xsd 文件

## 4.4 JAXP 解析 XML

JAXP 意为 XML 处理的 Java API。

XML 解析常用的包有 javax.xml.parsers、org.xml.sax、org.xml.sax.helper、org.w3c.dom。

解析器有两种，即验证性解析器和非验证性解析器。

（1）验证性解析器：检查 XML 的良构性，检查是否满足 DTD 限定。

（2）非验证性解析器：检查 XML 的良构性，无需检查 DTD。

### 1. 解析方式

1）基于事件的解析方式

（1）边读边解析。

（2）读到后面时，如果前面的事件未做处理，则只能从头再读。

（3）只能对 XML 进行读，不能进行修改。

（4）不需要将整个 XML 一次读入内存，可以用来处理较大的 XML。

2）基于内存树形结构的解析方式

（1）将整个 XML 文档读入内存，形成树形结构。

（2）可以对文档上的节点进行随机访问、多次读取。

（3）可以对 XML 进行增、删、改、查操作。

（4）XML 太大的时候，不适合使用。

### 2．XML 文件解析步骤

（1）创建解析器。

（2）设置解析器（可以设置解析器是否支持名称空间、是否支持 validation）。

（3）创建事件处理器，可以实现 ContentHandler 接口，一般继承 DefaultHandler 类。

（4）将事件处理器绑定到解析器上。

（5）解析 XML 文件。

### 3．XML 文件处理步骤

（1）创建解析器工厂。

（2）设置解析器工厂。

（3）创建文档构建器。

（4）处理 XML 文件。

（5）对 XML 节点进行增、删、改、查操作。

### 4．示例代码

（1）student.xml 文件：

```
<?xml version="1.0" encoding="UTF-8" ?>
<students>
    <student id="100">
        <first name>San</first name>
        <last name>Zhang</last name>
        <age>20</age>
        <gendar>male</gendar>
        <address>
            <city>ShangHai</city>
            <street>GuoTai Road.</street>
            <zip>200000</zip>
        </address>
    </student>
</students>
```

（2）SAX 解析代码：

```
import org.xml.sax.Attributes;
import org.xml.sax.ContentHandler;
import org.xml.sax.SAXException;
import org.xml.sax.XMLReader;
import org.xml.sax.helpers.DefaultHandler;
import org.xml.sax.helpers.XMLReaderFactory;

public class SaxTest {
    /**
     * SAX 解析测试例子
     */
    public static void main(String[] args) {
        try {
            //1.创建 SAX 解析器
            XMLReader parser = XMLReaderFactory.createXMLReader();
            //2.设置解析器
```

```
            String NS = "http://xml.org/sax/features/namespaces";
            parser.setFeature(NS, true);
            //3.创建事件处理器
            ContentHandler handler = new MyHandler();
            //4.绑定事件处理器
            parser.setContentHandler(handler);
            //5.解析 XML 文件
            parser.parse("basic/student.xml");
        } catch (Exception e) {
            e.printStackTrace();
        }
    }
}

class MyHandler extends DefaultHandler {

    @Override
    public void characters(char[] ch, int start, int length)
            throws SAXException {
        System.out.println(new String(ch, start, length).trim());
    }

    @Override
    public void endDocument() throws SAXException {
        System.out.println("******end parse******");
    }

    @Override
    public void endElement(String uri, String localName, String qName)
            throws SAXException {
        System.out.print("</" + localName);
        System.out.println(">");
    }
    @Override
    public void startDocument() throws SAXException {
        System.out.println("******start parse******");
    }

    @Override
    public void startElement(String uri, String localName, String qName,
            Attributes attributes) throws SAXException {
        System.out.print("<" + localName);
        for (int i = 0; i < attributes.getLength(); i++) {
            String key = attributes.getLocalName(i);
            String value = attributes.getValue(i);
            System.out.print(" " + key + "=\"" + value + "\"");
        }
        System.out.println(">");
    }
}
```

（3）Student.java 代码：

```
public class Student {
```

```
    private int id;
    private String first_name;
    private String last_name;
    private int age;
    private String gendar;
    private Address address;
    public Address getAddress() {
        return address;
    }
    public void setAddress(Address address) {
        this.address = address;
    }
    public int getAge() {
        return age;
    }
    public void setAge(int age) {
        this.age = age;
    }
    public String getFirst_name() {
        return first_name;
    }
    public void setFirst_name(String first_name) {
        this.first_name = first_name;
    }
    public String getGendar() {
        return gendar;
    }
    public void setGendar(String gendar) {
        this.gendar = gendar;
    }
    public int getId() {
        return id;
    }
    public void setId(int id) {
        this.id = id;
    }
    public String getLast_name() {
        return last_name;
    }
    public void setLast_name(String last_name) {
        this.last_name = last_name;
    }
    public String toString() {
        StringBuilder sb = new StringBuilder();
        sb.append("Id:" + id + "\n");
        sb.append("First_name:" + first_name + "\n");
        sb.append("Last_name:" + last_name + "\n");
        sb.append("Age:" + age + "\n");
        sb.append("Gendar:" + gendar + "\n");
        sb.append("Address:\n");
        sb.append("City:" + address.getCity() + "\n");
        sb.append("Street:" + address.getStreet() + "\n");
        sb.append("Zip:" + address.getZip() + "\n");
        return sb.toString();
```

```
    }
}
```

（4）Address.java 代码：

```
public class Address {
    private String city;
    private String street;
    private String zip;
    public String getCity() {
        return city;
    }
    public void setCity(String city) {
        this.city = city;
    }
    public String getStreet() {
        return street;
    }
    public void setStreet(String street) {
        this.street = street;
    }
    public String getZip() {
        return zip;
    }
    public void setZip(String zip) {
        this.zip = zip;
    }
}
```

（5）使用 DOM 方式解析测试代码：

```
import java.util.ArrayList;
import java.util.List;
import javax.xml.parsers.DocumentBuilder;
import javax.xml.parsers.DocumentBuilderFactory;
import org.w3c.dom.Document;
import org.w3c.dom.Element;
import org.w3c.dom.NodeList;
import org.w3c.dom.Text;

public class DomParse {
    /**
     * DOM 解析测试例子
     */
    public static void main(String[] args) {
        List<Student> students = new ArrayList<Student>();
        try {
            //1.创建 DOM 解析器工厂
            DocumentBuilderFactory factory = DocumentBuilderFactory
                    .newInstance();
            //2.设置 DOM 解析器工厂
            factory.setNamespaceAware(true);
            //3.创建 DOM 解析器
            DocumentBuilder builder = factory.newDocumentBuilder();
```

```
            //4.处理 XML(读取)
            Document doc = builder.parse("basic/student.xml");
            students = getStudents(doc);
            for (Student s : students) {
                System.out.println(s);
            }
        } catch (Exception e) {
            e.printStackTrace();
        }
    }

    private static List<Student> getStudents(Document doc) {
        List<Student> students = new ArrayList<Student>();
        NodeList studentNL = doc.getElementsByTagName("student");
        for (int i = 0; i < studentNL.getLength(); i++) {
            Element studentEle = (Element) studentNL.item(i);
            Student student = getStudent(studentEle);
            students.add(student);
        }
        return students;
    }

    private static Student getStudent(Element studentEle) {
        Student student = new Student();
        String id = studentEle.getAttribute("id");
        student.setId(Integer.parseInt(id));
        student.setFirst_name(getValue("first_name", studentEle));
        student.setLast_name(getValue("last_name", studentEle));
        student.setAge(Integer.parseInt(getValue("age", studentEle)));
        student.setGendar(getValue("gendar", studentEle));
        student.setAddress(getAddress(studentEle));
        return student;
    }

    private static Address getAddress(Element element) {
        Address address = new Address();
        Element addressEle = (Element) element.getElementsByTagName("address")
                .item(0);
        address.setCity(getValue("city", addressEle));
        address.setStreet(getValue("street", addressEle));
        address.setZip(getValue("zip", addressEle));
        return address;
    }

    private static String getValue(String tagName, Element element) {
        Element ele = (Element) element.getElementsByTagName(tagName).item(0);
        Text textNode = (Text) ele.getFirstChild();
        String textValue = textNode.getNodeValue();
        return textValue;
    }
}
```

（6）使用 DOM 方式创建 XML 文档代码：

```
import java.io.FileWriter;
import java.io.IOException;
import javax.xml.parsers.DocumentBuilder;
import javax.xml.parsers.DocumentBuilderFactory;
import org.w3c.dom.Document;
import org.w3c.dom.Element;
import org.w3c.dom.Text;

import com.sun.org.apache.xml.internal.serialize.OutputFormat;
import com.sun.org.apache.xml.internal.serialize.XMLSerializer;

public class DomCreate {

    /**
     * DOM 方式创建 XML 文档的例子
     */
    public static void main(String[] args) {
        try {
            DocumentBuilderFactory factory = DocumentBuilderFactory
                    .newInstance();
            factory.setNamespaceAware(true);
            DocumentBuilder builder = factory.newDocumentBuilder();
            Document doc = builder.newDocument();
            create(doc);
            out(doc);
            System.out.println("success!");
        } catch (Exception e) {
            e.printStackTrace();
        }
    }

    private static void create(Document doc) {
        Element studentsEle = doc.createElement("students");
        Element studentEle = doc.createElement("student");
        studentEle.setAttribute("id", "100");
        Element firstNameEle = makeElement("first_name", "San", doc);
        Element lastNameEle = makeElement("last_name", "Zhang", doc);
        Element ageEle = makeElement("age", "20", doc);
        Element gendarEle = makeElement("gendar", "male", doc);
        Element addressEle = makeAddressElement(doc);
        studentEle.appendChild(firstNameEle);
        studentEle.appendChild(lastNameEle);
        studentEle.appendChild(ageEle);
        studentEle.appendChild(gendarEle);
        studentEle.appendChild(addressEle);
        studentsEle.appendChild(studentEle);
        doc.appendChild(studentsEle);
    }

    private static Element makeAddressElement(Document doc) {
```

```
        Element addressEle = doc.createElement("address");
        Element cityEle = makeElement("city", "ShangHai", doc);
        Element streetEle = makeElement("street", "GuoTai", doc);
        Element zipEle = makeElement("zip", "200433", doc);
        addressEle.appendChild(cityEle);
        addressEle.appendChild(streetEle);
        addressEle.appendChild(zipEle);
        return addressEle;
    }

    private static Element makeElement(String tagName, String tagValue,
            Document doc) {
        Element element = doc.createElement(tagName);
        Text text = doc.createTextNode(tagValue);
        element.appendChild(text);
        return element;
    }

    private static void out(Document doc) {
        try {
            FileWriter writer = new FileWriter("src/newStudent.xml");
            OutputFormat format = new OutputFormat(doc);
            XMLSerializer serial = new XMLSerializer(writer,format);
            serial.asDOMSerializer();
            serial.serialize(doc.getDocumentElement());
        } catch (IOException e) {
            e.printStackTrace();
        }
    }
}
```

## 习题

1．编写文件 customer.xml。

要求：

（1）根元素 customers 中只包含 6 个 customer 元素。

（2）customer 中只有属性 name（取值 tom、alexlee、jack），必须出现。

（3）customer 的内容是 double 类型的消费数目。

2．什么是 JAXP？

3．什么是 SAX，其有何特点？

4．什么是 DOM，其有何特点？

5．查询与 DOM 相关的 API，完成对 student.xml 文档的增加、修改、删除等操作。

要求：

（1）在<address>下增加子元素<province>ShanDong</province>。

（2）删除<last_name>元素。

（3）修改<first_name>为<name>。

# 第 5 章 HTML/CSS+Bootstrap

本章主要内容：

- HTML
- CSS
- Bootstrap

本章全面讲述了 HTML 的概念及使用方法，包括 HTML 的基础结构、一些重要的 HTML 标记、列表、表格、窗口划分等概念；然后对 CSS 样式表进行了详细的讲述，包括 CSS 定义、class 选择器、ID 选择器、选择器的分组、选择器的派生、样式的继承、样式的优先级、display 和 position 的使用、块标记和行内标记、一些常见的属性等；最后对 Bootstrap 框架进行了介绍，利用 Bootstrap 可以简单迅速地做出漂亮的前端页面。

## 5.1 HTML

### 5.1.1 HTML 基础

#### 1. HTML 定义

HTML 是一种用来设计网页的标记语言，用该语言编写的文件，以.html 或者.htm 为扩展名，并且由浏览器解释执行，生成相应的界面。

#### 2. HTML 文件的基本结构

HTML 文件的基本结构有两大部分：头（head）和体（body）。

1）<head></head>和<body></body>

HTML 头标记：编写描述页面的数据。

HTML 体标记：编写页面显示的内容。

举例：

```
<!--根标记为 HTML-->
<html>
    <!--head 描述页面的数据-->
    <head>
    </head>
    <!--body 存放页面显示的内容-->
    <body>
    </body>
</html>
```

2）<head>中的标记

（1）<title>标题</title>：表示标题。

举例：

```
<html>
<!--head 描述页面的数据-->
    <head>
        <title>标题</title>
    </head>
    <!--body 存放页面显示的内容-->
    <body>
    </body>
</html>
```

（2）<meta>：主要用于设置消息头。

注意，以下写法不推荐使用。

```
<meta></meta>
<meta/>
```

消息头：浏览器访问服务器时，服务器会发送一些键值对

```
<meta http-equiv="content-type" content="text/html ;charset=utf-8">
```

这个语句表示浏览器读到的是一个 HTML 文件，字符编码是 UTF-8。

常用写法 1：<!--http-equiv 属性：设置消息头，content 属性：设置消息头的值-->

```
<meta http-equiv="content-type"content="text/html ;charset=utf-8">
```

常用写法 2：<!--refresh：刷新，content：刷新的频率，每间隔一段时间重新加载页面-->

```
<meta http-equiv="refresh"content="3">
```

引入 CSS 样式文件：利用 CSS 样式将字体变为 60px，“红色”，斜体，代码如下，运行结果如图 5-1 所示。

```
style.css（css 样式文件）
body{
    font-size :60px ;
    color :red ;
    font-style :italic ;
}
first.html
<html>
    <!--HTML 的基本结构-->
    <head>
        <link rel="stylesheet"
            type="text/css"
            href="style.css">
    </head>
    <body>
      hello world
    </body>
</html>
```

图 5-1　运行结果

（3）<script>：用于引入脚本。

举例：

```
<html>
    <!--描述页面的数据-->
    <head>
        <!--引入脚本-->
        <script src="c1.js"></script>
        <!--直接写脚本-->
        <script>
            //脚本代码
        </script>
    </head>
    <body>
    </body>
</html>
```

<body>中的标签如下。

（1）<!--链接-->

<a href=""></a>

（2）<!--表格-->

<table>

（3）<!--表单-->

<form>

（4）<!--列表-->

<ul>,<ol>

（5）<!--窗口划分-->

<iframe>,<frameset>

#### 3．Html 版本

HTML 由 W3C 联盟规范，1997 年，较为成熟的版本 HTML4 发布，目前最新的为 HTML5，但 HTML5 需要浏览器及服务器端的支持，目前还不太成熟。

HTML5 有两大特点：强化了 Web 网页的表现性能；追加了本地数据库等 Web 应用的功能。

#### 4．主要的浏览器

目前市场上流行的五大浏览器是 IE 浏览器、Firefox、Chrome、Safari、Opera。

### 5.1.2 几个重要的标记

#### 1．链接

1）基本使用

语法：

```
<a href= "url 地址" target=" " title=" " > 描述性的文字 </a>
```

（1）href 属性：指定链接的地址。

（2）target 属性：指定在哪个窗口打开链接，值可以指定如下两种。

_slef：在当前窗口中打开（默认）。

_blank：在新窗口中打开。

（3）title：提示信息。

例如，在当前窗口中打开 first.html 页面：

```
<html>
    <!--链接的使用-->
    <head>
    </head>
    <body style="font-size :30px ;font-style :italic ;">
        <a href="first.html" >click me</a>
    </body>
    </html>
```

又如，在新窗口中打开 first.html 页面：

```
<html>
    <!--链接的使用-->
    <head>
    </head>
    <body style="font-size :30px ;font-style :italic ;">
        <a href="first.html" target="_blank" >click me</a>
    </body>
</html>
```

2）使用图片作为链接

语法：

```
<a href="">
<img src="" width="" height="" border="0"/>
</a>
```

（1）src：对于 img 标签，src 指定图片的地址。

（2）wdith：宽度。

（3）height：高度。

（4）border：边框（为 0 表示没有边框）。

举例：

```
<html>
    <!--链接的使用-->
    <head>
    </head>
    <body style="font-size :30px ;font-style :italic ;">
        <a href="first.html" target="_blank"
        title="这是一个指向 first 的链接">click me</a>
    <br/> <!-- br 表示换行 -->
    <br/>
    <br/>
    <a href="first.html">
        <img src="save.jpg" border="0"/>
    </a>
    </body>
</heml>
```

3）发送邮件

语法：

```
<a href="mailto :eric@126.com?subject=hello" > 给我发邮件 </a>
```

单击该链接后启动发送邮件的默认软件。

4）锚点（在同一个页面内部跳转）

语法：

```
<a name="top">top...</a>
<a href="#top">跳转到 top</a>
```

5）热点（使用图片区域作为链接）

设置热点的步骤如下。

（1）使用 map 标记划分图片区域。

```
<map name="Map">
    <area shape="rect"coords="407,20,560,77" href="qy.html">
    <area shape="rect"coords="580,22,734,76" href="gr.html">
</map>
```

① shape="rect"：表示矩形。

② coords="407,20,560,77"：表示矩形在图片的相对位置。

407：表示矩形左上角距离图片左上角的横坐标。

20：表示矩形左上角距离图片左上角的纵坐标。

560：表示矩形右下角距离图片左上角的横坐标。

77：表示矩形右下角距离图片左上角的纵坐标。

（2）使用 map，代码如下。

```
<img src="index04.jpg"width="772" height="357"border="0" usemap="#Map">
```

usemap="#Map"：表示使用名称为“Map”的图片

6）链接使用案例

```
<html>
    <!--链接的使用-->
    <head>
    </head>
        <body style="font-size :30px ;font-style :italic ;">
        <a href="first.html" target="_blank"
            title="这是一个指向 first 的链接">click me</a>
        <br/> <!-- br 表示换行 -->
        <br/>
        <br/>
        <a href="first.html">
            <img src="save.jpg" border="0"/>
        </a>
        <br/>
        <a href="mailto :eric@126.com?subject=hello">给我发邮件</a>
        <br/>
        <a name="top">top...</a>
```

```
        <div style="height :900px ;"></div>
        <a href="#top">跳转到 top</a>
    </body>
</html>
```

## 2. 表格

1）表格的基本结构

语法：

```
<table border="" width="" cellpadding="" cellspacing="">
    <tr align="">
        <td align=""></td>
        <td></td>
    </tr>
</table>
```

（1）border：边框的宽度，单位是像素（默认值是 0）。

（2）width：表格的宽度可以是百比分（表示该表格占父标记的宽度），也可以是绝对值。

（3）cellpadding：单元格内容与单元格之间的空隙。

（4）cellspacing：单元格与单元格之间的空隙。

（5）align：水平对齐，值有 center、right、left。

举例：

```
<html>
    <!--表格的使用-->
    <head></head>
    <body style="font-size :30px ;font-style :italic ;">
            <!--------1 规则的表格---------->
            规则的表格</br>
            <table border="1" width="40%"cellpadding="0" cellspacing="0">
                <tr>
                    <td>姓名</td>
                    <td>年龄</td>
                </tr>
                <tr>
                    <td>张三</td>
                    <td>22</td>
                </tr>
            </table>
    </body>
</html>
```

2）不规则表格

（1）colspan：跨列合并单元格。

（2）rowspan：跨行合并单元格。

（3）valign：垂直对齐，值有 top、middle、bottom。

举例：

```
<html>
    <!--表格的使用-->
```

```
    <head></head>
    <body style="font-size :30px ;font-style :italic ;">
        <!--------1 规则的表格---------->
        <table border="1" width="60%"cellpadding="0" cellspacing="0">
            <tr>
                <td>1</td><td >2</td><td >3</td>
            </tr>
            <tr>
                <td >4</td><td>5</td><td>6</td>
            </tr>
            <tr>
                <td>7</td><td>8</td><td>9</td>
            </tr>
        </table>
        <br/>
        <!--------2 不规则表格---------->
        <table border="1" width="60%"cellpadding="0" cellspacing="0">
            <tr>
                <td>1</td>
                <td colspan="2">2</td>
            </tr>
            <tr>
                <td rowspan="2" align="center"valign="top">4</td>
                <td>5</td>
                <td>6</td>
            </tr>
            <tr>
                <td>8</td>
                <td>9</td>
            </tr>
        </table>
    </body>
</html>
```

3）表格的完整结构

语法：

```
<table>
    <caption>表格的标题</caption>
    <thead></thead>
    <tfoot></tfoot>
    <tbody></tbody>
</table>
```

（1）thead、tfoot：可以不出现，如果出现，则只能出现一次。

（2）tbody：可以出现多次，至少要出现一次。

（3）caption：只能出现一次或者不出现。

4）表格嵌套

举例：

```
<html>
    <!--表格的使用-->
```

```
        <head></head>
        <body style="font-size :30px ;font-style :italic ;">
            <!--------4 嵌套的表格---------->
            <table border="1" width="40%"cellpadding="0" cellspacing="0">
                <tr><td>1</td><td>2</td></tr>
                <tr>
                    <td>3</td>
                    <td>
                         <table border="1">
                             <tr>
                                 <td>abc</td>
                                 <td>bdd</td>
                             </tr>
                        </table>
                    </td>
                </tr>
            </table>
        </body>
    </html>
```

### 3. 表单

表单：表单一般是用来收集用户信息的。

1）表单的基本结构

语法：

```
<form action="" method="" enctype="">
    input 标记
    非 input 标记
</form>
```

（1）action 属性：表单提交之后由哪一个程序来处理。

（2）method 属性：表单提交方式。

（3）enctype 属性：设置表单的 MIME 编码。

2）表单的主要标记

**（1）input 标记。**

① 文本输入框：<input type="text" name="" value="" />。

type 属性：input 标记的具体类型，type 内容可以不写，默认是文本框。

name 属性：标记的一个名称，该名称用于生成一个请求参数，如果没有命名，则浏览器将该数据发送给服务器。

value 属性：默认值。

② 密码输入框：

```
<input type="password" name="" />
```

③ 单选按钮：

```
<input type="radio" name="" value="" checked="checked" />
```

单选按钮应是互斥的，只能选择其中一个，同一组单选按钮的 name 必须相同。

value 属性：发送给服务器端的值。

checked 属性：只有一个值“checked”，表示默认被选中。

④ 多选：

```
<input type="checkbox" name="" value="" checked="" />
```

⑤ 文件上传：

```
<input type="file" name=""/>
```

⑥ 提交按钮：

```
<input type="submit" value="Confirm" />
```

value 属性：按钮上面的文字。

当单击“提交”按钮时，默认情况下，浏览器会将表单中的数据发送给服务器。

⑦ 重置按钮：

```
<input type="reset" value="reset"/>
```

当单击“提交”按钮时，浏览器会将输入的数据清空。

⑧ 隐藏域：

```
<input type="hidden" name="" value=""/>
```

隐藏域不会在界面上显示出来，一般用于向服务器传送数据。

name 属性：设置参数名。

value 属性：设置参数值。

⑨ 普通按钮：

```
<input type="button" value=""/>
```

value 属性：按钮上面的文字，单击该按钮时，浏览器什么都不做，需要编程实现功能。

**（2）非 input 标记。**

① 下拉列表：

```
<select name="" multiple="">
    <option value=""></option>
</select>
```

value 属性：提交给服务器的值。

multiple 属性：只有一个值 "multipart"，设置该属性值以后，下拉列表变成一个多选框。

② 多行文本输入框：

```
<textarea name="" cols="" rows=""></textarea>
```

3）表单使用案例

```
<html>
    <!--表单的使用-->
    <head></head>
    <body style="font-size :30px ;font-style :italic ;">
        <form>
            <!-- 文本输入框 -->
            用户名 :<input type="text"name="username" value=""/>
            <br/>
            <!-- 密码输入框 -->
            密码 :<input type="password"name="pwd"/>
```

```
            <br/>
            <!-- 单选 -->
            性别 :
            男<input type="radio"name="gendar" value="m"checked="checked"/>
            女<input type="radio"name="gendar" value="f"/>
            <br/>
            <!-- 多选 -->
            兴趣 :
            看书<input type="checkbox"name="interest" value="reading"/>
            画画<input type="checkbox"name="interest" value="drawing"/>
            书法<input type="checkbox"name="interest" value="writting"/>
            <br/>
            <!-- 文件上传 -->
            照片 :
            <input type="file" name="phone"/>
            <br/>
            <!-- 隐藏域 -->
            <input type="hidden" name="userId"value="123"/>
            <!-- 下拉列表 -->
            你来自于哪个城市 :
            <select name="city"style="width :120px ;" multiple="multiple">
               <option value="bj">北京</option>
               <option value="nj">南京</option>
               <option value="tj">天津</option>
            </select>
            <br/>
            <!-- 多行文本输入框 -->
            自我描述 :
            <textarea name="desc" rows="6" cols="20">
            </textarea>
            <br/>
            <!-- 提交按钮 -->
            <input type="submit"value="确定"/>
            <!-- 重置按钮 -->
            <input type="reset"value="重置"/>
            <!-- 普通按钮 -->
            <input typee="button"value="点我吧"/>
         </form>
      </body>
   </html>
```

### 4．列表

1）列表概念

（1）无序列表。

```
<ul>
   <li></li>
</ul>
```

（2）有序列表。

```
<ol>
   <li></li>
```

```
    </ol>
```

（3）列表可以嵌套。

2）列表演示案例

```
<html>
    <!--列表-->
    <head></head>
    <body style="font-size :30px ;font-style :italic ;">
        <h3>无序列表</h3> <!--h3 表示字体，从 h1 至 h6-->
        <ul>
                <li>item1</li>
                <li>item2</li>
                <li>item3</li>
        </ul>
        <hr/>
        <br/>
        <h3>有序列表</h3>
        <ol>
                <li>item1</li>
                <li>item2</li>
                <li>item3</li>
        </ol>
        <h3>一个嵌套的列表</h3>
        <ul>
            <li>选项 1</li>
            <ul>
                <li><a href="">item1</a></li>
                <li><a href="">item2</a></li>
            </ul>
            <li>选项 2</li>
            <ul>
                <li><a href="">item1</a></li>
                <li><a href="">item2</a></li>
            </ul>
        </ul>
    </body>
</html>
```

## 5．窗口划分

1）frameset 和 frame

举例：

```
<frameset rows="20%,*">
    <frame name="topFrame" src="top.html"/>
    <frameset cols="30%,*">
        <frame name="leftFrame" src="left.html"/>
        <frame name="mainFrame" src="main.html"/>
    </frameset>
</frameset>
```

frameset 标记：不能与 body 标记同时出现。

rows 属性：将窗口划分成几行。

cols 属性：将窗口划分成几列。

frame 标记：定义子窗口，其中，src 指定加载的页面。

2）frameset 演示案例

（1）top.html：

```
<html>
   <head></head>
   <body style="font-size :30px ;font-style :italic ;">
      top...
   </body>
</html>
```

（2）left.html：

```
<html>
   <head></head>
   <body style="font-size :30px ;font-style :italic ;">
      left...
   </body>
</html>
```

（3）main.html：

```
<html>
   <head></head>
   <body style="font-size :30px ;font-style :italic ;">
   main...
   </body>
</html>
```

（4）html05.html：

```
<html>
   <!--frameset 的使用-->
   <head></head>
   <frameset rows="20%,*">
          <frame name="topFrame" src="top.html"/>
          <frameset cols="30%,*">
             <frame name="leftFrame" src="left.html"/>
             <frame name="mainFrame" src="main.html"/>
          </frameset>
      </frameset>
</html>
```

3）iframe

iframe 用于在当前窗口中嵌入一个子窗口。

语法：

```
<iframe src="" width="" height=""></iframe>
```

（1）src 属性：指定加载的页。

（2）iframe 标记可以用在 body 标记中。

4）iframe 演示案例

```
<html>
    <!--iframe 的使用-->
    <head></head>
    <body style="font-size :30px ;font-style :italic ;">
        你好，世界<br/>
        <iframe src="html01.html" width="300"height="300">
        </iframe>
         一会儿就要下课了。
    </body>
</html>
```

## 5.2 CSS

### 5.2.1 CSS 定义

CSS（Cascading Style Sheet，级联样式表）为网页提供表现的形式，即按照 W3C 的建议，实现一个比较好的网页设计，应该按照如下的规则来设计。

网页的结构与数据应该写在扩展名为.html 的文件中；网页的表现形式应该写在扩展名为.css 的文件中；网页的行为应该写在扩展名为.js 的文件中；这样即可将网页的数据、表现、行为分离，方便代码的维护。

```
Style.css
body{
color:red;
font-size:30px;
}
Htmlo1.html
<html>
<head>
    <link rel="stylesheet" type="text/css" href="style.css">
</head>
<body>
    hell world
</body>
</html>
```

### 5.2.2 CSS 选择器

#### 1. 选择器定义

选择器定义了如何查找 HTML 标记，浏览器会依据选择器找到匹配的标记，然后施加对应的样式。

#### 2. 常用的选择器

标记选择器（简单选择器）的语法格式如下。

```
标记的名称{
属性名：属性值;
... ;
}
```

举例：

```
Style.css
body{
   color:red;
   font-size:30px;
}
p{
    color:blue;
}
Html01.html
<html>
    <head>
        <link rel="stylesheet" type="text/css" href="style.css">
    </head>
    <body>
        hello world<br/>
        <p>hello kitty</p>
        <p>hello jerry</p>
    </body>
</html>
```

1）class 选择器

（1）第一种形式：匿名的 class 选择器，其语法格式如下。

```
. 选择器的名称{
属性名：属性值;
... ;
}
```

注意：标记的 class 属性值与选择器的名称相同。

（2）第二种形式：有名称的 class 选择器，其语法格式如下。

```
标记的名称 . 选择器的名称{
属性名：属性值;
... ;
}
```

注意：除了标记的 class 属性值与选择器的名称相同以外，还要求标记的名称匹配。

**第一种形式：匿名的 class 选择器。**

```
Style.css
body{
    color:red;
    font-size:30px;
}
p{
color:blue;
}
.s1{
    font-style:italic;
    font-size:60px;
}
Html01.html
```

```
<html>
    <head>
        <link rel="stylesheet" type="text/css" href="style.css">
    </head>
    <body>
            <div class="s1">hello java</div>
            <div class="s1">hello c</div>
            <span>hello zs</span>
            <span>hello lg</span>
    </body>
</html>
```

**第二种形式：有名称的 class 选择器。**

```
Style.css
body{
    color:red;
    font-size:30px;
}
p{
color:blue;
}
div.s1{
    font-style:italic;
    font-size:60px;
}
Html01.html
<html>
    <head>
        <link rel="stylesheet" type="text/css" href="style.css">
    </head>
    <body>
            <div class="s1">hello java</div>
            <div class="s1">hello c</div>
            <div class="s2">hello c</div>
            <p class="s1">hello vb</p>
    </body>
</html>
```

2）ID 选择器

其语法格式如下。

```
# 选择器的名称{
属性名：属性值;
... ;
}
```

标记的 ID 属性值与选择器的名称相同。

注意：在同一个 HTML 文件中，ID 值必须唯一。

```
Style.css
body{
    color:red;
```

```
    font-size:30px;
}
p{
color:blue;
}
div.s1{
    font-style:italic;
    font-size:60px;
}
#d1{
    width:200px;
    height:100px;
    background-color:#ff88ee
}
```
**Html01.html**
```
<html>
    <head>
        <link rel="stylesheet" type="text/css" href="style.css">
    </head>
    <body>
            <div class="s1">hello java</div>
            <div class="s1">hello c</div>
            <div class="s2">hello c</div>
            <p class="s1">hello vb</p>
            <div id="d1" class="s1">div</div>
    </body>
</html>
```

3）选择器的分组

其语法格式如下。

```
h1 , h2 , h3{
color : green ;
}
```

其作用是对以“,”隔开的选择器施加相同的样式。

**Style.css**
```
h1,h2,h3{
   color:green
}
Html01.html
<html>
    <head>
        <link rel="stylesheet" type="text/css" href="style.css">
    </head>
    <body>
        <h1>h1.1</h1>
        <h1>h1.2</h1>
        <h2>h2</h2>
        <h3>h3</h3>
    </body>
</html>
```

4）选择器的派生

其语法格式如下。

```
#d2 p{
    font-size :120px;
}
```

其作用是将 ID 为 d2 的标记内部的所有 p 标记的字体设为 120px。

```
Style.css
div{
color:red;
font-size:60px;
}
#d2 p{
    font-size:120px;
}
Html01.html
<html>
    <head>
        <link rel="stylesheet" type="text/css" href="style.css">
    </head>
    <body>
        <div id="d1">
            <p>div d1 p1</p>
        </div>
        <div id="d2">
            <p>div d2 p2</p>
        </div>
    </body>
</html>
```

## 5.2.3 样式的继承

子标记会继承父标记的样式，如在以下示例中段落标记<p>为<body>的子标记。

```
<html>
    <head>
        <link rel="stylesheet" type="text/css" href="style.css">
    </head>
    <body>
        Hello world<br/>
        <p>hello kitty</p>
        <p>hello jerry</p>
    </body>
</html>
```

## 5.2.4 样式的优先级

（1）默认样式：浏览器默认的样式。

（2）外部样式：样式写在一个 CSS 文件中。

（3）内部样式：样式写在 HTML 文件里。

（4）内联样式：样式写在标记里。

注意：从上到下，优先级越来越高。

### 5.2.5　关键属性

CSS 有两个关键属性：display 和 position。

#### 1．display

（1）none：不显示该标记。
（2）block：按块标记的方式显示。
（3）inline：按行内标记的方式显示。

#### 2．position

（1）static（默认值）：在默认情况下，浏览器会按从左到右、从上到下的次序摆放各个标记。
（2）absolute：相对父标记偏移。
（3）relative：先按照默认的方式摆放，再偏移。

举例：

```
<html>
    <!--display 属性-->
    <head>
        <style>
            #d1{
                width :100px ;
                height :100px ;
                background-color :red ;
                display :inline ;
            }
            #d2{
                width :100px ;
                height :100px ;
                background-color :yellow ;
                display :inline ;
            }
        </style>
    </head>
    <body>
            <div id="d1">hello</div>
            <div id="d2">hello2</div
</body>
</html>

<html>
    <!--position 属性-->
    <head>
        <style>
            #d1{
                width :200px ;
                height :200px ;
                background-color :red ;
            }
```

```
            #d1_1{
                left :30px ;
                top :50px ;
                width :80px ;
                height :80px ;
                background-color :yellow ;
                position :absolute ;
            }
            #d2{
                left :30px ;
                top :50px ;
                width :100px ;
                height :100px ;
                background-color :blue ;
                position :relative ;
            }
        </style>
    </head>
    <body>
        <div id="d1">
            <div id="d1_1"></div>
        </div>
        <div id="d2">
        </div>
    </body>
</html>
```

### 5.2.6 块标记和行内标记

#### 1. 块标记

- div
- P
- img
- form
- table
- h1...h6
- ul
- li

#### 2. 行内标记

- span
- strong
- a

### 5.2.7 常见的属性

#### 1. 文本

文本的常见属性如下。

font-size :30px ; /* 字体大小 */
font-family : "宋体" //字体
font-style : italic/normal //风格
font-weight : 100 ; //字体高度 100～900
text-align :center ; //对齐方式，取值可为 left、right、center
text-decoration : underline ; //加下画线

cursor : pointer ;　　　　　　//光标的形状

举例：

```
<html>
    <!--文本相关属性-->
    <head>
        <style>
            #d1{
                width :200px ;
                height :200px ;
                font-size :25px ;
                font-family :"Arial" ;
                font-weight :900 ;
                cursor :wait ;
                border :1px solid black ;
            }
        </style>
    </head>
    <body>
    <div id="d1">你好</div>
    </body>
</html>
```

## 2．背景

背景的常见属性如下。

background-color : red ;　　　　　　//背景颜色

background-image : url(images/b1.jpg) ;　　　　　　//背景图片

background-repeat : no-repeat ;　　　　　　//平铺方式，取值可为 repeat-x、repeat-y

background-position : 20px 10px ;　　　　　　//位置

background-attachment : fixed ;　　　　　　//依附方式，默认为 scroll

也可以简化如下。

```
background：背景颜色 背景图片 平铺方式 依附方式 水平位置 垂直位置
```

举例：

```
<html>
    <!--背景相关的属性-->
    <head>
        <style>
            #d1{
                width :200px ;
                height :500px ;
                border :10px solid black ;
                background-image :url(images/nane.gif) ;
                background-repeat :no-repeat ;
                background-position :60px 40px ;
                background-attachment :fixed ;
            }
        </style>
    </head>
```

```
    <body>
        <div id="d1">
        </div>
    </body>
</html>
```

### 3. 边框

边框的常见属性如下。

```
border : 1px solid red ;       //宽度 风格 颜色
border-left :                  //左边框
border-right :                 //右边框
border-bottom :                //下边框
border-top                     //上边框
```

举例：

```
#d2{
   width :200px ;
   height :500px ;
   /*border :10px solid black ;*/
   border-left :10px dotted black ;
   border-right :10px solid red ;
   border-bottom :10px solid yellow ;
   border-top :10px solid blue ;
   background :#cccccc url(images/nane.gif)
       no-repeat fixed 60px 40px ;
}
```

### 4. 定位

定位的常见属性如下。

```
width : 100px ;                //宽度
height : 200px ;               //高度
margin :                       //外边距
margin-left : 20px ;
margin-top : 30px ;
margin-right : 40px ;
margin-bottom : 50px ;
```

也可以简化如下。

```
margin : 30px 40px 50px 20px ;    //顶、右、底、左
```

此外，还可以使用以下形式。

```
margin : 0px ;
margin : 20px auto ;        //上、下各 20px，左右平均分配，一般用于居中
```

混杂模式：在一个 HTML 文件中，如果没有添加文档类型声明，则 IE 浏览器默认会打开“混杂模式”，即将浏览器的级别降低，以兼容旧的网页；如果添加了文档类型声明，则 IE 会打开“标准模式”。

```
padding :              //内边距
padding-left : 20px ;
```

```
    padding-top : 30px ;
    padding-right :40px ;
    padding-bottom : 50px ;
```

其也可以简化如下形式。

```
    padding :30px 40px 50px 20px ; //顶、右、底、左
```

或者使用：

```
    padding : 0px ;
```

**注意**：子标记会将父标记撑开。

举例：

```
<!DOCTYPE html PUBLIC "-//W3C//DTD HTML 4.01 Transitional//EN"
   "http ://www.w3.org/TR/html4/loose.dtd">
<html>
   <!--margin 属性-->
   <head>
      <style>
         #d1{
            width :100px ;
            height :50px ;
            border :1px solid red ;
         }
         #d2{
            width :150px ;
            height :125px ;
            border :1px solid blue ;
            margin-top :15px ;
         }
         #d3{
            width :200px ;
            height :125px ;
            border :1px solid black ;
            margin :15px auto ;
         }
         #d4{
            width :150px ;
            height :150px ;
            border :1px solid black ;
            padding-left :80px ;
            padding-top :15px ;
         }
         #d5{
            width :50px ;
            height :50px ;
            background-color :blue ;
         }
      </style>
   </head>
   <body>
      <div id="d1"></div>
```

```
        <div id="d2"></div>
        <div id="d3"></div>
        <div id="d4">
            <div id="d5"></div>
        </div>
    </body>
</html>
```

### 5. 列表

列表的常见属性如下。

```
list-style-type : none ;        //取消列表的选项的符号
```

举例：

```
<html>
    <!--list 相关的属性-->
    <head>
        <style>
        ul{
            list-style-type :none ;
        }
        </style>
    </head>
    <body>
        <ul>
            <li>item1</li>
            <li>item2</li>
            <li>item3</li>
        </ul>
    </body>
</html>
```

### 6. 浮动

浮动就是取消标记的独占一行的特性。浮动之后，其位置可以被其他标记使用。标记的常用属性如下。

```
list-style-type : none ;       //取消列表的选项的符号
float : left ;                 //浮动
clear : both ;         /*取消浮动的影响，即告诉浏览器虽然浮动的标记让出了位置，但是
                         还不能够使用*/
```

举例：

```
<html>
    <!--浮动-->
    <head>
        <style>
        #d1{
            width :100px ;
            height :100px ;
            background-color :red ;
            float :left ;
        }
        #d2{
```

```
            width :100px ;
            height :100px ;
            background-color :green ;
            float :left ;
        }
        #d3{
            width :100px ;
            height :200px ;
            background-color :yellow ;
            clear :both ;
        }
        </style>
    </head>
    <body>
        <div id="d1"></div>
        <div id="d2"></div>
        <div id="d3"></div>
    </body>
</html>
```

### 7．链接的伪样式

a : link { color : red}：没有访问时链接的样式。

a : visited { color : blue}：访问后链接的样式。

a : active { color : lime}：单击但还没有放开时链接的样式。

a : hover { color : aqua}：鼠标指针指向时链接的样式。

## 5.3 Bootstrap

### 1．Bootstrap 定义

Bootstrap 是目前最受欢迎的前端框架。Bootstrap 是基于 HTML、CSS、JavaScript 的，它简洁灵活，使 Web 开发更加快捷。

### 2．Bootstrap 优点

Bootstrap 具有以下优点。

（1）移动设备优先：自 Bootstrap 3 起，框架包含了贯穿于整个库的移动设备优先的样式。

（2）浏览器支持：所有的主流浏览器都支持 Bootstrap，如图 5-2 所示。

（3）容易上手：只要具备 HTML 和 CSS 的基础知识，即可开始学习 Bootstrap。

（4）响应式设计：Bootstrap 的响应式 CSS 能够自适应于台式机、平板电脑和手机，如图 5-3 所示。

（5）它为开发人员创建接口提供了一个简洁的、统一的解决方案。

（6）它包含了功能强大的内置组件，易于定制。

图 5-2　支持 Bootstrap 的浏览器

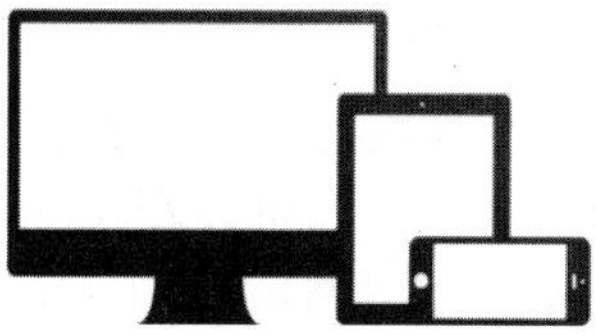

图 5-3　响应式设计

（7）它提供了基于 Web 的定制。

（8）它是开源的。

### 3．Bootstrap 包的内容

（1）基本结构：Bootstrap 提供了一个带有网格系统、链接样式、背景的基本结构。

（2）Bootstrap 自带以下特性：全局的 CSS 设置、定义基本的 HTML 元素样式、可扩展的 class，以及一个先进的网格系统。

（3）组件：Bootstrap 包含了十几个可重用的组件，用于创建图像、下拉菜单、导航、警告框、弹出框等。

（4）JavaScript 插件：Bootstrap 包含了十几个自定义的 jQuery 插件。用户可以直接包含所有的插件，也可以逐个包含这些插件。

（5）定制：用户可以定制 Bootstrap 的组件、LESS 变量和 jQuery 插件来得到自己的版本。

### 4．Bootstrap 环境安装

Bootstrap 安装是非常容易的。可以从http://getbootstrap.com/上下载 Bootstrap 的最新版本。当单击这个链接时，将打开如图 5-4 所示的网页。

图 5-4 Bootstrap 网页

这个网页中有如下两个按钮。

（1）Download Bootstrap：单击该按钮，可以下载 Bootstrap CSS、JavaScript 和字体的预编译压缩版本，不包含文档和最初的源代码文件。

（2）Download Source：单击该按钮，可以直接得到最新的 Bootstrap LESS 和 JavaScript 源代码。

如果使用的是未编译的源代码，则需要编译 LESS 文件以生成可重用的 CSS 文件。对于编译 LESS 文件，Bootstrap 官方只支持Recess。

为了更好地了解和更方便地使用，这里使用了 Bootstrap 的预编译版本。

由于文件是被编译过和压缩过的，在独立的功能开发中，不必每次都包含这些独立的文件。编写本书时，使用的是最新版（Bootstrap 3）。

### 5．文件结构

当下载了 Bootstrap 的已编译的版本，并解压缩后，将看到如图 5-5 所示的文件/目录结构。

如图 5-5 所示，可以看到已编译的 CSS 和 JS（bootstrap.*）、已编译压缩的 CSS 和 JS（bootstrap.min.*）。同时，它包含了 Glyphicons 的字体，这是一个可选的 Bootstrap 主题。

如果下载了 Bootstrap 源代码，则文件结构如图 5-6 所示。

```
bootstrap/
├── css/
│   ├── bootstrap.css
│   ├── bootstrap.min.css
│   ├── bootstrap-theme.css
│   └── bootstrap-theme.min.css
├── js/
│   ├── bootstrap.js
│   └── bootstrap.min.js
└── fonts/
    ├── glyphicons-halflings-regular.eot
    ├── glyphicons-halflings-regular.svg
    ├── glyphicons-halflings-regular.ttf
    └── glyphicons-halflings-regular.woff
```

图 5-5 Bootstrap 文件结构

```
├── less/
├── js/
├── fonts/
├── dist/
│   ├── css/
│   ├── js/
│   └── fonts/
├── docs-assets/
├── examples/
└── *.html
```

图 5-6 Bootstrap 源代码结构

（1）less/、js/和 fonts/中的文件分别是 Bootstrap CSS、JS 和图标字体的源代码。

（2）dist/ 文件夹中包含了预编译下载部分中所列的文件和文件夹。

（3）docs-assets/、examples/和所有的*.html 文件是 Bootstrap 文档。

### 6. 使用 Bootstrap 的 HTML 模板

一个使用了 Bootstrap 的基本的 HTML 模板如下所示。

```
<!DOCTYPE html><html>
<head>
    <title>Bootstrap 模板</title>
    <meta name="viewport" content="width=device-width, initial-scale=1.0">
    <!-- 引入 Bootstrap -->
    <link href="http://apps.bdimg.com/libs/bootstrap/3.3.0/css/bootstrap.min.css"
    rel="stylesheet">
    <!-- HTML5 Shim 和 Respond.js 用于使 IE8 支持 HTML5 元素和媒体查询 -->
    <!-- 注意：如果通过 file://引入 Respond.js 文件，则该文件无法起到效果 -->
    <!--[if lt IE 9]-->
    <script src="https://oss.maxcdn.com/libs/html5shiv/3.7.0/html5shiv.js"></script>
    <script src="https://oss.maxcdn.com/libs/respond.js/1.3.0/respond.
    min.js"></script>
    <!--[endif]-->
</head>
<body>
    <h1>Hello, world!</h1>
    <!-- jQuery (Bootstrap 的 JavaScript 插件需要引入 jQuery) -->
    <script src="https://code.jquery.com/jquery.js"></script>
    <!-- 包括所有已编译的插件 -->
    <script src="js/bootstrap.min.js"></script>
</body></html>
```

这里可以看到其中包含了 jquery.js、bootstrap.min.js 和 bootstrap.min.css 文件，用于使一个常规的 HTML 文件变为使用了 Bootstrap 的模板。

HTML 5 文档类型（Doctype）：Bootstrap 使用了一些 HTML5 元素和 CSS 属性。为了使这些元素正常工作，可以使用 HTML5 文档类型（Doctype），即在使用 Bootstrap 项目的开头包含下面的代码段。

```
<!DOCTYPE html><html>
</html>
```

如果在 Bootstrap 创建的网页开头不使用 HTML5 的文档类型，则可能会面临一些浏览器显示不一致的问题，甚至可能面临一些特定情境下的不一致情况，以至于代码不能通过 W3C 标准的验证。

### 7. 移动设备优先

移动设备优先是 Bootstrap 3 的最显著变化。在之前的 Bootstrap 版本中，用户需要手动引用另一个 CSS，才能使整个项目友好地支持移动设备。而 Bootstrap 3 默认的 CSS 本身就友好支持移动设备。

Bootstrap 3 的设计目标是移动设备优先，然后是桌面设备。这实际上是一个非常及时的转变，因为现在越来越多的用户在使用移动设备。

为了使 Bootstrap 开发的网站对移动设备友好支持，确保适当的绘制和触屏缩放，需要在网页的 head 之中添加 viewport meta 标签，如下所示。

```
<meta name="viewport" content="width=device-width, initial-scale=1.0">
```

width 属性用于控制设备的宽度。假设网站将被具有不同屏幕分辨率的设备浏览，那么将它设置为 device-width 可以确保其能正确呈现在不同设备上。

initial-scale=1.0 用于确保网页加载时，以 1∶1 呈现，不会有任何的缩放。

在移动设备浏览器上，通过为 viewport meta 标签添加 user-scalable=no 可以禁用其缩放功能。

通常情况下，maximum-scale=1.0 与 user-scalable=no 一起使用。禁用缩放功能后，用户只能滚动屏幕。

**注意：**这种方式并不推荐所有网站使用，应根据自己的情况而定！

```
<meta name="viewport" content="width=device-width,initial-scale=1.0,
maximum-scale=1.0,user-scalable=no">
```

### 8. 响应式图像

语法：

```
<img src="..." class="img-responsive" alt="响应式图像">
```

通过添加 img-responsive class 可以使 Bootstrap 3 中的图像对响应式布局的支持更友好。

在下面的代码中，可以看到 img-responsive class 为图像赋予了 max-width: 100%和 height: auto 属性，可以使图像按比例缩放，使其不超过其父元素的尺寸。

```
.img-responsive {
    display: inline-block;
    height: auto;
    max-width: 100%;
}
```

这表明相关的图像呈现为 inline-block。当把元素的 display 属性设置为 inline-block 时，元素相对于它周围的内容以内联形式呈现，但与内联不同的是，在这种情况下可以设置宽度和高度。

设置 height:auto，则相关元素的高度取决于浏览器。

设置 max-width 为 100%，则重写任何通过 width 属性指定的宽度。这使图片对响应式布局的支持更友好。

### 9. 全局显示、排版和链接

1）基本的全局显示

Bootstrap 3 使用 body {margin: 0;}来移除 body 的边距。

来看下面有关 body 的设置：

```
body {
    font-family: "Helvetica Neue", Helvetica, Arial, sans-serif;
    font-size: 14px;
    line-height: 1.428571429;
    color: #333333;
    background-color: #ffffff;
}
```

第一条规则设置了 body 的默认字体样式为"Helvetica Neue", Helvetica, Arial, sans-serif。

第二条规则设置了文本的默认字体大小为 14 像素。

第三条规则设置了默认的行高度为 1.428571429。

第四条规则设置了默认的文本颜色为 #333333。

第五条规则设置了默认的背景颜色为白色。

2）排版

使用 @font-family-base、 @font-size-base 和 @line-height-base 属性可以排版样式。

3）链接样式

通过属性 @link-color 可以设置全局链接的颜色。

对于链接的默认样式，有如下设置。

```
a:hover,
    a:focus {
    color: #2a6496;
    text-decoration: underline;}
a:focus {
    outline: thin dotted #333;
    outline: 5px auto -webkit-focus-ring-color;
    outline-offset: -2px;}
```

所以，当鼠标指针悬停在链接或者单击过的链接上时，颜色会被设置为 #2a6496，并且会呈现一条下画线。

除此之外，单击过的链接会呈现一个颜色码为 #333 的细虚线轮廓。另一条规则用于设置轮廓为 5 像素宽，且对于基于 WebKit 的浏览器有-webkit-focus-ring-color 的浏览器扩展。轮廓偏移设置为–2 像素。

以上所有样式都可以在 scaffolding.less 中找到。

Bootstrap 使用Normalize来建立跨浏览器的一致性。Normalize.css 是一个很小的 CSS 文件，在 HTML 元素的默认样式中提供了更好的跨浏览器一致性。

### 10. Bootstrap 容器

语法：

```
<div class="container">
...</div>
```

Bootstrap 3 的 container class 用于包裹页面上的内容。例如，下面的 bootstrap.css 文件中的.container class：

```
.container {
    padding-right: 15px;
    padding-left: 15px;
```

```
    margin-right: auto;
    margin-left: auto;}
```

通过上面的代码，把 container 的左右外边距（margin-right、margin-left）交给浏览器设定。

注意，由于内边距（padding）是固定宽度，因此默认情况下容器是不可嵌套的。

举例：

```
.container:before,.container:after {
    display: table;
    content: " ";}
```

这会产生伪元素。设置 display 为 table 时，会创建一个匿名的 table-cell 和一个新的块格式化上下文。:before 伪元素用于防止上边距崩塌，:after 伪元素用于清除浮动。

如果 conteneditable 属性出现在 HTML 中，则由于一些 Opera 漏洞，因此会围绕上述元素创建一个空格。这可以通过使用 content: " "来修复。

```
.container:after {
    clear: both;}
```

它创建了一个伪元素，并确保了所有的容器包含所有的浮动元素。

Bootstrap 3 CSS 有一个申请响应的媒体查询，在不同的媒体查询阈值范围内都为 container 设置了 max-width，用以匹配网格系统。

```
@media (min-width: 768px) {
.container {
width: 750px;}
```

### 11. Bootstrap 浏览器/设备支持

Bootstrap 可以在最新的桌面系统和移动端浏览器中很好地工作。

表 5-1 所示为 Bootstrap 支持的最新版本的浏览器和平台。

表 5-1 Bootstrap 浏览器/设备支持

| 浏览器 / 系统 | Chrome | Firefox | IE | Opera | Safari |
|---|---|---|---|---|---|
| **Android** | YES | YES | 不适用 | NO | 不适用 |
| **iOS** | YES | 不适用 | 不适用 | NO | YES |
| **Mac OS X** | YES | YES | 不适用 | YES | YES |
| **Windows** | YES | YES | YES | YES | NO |

注：Bootstrap 支持 Internet Explorer 8 及更高版本的 IE

## 习题

1. 利用本章所学知识设计一个个人博客展示网站。

2. 制作一个由 5 个 100×100DIV 组成的十字架，中间放一张 icon（自己喜欢的 24×24 的小图片），在 DIV 里垂直居中，十字架页面垂直居中、水平居中，每一个 DIV 都要有边框阴影。可在 http://www.easyicon.net/中寻找喜欢的图片。

3. 试着自己用 HTML 编写一个百度首页。

4. 使用 Bootstrap 设计一个学生管理系统的登录页面、主页面、学生管理页面等。

# 第 6 章 JavaScript+AJAX

本章主要内容：

- JavaScript
- AJAX
- JSON
- jQuery

本章主要介绍了前端开发中需要用到的 JavaScript、AJAX、JSON、jQuery 等技术。本章先讲述了 JavaScript 的概念、语法及常见的内置对象；然后讲述了 AJAX 的定义、编程、XmlHttpRequest 对象的重要属性、缓存问题、用户注册案例、AJAX 应用中的编码问题、级联下拉列表案例、AJAX 技术的优点等；又讲述了 JSON 的概念、基本语法与使用等；最后讲述了 jQuery 的概念、使用、操作、事件处理、动画、操作数组的方法及对 AJAX 的支持等。

## 6.1 JavaScript

### 6.1.1 JavaScript 相关概念

脚本语言称为被扩建的语言或者动态语言，也是一种编程语言，主要用来改变应用程序，通常以文本形式保存。脚本语言是为了解决传统的编写-编译-链接-运行而创建出来的一种编程语言，无需编译，只需要解释执行。

#### 1. JavaScript 的特点和执行条件

1）特点

（1）JavaScript 是类 C 语言。

（2）JavaScript 可以保存在.JS 文件里，也可以直接写在 HTML 文件里。

（3）JavaScript 基于对象，不是纯粹的面向对象的语言。例如，JavaScript 没有定义类的语法，也没有继承和多态。

（4）JavaScript 是一种弱类型语言，即变量在声明时，不能明确声明其类型。变量的类型是在运行时确定的，并且可以随时改变。

2）执行条件

JavaScript 由浏览器解释执行，浏览器加载一行并解释执行一行，如果某一行 JavaScript 出现错误，则后面的 JavaScript 代码不会再被执行。

#### 2. JavaScript 的组成部分

1）ECMAScript 规范

ECMAScript 规范由 ECMA 制订，ECMA（European Computer Manufactures Association）即为欧洲计算机制造商协会，ECMAScript 是 JavaScript 的核心，ECMAScript 描述了该语言的语法和基本对象，主要定义了 JavaScript 语言的基础部分，各浏览器都严格遵守该规范，没有兼容性问题。

2）DOM

DOM（Document Object Model，文档对象模型）主要定义了如何将 HTML 转换成一棵符合 DOM 规范的树，并且如何对这棵树进行相应的操作。该规范由 W3C 定义，但是部分浏览器没有严格遵守该规范。编写代码时需要考虑兼容性问题。

3）BOM

BOM（Browser Object Model，浏览器对象模型）是浏览器内置的一些对象，用来操作窗口；这些对象包括 Window、Screen、Location、Navigator、Document、History 等。虽然这部分没有规范，但是各浏览器都支持这些对象。

### 3．浏览器对 JavaScript 的支持

（1）不同的浏览器对 JavaScript 的支持可能不同。

（2）同一个浏览器的不同版本对 JavaScript 的支持也可能不同。

（3）尽可能考虑各浏览器对 JavaScript 的支持。

JavaScript 是美国网景公司的产品，它是为了扩展浏览器导航功能而开发的一种可以嵌入 Web 页面中的基于对象和事件驱动的解释性语言。

（1）基于对象：和面向对象是两个不同的概念，包含其他语言编写和创建的对象，这些对象形成一个对象系统，以供用户使用。

（2）事件驱动：指程序运行后在结束之前一直处于循环接收外部事件的状态，当有特定的事件发生后才执行对应的程序代码。

（3）解释性脚本语言：程序语句并不事先进行编译处理，而是在执行的时候读入一句执行一句，并且 JavaScript 一般是作为一段脚本嵌入在 HTML 中执行的。

### 4．JavaScript 的主要用途

（1）客户端数据计算。

（2）客户端表单合法性验证。

（3）浏览器对象的调用。

（4）浏览器事件的触发。

（5）网页特殊显示效果制作。

（6）实现 AJAX 效果。

### 5．JavaScript 和 Java 的区别

在 JavaScript 中也有对象的概念，但是和 Java 的面向对象的思想不同，JavaScript 没有那么强烈的区别。Java 和 JavaScript 的区别如下。

（1）JavaScript 是网景公司开发的，Java 是 Sun 公司开发的。

（2）JavaScript 的简单性：相对来说，JavaScript 操作比较简单，通过浏览器可以直接执行，而 Java 必须先进行编译动作才能执行。

（3）JavaScript 的弱语言性：JavaScript 语法比较松散，不严谨。

（4）JavaScript 的可移植性：大多数浏览器对 JavaScript 的支持在很大程度上是一致的。

（5）JavaScript 是基于事件驱动的。

### 6．JavaScript 的 3 种引入方式

（1）事件定义式：作为属性值<onclick="js 代码">。

（2）直接嵌入式：放在<script></script>标签中，该标签可以放在 HTML 的任何位置，可以出现多个。

（3）文件调用式：放在外部.JS 文件中，达到分离的效果。

### 7．JavaScript 中的 3 种弹框

（1）alert 警告框：弹出一个提示信息。

```
window.alert("");
window.alert('');
alert("");
alert('');
```

（2）prompt 询问框/输入框：可以接收用户输入的内容，返回一个字符串（返回的是用户输入的内容）。

```
var str = window.prompt("请输入您的姓名","默认值");
```

（3）confirm 确认框：该函数返回的是 true/false，用户确定操作返回 true，取消操作返回 false。

```
var temp = window.confirm("确定删除此记录？");
```

## 6.1.2 JavaScript 的基本语法

### 1．标识符

JavaScript 的标识符和 Java 中的要求类似。

（1）区分大小写。

（2）由不以数字开头的字母、数字、下画线(_)和美元符号($)组成。

（3）不能使用 JavaScript 中的关键字。

（4）常用于表示变量、函数等的名称，声明任何类型的变量都可以使用关键字 var。

（5）转义符号和 Java 中相同，都是\。

（6）可以表示十六进制和八进制的数字，分别以 0x、0 开头。

（7）JavaScript 中的数字都是用 64 位浮点型来存储的，相当于 Java 中的 double 类型。

（8）注释和 Java 中相同，//表示单行注释，/*.....*/表示多行注释。

### 2．typeof 操作符

JavaScript 中有 5 种简单数据类型（也称为基本数据类型）：Undefined、Null、Boolean、Number 和 String。此外，还有 1 种复杂数据类型——Object，Object 本质上是由一组无序的名值对组成的。

由于 JavaScript 是松散类型的，因此需要一种手段来检测给定变量的数据类型，typeof 就是负责提供信息的操作符。对一个值使用 typeof 操作符可能返回下列某个字符串。

（1）"undefined"：如果这个值未定义。

（2）"boolean"：如果这个值是布尔值。

（3）"string"：如果这个值是字符串。

（4）"number"：如果这个值是数值。

（5）"object"：如果这个值是对象或 null。

（6）"function"：如果这个值是函数。

### 3. Undefined 类型

Undefined 类型只有一个值，即特殊的 undefined。在使用 var 声明变量但未对其加以初始化时，这个变量的值就是 undefined。

举例：

```
var message;
alert(message == undefined) //true
```

### 4. Null 类型

Null 类型是第二个只有一个值的数据类型，这个特殊的值是 null。从逻辑角度来看，null 值表示一个空对象指针，而这也正是使用 typeof 操作符检测 null 时会返回“object”的原因。

举例：

```
var car = null;
alert(typeof car); //"object"
```

如果定义的变量准备在将来用于保存对象，那么最好将该变量初始化为 null 而不是其他值。这样，只要直接检测 null 值即可知道相应的变量是否已经保存了一个对象的引用。

举例：

```
if(car != null)
{
    //对 car 对象执行某些操作
}
```

实际上，undefined 值是派生于 null 值的，因此，ECMA-262 规定对它们的相等性测试要返回 true。

举例：

```
alert(undefined == null); //true
```

尽管 null 和 undefined 有这样的关系，但它们的用途完全不同。无论在什么情况下都没有必要把一个变量的值显式地设置为 undefined，可是同样的规则对 null 不适用。换句话说，只要在保存对象的变量还没有真正保存对象，就应该明确地使该变量保存 null 值。这样做不仅可以体现 null 作为空对象指针的惯例，还有助于进一步区分 null 和 undefined。

### 5. Boolean 类型

该类型只有两个字面值：true 和 false。这两个值与数字值不一样，因此 true 不一定等于 1，而 false 也不一定等于 0。

虽然 Boolean 类型的字面值只有两个，但 JavaScript 中所有类型的值都有与这两个 Boolean 值等价的值。要将一个值转换为其对应的 Boolean 值，可以调用类型转换函数 Boolean()。

举例：

```
var message = 'Hello World';
var messageAsBoolean = Boolean(message);
```

在这个例子中，字符串 message 被转换成了一个 Boolean 值，该值被保存在 messageAsBoolean 变量中。可以对任何数据类型的值调用 Boolean()函数，而且总会返回一个 Boolean 值。至于返回的这个值是 true 还是 false，则取决于要转换值的数据类型及其实际值。表 6-1 给出了各种数据类型及其对象的转换规则。

表 6-1 数据类型转换

| 数据类型 | 转换为 true 的值 | 转换为 false 的值 |
|---|---|---|
| Boolean | true | false |
| String | 任何非空字符串 | “”（空字符串） |
| Number | 任何非零数字值（包括无穷大） | 0 和 NaN |
| Object | 任何对象 | null |
| Undefined | n/a（不透明） | undefined |

这些转换规则对理解流控制语句（如 if 语句）自动执行相应的 Boolean 转换非常重要。

举例：

```
var message = 'Hello World';
if(message)
{
    alert("Value is true");
}
```

运行这个示例，会弹出一个警告框，因为字符串 message 被自动转换成了对应的 Boolean 值（true）。由于存在这种自动执行的 Boolean 转换，因此确切地知道在流控制语句中使用的是什么变量至关重要。

### 6. Number 类型

这种类型用来表示整数和浮点数值，它有一种特殊的数值，即 NaN（Not a Number，非数值）。这个数值用于表示一个本来要返回数值的操作数未返回数值的情况（这样不会抛出错误）。例如，在其他编程语言中，任何数值除以 0 都会导致错误，从而使代码停止执行。但在 JavaScript 中，任何数值除以 0 都会返回 NaN，因此不会影响其他代码的执行。

NaN 本身有两个非同寻常的特点。首先，任何涉及 NaN 的操作（如 NaN/10）都会返回 NaN，这个特点在多步计算中有可能出现问题。其次，NaN 与任何值都不相等，包括 NaN 本身。

举例：

```
alert(NaN == NaN);    //false
```

JavaScript 中有一个 isNaN()函数，这个函数接收一个参数，该参数可以是任何类型，而函数会帮助用户确定这个参数是否“不是数值”。isNaN()在接收一个值之后，会尝试将这个值转换为数值。某些不是数值的值会直接转换为数值，如字符串"10"或 Boolean 值。而任何不能被转换为数值的值都会导致这个函数返回 true。

举例：

```
alert(isNaN(NaN));        //true
alert(isNaN(10));         //false(10 是一个数值)
alert(isNaN("10"));       //false(可能被转换为数值 10)
alert(isNaN("blue"));     //true(不能被转换为数值)
alert(isNaN(true));       //false(可能被转换为数值 1)
```

有 3 个函数可以把非数值转换为数值：Number()、parseInt()和 parseFloat()。第一个函数就是转型函数 Number()，可以用于任何数据类型，而另外两个函数则专门用于把字符串转换成数值。这 3 个函数对于同样的输入会返回不同的结果。

Number()函数的转换规则如下。

（1）如果是 Boolean 值，则 true 和 false 将分别被替换为 1 和 0。

（2）如果是数字值，则只是简单地传入和返回。

（3）如果是 null 值，则返回 0。

（4）如果是 undefined，则返回 NaN。

（5）如果是字符串，则遵循下列规则。

① 如果字符串中只包含数字，则将其转换为十进制数值，即“1”会变成 1，“123”会变成 123，而“011”会变成 11（前导的 0 被忽略）。

② 如果字符串中包含有效的浮点格式，如“1.1”，则将其转换为对应的浮点数（也会忽略前导 0）。

③ 如果字符串中包含有效的十六进制格式，如“0xf”，则将其转换为相同大小的十进制整数值。

④ 如果字符串是空的，则将其转换为 0。

⑤ 如果字符串中包含除了上述格式之外的字符，则将其转换为 NaN。

（6）如果是对象，则调用对象的 valueOf()方法，然后依照前面的规则转换返回的值。

如果转换的结果是 NaN，则调用对象的 toString()方法，然后依次按照前面的规则转换返回的字符串值。

举例：

```
var num1 = Number("Hello World");        //NaN
var num2 = Number("");                   //0
var num3 = Number("000011");             //11
var num4 = Number(true);                 //1
```

由于 Number()函数在转换字符串时比较复杂且不够合理，因此，在处理整数的时候更常用的是 parseInt()函数。parseInt()函数在转换字符串时，更多的是看其是否符合数值模式。它会忽略字符串前面的空格，直至找到第一个非空格字符。如果第一个字符串不是数字字符或者负号，则 parseInt()会返回 NaN；也就是说，用 parseInt()转换空字符串会返回 NaN。如果第一个字符是数字字符，则 praseInt()会继续解析第二个字符，直到解析完所有后续字符或者遇到了一个非数字字符。例如，"1234blue"会被转换为 1234，"22.5"会被转换为 22，因为小数点并不是有效的数字字符。

如果字符串中的第一个字符是数字字符，则 parseInt()也能够识别出各种整数格式（即十进制、八进制、十六进制）。为了更好地理解 parseInt()函数的转换规则，可仔细阅读以下示例。

举例：

```
var num1 = parseInt("1234blue");     //1234
var num2 = parseInt("");             //NaN
var num3 = parseInt("0xA");          //10（十六进制）
var num4 = parseInt("22.5");         //22
var num5 = parseInt("070");          //56（八进制）
var num6 = parseInt("70");           //70
var num7 = parseInt("10",2);         //2（按二进制解析）
var num8 = parseInt("10",8);         //8(按八进制解析)
var num9 = parseInt("10",10);        //10（按十进制解析）
var num10 = parseInt("10",16);       //16（按十六进制解析）
var num11 = parseInt("AF");          //56（八进制）
var num12 = parseInt("AF",16);       //175
```

与 parseInt()函数类似，parseFloat()也是从第一个字符（位置 0）开始解析每个字符的，并且也一直解析到字符串末尾，或者直到遇见一个无效的浮点数字字符为止。也就是说，字符串中的第一个小数点是有效的，而第二个小数点是无效的，因此它后面的字符串将被忽略。例如，"22.34.5"将会被转换成 22.34。

parseFloat()和 parseInt()的第二个区别在于它始终会忽略前导的零。由于 parseFloat()值解析十进制值，因此它没有用第二个参数指定基数的用法。

举例：

```
var num1 = parseFloat("1234blue");      //1234
var num2 = parseFloat("0xA");           //0
var num3 = parseFloat("22.5");          //22.5
var num4 = parseFloat("22.34.5");       //22.34
var num5 = parseFloat("0908.5");        //908.5
```

### 7. String 类型

String 类型用于表示由零个或多个 16 位 Unicode 字符组成的字符序列，即字符串。字符串可以由单引号(')或双引号(")表示。

举例：

```
var str1 = "Hello";
var str2 = 'Hello';
```

任何字符串的长度都可以通过访问其 length 属性取得。

举例：

```
alert(str1.length);        //输出 5
```

要把一个值转换为一个字符串有两种方式。第一种方式是使用几乎每个值都有的 toString()方法。

举例：

```
var age = 11;
var ageAsString = age.toString();          //字符串"11"
var found = true;
var foundAsString = found.toString();      //字符串"true"
```

数值、布尔值、对象和字符串值都有 toString()方法，但 null 和 undefined 值没有这个方法。

多数情况下，调用 toString()方法不必传递参数。但是，在调用数值的 toString()方法时，可以传递一个参数，即输出数值的基数。

举例：

```
var num = 10;
alert(num.toString());        //"10"
alert(num.toString(2));       //"1010"
alert(num.toString(8));       //"12"
alert(num.toString(10));      //"10"
alert(num.toString(16));      //"a"
```

通过这个例子可以看出，通过指定基数，toString()方法会改变输出的值。而数值 10 根据基数的不同，可以在输出时被转换为不同的数值格式。

在不知道要转换的值是不是 null 或 undefined 的情况下，还可以使用第二种方式，即使用转型函数 String()，这个函数能够将任何类型的值转换为字符串。

String()函数遵循下列转换规则。

（1）如果值有 toString()方法，则调用该方法（没有参数）并返回相应的结果。

（2）如果值是 null，则返回"null"。

（3）如果值是 undefined，则返回"undefined"。

举例：

```
var value1 = 10;
var value2 = true;
var value3 = null;
var value4;
alert(String(value1));    //"10"
alert(String(value2));    //"true"
alert(String(value3));    //"null"
alert(String(value4));    //"undefined"
```

8．Object 类型

对象其实就是一组数据和功能的集合。对象可以通过在 new 操作符后加要创建的对象类型的名称来创建。而创建 Object 类型的实例并为其添加属性和（或）方法，即可创建自定义对象。

举例：

```
var o = new Object();
```

Object 的每个实例都具有下列属性和方法。

（1）constructor：保存着用于创建当前对象的函数。

（2）hasOwnProperty(propertyName)：用于检查给定的属性在当前对象实例中（而不是在实例的原型中）是否存在。其中，作为参数的属性名 propertyName 必须以字符串形式指定。

（3）isPrototypeOf(object)：用于检查传入的对象是否为另一个对象的原型。

（4）propertyIsEnumerable(propertyName)：用于检查给定的属性是否能够使用 for-in 语句来枚举。

（5）toString()：返回对象的字符串表示。

（6）valueOf()：返回对象的字符串、数值或布尔值表示，通常与 toString()方法的返回值相同。

### 6.1.3 JavaScript 中常见内置对象

JavaScript 中有很多内置对象，作为编写自定义代码的基础。下面来了解常见的几种内置对象。

1．Number

JavaScript 的 Number 对象是一个数值包装器。可以将其与 new 关键词结合使用，并将其设置为一个稍后要在 JavaScript 代码中使用的变量。

举例：

```
var myNumber = new Number(numeric value);
```

也可以通过将一个变量设置为一个数值来创建一个 Number 对象，该变量将能够访问该对象可用的属性和方法。

除了存储数值之外，Number 对象包含各种属性和方法，用于操作或检索关于数字的信息。Number 对象可用的所有属性都是只读常量，这意味着它们的值始终保持不变，不能更改。有如下 4 个属性包含在 Number 对象中，即 MAX_VALUE、MIN_VALUE、NEGATIVE_INFINITY、POSITIVE_INFINITY。

MAX_VALUE 属性返回 1.7976931348623157e+308 值，它是 JavaScript 能够处理的最大数字。

举例：

```
document.write(Number.MAX_VALUE);  //Result is: 1.7976931348623157e+308
```

MIN_VALUE 属性返回 5e-324 值，这是 JavaScript 中最小的数字。

举例：

```
document.write(Number.MIN_VALUE);  //Result is: 5e-324
```

NEGATIVE_INFINITY 是 JavaScript 能够处理的最大负数，表示为 -Infinity。

举例：

```
document.write(Number.NEGATIVE_INFINITY);//Result is: -Infinity
```

POSITIVE_INFINITY 属性是大于 MAX_VALUE 的任意数，表示为 Infinity。

```
document.write(Number.POSITIVE_INFINITY);//Result is: Infinity
```

Number 对象中还有一些方法，可以用这些方法对数值进行格式化或进行转换。这些方法包括：toExponential、toFixed、toPrecision、toString、valueOf。

每种方法基本上执行如其名称所暗示的操作。例如，toExponential 方法以指数形式返回数字的字符串表示。每种方法的独特之处在于它接收的参数；toExponential 方法有一个可选参数，可用于设置要使用多少有效数字；toFixed 方法基于所传递的参数确定小数精度；toPrecision 方法基于所传递的参数确定要显示的有效数字。

JavaScript 中的每个对象都包含一个 toString 和 valueOf 方法。toString 方法返回数字的字符串表示，但是在其他对象中，它返回相应对象类型的字符串表示。valueOf 方法返回调用它的对象类型的原始值。

### 2. Boolean

Boolean 在尝试用 JavaScript 创建任何逻辑时都是必要的。Boolean 是一个代表 true 或 false 值的对象。Boolean 对象有多个值，如 0、–0、null 或“”（一个空字串）、未定义的（NaN）等。所有其他布尔值相当于 true。该对象可以通过 new 关键词进行实例化，但通常是一个被设为 true 或 false 的变量。

举例：

```
var myBoolean = true;
```

Boolean 对象包括 toString 和 valueOf 方法，尽管不太可能需要使用这些方法。Boolean 通常用于条件语句中 true 或 false 的简单判断。布尔值和条件语句的组合提供了一种使用 JavaScript 创建逻辑的方式。此类条件语句的示例包括 if、if…else、if…else…if 及 switch 语句。当与条件语句结合使用时，可以基于自己编写的条件使用布尔值确定结果。

举例：以下为与布尔值相结合的条件语句。

```
var myBoolean = true;if(myBoolean == true) {
    //If the condition evaluates to true
}else {
    //If the condition evaluates to false
}
```

不言而喻，Boolean 对象是 JavaScript 中的一个极其重要的组成部分。如果没有 Boolean 对象，则在条件语句内无法进行判断。

### 3. String

JavaScript 中的 String 对象是文本值的包装器。除了存储文本之外，String 对象包含一个属性和各种方法，以操作或收集有关文本的信息。与 Boolean 对象类似，String 对象不需要进行实例化即可使用。

举例：可以将一个变量设置为一个字符串，然后 String 对象的所有属性或方法都可用于该变量。

```
var myString = "My string";
```

String 对象只有一个属性，即 length，它是只读的。length 属性用于只返回字符串的长度，不能在外部修改它。

举例：以下代码用于使用 length 属性确定一个字符串中的字符数。

```
var myString = "My string";
document.write(myString.length);//Results in a numeric value of 9
```

这段代码的结果是 9，因为两个词之间的空格也作为一个字符进行计算。

在 String 对象中有相当多的方法可用于操作和收集有关文本的信息。以下是可用的方法列表：

（1）charAt：返回参数指定的索引对应的特定字符。

举例：下面的代码说明了如何返回字符串中的第一个字符。

```
var myString = "My string";
document.write(myString.chartAt(0);//Results in M
```

（2）charCodeAt：返回在指定位置的字符的 Unicode 编码。

举例：

```
<script type="text/javascript">
    var str="Hello world!"
    document.write(str.charCodeAt(1))   //Results in 101
</script>
```

（3）concat：连接字符串。

举例：

```
<script type="text/javascript">
    var str1="Hello "
    var str2="world!"
    document.write(str1.concat(str2))   //Results in Hello world!
</script>
```

（4）fromCharCode：从字符编码创建一个字符串。

举例：

```
<script type="text/javascript">
    document.write(String.fromCharCode(72,69,76,76,79))//Results in HELLO
    document.write("<br />")
    document.write(String.fromCharCode(65,66,67))  //Results in ABC
</script>
```

（5）indexOf：检索字符串。

举例：

```
<script type="text/javascript">
    var str="Hello world!"
    document.write(str.indexOf("Hello") + "<br />")  //Results in 0
    document.write(str.indexOf("World") + "<br />")  //Results in -1
    document.write(str.indexOf("world"))  //Results in 6
</script>
```

（6）lastIndexOf：从后向前搜索字符串。

（7）match：找到一个或多个正则表达式的匹配。

举例：

```
<script type="text/javascript">
    var str="Hello world!"
    document.write(str.match("world") + "<br />")  //Results in world
    document.write(str.match("World") + "<br />")  //Results in null
    document.write(str.match("worlld") + "<br />")  //Results in null
    document.write(str.match("world!"))  //Results in world!
</script>
```

（8）replace：替换与正则表达式匹配的子串。

（9）search：检索与正则表达式相匹配的值。

（10）slice：提取字符串的片断，并在新的字符串中返回被提取的部分。

举例：

```
<script type="text/javascript">
    var str="Hello happy world!"
    document.write(str.slice(6,11))  //Results in happy
</script>
```

（11）split：每当找到分隔符参数时就将一个字符串分割成一系列子字符串。

举例：

```
<script type="text/javascript">
    var str="How are you doing today?"
    document.write(str.split(" ") + "<br />")  //Results in How,are,you,
    doing,today?
    document.write(str.split("") + "<br />") //Results in H,o,w,a,r,e,y,o,
    u,d,o,i,n,g,t,o,d,a,y,?
    document.write(str.split(" ",3))  //Results in How,are,you
</script>
```

（12）substr：基于指定为参数的起始位置和长度，从字符串中提取字符。

举例：

```
<script type="text/javascript">
    var str="Hello world!"
    document.write(str.substr(3))  //Results in lo world!
</script>
```

（13）substring：该方法基于指定为参数的两个索引从一个字符串中提取字符。

（14）toLowerCase：将字符串中的字符转换为小写字母。

（15）toUpperCase：将字符串中的字符转换为大写字母。

### 4．Date

JavaScript 中的 Date 对象提供了一种方式来处理日期和时间。用户可以不同的方式对其进行实例化，具体取决于想要的结果。

（1）可以在没有参数的情况下对其进行实例化：

```
var myDate = new Date();
```

（2）可以传递 milliseconds 并作为一个参数：

```
var myDate = new Date(milliseconds);
```

（3）可以将一个日期字符串作为一个参数传递：

```
var myDate = new Date(dateString);
```

（4）可以传递多个参数，以创建一个完整的日期：

```
varmyDate=new Date(year,month,day,hours,minutes,seconds,milliseconds);
```

此外，还有几种方法可用于 Date 对象，一旦该对象得到实例化，用户便可以使用这些方法。大多数可用的方法用于获取当前时间的特定部分。以下方法是可用于 Date 对象的 getter 方法：getDate、getDay、getFullYear、getHours、getMilliseconds、getMinutes、getMonth、getSeconds、getTime、getTimezoneOffset。

显然，每个方法所返回的值都相当简单。其区别在于返回的值的范围。例如，getDate 方法返回一个月份的天数，值为 1～31；getDay 方法返回每周的天数，值为 0～6；getHours 方法返回小时数值，值为 0～23；getMilliseconds 函数返回毫秒数值，值为 0～999；getMinutes 和 getSeconds 方法返回一个 0～59 的值；getMonth 方法返回一个 0～11 的数值。较独特的方法是 getTime 和 getTimezoneOffset。getTime 方法返回自 1/1/1970 中午 12 点的毫秒数，而 getTimezoneOffset 方法返回格林尼治标准时间和本地时间的差，以分钟为单位。

大多数 getter 方法有对应的 setter 方法，接收相应的值范围内的数值参数。setter 方法有 setDate、setFullYear、setHours、setMilliseconds、setMinutes、setMonth、setSeconds、setTime。

对于上述所有 getter 方法，有一些匹配的方法可返回相同的值范围，只是这些值以国际标准时间设置。这些方法包括：getUTCDate、getUTCDay、getUTCFullYear、getUTCHours、getUTCMilliseconds、getUTCMinutes、getUTCMonth、getUTCSeconds。

当然，由于所有原始 getter 方法都有 setter 方法，国际标准时间也一样。这些方法包括：setUTCDate、setUTCFullYear、setUTCHours、setUTCMilliseconds、setUTCMinutes、setUTCMonth、setUTCSeconds。

正如在前面提到的，这里不提供关于 toString 方法的信息，但是在 Date 对象中有一些方法可将日期转换为一个字符串。在某些情况下，需要将日期或日期的一部分转换为一个字符串。例如，将其追加到一个字符串中或在比较语句中使用它，此时有几个方法可用于 Date 对象，包括：toDateString、toLocaleDateString、toLocaleTimeString、toLocaleString、toTimeString、toUTCString。

toDateString 方法将日期转换为字符串，即：

```
var myDate = new Date();document.write(myDate.toDateString());
```

toDateString 方法返回当前日期，格式为 Tue Jul 19 2011。

toTimeString 方法将时间从 Date 对象转换为字符串，即

```
var myDate = new Date();document.write(myDate.toTimeString());
```

toTimeString 将时间作为字符串返回，格式为 23:00:00 GMT-0700 (MST)。

toUTCString 方法将日期转换为国际标准时间的字符串。有几种方法使用区域设置将日期转换成字符串，但是在撰写本文时还不支持这几种方法，如 toLocaleDateString、toLocaleTimeString 和 toLocaleString。

Date 对象不仅仅是一种显示当前日期的有用方式，还是创建倒计时钟表或其他与时间相关的功能的基础。

### 5. Array

JavaScript 中的 Array 对象是一个存储变量的变量：用户可以用它一次在一个变量中存储多个值，它有许多方法允许用户操作或收集有关它所存储的值的信息。尽管 Array 对象不差别对待值类型，但是在一个单一数组中使用同类值是很好的做法。所有可用于 Array 对象的属性都是只读的，这意味着它们的值不能从外部更改。

可用于 Array 对象的唯一属性是 length。该属性返回一个数组中的元素数目，通常在使用循环数组中的值时用到。

举例：

```
var myArray = new Array(1, 2, 3);
for(var i=0; i<myArray.length; i++) {
    document.write(myArray[i]);
}
```

有多种方法可用于 Array 对象，可以使用各种方法来向数组添加元素，或从数组中删除元素。这些方法包括 pop、push、shift 和 unshift。pop 和 shift 方法从数组中删除元素。pop 方法删除并返回一个数组中的最后一个元素，而 shift 方法删除并返回一个数组中的第一个元素。相反的功能可以通过 push 和 unshift 方法实现，它们将元素添加到数组中。push 方法将元素作为新元素添加到数组的结尾，并返回新长度；而 unshift 方法将元素添加到数组的前面，并返回新长度。

在 JavaScript 中对数组进行排序可以通过两个方法实现，一个方法为 sort，另一个方法是 reverse。sort 方法的复杂之处在于，它基于可选的 sort 函数排列数组。sort 函数可以是任何的自定义函数。reverse 方法不像 sort 那样复杂，它通过颠倒元素来更改数组中元素的顺序。

在处理数组时，索引非常重要，因为它们定义数组中每个元素的位置。有两个方法可基于索引更改字符串：slice 和 splice。slice 方法接收索引或索引开始和结尾的组合作为参数，然后提取数组的一部分并基于参数将其作为新数组返回。splice 方法包括 index、length 和 unlimited element 参数。该方法基于指定的索引将元素添加到数组中，并基于指定的索引将元素从数组中删除。还有一种方法可以基于匹配值返回一个索引，即 indexOf，可以使用该索引截取或拼接数组。

### 6. Math

JavaScript 中的 Math 对象用于执行数学函数。它不能加以实例化：用户只能依据 Math 对象的原型使用它，在没有任何实例的情况下从该对象调用属性和方法。

```
var pi = Math.PI;
```

Math 对象有许多属性和方法向 JavaScript 提供数学功能。所有的 Math 属性都是只读常量，包括 E、LN2、LN10、LOG2E、LOG10E、PI、SQRT1_2、SQRT2。

E 属性返回自然对数的底数的值，或返回欧拉指数。该值是唯一的实数，以 Leonhard Euler 命名。调用 E 属性会产生数字 2.718281828459045。LN2 属性返回值为 2 的自然对数，而 LN10 属性返回值为 10 的自然对数。LOG2E 和 LOG10E 属性用于返回 E 以 2 或 10 为底的对数。LOG2E 的结果是 1.4426950408889633，而 LOG10E 的结果是 0.4342944819032518。PI 方法返回圆周与直径的比率。SQRT1_2 返回 0.5 的平方根，而 SQRT2 返回 2 的平方根。

除了这些属性外，还有几种方法可用来返回一个数的不同值。其中，每种方法都接收数值，并根据方法名称返回一个值。

（1）abs：求一个数的绝对值。

（2）acos：求反余弦。

（3）asin：求反正弦。

（4）atan：求反正切。

（5）atan2：求多个数的反正切。

（6）cos：求余弦。

（7）exp：求幂。

（8）log：求一个数的自然对数。

（9）pow：求 x 的 y 次方的值。

（10）sin：求正弦。

（11）sqrt：求平方根。

（12）tan：求一个角的正切。

有 3 种方法可用于在 JavaScript 中取整数： ceil、floor 和 round。ceil 方法返回一个数的向上舍入值，该方法在需要将数字向上舍入到最接近的整数时非常有用。 floor 方法提供与 ceil 相反的功能，即它返回一个数字的向下舍入值，该方法在需要将数字向下舍入到最近的整数时非常有用。round 方法提供了普通的四舍五入功能，基于现有的小数将数字向上或向下舍入。

Math 对象中包括的最后 3 个方法分别是 max、min 和 random。max 方法接收多个数字参数并返回最大值，而 min 方法接收多个数字参数并返回最小值。这些方法在比较拥有数值的变量时非常有用，特别是当事先不知道是什么数值时。使用 random 方法返回 0 与 1 之间的一个随机数。该方法有多种用途，如在网站主页上显示一个随机图像，或返回一个随机数，该随机数可用做包含图像的文件路径的数组的一个索引。从该数组选择随机图像文件路径后可将该图像写到 HTML 标记上。

### 6.1.4 DOM

#### 1. DOM 定义

DOM 定义了如何将一个结构化的文档（如 XML，HTML）转换成一棵树，并且定义了如何操作这棵树的方法或者属性。这样做是为了方便对结构化文档的操作。

#### 2. W3C DOM

W3C 定义了 DOM，用来将 HTML 文档转换成内存中的一棵树，也定义了相应的操作树的属性和方法。

1）树的结构

语法：

```
Node
    Document
        HTMLDocument
            HTMLBodyElement
        Element
            HTMLElement
                HTMLFormElement
                    HTMLInputElement
                    HTMLSelectElement
                        HTMLOptionElement
            HTMLDivElement
            HTMLTableElement
                HTMLTableCaptionElement
```

```
            HTMLTableRowElement
            HTMLTableCellElement
```

2）DOM 操作

（1）查找方式（常用方式）。

```
var obj = document.getElementById(id);  //document 是 HTMLDocument 的实例
```

（2）创建节点。

（3）添加节点。

（4）删除节点。

（5）样式操作。

### 3. DOM 查找方式

DOM 查找方式如下。

```
<html>
    <!--dom 查找-->
    <head>
        <style>
            ul{
                list-style-type:none;
            }
            ul li{
                float:left;
                width:120px;
                height:40px;
                border:1px solid black;
                margin-left:20px;
                text-align:center;
                cursor:pointer;
            }
        </style>
        <script>
            function doAction(id){
                var ulObj =document.getElementById('ul');
                var arr =ulObj.getElementsByTagName('li');
                for(i=0;i<arr.length;i++){
                    arr[i].style
                        .backgroundColor = '#ff88ee';
                }
                var obj =document.getElementById(id);
                obj.style.backgroundColor='red';
            }
        </script>
    </head>
    <body style="font-size:30px;">
        <ul id="ul">
            <!-- 内联样式-->
            <li style="background-color:#ff88ee;"
            id="l1" onclick="doAction('l1');">选项一</li>
            <li style="background-color:#ff88ee;"
```

```
            id="l2" onclick="doAction('l2');">选项二</li>
            <li style="background-color:#ff88ee;"
            id="l3" onclick="doAction('l3');">选项三</li
        </ul>
    </body>
</html>
```

注意：

① 要修改的样式必须是内联样式。

② 如果样式的属性名称包括"–"，则应将"–"去掉，并将"–"号后面的第一个字母大写。

### 4. 表单验证案例

```
<html>
    <head>
        <style>
            #d1{
                width:400px;
                height:250px;
                background-color:#FFE4B5;
                margin:40px auto;
            }
            #d1_head{
                color:white;
                font-size:20px;
                font-family:"Arial";
                height:24px;
                background-color:blue;
            }
            #d1_content{
                padding-left:30px;
                padding-top:30px;
            }
            .s1{
                color:red;
                font-style:italic;
            }
            .s2{
                border:2px dotted blue;
            }
        </style>
        <script>
            function check_username(){
                var txtObj =document.getElementById("username");
                txtObj.className = '';
                var msgObj =document.getElementById("username_msg");
                msgObj.innerHTML = '';
                if(txtObj.value.length == 0){
                    msgObj.innerHTML ='用户名不能为空';
                    //给节点的 class 属性赋值
                    txtObj.className = 's2';
                    return false;
```

```
        }
        return true;
    }
    function check_pwd(){
        var pwdObj =document.getElementById("pwd");
        pwdObj.className = '';
        var msgObj =document.getElementById("pwd_msg");
        msgObj.innerHTML = '';
        var reg = /^\d{6}$/;
        if(!reg.test(pwdObj.value)){
            msgObj.innerHTML='密码是6位数字';
            pwdObj.className= 's2';
            return false;
        }
        return true;
    }
    function check_form(){
        var flag = check_username()&& check_pwd();
        return flag;
    }
    </script>
</head>
<body>
    <div id="d1">
        <div id="d1_head">注册</div>
    <div id="d1_content">
    <form onsubmit="return check_form();">
        <table>
        <tr>
            <td>用户名</td>
            <td>
            <input id="username" name="username" onblur="check_username();"/>
            <span class="s1" id="username_msg"></span>
            </td>
        </tr>
        <tr>
            <td>密码</td>
            <td>
            <input type="password" id="pwd"name="pwd"onblur="check_pwd();"/>
            <span class="s1" id="pwd_msg"></span>
            </td>
        </tr>
        <tr>
            <td colspan="2">
            <input type="submit" value="确认"/>
            <input type="reset" value="重置"/>
            </td>
        </tr>
        </table>
    </form>
    </div>
```

```
        </div>
    </body>
</html>
```

### 5. 创建节点

创建节点的代码如下。

```
<html>
    <!--创建节点-->
    <head>
        <style>
            .tips{
                width:200px;
                height:80px;
                background-color:red;
            }
        </style>
        <!--引入外部的 JS 文件-->
        <script src="myjs.js">
        </script>
        <script>
        function f1(){
            var divObj =document.createElement('div');
            divObj.innerHTML = '哈哈，发财了';
            divObj.className = 'tips';
            var bodyObj = $('b1');
            var buttonObj = $('bu1');
            //bodyObj.replaceChild(divObj,buttonObj);
            //bodyObj.insertBefore(divObj,buttonObj);
            //bodyObj.appendChild(divObj);
            //bodyObj.removeChild(buttonObj);
        }
        </script>
    </head>
    <body style="font-size:30px;" id="b1">
        <input type="button" value="Click" onclick="f1();" id="bu1"/>
    </body>
</html>
```

### 6. prototype 框架的使用

（1）**$(id)：**相当于 document.getElementById(id)。

（2）**$F(id)：**相当于 document.getElementById(id).value。

（3）**$(id1,id2...)：**依次查找 ID 为 id1，id2...的节点，并返回一个数组。

（4）**strip()：**去掉字符串两端的空格。

没有引入 prototype 框架时的代码如下。

```
<script>
function check-username(){
    var txtObj =
        docume.getElementByID("username");
```

```
    txtObj.className = ' ';
    var msgObj = document.getElementById("username-msg");
    msgObj.innerHTML = ' ';
    if(txtObj.value.length == 0){
        msgObj.innerHTML = '用户名不能为空';
        txtObj.className = 's2';
        return false;
    }
    return true;
}
```

引入 prototype 框架时的代码如下。

```
<script src="prototype-1.6.0.3.js"></script>
<script>
function check-username(){
    var txtObj = $('username');
    txtObj.className = ' ';
    var msgObj = $('username-msg');
    msgObj.innerHTML = ' ';
    if($F('username').strip() .length == 0){
        msgObj.innerHTML = '用户名不能为空';
        txtObj.className = 's2';
        return false;
    }
    return true;
}
```

## 6.1.5　BOM

BOM 是浏览器内置的一些对象，用来操作窗口。BOM 中包括浏览器对象（Navigator）、屏幕对象（Screen）、窗口对象（Windows）、位置对象（Location）、历史对象（History）、文档对象（Document），它们的作用如表 6-2 所示。

表 6-2　BOM 对象的作用

| BOM 对象 | 作用 |
|---|---|
| 浏览器对象 | 提供有关浏览器的信息 |
| 屏幕对象 | 屏幕对象封装了屏幕的一些信息，如分辨率 |
| 窗口对象 | 窗口对象处于对象层次的最顶端，它提供了处理 Navigator 窗口的方法和属性 |
| 位置对象 | 位置对象提供了与当前打开的 URL 一起工作的方法和属性，它是一个静态的对象 |
| 历史对象 | 历史对象提供了与历史清单有关的信息 |
| 文档对象 | 文档对象包含了与文档元素一起工作的对象，它将这些元素封装起来供编程人员使用 |

### 1．文档对象的功能和作用

在浏览器对象中，document 文档对象是核心，也是最重要的对象。如表 6-3 所示，document 对象的主要作用就是把 Links、Anchor、Form、Method、Prop 等基本元素包装起来，提供给编程人员使用。从另一个角度来看，document 对象又是由属性和方法组成的。

表 6-3 document 对象

| Links | Anchor | Form | Method | Prop |
|---|---|---|---|---|
| 链接对象 | 锚对象 | 窗体对象 | 方法 | 对象 |

其中，Anchor 对象指的是<A Name=...> </A>标识在 HTML 源码中存在时产生的对象。它包含了文档中所有的 anchors 信息；Links 对象指的是用<A Href=...> </A>标记的链接一个超文本或超媒体的元素，以其作为一个特定的 URL；Form 则是文档对象的一个元素，它含有多种格式的对象存储信息，使用它可以在 JavaScript 中编写程序进行文字输入，并可以用来动态改变文档的行为，通过 document.Forms[]数组来使同一个页面上有多个相同的窗体。

举例：下面是一个使用窗体数组和窗体名称的例子。该程序使两个窗体中的字段内容保持一致。

```
<html>
  <head>
  </head>
  <body>
    <form >
      <input type=text onChange="document.my.elements[0].value=this.value;" >
    </form>
    <form NAME="my">
      <input type=text onChange="document.forms[0].elements[0].value=this.value;">
    </form>
  </body>
</html>
```

其中使用了 OnChnge 事件（当窗体内容改变时激发）。第一个使用窗体名称标识 my，第二个使用了窗体数组 Forms[]，其效果是一致的。

### 2. 窗口对象及输入输出

1）窗口对象

窗口对象包括许多有用的属性、方法和事件驱动程序，编程人员可以利用这些对象控制浏览器窗口显示的各个方面，如对话框、框架等。在使用时应注意以下几点。

（1）该对象对应于 HTML 文档中的<Body>和<FrameSet>两种标识。

（2）onload 和 onunload 都是窗口对象属性。

（3）在 JavaScript 中可直接引用窗口对象，如：

```
window.alert("窗口对象输入方法")
```

可直接使用以下格式。

```
alert("窗口对象输入方法")
```

2）窗口对象的事件驱动

窗口对象主要有装入 Web 文档事件时的 onload 和卸载时的 onunload 事件，用于在文档载入和停止载入时开始和停止更新文档。

3）窗口对象的方法

窗口对象的方法主要用来提供信息或输入数据，以及创建一个新的窗口。

（1）创建一个新窗口 open()：使用 window.open（参数表）方法可以创建一个新的窗口。其中，参数表提供了窗口的主要特性，以及文档和窗口的命名。

（2）具有 OK 按钮的对话框：alert()方法能创建一个具有 OK 按钮的对话框。

（3）具有 OK 和 Cancel 按钮的对话框：confirm()方法为编程人员提供一个具有两个按钮的对话框。

（4）具有输入信息的对话框：prompt()方法允许用户在对话框中输入信息，并可以使用默认值，其基本格式如下。

```
prompt("提示信息",默认值)
```

4）窗口对象中的属性

窗口对象中的属性主要用来对浏览器中存在的各种窗口和框架进行引用，其主要属性有以下几个。

（1）frames：确认文档中帧的数目。

frames（帧）作为实现一个窗口的分隔操作非常有用，在使用时需注意以下两点。

① frames 属性是通过 HTML 标识<Frames>的顺序来引用的，它包含了一个窗口中的全部帧数。

② 帧本身已是一类窗口，继承了窗口对象所有的属性和方法。

（2）parent：指明当前窗口或帧的父窗口。

（3）defaultstatus：默认状态，它的值显示在窗口的状态栏中。

（4）status：包含文档窗口和帧中的当前信息。

（5）top：包含用以实现所有下级窗口的窗口。

（6）window：指当前窗口。

（7）self：引用当前窗口。

5）输入/输出

（1）信息的输入：通过使用 JavaScript 中提供的窗口对象方法 prompt()，即可完成信息的输入。该方法提供了最简便的信息输入方式，其基本格式如下。

```
Window.prompt("提示信", 预定输入信息);
```

此方法先在浏览器窗口中弹出一个对话框，使用户自行输入信息。一旦输入完成，就返回用户输入信息的值。

举例：

```
test=prompt（“请输入数据:”，”this is a JavaScript”）
```

实际上，prompt()是窗口对象的一个方法。因为默认情况下所用的对象就是 window 对象, 所以 windows 对象可以省略不写。

（2）信息的输出：每种语言都必须提供信息的输出显示。JavaScript 提供了几个用于信息输出显示的方法。比较常用的有 window.alert()、document.write 和 document.writln()方法。

① document.write()方法和 document.writeln()方法：document 是 JavaScript 中的一个对象，其封装着许多有用的方法，其中 write()和 writeln()就是用于将文本信息直接输出到浏览器窗口中的方法。

```
document.write();
document.writeln();
```

说明：write()和 writeln()方法都用于向浏览器窗口输出文本字符串，二者的唯一区别就是 writeln()方法自动在文本之后加上回车符。

② window.alert()输出：JavaScript 为了方便信息输出，提供了 alert()方法。alert()方法是 window 对象的一个方法，它的主要用途是在输出时产生警告信息，只有用户单击“确定”按钮后，才能继续执行其他脚本程序。

举例：

```
<HTML>
  <HEAD>
    <TITLE></TITLE>
  </HEAD>
  <BODY>
    <Script Language ="JavaScript">
      alert("这是一个 JavaScript 测试程序");
    </Script>
  </BODY>
</HTML>
```

③ 利用输入、输出方法实现交互：在 JavaScript 中，可以利用 prompt()方法和 write()方法实现与 Web 页面的交互。

举例：

```
<HTML>
  <HEAD>
    <TITLE></TITLE>
  </HEAD>
  <BODY>
    <Script Language="JavaScript">
      document.write("<H1>有关交互的例子");
      my=prompt("请输入数据:");
      document.write(my+"</H1>");
      document.close();
    </Script>
  </BODY>
</HTML>
```

从上面的程序可以看出：在 JavaScript 中可通过 write()和 prompt()方法实现交互，可以使用 HTML 标识语言的代码，从而混合编程。

### 3. 定时器

在 JavaScript 中可以使用定时器设定在特定的时间处理特殊的事件。

```
var id = window.setInterval(code,millisec);  //code 为需调用的函数或需执行的代码
window.clearInterval(id);
```

millisec 为周期性执行或调用 code 的时间间隔，必须由该函数返回一个值，可以使用 clearInterval()来取消对 code 的周期性执行。

```
var id = window.setTimeout();
window.clearTime(id);
```

setInterval 和 setTimeout 的区别如下。

（1）setInterval 是周期性的，启动后除非采用 clearInterval 否则不会停止。

（2）setTimeout 是一次性的，执行完毕指定代码后会自动停止，但是可在代码结束的地方再次用 setTimeout 定时，达到与 setInterval 一样的效果。

### 4. 事件处理机制

事件处理是对象化编程的一个重要的环节，没有了事件处理，程序就会缺乏灵活性。事件处理

的过程可以这样表示：发生事件→启动事件处理程序→事件处理程序做出反应。其中，要使事件处理程序启动，必须先告诉对象，在发生什么事情时，启动什么处理程序，否则这个流程无法进行下去。事件的处理程序可以是任意 JavaScript 语句，但是一般用特定的自定义函数来处理事情。

指定事件处理程序有以下 3 种方法。

1）直接在 HTML 标记中指定

这种方法是使用最普遍的。

```
<标记.....事件="事件处理程序" [事件="事件处理程序"...]>
```

举例：

```
<body...onload="alert('网页读取完成,请慢慢欣赏!')"onunload="alert('再见!')">
```

以上代码能会在文档读取完毕时弹出一个对话框，提示“网页读取完成，请慢慢欣赏”；在用户退出文档（或者关闭窗口，或者到另一个页面去）时弹出一个对话框，提示“再见”。

2）编写特定对象特定事件的 JavaScript

这种方法使用比较少，但是在某些场合下非常有用。

```
<script language="JavaScript" for="对象" event="事件">
...
(事件处理程序代码)
..
</script>
```

举例：

```
<script language="JavaScript" for="window" event="onload">
  alert('网页读取完成，请慢慢欣赏！ ');
</script>
```

以上代码为 window 对象添加了 onload 事件，在 window 对象加载后，弹出提示信息“网页读取完成，请慢慢欣赏!”。

3）在 JavaScript 中说明

```
<事件主角-对象>.<事件>=<事件处理程序>;
```

使用这种方法时要注意的是，“事件处理程序”是真正的代码，而不是字符串形式的代码。如果事件处理程序是一个自定义函数，如无使用参数的需要，则不要加“()”。

举例：

```
Function ignoreError() {
  Return true;
}
window.onerror=ignoreError; //没有使用"()"
```

以上代码将 ignoreError()函数定义为 window 对象的 onerror 事件的处理程序。它的作用是忽略该 window 对象下的任何错误（由引用不允许访问的 location 对象产生的“没有权限”错误是不能忽略的）。

### 5. 常用的对象事件

1）鼠标事件

onclick：单击某个对象。

ondblclick：双击某个对象。

onmouseover：鼠标指针移入。

onmouseout：鼠标指针从某元素移开。

onmouseup：某个鼠标按键被按下。

onmousedown：某个鼠标按键被松开。

onmousemove：鼠标移动。

2）键盘事件

onkeypress：某个键盘上的键被按下或按住。

onkeydown：某个键盘上的键被按下。

onkeyup：某个键盘上的键被松开。

3）状态事件

onload：某个页面或图像被完成加载。

onunload：用户退出页面。

onchange：用户改变域的内容。

onfocus：元素获得焦点。

onblur：元素失去焦点。

onresize：窗口或框架被调整尺寸。

onsubmit：表单提交按钮被单击。

## 6.2 AJAX

### 6.2.1 AJAX 定义

AJAX（Asynchronous Javascript And Xml，异步的 JavaScript 和 XML）是为了解决传统的 Web 应用中“等待-响应-等待”的弊端而创建的一种技术，其实质可以理解为，使用浏览器内置的一个对象（XmlHttpRequest）向服务器发送请求，服务器返回 XML 数据或者文本数据给浏览器，在浏览器端使用这些数据更新部分页面，在整个过程中，页面无任何刷新。

“等待-响应-等待”指的是，在传统的 Web 应用中，如注册时，用户填写完整个注册信息并提交，此时，浏览器会将整个注册页面抛弃，等待服务器返回一个新的完整页面。在等待过程中，用户不能做其他操作。服务器生成新的页面发送给浏览器，浏览器需要重新解析这个页面才能生成相应的界面。

（1）AJAX 引擎（即 XmlHttpRequest 对象）先为该对象注册一个监听器（该监听器是一个事件处理函数，对状态改变事件进行监听）。

（2）用户对 GUI 做了某种操作时，将产生对应的事件，如焦点失去事件等。

（3）一旦产生对应的事件，将触发事件处理代码。

（4）在执行事件处理代码时，会调用 AJAX 引擎。

（5）发送请求，AJAX 引擎被调用后，将独自向服务器发送请求（独立于浏览器之外）。

继续其他操作，在 AJAX 引擎发送请求的同时，用户在浏览器端还可以对 GUI 做其他操作，该请求是异步请求（AJAX 引擎发送请求时，没有打断用户的操作）。

6）服务器的 Web 组件对请求进行处理。

7）服务器可能会调用数据库或处理业务逻辑的 Java 类。

8）服务器将处理结果响应给（只返回部分数据，可以是 XML 或者文本）AJAX 引擎。

9）监听器通过 AJAX 引擎获取响应数据（XML 或者文本）。

10）监听器对 GUI 中的数据进行更新（局部更新，不是整个页面刷新）。

在整个过程中大部分是通过 JS 实现的，响应数据可能是 XML，所以 AJAX 可以看做多种技术的融合，如图 6-1 所示。

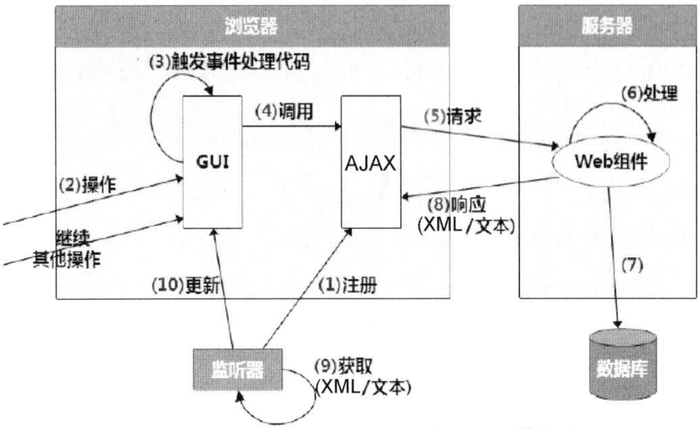


图 6-1 解决“等待-响应-等待”问题

## 6.2.2 AJAX 编程

### 1．获得 XmlHttpRequest 对象

该对象由浏览器提供，但是该类型并没有标准化；IE 和其他浏览器不同，其他浏览器都支持该类型，而 IE 不支持。可以通过以下代码获得 XmlHttpRequest 对象。

```
function getXmlHttpRequest(){
var xhr = null;
if((typeof XMLHttpRequest)!='undefined'){
   xhr = new XMLHttpRequest();
}else {
   xhr = new ActiveXObject('Microsoft.XMLHttp');
 }
return xhr;
}
```

### 2．使用 XmlHttpRequest 向服务器发请求

（1）发送 get 请求。

```
var xhr = getXmlHttpRequest();
/* open(请求方式,请求地址,同步/异步)
* 请求方式: get/post
* 请求地址: 如果是 get 请求，则请求参数添加到地址之后
* 如 check_user.do?username=zs
* 同步/异步:true 表示异步*/
xhr.open('get','check_user.do',true);
/*注册一个监听器(即当 xhr 的状态发生改变时产生 readystatechange 事件,
  该事件由 f1 函数来处理。需要在 f1 函数中获得服务器返回的数据，并更新页面)*/
```

```
xhr.onreadystatechange=f1;
/* 只有调用 send 方法之后，请求才会真正发送 */
xhr.send(null);
```

（2）发送 post 请求。

```
var xhr = getXmlHttpRequest();
xhr.open('post','check_username.do',true);
//必须添加一个消息头 content-type
xhr.setRequestHeader("Content-Type","application/x-www-form-urlencoded");
xhr.onreadystatechange=f1;
xhr.send('username=zs');
```

（3）在服务器端处理请求。

（4）在监听器中处理服务器返回的响应。

```
xhr.onreadystatechange=f1;
function f1(){
//编写相应的处理代码
}
```

或者

```
xhr.onreadystatechange=function(){
  //编写相应的处理代码
  if(xhr.readyState == 4){
  //只有 readyState 等于 4 时,xhr 才完整地接收到了服务器返回的数据
  //获得文本数据
  var txt = xhr.responseText;
  //获得一个 XML  DOM 对象
  var xml = xhr.responseXML;
  //DOM 操作、更新页面
  }
};
```

举例：testAjax.html。

```
<html>
<head>
<meta http-equiv="Content-Type" content="text/html; charset=UTF-8">
<title>Insert title here</title>
<script type="text/javascript">
function getXmlHttpRequest(){
var xhr = null;
if((typeof XMLHttpRequest)!='undefined'){
xhr = new XMLHttpRequest();
 }else {
xhr = new ActiveXObject('Microsoft.XMLHttp');
}
return xhr;
} //打印 AJAX 对象信息
function f1(){
var xhr = getXmlHttpRequest();
alert(xhr); }
</script>
</head>
```

```
<body style="font-size:30px;">
<a href="javascript:;" onclick="f1();"> 获得 XmlHttpRequest 对象</a>
</body>
</html>
```

浏览器显示效果如图 6-2 所示，单击链接后，打印出 AJAX 对象，如图 6-3 所示。

图 6-2　示例演示（一）

图 6-3　示例演示（二）

### 6.2.3　XmlHttpRequest 对象的重要属性

XmlHttpRequest 对象的重要属性有如下几个。

（1）onreadystatechange：注册一个监听器（即绑定一个事件处理函数）。

（2）readyState：返回该对象不服务器通信的状态。返回值是一个 number 类型的值，不同的值表示的含义如下。

① 0（未初始化）：对象已建立，但是尚未初始化（尚未调用 open 方法）。

② 1（初始化）：对象已建立，尚未调用 send 方法。

③ 2（发送数据）：send 方法已调用。

④ 3（数据传送中）：已接收部分数据。

⑤ 4（响应结束）：接收了所有数据。

（3）responseText：获得服务器返回的文本。

（4）responseXML：获得服务器返回的 XML DOM 对象。

（5）status：获得状态码。

### 6.2.4　缓存问题

在使用 IE 时，如果使用 get 方式发送请求，则浏览器会将数据缓存起来。这样，当再次发送请求时，如果请求地址不变，则 IE 不会真正地向服务器发请求，而是将之前缓存的数据显示给用户。

解决方式有以下两种。

（1）使用 post 方式。

（2）在请求地址后面添加一个随机数。

### 6.2.5　用户注册案例

#### 1. regist.jsp

```
<%@ page contentType="text/html; charset=utf-8"pageEncoding="utf-8"%>
<html>
```

```
<head>
    <title>Insert title here</title>
    <style>
        .s1{
            color:red;
            font-size:24px;
            font-style:italic;
        }
    </style>
    <script type="text/javascript"src="js/prototype-1.6.0.3.js"></script>
    <script type="text/javascript">

function getXmlHttpRequest(){
    var xhr = null;
        if((typeof XMLHttpRequest)!='undefined'){
        xhr = new XMLHttpRequest();
        }else {
        xhr = new ActiveXObject('Microsoft.XMLHttp');
        }
        return xhr;
}

function check_username(){
     //获得 XmlHttpRequest 对象
     var xhr = getXmlHttpRequest();
     //发送请求
     xhr.open('get','check_username.do?username='+ $F('username'),true);
     xhr.onreadystatechange=function(){
         //获取服务器返回的数据，更新页面
         if(xhr.readyState == 4){
             if(xhr.status == 200){
                 var txt = xhr.responseText;
                 $('username_msg').innerHTML = txt;
             }else{
                 $('username_msg').innerHTML = '系统错误，稍后重试';
             }
         }else{
             $('username_msg').innerHTML = '正在验证...';
         }
     };
     xhr.send(null);
}

function check_username2(){
     //获得 XmlHttpRequest 对象
     var xhr = getXmlHttpRequest();
     //发送请求
     xhr.open('post','check_username.do',true);
     xhr.setRequestHeader("Content-Type","application/x-www-form-urlencoded");
     xhr.onreadystatechange=function(){
         //获取服务器返回的数据，更新页面
```

```
            if(xhr.readyState == 4){
                if(xhr.status == 200){
                    var txt = xhr.responseText;
                    $('username_msg').innerHTML = txt;
                }else{
                    $('username_msg').innerHTML = '系统错误，稍后重试';
                }
            }else{
                $('username_msg').innerHTML = '正在验证...';
            }
        };
        xhr.send('username=' + $F('username'));
    }
        </script>
    </head>
    <body style="font-size:30px;">
        <form action="" method="post">
            用户名:<input name="username"
            id="username" onblur="check_username();"/>
            <span class="s1" id="username_msg"></span>
            <br/>
            密码:<input type="password"
            name="pwd" id="pwd"/><br/>
            <input type="submit" value="确认"/>
        </form>
    </body>
    </html>
```

2. ActionServlet

```
    package web;
    import java.io.IOException;
    import java.io.PrintWriter;
    import javax.servlet.ServletException;
    import javax.servlet.http.HttpServlet;
    import javax.servlet.http.HttpServletRequest;
    import javax.servlet.http.HttpServletResponse;

    public class ActionServlet extends HttpServlet {

            public void service(HttpServletRequest request,
                HttpServletResponse response)
                throws ServletException, IOException {
            String uri = request.getRequestURI();
            String path = uri.substring(uri.lastIndexOf("/"),
                    uri.lastIndexOf("."));
            response.setContentType("text/html;charset=utf-8");
            PrintWriter out = response.getWriter();
            if(path.equals("/check_username")){
                if(1==2){
                    throw new ServletException("some error");
                }
```

```
                //try {
                //Thread.sleep(6000);
                //} catch (InterruptedException e) {
                //e.printStackTrace();
                //}
                String username = request.getParameter("username");
                System.out.println("username:" + username);
                if(username.equals("zs")){
                    out.println("用户名被占用");
                }else{
                    out.println("可以使用");
                }
            }
            out.close();
        }
    }
```

3. web.xml

```
<?xml version="1.0" encoding="UTF-8"?>
<web-app version="2.4"
    xmlns="http://java.sun.com/xml/ns/j2ee"
    xmlns:xsi="http://www.w3.org/2001/XMLSchema-instance"
    xsi:schemaLocation="http://java.sun.com/xml/ns/j2ee
    http://java.sun.com/xml/ns/j2ee/web-app_2_4.xsd">
    <servlet>
        <servlet-name>ActionServlet</servlet-name>
        <servlet-class>web.ActionServlet</servlet-class>
    </servlet>
    <servlet-mapping>
        <servlet-name>ActionServlet</servlet-name>
        <url-pattern>*.do</url-pattern>
    </servlet-mapping>
    <welcome-file-list>
        <welcome-file>index.jsp</welcome-file>
    </welcome-file-list>
</web-app>
```

4. 修改 regiest.jsp

```
<%@ page contentType="text/html; charset=utf-8"pageEncoding="utf-8"%>
<html>
<head>
    <title>Insert title here</title>
    <style>
        .s1{
            color:red;
            font-size:24px;
            font-style:italic;
        }
    </style>
    <script type="text/javascript"src="js/prototype-1.6.0.3.js"></script>
    <script type="text/javascript">
```

```
function getXmlHttpRequest(){
    var xhr = null;
    if((typeof XMLHttpRequest)!='undefined'){
        xhr = new XMLHttpRequest();
    }else {
        xhr =new ActiveXObject('Microsoft.XMLHttp');
    }
    return xhr;
}

function check_username(){
    //获得 XmlHttpRequest 对象
    var xhr = getXmlHttpRequest();
    //发送请求
    xhr.open('get','check_username.do?username='+ $F('username'),true);
    xhr.onreadystatechange=function(){
        //获取服务器返回的数据，更新页面
        if(xhr.readyState == 4){
            var txt = xhr.responseText;
            $('username_msg').innerHTML = txt;
        }
    };
    xhr.send(null);
}
    </script>
</head>
<body style="font-size:30px;">
    <form action="" method="get">
        用户名:<input name="username"
        id="username"
        onblur="check_username();"/>
        <span class="s1" id="username_msg">
        </span>
        <br/>
        密码:<input type="password"
        name="pwd" id="pwd"/><br/>
        <input type="submit" value="确认"/>
    </form>
</body>
</html>
```

5. 修改 ActionServlet

```
package web;
import java.io.IOException;
import java.io.PrintWriter;
import javax.servlet.ServletException;
import javax.servlet.http.HttpServlet;
import javax.servlet.http.HttpServletRequest;
import javax.servlet.http.HttpServletResponse;

public class ActionServlet extends HttpServlet {
```

```
    public void service(HttpServletRequest request,
            HttpServletResponse response)
            throws ServletException, IOException {
        String uri = request.getRequestURI();
        String path = uri.substring(uri.lastIndexOf("/"),
            uri.lastIndexOf("."));
        response.setContentType("text/html;charset=utf-8");
        PrintWriter out = response.getWriter();
        if(path.equals("/check_username")){
            String username =
                request.getParameter("username");
            System.out.println("username:" + username);
            if(username.equals("zs")){
                out.println("用户名被占用");
            }else{
                out.println("可以使用");
            }
        }
        out.close();
        }
    }
```

#### 6. 访问 http://localhost:8080/web12_ajax/regist.jsp

（1）当输入“aa”时，页面显示“可以使用”，如图 6-4 所示。

（2）当输入“zs”时，页面显示“用户名被占用”，如图 6-5 所示。

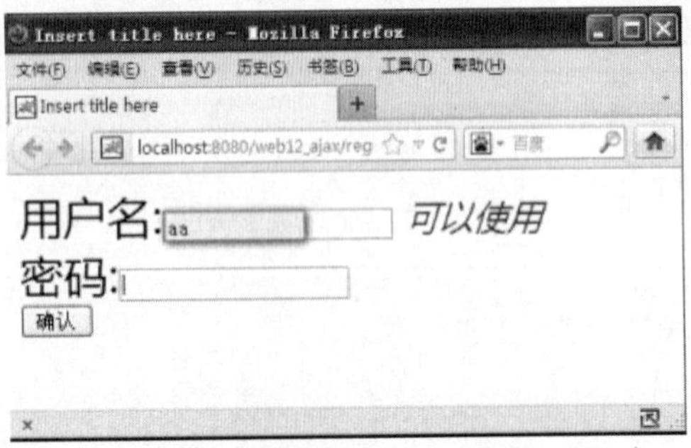


图 6-4 测试结果（一）

图 6-5 测试结果（二）

### 6.2.6 AJAX 的优点和编码问题

#### 1. AJAX 技术的优点

（1）页面无刷新。

（2）不打断用户的操作，用户的体验好。

（3）按需获取数据，浏览器与服务器之间数据的传输量减少。

（4）AJAX 是一个标准技术，不需要下载任何插件。

（5）可以利用客户端（浏览器）的计算能力。

#### 2. AJAX 的编码问题

AJAX 应用中存在的编码问题如下。

（1）如果采用 post 方式向服务器发送请求，则会使用"utf-8"对请求中的数据进行编码。

在服务器端，需要使用 request.setCharacterEncoding("utf-8");解码。

（2）如果采用 get 方式向服务器发送请求，则 IE 会使用"gbk"/"gb2312"对请求中的数据进行编码，而 Firefox 会使用"utf-8"来编码。

解决方式如下。

（1）找到 Tomcat 的 server.xml 文件(TOMCAT_HOME/conf/server.xml)，在其中添加“URIEncoding="utf-8";”，即告诉服务器，get 请求中的数据使用"utf-8"解码。

（2）对请求地址使用 encodeURI()函数进行处理，该函数的作用是对请求地址中的中文进行"utf-8"编码。

### 6.2.7　级联下拉列表案例

这里给出级联下拉列表的代码。

```
city.jsp
<%@ page contentType="text/html; charset=utf-8"pageEncoding="utf-8"%>
<html>
<head>
    <title>Insert title here</title>
    <script type="text/javascript">
        //服务器返回 yy,岳阳;cs,长沙;hh,怀化
        function change(v1){
        }
    </script>
</head>
<body style="font-size:30px;">
    <select id="s1" style="width:120px;"onchange="change(this.value);">
        <option value="hn">湖南</option>
        <option value="bj">北京</option>
    </select>
    <select id="s2" style="width:120px;">
    </select>
</body>
</html>
```

## 6.3　JSON

### 1．JSON 定义

JSON（JavaScript Object Notation）是一种数据交换的标准，一般用于浏览器与服务器之间的数据转换。例如，将一个 Java 对象转换成浏览器端可以识别的 JavaScript 对象，如图 6-6 所示。

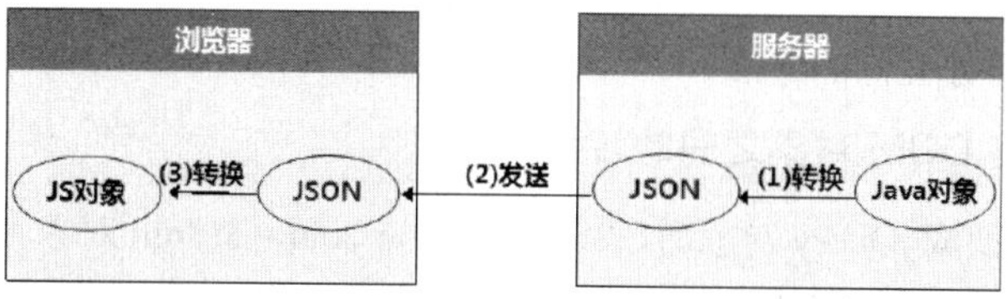


图 6-6　JSON 的概念

### 2．JSON 的基本语法与使用

（1）表示一个对象，语法如下。

```
{"name" : "zs" , "age" : 22}
{"name" : "ls" ,
"addr" : {"city" : "bj" , "street" : "ca"} }
```

其中，属性名要添加引号；属性值如果是字符串，则要添加引号；数据类型可以为 string，number，boolean，null，object。

（2）表示一个对象数组，语法如下。

```
[{},{},{}]
```

（3）将一个 Java 对象（包括 Java 对象数组、集合）转换成一个 JSON 字符串时，要使用 JSON 库提供的工具。

① 对象：

```
JSONObject jsonObj = JSONObject.fromObject(srcObj);
String jsonStr = jsonObj.toString();
```

② 数组或者 List 集合：

```
JSONArray jsonArr = JSONArray.fromObject(listObj);
String jsonStr = jsonArr.toString();
```

（4）将一个 JSON 字符串转换成 JS 对象时，可以使用 prototype 库提供的 evalJSON()函数。

（5）处理日期类型的方法如下。

① 写一个转换器，一个 Java 类，实现 JsonValueProcessor 接口。

② 实现两个 process 方法：按照要求定义转换规则。

③ 创建 JsonConfig 对象，使用该对象注册转换器。

## 6.4 jQuery

### 6.4.1 jQuery 的定义

JavaScript 的框架有很多，如 prototype、jQuery、ExtJS 等。本书使用了 jQuery，jQuery 的通用性很好。jQuery 的设计思想是将原始的 DOM 对象封装成一个 jQuery 对象，通过调用 jQuery 对象的方法来实现对原始 DOM 对象的操作。这样设计的目的是更好地兼容不同的浏览器、简化代码。

### 6.4.2 jQuery 使用

#### 1. 编程步骤

（1）使用 jQuery 提供的选择器找到节点，一般情况下，jQuery 会将找到的节点封装成 jQuery 对象。

（2）调用 jQuery 对象提供的方法。

#### 2. jQuery 对象与 DOM 对象之间的转换

（1）DOM 对象转换成 jQuery 对象时，可以使用 var $obj = $(dom 对象)。

（2）jQuery 对象转换成 DOM 对象时，可以使用 var obj = $obj.get(0)或者 var obj = $obj.get()[0]。

#### 3. 同时使用 jQuery 与 prototype 的步骤

（1）引入 prototype.js。

（2）使用 jQuery.noConflict()函数，为 jQuery 的$函数提供一个别名。

### 4．jQuery 选择器

jQuery 选择器模仿了 CSS 选择器的语法，其作用是查找符合选择器要求的节点。

（1）基本选择器，包括#id，.class，element，selector1、select2..selectn。

（2）层次选择器，包括 select1 select2、select1>select2、select1+select2、select1～select2。

（3）过滤选择器，包括以下几种。

① 基本过滤选择器：:first、:last、:not(selector)、:even、:odd、:eq(index)、:gt(index)、:lt(index)。

② 内容过滤选择器：:contains(text)、:empty、:has(selector)、:parent。

③ 可见性过滤选择器：:hidden、:visible。

④ 属性过滤选择器：[attribute]、[attribute=value]、[attribute!=value]。

⑤ 子元素过滤选择器：:nth-child(index/even/odd)。

⑥ 表单对象属性过滤选择器：:enabled、:disabled、:checked、:selected。

（4）表单选择器，包括:input、:text、:pasword、:radio、:checkbox、:submit、:image、:reset、:button、:file、:hidden。

## 6.4.3　jQuery DOM 操作

### 1．查询

利用选择器可查找到节点。

text()：输出或者设置节点之间的文本，text 方法相当于 DOM 节点的 innerText 属性。

html()：输出或者设置节点之间的 HTML 内容，html 方法相当于 DOM 节点的 innerHTML 属性。

attr()：输出或者设置节点的属性值。

val()：下拉列表，可以使用 val()获得值。

### 2．创建

语法：

```
$(html);
```

### 3．输入节点

append()：向每个匹配的元素内部追加内容。

prepend()：向每个匹配的元素内部前置内容。

after()：在每个匹配的元素之后插入内容。

before()：在每个匹配的元素之前插入内容。

### 4．删除节点

remove()：移除节点。

empty()：清空节点。

### 5．复制节点

clone()：复制（不复制行为）。

clone(true)：使复制的节点同时具有行为。

### 6．属性操作

attr('')：读取属性。

removeAttr('')：删除属性。

### 7．样式操作

attr("class",""): 获取和设置样式。
addClass(''): 追加样式。
removeClass(''): 移除样式。
toggleClass(): 切换样式。
hasClass(''): 是否有某个样式。

### 8．遍历节点

children(): 只考虑子元素，不考虑其他后代元素。
siblings(): 兄弟节点。

## 6.4.4 jQuery 事件处理

### 1．事件绑定

语法：

```
bind(type,fn)
```

绑定方式的简写形式如下。

```
click(function(){
});
```

### 2．合成事件

hover(enter,leave): 模拟光标悬停事件。
toggle(fn1,fn2...): 模拟鼠标连续单击事件。

### 3．事件冒泡

（1）获得事件对象：

```
/*e 不再是原始的事件对象，而是 jQuery
封装之后的事件对象*/
click(function(e){
});
```

（2）停止冒泡：

```
event.stopPropagation()
```

（3）停止默认行为：

```
event.preventDefault()
```

### 4．事件对象的属性

event.type: 获得事件类型。
event.target: 获得事件源，返回的是原始的 DOM 节点。

## 6.4.5 jQuery 操作数组的方法

$（选择器）操作返回的如果是一个数组，则可以使用如下方法进行操作。

（1）each(fn(i))循环遍历每一个元素，this 代表被迭代的 DOM 对象，$(this)代表被迭代的 jQuery 对象。

（2）eq(index)返回 index+1 位置处的 jQuery 对象

（3）index(obj)返回下标，其中 obj 可以是 DOM 对象或者 jQuery 对象。

（4）length 返回属性个数。

（5）get()返回 DOM 对象组成的数组。

（6）get(index)返回 index+1 处的 DOM 对象。

### 6.4.6　jQuery 对 AJAX 的支持

#### 1．$.ajax(options):options

options 是一个形如{key1:value1,key2:value2...}的 JS 对象，用于指定发送请求的选项。选项参数如下。

（1）url(string)：请求地址。

（2）type(string)：GET/POST。

（3）data(object/string)：发送到服务器的参数

（4）dataType(string)：预期服务器返回的数据类型，一般有以下几种类型。

json：返回 JSON 字符串。

xml：返回 XML 文档。

html：返回的是一个 HTML 内容。

script：返回的是一个 JavaScript。

text：返回的是一个文本。

（5）回调函数 success(function)：请求成功后调用的回调函数，有两个参数，即 function(data，textStatus)，其中，data 表示服务器返回的数据。textStatus 是描述状态的字符串。

（6）回调函数 error(function)：请求失败时调用的函数，有 3 个参数，即 xhr、textStatus、errorThrown。textStatus 与 errorThrown 只有一个可用。

#### 2．$.get(url,[data],[callback],[type])

其用于发送 get 请求。

（1）url：请求地址。

（2）data：请求参数，可以是一个 JS 对象，如{"name":"zs","age":22}；也可以是一个请求字符串，如"name=zs&age=22"。

（3）callback：回调函数，格式为 function(data,statusText){}。

（4）type：预期服务器返回的数据类型。

$.post()格式同上。

#### 3．load(url)

它将服务器响应插入当前 jQuery 对象匹配的 DOM 元素之内。

```
var $obj = $(选择器);
$obj.load(url);
```

#### 4．serialize()

为了方便地向服务器传递参数，可以使用 serialize()。

（1）serialize()：将 jQuery 对象包含的表单或者表单域转换成查询字符串。

（2）serializeArray()：转换为一个数组，每个数组元素是形如 {name:fieldName,value:fieldVal}的对象。

## 习题

1．设计含有一个表单的页面，并且在表单上放入一个文本框。编写程序，当鼠标指针在页面上移动时，其坐标将显示在这个文本框中，如图 6-7 所示。

2．在窗体中有两个多选列表，用户可以从左侧列表中选择任意项，并将其添加到右侧列表中，反之亦然，如图 6-8 所示。

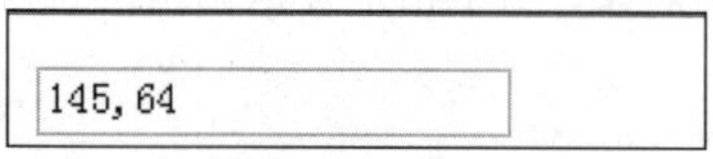


图 6-7　表单

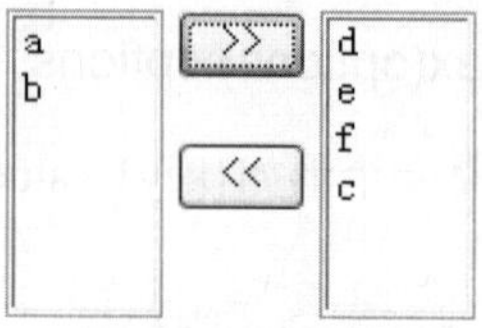


图 6-8　多选列表

3．设计一个表单，该表单中有姓名和卡号两个文本输入框，卡号的格式为“XXXX-XXXX-XXXX-XXXX”（每个 X 代表一个数字），要求用户提交之前验证这两个输入数据的有效性，如图 6-9 所示。

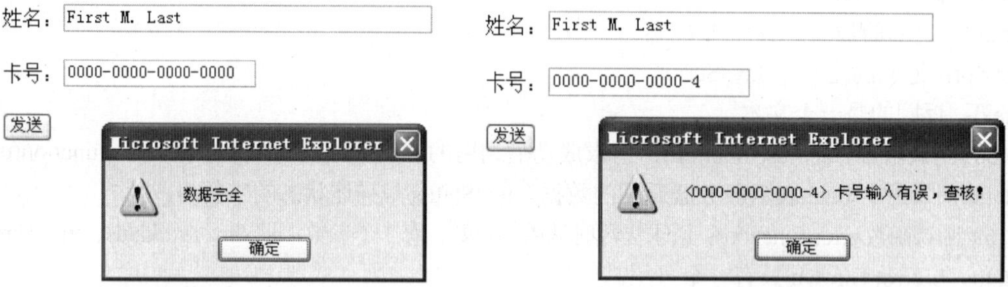


(a) 验证结果（一）　　(b) 验证结果（二）

图 6-9　验证有效性

4．设计 3 个按钮，当单击它们时分别使页面的背景变成红色、蓝色和绿色。

5．设计一个表单，用户可以输入姓名、年龄、职业，并编写程序对年龄进行有效检验（16<年龄<40），数据合格后提交表单，如图 6-11 所示。

图 6-10　改变背景色

图 6-11　验证数据有效性

6．通过链接提交表单，如图 6-12 所示。

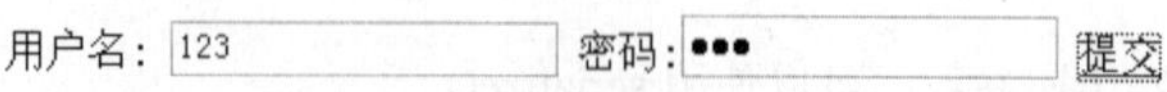


图 6-12　通过链接提交表单

# 第 7 章　Servlet

本章主要内容：

- Servlet 原理
- Servlet 的生命周期
- 服务器内部和外部跳转
- Session、Cookie、URL 重写

本章主要讲述了 Serlvet 技术，Servlet 作为前端页面和 Java 代码的中间组件，可将 Java 代码中需要向页面中展示的数据传给前端页面，本章对 Servlet 原理、生命周期、服务器内部调整和外部跳转、Session、Cookie、URL 重写等内容进行了介绍。

## 7.1　Servlet 原理

### 7.1.1　Servlet 相关概念

#### 1. Servlet 定义

Servlet 是 Sun 公司制定的一种用于扩展 Web 服务器功能的组件规范；是运行在服务器端的应用程序，服务于 HTTP 下，负责客户端和服务器端的应用处理，即 Servlet 接收请求，处理请求，返回响应。

#### 2. 扩展 Web 服务器功能

Web 服务器指的是装有 Web 服务器应用软件的主机。

早期的 Web 服务器只能够处理静态资源的请求，即事先要将 HTML 文件写好，存放在服务器上，不能够生成动态的 HTML 文件（即通过计算生成一个新的 HTML 文件）。所谓扩展，即使 Web 服务器生成动态页面。

早期是采用 CGI（Common Gateway Interface，公共网关接口）技术生成动态页面的。由于采用 CGI 程序编写的代码可移植性差、编程相当复杂，如果处理不当，会严重影响性能，所以使用得越来越少。现在一般采用容器+组件的方式来扩展 Web 服务器的功能。

#### 3. 容器与组件

1）组件是什么？

组件是符合规范，实现特定功能，并且可以部署在容器上的软件模块。

2）容器是什么？

容器是符合规范，为组件提供运行环境，并且管理组件的生命周期（将组件实例化，调用其方法、销毁组件的过程）的软件程序。常用的有 Web 容器（Tomcat）、EJB 容器（WebSphere、WebLogic）。

3）采用容器与组件编程模型的优势

容器负责大量的基础服务（包括浏览器与服务器之间的网络通信、多线程、参数传递等）。而组件只需要处理业务逻辑。另外，组件的运行不依赖于特定的容器。

### 7.1.2 Servlet 开发流程

可以通过以下几步完成 Servlet 应用的开发。

（1）准备 Tomcat 和 servlet-api.jar，Tomcat 用于运行 Servlet 程序，servlet-api.jar 是编写 Servlet 应用类的依赖 Java 包。

（2）通过以下 3 种方式编写一个 Servlet 应用类。

① 实现接口 Servlet。

② 继承抽象类 GenericServlet。

③ 继承实现类 HttpServlet。

（3）根据 Web 应用程序目录结构的规范建立如下目录结构。

```
--appname
--src                         //存放 Java 源码的目录
--WEB-INF                     //存放 Web 应用的相关信息文件目录
--classes                     //存放 Java 类文件
--lib                         //存放 jar 包
--web.xml                     //Web 配置文件
```

（4）配置 Servlet 的 url-pattern，在 web.xml 上进行如下配置。

```
<?xml version="1.0" encoding="utf-8"?>
        <web-app>
            <servlet>
                <servlet-name></servlet-name>
                <servlet-class></servlet-class>
            </servlet>
            <servlet-mapping>
                <servlet-name></servlet-name>
                <url-pattern></url-pattern>
            </servlet-mapping>
        </web-app>
```

（5）编译，将编译好的文件生成到 WEB-INF/classes 中。

（6）部署，将编译后的整个工程目录复制到 Tomcat 的 webapps 下，Web 容器 Tomcat 会将 webapps 中的一个个目录当做应用程序并进行发布。

（7）启动 Tomcat，访问 Servlet，即 http://ip:port/appname/servlet 中的 url-pattern 配置。

### 7.1.3 Servlet Web 应用的流程

当用户向浏览器地址栏中输入 http://ip:port/helloweb/sayHello?name=zs 时：

（1）浏览器使用 ip:port（端口号）连接服务器。

（2）浏览器将请求数据按照 HTTP 封装成一个数据包（请求数据包）并发送给服务器。

请求数据包的内容包含了请求资源路径（/helloweb/sayHello?name=zs），请求数据包中还包含浏览器自动生成的一些信息。

（3）服务器创建两个对象：请求对象（Request）和响应对象（Response）。

服务器解析请求数据包，将解析之后的数据存放到请求对象中，方便 Servlet 读取请求数据（因为 Servlet 不用解析请求数据包，如果需要解析，则应理解 HTTP 协议）。请求对象是 HttpServletRequest 接口的一个实现。响应对象是 HttpServletResponse 接口的一个实现，响应对象用于存放 Servlet 处理的结果。

（4）依据请求资源路径找到相应的 Servlet 配置，通过反射创建 Servlet 实例，并调用其 service()方法。

在调用 service()方法时，会将事先创建好的请求对象和响应对象作为参数进行传递。在 servlet 内部，可以通过 Request 获得请求数据，或者通过 Response 设置响应数据。

（5）服务器从 Response 中获取数据，按照 HTTP 封装成一个数据包（响应数据包），发送给浏览器。

（6）浏览器解析响应数据包，取出相应的数据，生成相应的界面。

图 7-1 形象地描述了 Servlet 在 Web 应用中的运行原理。

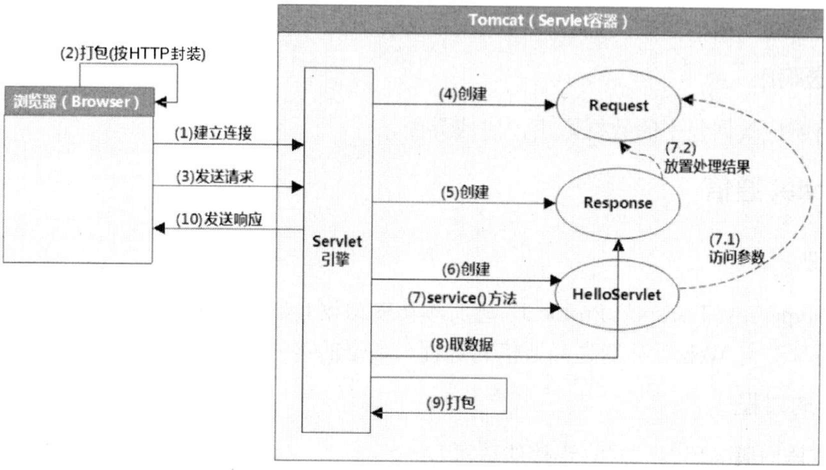


图 7-1　Servlet 运行原理

Servlet 的运行步骤如下。

### 1．建立连接

浏览器根据 IP 地址、端口号和服务器建立连接。

### 2．打包

浏览器将请求数据按 HTTP 封装数据包（HTTP 请求数据包），其中包含“helloweb/sayHello”（请求资源路径）。

### 3．发送请求

浏览器向服务器发送请求数据包。

### 4．创建 Request 对象

Servlet 引擎（Tomcat 负责通信的模块）创建请求对象（Request），方便用户自定义的 Servlet 获得请求数据包中的内容，该对象符合 HttpRequest 接口。

### 5．创建 Response 对象

Servlet 引擎（Tomcat 负责通信的模块）创建相应对象（Response），该对象符合 HttpResponse 接口。

### 6．创建 HelloServlet 对象

服务器通过反射的方式创建 Servlet 实例。

**7．调用 Servlet 实例的 service()方法**

（1）访问参数：在 service()方法中访问 Request 对象，获得用户提交的一些参数。

（2）处理结果：在 service()方法中将处理结果放入 Response 对象。

**8．取数据**

Servlet 引擎从 Response 对象中取出数据。

**9．打包**

Servlet 引擎将取出的数据封装好，该数据包符合 HTTP 的要求。

**10．发送响应**

浏览器将响应数据包中的数据取出，生成界面。

### 7.1.4 Servlet 通信

**1．HTTP**

HTTP（HyperText Transport Protocal，超文本传输协议）是一种应用层协议，定义了浏览器（也可以是其他程序）与 Web 服务器之间通信的过程与数据的格式。

**2．通信的过程**

（1）浏览器向服务器发送建立连接的请求。

（2）浏览器先将请求数据打包，再向服务器发送请求。

（3）服务器处理完请求，将数据打包发送给浏览器。

（4）服务器发送完数据，关闭连接。

如果浏览器要向服务器再次发送请求，则需要重新建立连接。也就是说，浏览器与服务器之间的连接只能处理一次请求，然后立即关闭，如图 7-2 所示。这种通信方式可以使服务器以有限的资源为更多的客户端服务。

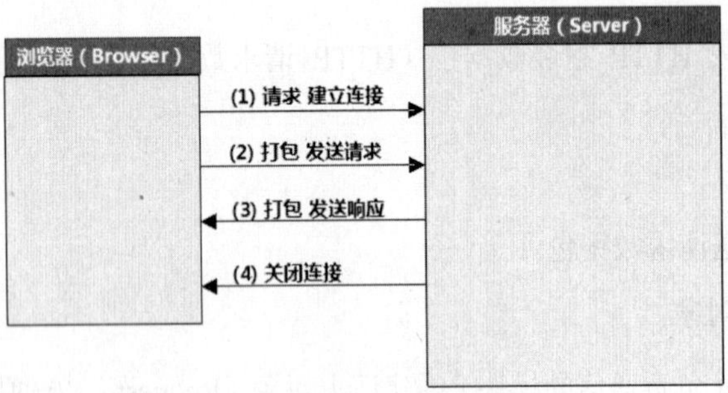


图 7-2 通信过程

**3．数据包的结构**

1）请求数据包的结构

第一部分：请求行（数据包中的一行内容），请求行包括如下 3 部分内容。

（1）请求方式（get/post）。

（2）请求资源路径（端口号之后的内容，如/appname/servlet）。

（3）协议的类型与版本。

第二部分：若干消息头（消息头是由 W3C 定义的一些有特殊含义的键值对）。

消息头的样式类似于 content-type= text/html;。

服务器和浏览器都会遵守这些消息头的约定。

消息头一般由服务器或者浏览器生成，也可以通过编程的方式生成。

第三部分：实体内容。

如果请求方式是 post 方式，则请求参数及值会放在此处。

如果请求方式是 get 方式，则请求参数与值包含在请求资源路径中。

2）响应数据包的结构

第一部分：状态行，包括以下几部分。

（1）协议的类型与版本。

（2）状态码（状态码是一个数字，不同的数字代表不同的含义），例如，500 表示系统错误（即程序代码有误），404 表示找不到资源（访问路径错误），200 表示正确。

（3）状态码的描述。

第二部分：若干消息头。

第三部分：实体内容，即服务器返回给浏览器的处理结果。

### 4．MyEclipse 抓包工具 TCP/IP Monitor

TCP/IP Monitor 相当于一个代理服务器。如图 7-3 所示，代理服务器接收浏览器的请求，并转发给服务器；服务器返回响应，代理服务器接收响应并返回给浏览器。

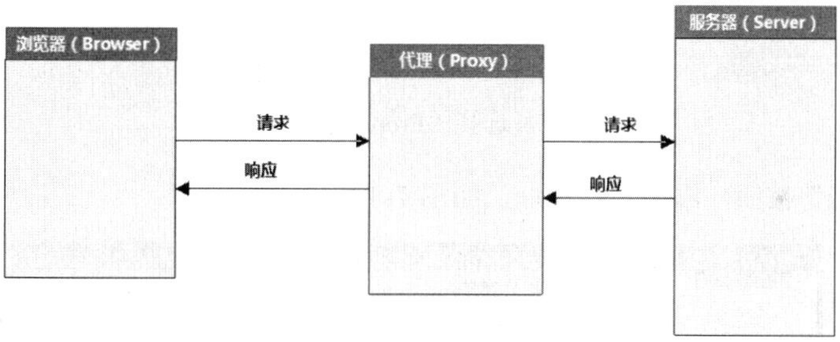


图 7-3　代理服务器工作原理

通过以下步骤可以打开该工具。

（1）选择“Window”→“Show View”→“Other”选项，如图 7-4 所示。

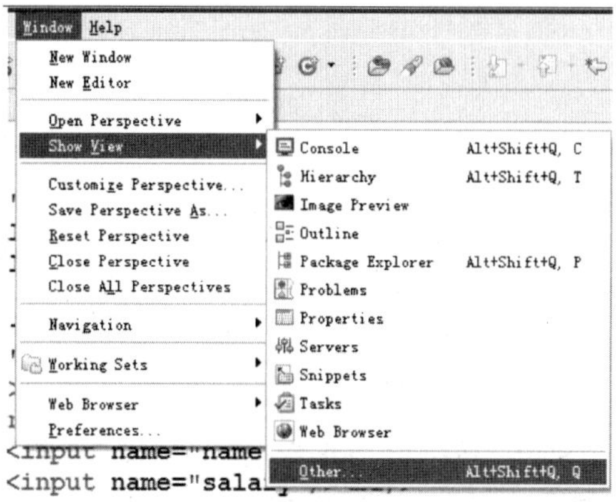


图 7-4　选择选项

（2）弹出“Show View”对话框，选择“TCP/IP Monitor”选项，如图 7-5 所示。

（3）选中后，打开 TCP/IP Monitor 面板，如图 7-6 所示。

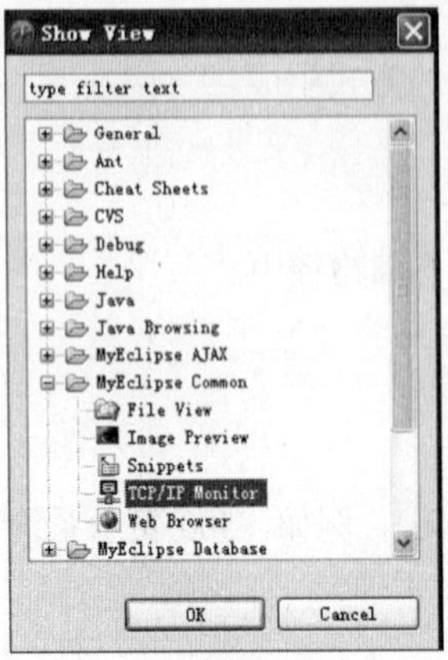


图 7-5 “Show View”对话框

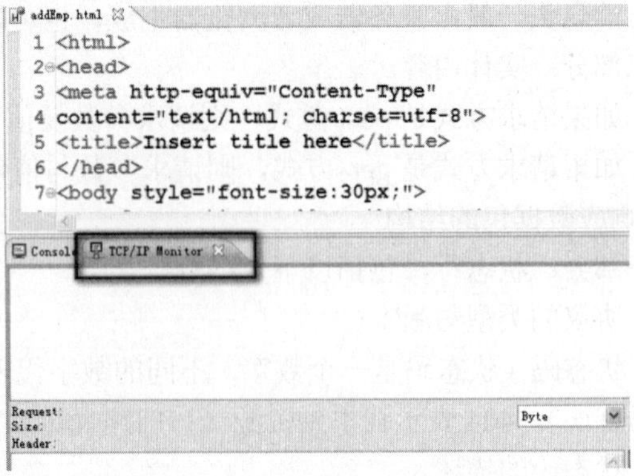


图 7-6 TCP/IP Monitor 面板

（4）右击，在弹出的快捷菜单中选择“Properties”选项，如图 7-7 所示。

图 7-7 选择“Properties”选项

（5）单击“add”按钮，添加监听地址，如图 7-8 所示。

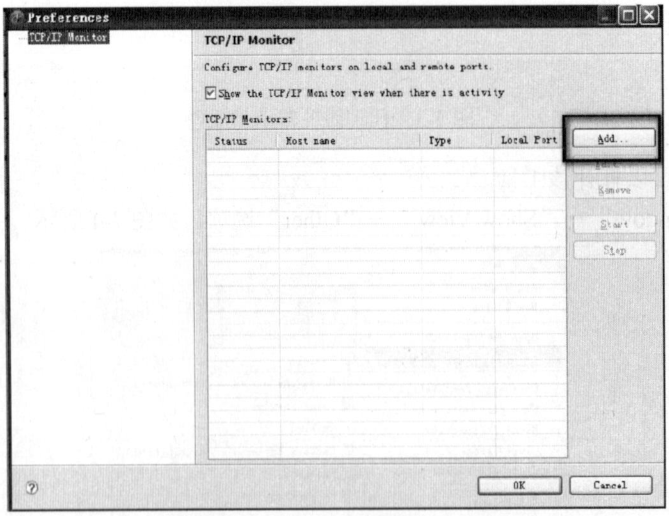


图 7-8 添加监听地址

（6）添加完成后，单击“Start”按钮和“OK”按钮，如图 7-9 和图 7-10 所示。

（7）当浏览器访问该地址后，可看到 TCP/IP Monitors 中显示了该地址的请求和响应数据，如图 7-11 所示。

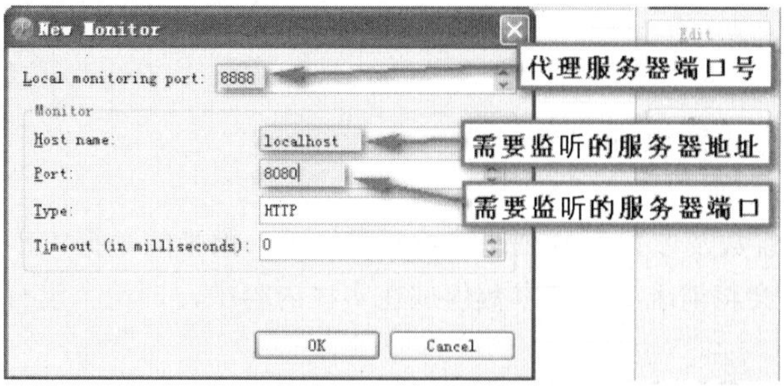


图 7-9　参数设置

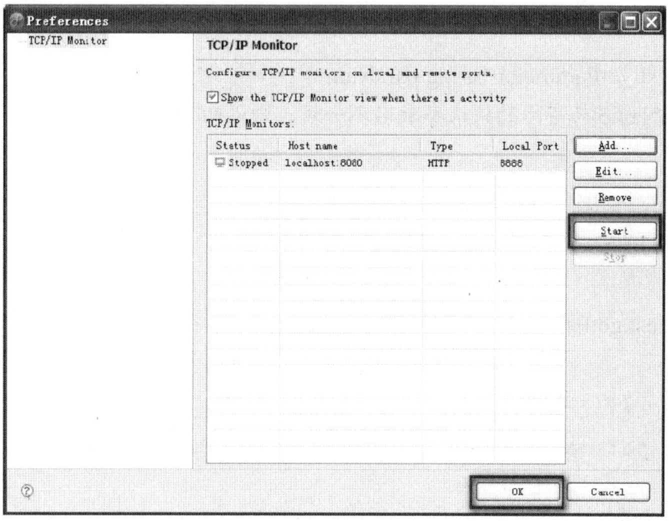


图 7-10　添加完成

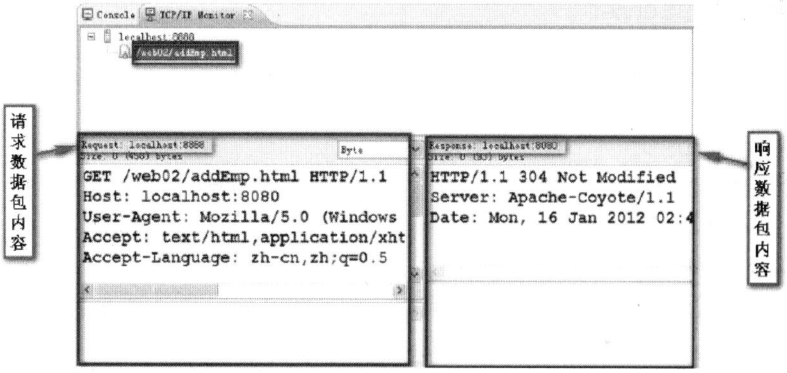


图 7-11　显示的地址请求和响应数据

### 5. get/post 请求

1）get 请求

get 请求包含如下几类。

（1）在浏览器地址栏中直接输入一个地址。

（2）表单默认的提交方式。

（3）单击链接。

2）post 请求

post 请求包含给表单设置 method="post"。

3）get/post 方式的区别

get 方式会将请求参数及参数值放在请求资源路径中，携带的数据大小有限制，不适用于提交大量的数据；post 方式会将请求参数及参数值放在实体内容中，理论上没有限制，适用于大量数据的提交。

从安全性上讲，post 方式相对安全（因为请求参数及值存放在实体内容中，而 get 方式会将请求参数及值显示在浏览器地址栏中）。但是要注意，post 方式并没有将数据加密。

### 6. 表单处理

（1）String request.getParameter(String paraName);。

**注意**：如果 paraName 与实际的请求参数名不一致，则返回 null；如果没有输入参数值，则返回""。

举例：

```
姓名：<input name="name">
String name = request.getParameter("name1");    //name 为 null
String name = request.getParameter("name");     //name 为文本框中的值
```

（2）String[] request.getParameterValues(String paraName);。在多个请求参数名相同的情况下使用。举例：

```
?interest=fishing&interest=cooking
String[] paramArr = request.getParameterValues("interest")
```

## 7.2 Servlet 的生命周期

### 1. 装载并实例化 Servlet

在整个生命周期中 Servlet 实例只有一个。

Servlet 的装载有如下两种方式。

1）延迟装载（默认方式）

当客户端发起一个请求第一次访问 Servlet 时，容器会将 Servlet 装载到虚拟机中并实例化，再次访问同一个 Servlet 时容器不会再装载并实例化。

2）预先装载

当 Web Server 启动，容器在装载 Web 应用的时候会将 Servlet 装载到虚拟机中并实例化。

这种方式必须在 web.xml 中描述：

```
<servlet>
    ...
    <load-on-startup>
        number
    </load-on-startup>
</servlet>
```

其中，number<0 表示采用延迟装载，number>=0 表示采用预先装载。

number 越小越先被装载，number 越大越晚被装载，number=0 时最先被装载。

### 2．init 方法的调用

当 Servlet 被装载并实例化后，容器会调用 init 方法对 Servlet 进行初始化，只有 init 方法调用成功后，Servlet 才处于 service 状态，能够处理客户端的请求。

注意：

① 在整个 Servlet 的生命周期中 init 方法仅被调用一次。

② 用户定义的 Servlet 中可以覆盖有参或无参的 init 方法，但是若覆盖有参 init 方法，则最好先调用 super.init(config)，再对变量 config 进行赋值初始化。而覆盖无参 init 可以不调用 super.init()，为了使用方便，推荐覆盖无参 init。

③ 用户定义的 Servlet 中可以不覆盖 init 方法，覆盖只是为了使用方便（例如，获得 web.xml 中描述的初始化参数）。

④ config 对象可以用来访问 Servlet 的初始化参数。

### 3．service 方法的调用

当 Servlet 被装载实例化并初始化后，客户端发起请求，容器就会调用 Servlet 实例的 service 方法并对请求进行处理。

注意：

① service 方法在生命周期中被调用多次，这与请求的次数有关。

② HttpServlet 的 service()方法会依据请求方式来调用 doGet()或者 doPost()方法。但是，这两个 do 方法默认情况下会抛出异常，需要子类去覆盖。

### 4．Servlet 实例的销毁

容器在销毁 Servlet 实例前会先调用 destroy()，在此方法中可以做下列工作。

（1）恢复一些初始化的变量。

（2）释放资源。

（3）控制所有运行在 Servlet 中的线程，使其在 Servlet 实例被销毁之前正常运行结束。

（4）记录日志信息。

注意：

① destroy()在生命周期中仅被调用一次。

② 用户定义的 Servlet 中可以不覆盖 destroy()。

### 5．Servlet 的线程安全问题

1）Servlet 线程安全问题产生的原因

在默认情况下，容器只会为每一个 Servlet 类创建一个唯一的实例，当有多个请求到达容器时，有可能有多个线程同时访问同一个实例。

2）解决方式

方式 1：加锁（可以对整个 service 方法加锁，或者对代码块加锁，建议使用代码块加锁）。

方式 2：使 Servlet 实现 SingleThreadModle 接口（不建议使用）。

SingleThreadModel 接口是一个标识接口（没有定义任何方法）。容器会为实现该接口的 Servlet 创建多个实例，即一个线程分配一个实例。这种方式创建了过多的 Servlet 实例，系统开销太多，不建议使用。

方式 3：Servlet 的属性尽量设置为可读的，不要去修改。

# 7.3 服务器内部和外部跳转

## 7.3.1 服务器内部跳转

服务器内部跳转是由客户端发送一个请求，请求一个服务器资源（Servlet、JSP、HTML），这个资源又将请求转到另一个服务器资源，然后给客户端发送一个响应，即在服务器内部从一个 Servlet 跳转到服务器端的另一个资源。

### 1. 获得请求分发器

获得请求分发器 RequestDispatcher 的方式有以下两种。

（1）调用 getRequestDispatcher 方法

```
RequestDispatcher dispatcher = request.getRequestDispatcher(url);
```

其中，url 指定要跳转的服务器端资源（如 Servlet Jsp Html 等）的 URL。

url 可以为绝对路径，如"/form/show"；也可以为相对路径，如"show"。

（2）使用 ServletContext。

```
ServletContext scx = super.getServletContext();
RequestDispatcher dispatcher = scx.getRequestDispatcher(url);
```

其中，url 只能是绝对路径（如"/form/show"）；ServletContext 为 Web 应用的上下文。

### 2. 内部跳转方式

内部跳转有两种方式。

1）forward 方式

```
dispatcher.forward(request,response);
```

2）include 方式

```
dispatcher.include(request,response);
```

这两种内部跳转的区别如下。

forward：会将 response 内部中的信息清空。

include：将写到输出流中的信息包含到 response 中，不会将 response 内部信息清空。

## 7.3.2 服务器外部跳转

服务器外部跳转即重定向。客户端发送一个请求给服务器端资源，这个服务器资源会先给客户端一个响应，客户端再根据这个响应中所包含的地址，再次向服务器端发送一个请求，即客户端跳转是两次请求、两次响应。

首先来了解一下 request（请求），request 属于 HttpServletRequest 类型，为 Servlet 中 doGet()或 doPost()方法的参数，与之对应的是 response。

### 1. 使用范围

request 从客户端的一次请求到 response 之前是存在的，但是在 response 之后不存在。

### 2. 使用语法

（1）向 request 中存放信息：

```
request.setAttribute(key,value);
```

其中，key 为 String 类型，value 为 Object 类型。

（2）从 request 中获取信息：

```
Object o = request.getAttribute(key);
```

（3）删除 request 中的信息：

```
request.removeAttribute(key);
```

下面来学习服务器外部跳转的使用方法。

跳转语法如下。

```
response.sendRedirect(url);
```

url 可以为绝对路径，如 request.getContextPath()+"/resource/dispatch"，其等价于

```
"/工程名称/resource/dispatch"
```

url 也可以为相对路径，如"dispatch"。

其功能是从一个 Servlet 重定向到服务器端的另一个资源。

注意，客户端发起了两次请求。

## 7.4 Session、Cookie、URL 重写

### 7.4.1 Session

浏览器访问服务器时，服务器会创建一个 Session 对象（该对象有一个唯一的 ID，一般称为 sessionId）。服务器在默认情况下，会将 sessionId 以 Cookie 机制发送给浏览器。当浏览器再次访问服务器时，会将 sessionId 发送给服务器。服务器依据 sessionId 即可找到对应的 Session 对象。通过使用这种方式即可管理用户的状态。

#### 1. 获得 Session 的方式

方式 1：

```
HttpSession session = request.getSession();
```

当第一次调用此方法时，容器会先获得从客户端发送过来的 Cookie，从中取出 jsessionid，若没有取到，则容器会构造一个新的 Session 对象并为之分配一个唯一的 jsessionid，并将这个 Session 对象放置在由容器维护的 Map 中，并构造一个 Cookie 对象来存放 jsessionid 的值，格式如下。

```
Cookie cookie = new Cookie("JSESSIONID","jsessionid的值");
```

然后调用：

```
response.addCookie(cookie);
```

将 Cookie 放置在 response 中，返回到客户端并保存在当前浏览器中。

当第二次调用此方法时，容器就可以从客户端发送来的 Cookie 中获得 jsessionid，并从 Map 中取出原来构造的 Session 对象。

方式 2：

```
HttpSession session = request.getSession(boolean create);
```

create=true 时，其和第一种方式相同。

create=false 时，若容器获取不到 Cookie 中的 jsessionid，则它不会构造一个新的 Session 对象，此方法直接返回 null。

### 2．Session 的使用方式

（1）向 Session 中存放信息：

```
session.setAttribute(key,value);
```

（2）从 Session 中获得信息：

```
Object o = session.getAttribute(key);
```

（3）将 Session 中的信息删除：

```
session.removeAttribute(key);
```

### 3．Session 的特点

（1）一个浏览器对应一个 Session（一个浏览器中存放当前 Session 的 jsessionid）

（2）在同一个浏览器中，一个 Session 可以跨越多个请求，多个请求可以共享同一个 Session。若有多个请求要共享信息，则可以放置在 Session 中。

（3）Session 是依赖于 Cookie 的，若 Cookie 功能被屏蔽，那么 Session 就不能使用了。

提示：将信息尽量存放在 request 中，存放在 Session 中的信息会占用系统资源。

### 4．Session 的失效方式

所谓失效就是指容器会将 Session 对象引用从 Map 中删除。

（1）session.invalidate()。

（2）关闭浏览器后，Session 在 30 分钟后会自动失效。

（3）用户在页面上不做任何操作，在 30 分钟后会失效。

（4）在 web.xml 中设置失效时间，即：

```
<session-config>
    <session-timeout>time（分钟）</session-timeout>
</session-config>
```

### 5．存放信息的 4 种范围

（1）applicationScope: --> ServletContext：针对整个 Web 应用范围，可以跨越多个 Session，跨越多个浏览器。

（2）sessionScope: --> session(HttpSession)：针对一个浏览器范围，可以跨越多个 request。

（3）requestScope: --> request（HttpServletRequest）：针对一个请求范围，可以跨越多个 page、Servlet。

（4）pageScope: --> PageContext(jsp)：针对一个页面或者一个 Servlet 范围。

### 6．Cookie 和 Session 的比较

（1）两者都可以用来跟踪和保存客户端的状态信息。

（2）Cookie 在服务器端创建，在客户端保存；Session 在服务器端创建，在服务器端保存。

（3）Cookie 中只能存放 String 类型，而 Session 中可以存放 Object 类型。

（4）Session 是依赖于 Cookie 的，jsessionid 存放在 Cookie 中并保存在客户端的浏览器中。

### 7.4.2　Cookie

Cookie 是在服务器端构造的对象，在 Cookie 中可以以文本形式保存客户端的状态信息（如登录的用户名和密码），将 Cookie 对象放置在 response 中返回并保存在客户端。通过这种方式，可以管理用户的状态。

（1）服务器端生成 Cookie 的方式。语法：

```
Cookie cookie = new Cookie(cookieName,cookieValue);
```

cookieName 为 String 类型，cookieValue 为 String 类型。

举例：

```
Cookie cookie = new Cookie("username","jack");
Cookie cookie2 = new Cookie("password","888888");
```

（2）设置 Cookie 保存在客户端的存活期。

语法：

```
cookie.setMaxAge(int time);
```

time 为 Cookie 存活期的时间（单位为秒），默认为–1。

time > 0 时，Cookie 被保存在客户端的某个文件中。

time < 0 时，Cookie 被保存在客户端的浏览器中。

time = 0 时，表示删除浏览器中同名的 Cookie。

**注意：**

① 当 time > 0 时，若超过了 Cookie 的存活期，那么在下次请求时，浏览器不会把 Cookie 放置在 request 中并发往服务器端。

② 当 time < 0 时，在关闭浏览器后，保存在浏览器中的 Cookie 也不会存在。

（3）将 Cookie 放置在 response 中并返回到客户端。语法：

```
response.addCookie(cookie);
```

（4）删除 cookie。

举例：删除一个 name 为“cookie1”的 cookie。

```
Cookie c = new Cookie("username","");
c.setMaxAge(0);
response.addCookie(c);
```

（5）在服务器端获得从客户端发送的所有 Cookie。语法：

```
Cookie[] cookies = request.getCookies();
```

（6）Cookie 功能可以被浏览器屏蔽。

目的：解决安全隐患问题。

屏蔽的特点：在 Cookie 被浏览器屏蔽后，服务器端返回 response 中的 Cookie 不会被浏览器接收，客户端发起请求后浏览器也不会把保存在客户端的 Cookie 放在 request 中发送到服务器端。

（7）Cookie 的限制如下。

Cookie 的大小有限制（4KB 左右）。

Cookie 的数量有限制（浏览器大约能保存 300 个）。

Cookie 的值只能是字符串，要考虑编码问题。

## 7.4.3 URL 重写

### 1．定义

为了解决在用户禁止 Cookie 以后，如何继续使用 Session 这个问题，可以使用 URL 重写机制。如果要访问的 Web 组件（jsp/servlet）需要 Session 机制的支持，则不能直接输入该 Web 组件的地址，而应该使用服务器生成的包含 sessionId 的地址。

### 2．编程

URL 重写有如下两种方式。

方式 1：适用于链接、表单提交。

```
response.encodeURL(String url);
```

方式 2：适用于重定向。

```
response.encodeRedirectURL(String url);
```

### 3．方式 1 使用案例

（1）新建 test.jsp。

```
<body style="font-size:30px">
  <a href="count">visit countServlet</a>
</body>
```

（2）编写 CountServlet.java。

```
import java.io.IOException;
import java.io.PrintWriter;
import javax.servlet.ServletException;
import javax.servlet.http.HttpServlet;
import javax.servlet.http.HttpServletRequest;
import javax.servlet.http.HttpServletResponse;
import javax.servlet.http.HttpSession;

public class CountServlet extends HttpServlet {
    public void service(HttpServletRequest request, HttpServletResponse response)
            throws ServletException, IOException {
        response.setContentType("text/html;charset=utf-8");
        PrintWriter out = response.getWriter();
        HttpSession session =
            request.getSession();
        //session.setMaxInactiveInterval(30);
        System.out.println(session.getId());
        Integer count =
            (Integer)session.getAttribute("count");
        if(count == null){
            //第一次访问
            count = 1;
        }else{
            count ++;
```

```
            }
            session.setAttribute("count", count);
            out.println("你是第:" + count + " 次访问");
            session.invalidate();
            out.close();
        }
    }
```

（3）在 web.xml 中添加 Servlet 配置。

```
<servlet>
    <servlet-name>CountServlet</servlet-name>
    <servlet-class>CountServlet</servlet-class>
  </servlet>
  <servlet-mapping>
    <servlet-name>CountServlet</servlet-name>
    <url-pattern>/count</url-pattern>
  </servlet-mapping>
```

（4）当 Cookie 没有禁止时访问 test.jsp，单击其中的链接，访问 CountServlet。图 7-12 所示为访问 CountServlet 的流程图。

对该流程图的说明如下。

① 浏览器访问 test.jsp。

② 服务器为该浏览器用户创建一个 Session 对象，用于保存此次会话的数据。

③ 服务器将 sessionId 返回给浏览器，并返回生成的显示给用户的页面。

④ 浏览器将服务器传回的 sessionId 保存到内存中。

⑤ 当用户单击链接时，浏览器发送带 sessionId 的请求给服务器。

⑥ 服务器中的 CountServlet 通过该 sessionId 找到该用户对应的 Session 并做计数操作。

⑦ CountServlet 将计数结果和页面返回给用户浏览器。

（5）当 Cookie 没有禁止时，修改 test.jsp。

```
<body style="font-size:30px">
  <a href="<%=response.encodeURL("count")%>">visit countServlet</a>
</body>
```

（6）访问 test.jsp，单击链接，访问地址变为 http://localhost:8080/project_name/count;jsessionid=596A1BC51F79553E341AF3B0F5257828。

访问 CountServlet 的流程图如图 7-13 所示。

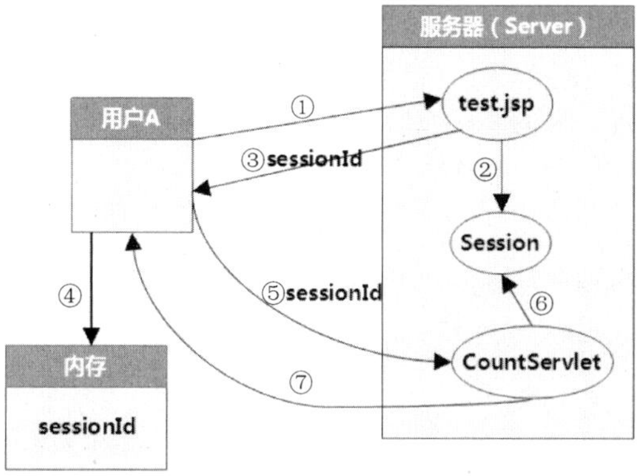


图 7-12　访问 CountServlet 流程图

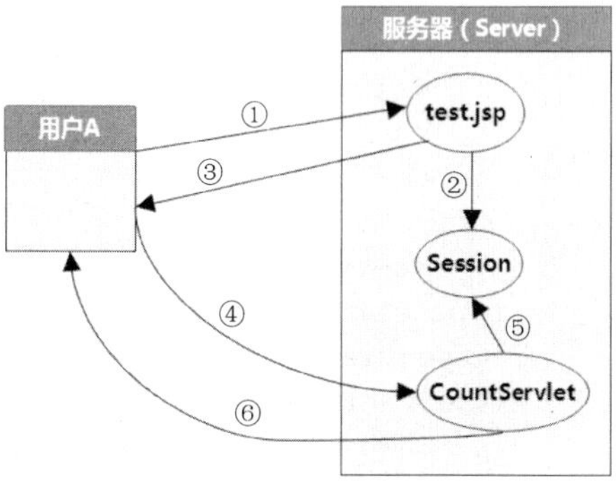


图 7-13　访问 Servlet 流程图

对该流程图的说明如下。

① 浏览器访问 test.jsp。

② 服务器创建 Session 对象。

③ test.jsp 将页面和 SessionId 返回给浏览器。

因为浏览器禁用了 Cookie，所以浏览器并不保存 sessionId，为了继续使用 Session，因此在 test.jsp 中重写了 URL，所以此时 test.jsp 返回给浏览器一个带有 sessionId 的链接地址：http://localhost:8080/project_name/count;jsessionid=596A1BC51F79553E341AF3B 0F5257828。

④ 当用户单击链接时，向服务器发送的请求中包含了 sessionId。

⑤ 服务器通过这个 sessionId 可以找到对应的 Session。

⑥ CountServlet 将计数结果和页面返回给用户浏览器。

### 4．方式 2 使用案例

（1）新建 SomeServlet.java。

```
public class SomeServlet extends HttpServlet{
  public void service(HttpServletRequest request,HttpServletResponse response)
    throws ServletException,IOException{
    HttpSession session = request.getSession();
    session.setAttribute("name","sdd");
    response.sendRedirect("other");
  }
}
```

（2）新建 OtherServlet。

```
public class OtherServlet extends HttpServlet{
  public void service(HttpServletRequest request,HttpServletResponse response)
    throws ServletException,IOException{
    response.setContentType("text/html");
    PrintWriter out = response.getWriter();
    HttpSession session = request.getSession();
    String name = (String)session.getAttribute("name");
    out.println(name);
    out.close();
  }
}
```

（3）web.xml 中的 Servlet 配置。

```
<servlet>
    <servlet-name>SomeServlet</servlet-name>
    <servlet-class>SomeServlet</servlet-class>
</servlet>
<servlet>
    <servlet-name>OtherServlet</servlet-name>
    <servlet-class>OtherServlet</servlet-class>
</servlet>
<servlet-mapping>
    <servlet-name>SomeServlet</servlet-name>
    <url-pattern>/some</url-pattern>
</servlet-mapping>
```

```
<servlet-mapping>
    <servlet-name>OtherServlet</servlet-name>
    <url-pattern>/other</url-pattern>
</servlet-mapping>
```

（4）浏览器没有禁用 Cookie 时，部署项目，访问 http://localhost:8080/project_name/some，访问后浏览器会自动重定向到 http://localhost:8080/ project_name/other，并显示放入 Session 中的内容，此时浏览器会显示 ssd。

（5）禁用 Cookie 后，再次访问 http://localhost:8080/project_name/some，访问后浏览器会自动重定向到 http://localhost:8080/project_name/other，此时浏览器会显示 null，说明没有找到要访问的 Session。

（6）修改 Somervlet.java，对 URL 进行重写。

```
public class SomeServlet extends HttpServlet{
  public void service(HttpServletRequest request,HttpServletResponse response)
    throws ServletException,IOException{
    HttpSession session = request.getSession();
    session.setAttribute("name","sdd");
    response.sendRedirect(response.encodeRedirectURL("other"));
  }
}
```

修改后重新访问，会看到访问地址中加入了 sessionId 并且浏览器中显示 ssd，说明找到了要访问的 Session。

## 7.5 ServletConfig 与 ServletContext

在编写 servlet 过程中，需要用到 ServletConfig、ServletContext 对象，对这两种对象的介绍如下：

ServletContext 对象：Servlet 容器在启动时会加载 Web 应用，并为每个 Web 应用创建唯一的 ServletContext 对象，可以把 ServletContext 看成是一个 Web 应用的服务器端组件的共享内存，在 ServletContext 中可以存放共享数据。ServletContext 对象是真正的一个全局对象，凡是 Web 容器中的 Servlet 都可以访问。

ServletConfig 对象：用于封装 Servlet 的配置信息。从一个 Servlet 被实例化后，对任何客户端在任何时候访问有效，但仅对 Servlet 自身有效，一个 Servlet 的 ServletConfig 对象不能被另一个 Servlet 访问。

在 Servlet 中如何获取 ServletContext 对象和 ServletConfig 对象，请看下面代码：

Servlet1 的代码：

```
import javax.servlet.ServletConfig;
import javax.servlet.ServletException;
import javax.servlet.ServletRequest;
import javax.servlet.ServletResponse;
import javax.servlet.http.HttpServlet;

public class Servlet1 extends HttpServlet{

@Override
public void init() throws ServletException
```

```
{
    ServletConfig config = this.getServletConfig();
    System.out.println("Servlet1 config=="+config);
    System.out.println("Servlet1 间接获取 context==" +config.
                        getServletContext() );
    System.out.println("Servlet1 直接获取 context==" + this.
                        getServletContext());
    System.out.println("Servlet1 param_value==" + config.getInitParameter
                        ("servlet1_param_name"));
    System.out.println("context_value==" + this.getServletContext().
                        getInitParameter("context_param"));
    System.out.println("**********************************");
}

@Override
public void service(ServletRequest req, ServletResponse resp)
        throws ServletException{

}

@Override
public void destroy() {

    }
}
```

Servlet2 的代码：

```
import javax.servlet.ServletConfig;
import javax.servlet.ServletException;
import javax.servlet.ServletRequest;
import javax.servlet.ServletResponse;
import javax.servlet.http.HttpServlet;

    public class Servlet2 extends HttpServlet {
     @Override
     public void init() throws ServletException
     {
         ServletConfig config = this.getServletConfig();
         System.out.println("Servlet2 config=="+config);
         System.out.println("Servlet2 间接获取 context==" +config.
                             getServletContext());
         System.out.println("Servlet2 直接获取 context==" + this.
                             getServletContext());
         System.out.println("Servlet2 param_value==" + config.
                             getInitParameter("servlet2_param_name"));
         System.out.println("context_value==" + this.getServletContext().
                             getInitParameter("context_param"));
         System.out.println("**********************************");
     }

     @Override
```

```
    public void service(ServletRequest req, ServletResponse resp)
            throws ServletException{

    }

    @Override
    public void destroy() {

    }
}
```

web.xml 文件的配置：

```
<?xml version="1.0" encoding="UTF-8"?>
<web-app version="2.4"
    xmlns="http://java.sun.com/xml/ns/j2ee"
    xmlns:xsi="http://www.w3.org/2001/XMLSchema-instance"
    xsi:schemaLocation="http://java.sun.com/xml/ns/j2ee
    http://java.sun.com/xml/ns/j2ee/web-app_2_4.xsd">
<servlet>
    <servlet-name>servlet_1</servlet-name>
    <servlet-class>com.test.servlet.Servlet1</servlet-class>
    <init-param>
        <param-name>servlet1_param_name</param-name>
        <param-value>value1</param-value>
    </init-param>
    <load-on-startup>1</load-on-startup>
</servlet>
<servlet>
    <servlet-name>servlet_2</servlet-name>
    <servlet-class>com.test.servlet.Servlet2</servlet-class>
    <init-param>
        <param-name>servlet2_param_name</param-name>
        <param-value>value2</param-value>
    </init-param>
        <load-on-startup>0</load-on-startup>
    </servlet>
    <context-param>
        <param-name>context_param</param-name>
        <param-value>value3</param-value>
    </context-param>
    <welcome-file-list>
        <welcome-file>index.jsp</welcome-file>
    </welcome-file-list>
</web-app>
```

部署到 Tomcat 中，然后启动服务，在控制台打印出如下信息：

```
Servlet2 config==org.apache.catalina.core.StandardWrapperFacade@13d422d
Servlet2 间接获取 context==org.apache.catalina.core.ApplicationContextFacade@1123c5f
Servlet2 直接获取 context==org.apache.catalina.core.ApplicationContextFacade@1123c5f
Servlet2 param_value==value2
context_value==value3
```

```
**********************************
Servlet1 config==org.apache.catalina.core.StandardWrapperFacade@14683c0
Servlet1 间接获取 context==org.apache.catalina.core.ApplicationContextFacade@1123c5f
Servlet1 直接获取 context==org.apache.catalina.core.ApplicationContextFacade@1123c5f
Servlet1 param_value==value1
context_value==value3
**********************************
```

通过控制台打印的信息可以得出如下结论：

（1）在 web.xml 配置文件中，对每个 Servlet 的配置里，有一项<load-on-startup></load-on-startup>，它的含义是：标记容器是否在启动的时候就加载这个 Servlet。当值为 0 或者大于 0 时，表示容器在应用启动时就加载这个 Servlet；当是一个负数时或者没有指定时，则指示容器在该 Servlet 被选择时才加载。正数的值越小，启动该 Servlet 的优先级越高。

Servlet_2 虽然配置在 Servlet_1 后面，但是它的 load-on-startup 为 0，启动的优先级高于 Servlet_1，所以 Servlet_2 先启动。

（2）获取 ServletContext 的两种方式为：直接获取和间接获取，得到的对象都是同一个。同时在 Servlet1 和 Servlet2 中取得的 ServletContext 对象都是同一个对象，说明整个 Web 应用都只有一个唯一的 ServletContext 实例。

（3）Servlet1 与 Servlet2 的 ServeletConfig 对象是不一样的，说明 ServletConfig 对象的作用范围仅在 Servlet 中。

## 7.6 Filter（Servlet 过滤器）

Servlet 过滤器 Filter 是在 Java Servlet 规范 2.3 中定义的，它能够对 Servlet 容器的请求和响应对象进行检查和修改，它在 Servlet 被调用之前检查 Request 对象，修改 Request Header 和 Request 内容；在 Servlet 被调用之后检查 Response 对象，修改 Response Header 和 Response 内容。Servlet 过滤器负责过滤的 Web 组件可以是 Servlet、JSP 或 HTML 文件，具有以下特点：

（1）Servlet 过滤器可能检查和修改 ServletRequest 和 ServletResponse 对象；

（2）可以指定 Servlet 过滤器和特定的 URL 关联，只有当客户请求访问此 URL 时，才会触发该过滤器工作；

（3）多个 Servlet 过滤器可以被串联起来，形成管道效应，协同修改请求和响应对象；

（4）所有支持 Java Servlet 规范 2.3 的 Servlet 容器，都支持 Servlet 过滤器。

所有的 Servlet 过滤器类都必须实现 javax.servlet.Filter 接口。该接口定义了以下 3 个方法：

（1）init(FilterConfig)：这是 Servlet 过滤器的初始化方法，Servlet 容器创建 Servlet 过滤器实例后就会调用这个方法。在这个方法中可以通过 FilterConfig 来读取 web.xml 文件中 Servlet 过滤器的初始化参数。

（2）doFilter(ServletRequest, ServletResponse, FilterChain)：这是完成实际的过滤操作的方法，当客户请求访问与过滤器关联的 URL 时，Servlet 容器先调用该方法。FilterChain 参数用来访问后续的过滤器的 doFilter()方法。

（3）destroy()：Servlet 容器在销毁过滤器实例前调用该方法，在这个方法中，可以释放过滤器占用的资源。

下面是一个过滤器的例子，它可以拒绝列在黑名单上的客户访问留言簿，而且能将服务器响应客户请求所花的时间写入日志：

```
//WEB-INF/classes/NoteFilter.class
import java.io.*;
import javax.servlet.*;
import javax.servlet.http.*;

public class NoteFilter implements Filter{
      private FilterConfig config=null;
      private String blackList=null;
      public void init(FilterConfig config)throws ServletException{
            this.config=config;
            blackList=config.getInitParameter("blacklist");
      }

      public void destroy(){
            config=null;
      }

      public void doFilter(ServletRequest request, ServletResponse response,
                          FilterChain chain)
            throws IOException, ServletException{
            String userName=((HttpServletRequest)request).getParameter
                          ("user_name");
            if(userName!=null)
                  userName=new String(userName.getBytes("ISO-8859-
                                    1"),"GB2312");
            if(userName!=null && userName.indexOf(blackList)!=-1){
                  PrintWriter out=response.getWriter();
                  out.print("<html><body>");
                  out.print("<h1>对不起，"+userName+"，你没有权限留言</h1>");
                  out.print("</body></html>");
                  out.flush();
                  return;
            }

            long before=System.currentTimeMillis();
            config.getServletContext().log("NoteFilter:before call chain.
                                          doFilter()");
            chan.doFilter(request, response);
            config.getServletContext().log("NoteFilter:after call chain.
                                          doFilter()");
            logn after=System.currentTimeMillis();
            String name="";
            if(request instanceof HttpServletRequest)
                  name=((HttpServletRequest)request).getRequestURL();
            config.getServletContext().log("NoteFilter:"+name+":"+(after-
                                          before)+"ms");
      }
}
```

发布 Servlet 过滤器，必须在 web.xml 文件中加入<filter>和<filter-mapping>元素，如下：

```
<filter>
      <filter-name>NoteFilter</filter>
      <filter-class>NoteFilter</filter-class>
```

```
        <init-param>
            <param-name>blackList</param-name>
            <param-value>捣蛋鬼</param-value>
        </init-param>
    <filter>
    <filter-mapping>
        <filter-name>NoteFilter</filter-name>
        <url-pattern>/note</url-pattern>
    </filter-mapping>
```

多个过滤器可以串连起来协同工作，Servlet 容器将根据它们在 web.xml 中定义的先后顺序，依次调用它们的 doFilter()方法。而这些过滤之间的关系不需要任何配置。

## 7.7 Listener（Servlet 监听器）

Listener 采用了观察者模式（24 种模式之一），Listener 是 Servlet 的监听器，它可以监听客户端的请求、服务器端的操作等， 通过监听器，可以自动激发一些操作。比如：监听在线用户数量。

在 Servlet API 中有一个 ServletContextListener 接口，它能够监听 ServletContext 对象的生命周期，实际上就是监听 Web 应用的生命周期。

当 Servlet 容器启动或终止 Web 应用时，会触发 ServletContextEvent 事件，该事件由 ServletContextListener 来处理。在 ServletContextListener 接口中定义了处理 ServletContextEvent 事件的两个方法。

（1）contextInitialized(ServletContextEvent sce)：当 Servlet 容器启动 Web 应用时调用该方法。在调用完该方法之后，容器再对 Filter 初始化，并且对那些在 Web 应用启动时就需要被初始化的 Servlet 进行初始化。

（2）contextDestroyed(ServletContextEvent sce)：当 Servlet 容器终止 Web 应用时调用该方法。在调用该方法之前，容器会先销毁所有的 Servlet 和 Filter 过滤器。

Listener 主要分三种：

（1）监听应用启动和关闭，需要实现 ServletContextListener 接口；

（2）监听 session 的创建与销毁；属性的新增、移除和更改，需要实现 HttpSessionListener 和 HttpSessionAttributeListener 接口；

（3）HttpSessionBindingListener 接口。

第一种：实现 ServletContextListener 接口，接口有两个方法：

```
1)public void contextInitialized(ServletContextEvent sce); //应用启动事件
2)public void contextDestroyed(ServletContextEvent sce); //应用停止事件
```

示例代码：

```
package com.pandita.servlet.listener;
import java.text.SimpleDateFormat;
import java.util.Date;
import javax.servlet.ServletContextEvent;
import javax.servlet.ServletContextListener;

/**
 * 监听 web 应用的启动和停止
```

```
 * @author Bsoft
*
*/
public class ApplicationListener implements ServletContextListener {
    public static long applicationInitialized = 0L;
    //测试时在 myeclipse 里面点击停止按钮无法触发此方法，进入 tomcat 的 bin 目录下执行
    shutdown.bat 就可以看到输出语句
    public void contextDestroyed(ServletContextEvent servletcontextevent) {
        System.out.println("ApplicationListener : 监听到应用关闭了！");
    }

    public void contextInitialized(ServletContextEvent servletcontextevent) {
        applicationInitialized = System.currentTimeMillis();
        SimpleDateFormat sdf = new SimpleDateFormat("yyyy-MM-dd HH:mm:ss");
        String datestr = sdf.format(new Date(applicationInitialized));
        System.out.println("ApplicationListener : 监听到应用启动时间为"+ datestr);
    }
}
```

第二种：实现 HttpSessionListener 和 HttpSessionAttributeListener 接口

HttpSessionListener 接口有两个方法：

```
1) public void sessionCreated(HttpSessionEvent httpsessionevent);
2) public void sessionDestroyed(HttpSessionEvent httpsessionevent);
```

HttpSessionAttributeListener 接口有三个方法：

```
1) public void attributeAdded(HttpSessionBindingEvent httpsessionbindingevent);
2) public void attributeRemoved(HttpSessionBindingEvent httpsessionbindingevent);
3) public void attributeReplaced(HttpSessionBindingEvent httpsessionbindingevent);
```

示例代码：

```
package com.pandita.servlet.listener;
import javax.servlet.http.HttpSession;
import javax.servlet.http.HttpSessionAttributeListener;
import javax.servlet.http.HttpSessionBindingEvent;
import javax.servlet.http.HttpSessionEvent;
import javax.servlet.http.HttpSessionListener;

public class SessionListener implements HttpSessionListener ,
HttpSessionAttributeListener {
    private static int activeSessions = 0;
    //计算活动会话的数量
    public void sessionCreated(HttpSessionEvent arg0) {
        activeSessions ++ ;
        System.out.println("SessionListener : 新建了一个 session，当前
                                session 数量为"+ activeSessions);
    }
    public void sessionDestroyed(HttpSessionEvent arg0) {
        System.out.println("SessionListener : session 被销毁了，可以在销毁
                                session 的时候做一些操作");
    }
```

```
        @SuppressWarnings("unchecked")
        public void attributeAdded(HttpSessionBindingEvent arg0) {
            String attributeName = arg0.getName();
            HttpSession session = arg0.getSession();
            System.out.println("SessionListener : session 被添加了属性"+
            attributeName +", 属性值为"+ session.getAttribute(attributeName));
        }
        public void attributeRemoved(HttpSessionBindingEvent arg0) {
        String attributeName = arg0.getName();
        System.out.println("SessionListener :"+attributeName+"属性被从 session
                            上移除了");
        }
        public void attributeReplaced(HttpSessionBindingEvent arg0) {
            String attributeName = arg0.getName();
            HttpSession session = arg0.getSession();
            System.out.println("SessionListener :"+ attributeName +"属性被重新
            设置值了, 新值为"+ session.getAttribute(attributeName));
        }
    }
```

第三种：实现 HttpSessionBindingListener 接口

接口的两个方法：

```
1)public void valueBound(HttpSessionBindingEvent event)//当对象正在被绑定到
  Session 中,Servlet 容器调用这个方法来通知该对象
2)public void valueUnbound(HttpSessionBindingEvent event)//当从 Session 中
  删除对象时, Servlet 容器调用这个方法来实现了 HttpSessionBindingListener 接
  口的对象, 而这个对象可以利用 HttpSessionBindingEvent 对象来访问与它相联系
```

如果一个对象实现了 HttpSessionBindingListener 接口，当这个对象被绑定到 Session 中或者从 session 中被删除时，Servlet 容器会通知这个对象，而这个对象在接收到通知后，可以做一些初始化或清除状态的操作。

利用 HttpSessionBindingListener 接口，编写一个在线人数统计的程序。当一个用户登录时，添加 Session 到在线人名单中，当一个用户退出时或者 Session 超时时，从在线人名单中删除该用户。在 OnlineUserList 这个类中，应用单例模式，向程序提供一个全局访问点。

OnlineUserList.java 类代码：

```
package com.pandita.servlet.listener;
import java.util.Enumeration;
import java.util.Vector;

public class OnlineUserList {
    //单例模式
    private static final OnlineUserList userlist = new OnlineUserList();
    private Vector<String> v = new Vector<String>();
    public OnlineUserList(){
    }
    public static OnlineUserList getInstance(){
        return userlist;
    }
```

```
    public Enumeration<String> getUserList(){
        return v.elements();
    }
    public int getUserCount(){
        return v.size();
    }
    public boolean isExist(String username){
        if(v.indexOf(username) >= 0){
            return true;
        }
        return false;
    }
    public void addUser(String username){
        if(username != null){
            if(isExist(username)){
        return ;
        }
        v.addElement(username);
    }
}
    public void removeUser(String username){
        if(username != null){
            v.removeElement(username);
    }
    }
}
```

BindingListener.java 类代码:

```
package com.pandita.servlet.listener;
import javax.servlet.http.HttpSessionBindingEvent;
import javax.servlet.http.HttpSessionBindingListener;

public class BindingListener implements HttpSessionBindingListener {
    private String username ="";
    private OnlineUserList userlist = OnlineUserList.getInstance();
    public BindingListener(String username) {
        this.username = username;
    }
    //启动加载监听类，上面定义了一个带参数的构造器，如不写出类的默认构造器，则会抛错
    java.lang.InstantiationException

    public BindingListener(){
    }
    public void setUserName(String username){
        this.username = username;
    }
    public String getUserName(){
        return this.username;
    }
    public boolean isExist(String username){
        return userlist.isExist(username);
```

```
    }
    @SuppressWarnings("unchecked")
    public void valueBound(HttpSessionBindingEvent arg0) {
        System.out.println("BindingListener : 我被当做属性绑定到 session 中了。");
        userlist.addUser(this.username);
    }
    public void valueUnbound(HttpSessionBindingEvent arg0) {
        System.out.println("BindingListener : 我被 session 从属性列表中移除了。");
        userlist.removeUser(this.username);
    }
}
```

Servlet 代码：

```
package com.pandita.servlet;

import java.io.IOException;
import java.io.OutputStreamWriter;
import javax.servlet.Servlet;
import javax.servlet.ServletConfig;
import javax.servlet.ServletException;
import javax.servlet.http.HttpServlet;
import javax.servlet.http.HttpServletRequest;
import javax.servlet.http.HttpServletResponse;
import javax.servlet.http.HttpSession;

public class ScriptLoader extends HttpServlet implements Servlet{
    private static final long serialVersionUID = 5450443744150750822L;
    public void init(ServletConfig config) throws ServletException {
    }
    public void doGet(HttpServletRequest req, HttpServletResponse resp)
                    throws IOException
    {
        HttpSession session = req.getSession(true);
        System.out.println("getSession()方法触发了 SessionListener 监听类的
                        sessionCreated()方法！");
        session.setAttribute("username",session.getServletContext().
                         getInitParameter("username"));
        session.setAttribute("password",session.getServletContext().
                         getInitParameter("password"));
        System.out.println("session 的 setAttribute()方法触发了
                       SessionListener 监听类的 attributeAdded()方法！");
        session.removeAttribute("username");
        System.out.println("session 的 removeAttribute()方法触发了
                     SessionListener 监听类的 attributeRemoved()方法！");
        session.setAttribute("password","bsoftbsoft");
        BindingListener bl = new BindingListener((String) session.
                        getAttribute("username"));
        session.setAttribute("binding", bl);
        session.removeAttribute("binding");
        session.invalidate();
        System.out.println("session 的 invalidate()方法触发了
```

```
                    SessionListener 监听类的 sessionDestroyed()方法！");
    }
    public void doPost(HttpServletRequest req, HttpServletResponse
                    resp)throws ServletException, IOException {
    }
}
```

## 习题

1. 简述对容器和组件的理解。
2. 简述 Servlet 的生命周期。
3. 什么情况下调用 doGet()和 doPost()？
4. Servlet 中 forward()和 redirect()有何区别？

# 第8章 JSP

本章主要内容：

- JSP 定义
- JSP 文件的组成
- JSP 环境
- JSP 的生命周期
- JSP 的使用
- JSP 脚本元素
- JSP 中的注释
- 动作元素
- JSP 中默认的内置对象
- JSP 模型
- JavaBean
- EL 表达式
- JSTL

本章主要讲述了 JSP 的定义、JSP 文件的组成、JSP 环境、JSP 的生命周期、JSP 的使用、JSP 脚本元素、JSP 中的注释、动作元素、JSP 中默认的内置对象、JSP 模型、JavaBean、EL 表达式、JSTL 等内容，通过本章的学习，读者会知道如何在前端页面中显示 Java 服务器端的数据。

## 8.1 JSP 相关概念

### 1. JSP 定义

JSP（Java Server Page，Java 服务器端页面）技术是 Sun 公司制定的一种服务器端动态页面生成技术的规范。因为直接使用 Servlet 生成页面，如果页面比较复杂，则代码过于繁琐，并且难以维护，所以对于比较复杂的页面，使用 JSP 会更容易编写和维护。一个 JSP 实际上就是一个 Servlet。

### 2. JSP 文件的组成

1）HTML（包括 CSS、JavaScript）

HTML 直接写在.JSP 文件里即可。

2）Java 代码

第一种形式：Java 代码片断。

语法：

```
<% Java 代码 %>
```

第二种形式：JSP 表达式。

语法：

```
<%= Java 表达式%>
```

第三种形式：JSP 声明。

语法：

```
<%!  %>
```

3）指令

所谓指令，就是告诉 JSP 引擎（容器中负责将.JSP 文件转换成.java 文件，并在运行时为 JSP 提供一些辅助支持的模块），在将.JSP 文件转换成.java 文件时，做一些额外的处理。

语法：

```
<%@ 指令名 属性名=属性值%>
```

（1）page 指令。

① import 属性：用于导包，如<%@page import="java.util.*,java.text.*"%>。

② pageEncoding 属性：告诉 JSP 引擎.JSP 文件保存时的编码。

③ contentType 属性：等价于 response.setContentType()。

④ session 属性：true（默认）/false。如果值为 false，则对应的 Servlet 代码中不会生成声明和创建 session 的代码，即不能使用 Session 隐含对象。

⑤ isELIgnored 属性：true（默认）/false，是否忽略 el 表达式，如果为 true，则忽略。

⑥ isErrorPage 属性：true/false（默认），当前 JSP 是否为一个错误处理页面，如果为 true，则表示是错误处理页面。

⑦ errorPage 属性：用于指定错误处理页面。

（2）include 指令。

① file 属性：用于导入文件，属于静态导入。

② taglib 属性：用于导入标签。

③ uri 属性：标签文件的名称空间。

④ prefix 属性：名称空间的前缀。

4）隐含对象

所谓隐含对象，指的是在.JSP 文件中，不用声明和创建即可直接使用的对象。这是因为在.JSP 文件对应的.java 文件中，已经自动生成了该对象的代码。JSP 的隐含对象有 9 种，如 out、request、response 等。

5）活动元素

由于 JSP 实例已经运行了，因此可以使用活动元素告诉 JSP 引擎做以下处理。

（1）<jsp:forward page=""/>：转发，page 属性指定转发的地址。

（2）<jsp:include page=""/>：一个 JSP 在运行过程中调用另一个 JSP。

（3）<jsp:param name="" value=""/>：name 指定参数名，value 指定参数值。

（4）<jsp:useBean id="" scope="" class=""/>：在指定的范围内绑定一个对象。

范围指的是 4 个对象，即 pageContext、request、session、servletContext。也就是说，scope 的值可以是"page"、"request"、"session"、"application"。

（5）<jsp:getProperty/>。

（6）<jsp:setProperty name="" property="" value=""/>。

（7）<jsp:setProperty name="" property="" param=""/>：依据请求参数给属性赋值。

（8）<jsp:setProperty name="" property="*"/>：使用自省机制给属性赋值。

6）注释

（1）<!-- <%=new Date()%> -->：注释中的代码会执行，但不会在页面上输出。

（2）<%--xxxx--%>：注释中的代码不会执行，也不会在页面上输出。

### 3. JSP 环境

1）开发环境

（1）浏览器：IE/Firefox/Chrome/Safari/Netscape。

（2）开发工具：记事本、Eclipse、MyEclipse、SunOne Studio、JBuilder、WSAD。

2）配置和执行环境

配置和执行环境为 Tomcat、WebLogic、WebSphere、SunONE Application Server。

### 4. JSP 的生命周期

**（1）翻译阶段**：当容器接收到客户端第一次对 JSP 的请求后，先判断被请求的 JSP 是否存在，若不存在，则返回 404 错误；若存在，则将该 JSP 翻译成一个 Servlet。

**（2）编译阶段**：将翻译后的 Servlet 的源文件编译成一个字节码文件，然后由容器将其装载到虚拟机中并实例化（单例）。

**（3）执行阶段**：调用翻译后 Servlet 对应的 init()、service()、destroy()。

**注意：**

① 如果被请求的 JSP 源文件内容发生了变化，那么要重新将 JSP 翻译成 Servlet，再编译、装载和实例化，最后运行 Servlet。

② 当第二次请求 JSP 时，若被请求的 JSP 已经有对应的 Servlet 实例，则直接运行该 Servlet。

## 8.2 JSP 的使用

### 8.2.1 第一个 JSP

（1）新建一个文件夹，名称为 jsp_tests。

（2）在该文件夹中新建一个文件 first.jsp。

内容如下

```
<%@page language="java" contentType="text/html;charset=utf-8"%>
<html>
    <body>
        <%System.out.println("hello jsp");
        out.println("hello page jsp");
        %>
    </body>
</html>
```

（3）在 jsp_tests 文件夹中新建文件夹，名称为 WEB-INF。其目录结构如下。

----classes（文件夹，存放.class 文件）

----lib（文件夹，存放项目中用到的 jar 包）

----web.xml（Web 项目的核心文件）

```
<?xml version="1.0" encoding="UTF-8"?>
<web-app version="2.5" xmlns="http://java.sun.com/xml/ns/javaee"
xmlns:xsi="http://www.w3.org/2001/XMLSchema-instance"
xsi:schemaLocation="http://java.sun.com/xml/ns/javaee
http://java.sun.com/xml/ns/javaee/web-app_2_5.xsd">
</web-app>
```

（4）将 jsp_tests 文件放在 Tomcat 下的 webapps 文件夹中。

（5）启动 Tomcat，双击 Tomcat 的 bin 目录下的 start.bat 文件。

（6）用浏览器访问 first.jsp 页面，即 http:127.0.0.1:port/jsp_tests/first.jsp。

在 Tomcat 的 work 目录下会看到 first_jsp.java 和 first_jsp.class，说明 JSP 就是一个 Servlet。

## 8.2.2　JSP 脚本元素

### 1. 声明

语法：

```
<%!comment%>
```

作用：在 Java 源文件中声明一些成员变量、成员方法和内部类，将其翻译成 Servlet 后变为该类的成员变量、成员方法和内部类。

**注意**：在声明中不能使用<%=exception%>和隐含对象。

举例：

```
<%!
private int a=1;
public String print(){
return "this is function";
}
%>
<%
int b=1;
%>
```

### 2. 表达式

语法：

```
<%=expresion%>
```

举例：

```
<%=new java.util.Date()%>
<%=request.getRemoteHost()%>
```

作用：将 expression 输出到 out（输出流）中，expression 可以是算术、逻辑、常量、关系表达式、变量、有返回值的方法、JSP 中的九种隐含对象。

### 3. 脚本

语法：

```
<%java code%>
```

作用：在 JSP 中嵌入 Java 代码，再将其翻译成 Servlet 并放置在_jspService()中。

举例：

```
<%!
private int a=1;
public String print(){
    return "this is function";
```

```
    }
    %>
    <%
        int b=1;
    %>
```

### 8.2.3 JSP 中的注释

#### 1. HTML/XML 注释

语法：

```
    <!--comment-->
```

功能：被注释的信息在服务器端的源文件和客户端的源文件中都会出现，但是在浏览器中不显示这些注释信息。

#### 2. 隐藏注释

语法：

```
    <%--comment--%>
```

功能：被注释的信息不会翻译到 Servlet 中，也不会在客户端的源文件中出现，浏览器也不会显示。

**注意**：这种注释可以注释任何内容。

#### 3. Scriptlet 注释

语法：

```
    <%
        //java code
        /**
            java code
        */
        /*
            java code
        */
    %>
```

功能：被翻译到 Servlet 中，在服务器端可以看见，但是在客户端的源文件中看不见，浏览器中也不会显示。

这 3 种注释的区别如表 8-1 所示。

**表 8-1 3 种注释的区别**

| 区别表现 / 注释方式 | Servlet 源文件 | 客户端页面源文件 | 浏览器显示 |
| --- | --- | --- | --- |
| HTML/XML 注释 | 出现 | 出现 | 不显示 |
| 隐藏注释 | 不出现 | 不出现 | 不显示 |
| 脚本注释 | 出现 | 不出现 | 不显示 |

#### 4. 指令元素

（1）page 语法：<%@page attribute="value"...%>，通过声明的属性可以和容器进行通信，这些属性会对整个 JSP 产生影响。

（2）include 语法：<%@include file="url" %>，称为静态包含（静态导入）。在这种方式下，当将 JSP 翻译成 Servlet 的时候会把 file 指定资源的内容直接嵌入到 jspService()方法中，所以它工作在翻译阶段。

可以导入的资源有 HTML、JSP、XML 等。

其优点是执行效率高；其缺点是当将 file 指定的内容嵌入到 jspService()中时，内容就不好改变了，如果要改变被导入文件的内容，则当前的 JSP 必须重新编译。

（3）taglib 语法：<%@taglib uri="*.tld" prefix="prefixName" %>，当 JSP 使用标签库的时候可以通过 uri 指定标签库的路径。

（4）page 的属性。

① language="java"：定义要使用的语言，目前只能是 Java。

② import="package.class,package2.class2"：和一般的 Java Import 意义一样，用","隔开。

③ contentType="text/html;charset="UTF-8"：定义页面显示的 MIME 类型和 JSP 页面的编码。

④ session="true|false"：默认为 true，指定一个 HTTP 的 Session 中的页面是否参与。

⑤ buffer="none|8kb|sizekb"：默认为 8KB，指定到客户端输出流的缓冲模式，如果是 none，则不缓冲；如果指定数值，则输出用不小于这个值的缓冲区进行缓冲。

⑥ autoFlush="true|false"：默认为 true，true 表示当缓冲区满时，到客户端的输出被刷新；false 表示当缓冲区满时，出现运行异常，表示缓冲溢出。

⑦ isThreadSafe="true|false"：默认为 true，用来设置 JSP 文件是否支持多线程的使用。如为 true，那么一个 JSP 能够同时处理多个用户的请求，反之，一个 JSP 只能一次处理一个请求。

⑧ info="text"：关于 JSP 页面的信息，定义一个字符串，可以使用 getServletInfo()获得 errorPage="relativeURL"，默认是忽略的，定义此页面出现异常时调用的页面。

⑨ isErrorPage="true|false"：默认为 false，表明当前的页面是否为其他页面的 errorPage 目标，如果设置为 true，则可以使用 exception 对象；如果设置为 false，则不可以使用 exception 对象。

⑩ extends="package.class"：指定 JSP 对应的 Servlet 类继承某个父类。

⑪ isELIgored="true|false"：指定 EL 表达式语言是否被忽略，若为 true 则忽略 EL 表达式，反之可以使用 EL。默认由 web.xml 描述文件的版本确定，Servlet 2.3 以前版本被忽略。

⑫ pageEncoding="type"：定义 JSP 页面的字符编码，与 charset 实现的功能一致。

⑬ pageEncoding="iso8859-1"：优先级不如 contentType("text/html;charset=utf-8");。

举例：对错误页面的控制。

pagetest.jsp：

```
<%@page errorPage="errPage.jsp" contentType="text/html;charset=utf-8"%
<%
String str="aa123";
int a=Integer.parseInt(str);
out.println(a);
%>
```

errPage.jsp：

```
<%@page isErrorPage="true" contentType="text/html;charset=utf-8"%>
<body>
<%=exception.getMessage()%>
</body>
```

### 5. JSP 页面中的异常处理

（1）<%=exception.toString()%>：打印异常名称。

（2）<%exception.printStackTrace()%>：打印当前错误流中所有错误的列表。

（3）<%=exception.getMessage()%>：打印错误的详细信息。

## 8.2.4 动作元素

（1）动态导入（动态包含）。

语法 1：

```
<jsp:include page="url" flush="true"/>
```

语法 2：

```
<jsp:include page="url" flush="true">
  <jsp:param name="n1" value="v1"/>
  <jsp:param name="n2" value="v2"/>
</jsp:include>
```

动态导入在 Servlet 的运行阶段被执行，被导入的内容可以是静态的（HTML）或者动态的。所谓动态就是指可以传递一些参数给被导入的 JSP，然后动态生成一个 HTML 并嵌入到调用的 JSP 页面中，再将信息返回给客户端。

（2）<jsp:forward> 实现 Web 内跳转。

语法 1：

```
<jsp:forward page="url"/>
```

语法 2：

```
<jsp:forward page="url">
  <jsp:param name="n1" value="v1"/>
</jsp:forward>
```

通过和 response 的 sendRedirect（外部跳转）对比，可以看出 forword 的特性，如表 8-2 所示。

表 8-2 forward 和 sendRedirect 的区别

| sendRedirect | forward |
|---|---|
| 是不同的 request | 虽然是不同的对象，但是可以取到上一个页面的内容 |
| send 后的语句会继续执行，除非 return | forward 后的语句不会继续发送给客户端 |
| 速度慢 | 速度快 |
| 需要有客户端的往返，可以转到任何页面 | 服务器内部转换 |
| 地址栏有变化 | 地址栏没有变化 |
| 可以传送参数，直接写在 URL 后面 | 可以传送参数 |

（3）<jsp:param>使用于<jsp:include>和<isp:forword>中，用于传递一些参数到 URL 指定的资源。

（4）使用案例。

scopes.jsp：

```
<%
pageContext.setAttribute("name","briup");          //页面范围
request.setAttribute("age",12);                    //请求范围
session.setAttribute("gender","male");             //会话范围
```

```
    application.setAttribute("count",10);          //应用范围
%>
scope 页面：<%=pageContext.getAttribute("name") %>
<jsp:forward page="result.jsp"/>
<%--
<%
response.sendRedirect("/jsp/basic/result.jsp");
%>
--%>
```

result.jsp：

```
页面范围：<%=pageContext.getAttributesScope("name") %>
请求范围：<%=request.getAttribute("gendar") %>
会话范围：<%=session.getAttribute("age") %>
应用范围：<%=application.getAttribute("hobby")%>
```

### 8.2.5 JSP 中默认的内置对象

JSP 中默认有 9 个内置对象，如下所示。

（1）out：输出对象，JSPWriter 的一个实例，用于发送响应给客户端。

方法：

① print(String)/println(String)。

② print(int)/println(int)。

③ flush()。

（2）request：请求对象，封装来自客户端的请求。

方法：

① getCookies：取得 Cookie 数组。

② getMethod：返回请求形成的方式(GET/POST)。

③ getParameterNames：返回 form 中对象名称的枚举。

④ getParameter：返回指定名称的对象值。

⑤ getParameterValues：返回指定名称的对象值数组。

⑥ setAttribute：设置属性。

⑦ getAttribute：返回属性值。

⑧ getAttributeNames：返回属性名称的枚举。

（3）response：响应对象。

（4）session：会话对象。

方法：

① getAttribute()。

② setAttribute()。

③ emoveAttribute()。

④ getAttributeNames()。

（5）application：Web 应用对象，application 的作用域比 Session 大得多，一个 Session 和一个 Client 联系，而 application 用于保持所有客户端的状态。

方法：

① getAttribute()。

② setAttribute()。

③ getInitParameter()。

④ setServletInfo()。

（6）exception：异常信息，当一个页面设置了<%@page isErrorPage="true"%>时，可以在该页面中使用该隐含对象读取错误信息。

方法：

① getMessage()。

② printStackTrace()。

③ toString()。

（7）config：即 ServletConfig，可以读取 JSP 的配置参数。

（8）pageContext：PageContext 类的实例，服务器会为每一个 JSP 实例（指 JSP 对应的 Servlet 对象）创建一个唯一的 PageContext 实例。其作用主要有两个。

① 绑定数据：setAttribute,getAttribute,removeAttribute。

② 获得其他隐含对象：即在获得 pageContext 实例之后，可以通过该实例获得其他 8 个隐含对象。

（9）page：表示 JSP 实例本身。

表 8-3 所示为 JSP 的 9 种内置对象的类路径和范围，使用时需注意按照需求选择相应的对象。

表 8-3 JSP 内置对象范围

| 名称 | 类型 | 注释和范围 |
|---|---|---|
| request | javax.servlet.http.HttpServletRequest | request |
| response | javax.servlet.http.HttpServletResponse | response |
| pageContext | javax.servlet.jsp.PageContext | page |
| session | javax.servlet.http.HttpSession | session |
| application | javax.servlet.ServletContext | ServletContext |
| out | javax.servlet.jsp.JspWriter | output stream |
| config | javax.servlet.ServletConfig | ServletConfig |
| page | javax.lang.Object | page |
| exception | java.lang.Throwable | page |

## 8.2.6 JSP 模型

### 1. JSP 和 JavaBean 模型

其工作原理如下：当浏览器发出请求时，JSP 接收请求并访问 JavaBean。若需要访问数据库或后台服务器，则通过 JavaBean 连接数据库或后台服务器，执行相应的处理。JavaBean 将处理的结果交给 JSP。JSP 提取结果并重新组织后，动态生成 HTML 页面，返回给浏览器。用户从浏览器显示的页面中得到交互的结果。

JSP 和 JavaBean 模型充分利用了 JSP 技术易于开发动态网页的特点，页面显示层的任务由 JSP（但它也含有事务逻辑层的内容）承担，JavaBean 主要负责事务逻辑层和数据层的工作。JSP 和 JavaBean 模型依靠几个 JavaBean 组件实现具体的应用功能，生成动态内容，其最大的特点就是简单。

### 2. JSP 和 JavaBean+Servlet 模型

它的工作原理如下：所有的请求都被发送给作为控制器的 Servlet，Servlet 接收请求，并根据请求信息将它们分发给相应的 JSP 页面来响应；同时，Servlet 根据 JSP 的需求生成相应的 JavaBean 对象并传输给 JSP。JSP 通过直接调用方法或利用 UseBean 的自定义标签，得到 JavaBean 中的数据。这种模型通过 Servlet 和 JavaBean 的合作来实现交互处理，很好地实现了表示层、事务逻辑层和数据的分离。

#### 3．两种模型的比较

从以上对两种模型的说明来看，JSP 和 JavaBean 模型、JSP 和 JavaBean+Servlet 模型的整体结构都比较清晰，易于实现。它们的基本思想都是实现表示层、事务逻辑层和数据层的分离。这样的分层设计便于系统的维护和修改。这两种模型的主要区别表现在以下几点。

（1）处理流程的主控部分不同。JSP 和 JavaBean 模型利用 JSP 作为主控部分，将用户的请求、JavaBean 和响应有效地链接起来。JSP 和 JavaBean+Servlet 模型利用 Servlet 作为主控部分，将用户的请求、JavaBean 和响应有效地链接起来。

（2）实现表示层、事务逻辑层和数据层的分离程度不同。JSP 和 JavaBean+Servlet 模型比 JSP 和 JavaBean 模型有更好的分离效果。当事务逻辑比较复杂、分支较多或需要涉及多个 JavaBean 组件时，JSP 和 JavaBean 模型常常会导致 JSP 文件中嵌入大量的脚本或 Java 代码。特别是在大型项目开发中，由于页面设计和逻辑处理分别由不同的专业人员承担，如果 JSP 有相当一部分处理逻辑和页面描述混在一起，则有可能引起分工不明确，不利于两个部分的独立开发和维护，影响项目的施工和管理。在 JSP 和 JavaBean+Servlet 模型中，由 Servlet 处理 HTTP 请求，JavaBean 承担事务逻辑处理，JSP 仅负责生成网页的工作，所以表现层的混合问题比较小，适合不同专业的人员独立开发 Web 项目中的各层功能。

（3）适应于动态交互处理的需求不同。当事务逻辑比较复杂、分支较多或需要涉及很多 JavaBean 组件时，由于 JSP 和 JavaBean+Servlet 模型比 JSP 和 JavaBean 模型有更清晰的页面表现、更明确的开发模块的划分，所以使用 JSP 和 JavaBean+Servlet 模型比较适合。然而，JSP 和 JavaBean+Servlet 模型需要编写 Servlet 程序，Servlet 程序需要的工具是 Java 集成开发环境，编程工作量比较大。对于简单的交互处理，可利用 JSP 和 JavaBean 模型，JSP 主要使用 HTML 工具开发，再插入少量的 Java 代码即可实现动态交互。在这种情况下，使用 JSP 和 JavaBean 模型更加方便快捷。

### 8.2.7　JavaBean

#### 1．JavaBean 的特性

（1）它是一个 POJO。
（2）实现 Serilizable 接口。
（3）有相应的属性。
（4）有属性对应的 public 的 set 和 get 方法。
（5）有一个无参的构造器。
（6）它可以被其他程序重复调用。
（7）可以通过事件和其他程序进行通信（Swing 的应用）。
（8）可以包含业务逻辑、数据访问逻辑或者事务逻辑。

#### 2．在 JSP 中使用 JavaBean

语法：

```
<jsp:useBean id="id" class="类的包路径+类" scope="scope"/>
```

举例：

```
<jsp:useBean id="user" class="com.tdfy.javabean.User" scope="session"/>
```

说明：

id：表示 User 类的对象引用或者该对象存放到 Session 中的属性名。

class：表示包+类。

scope：表示 User 对象存放的范围，可以是 page、request、Session 和 application，默认为 page。

执行流程：该动作元素翻译成 Servlet 后放置在 jspService()中，当容器分配的线程执行到这段翻译后的代码时，先调用 User ser=(User)session.getAttribute("user");，再判断 user 是否为 null，若为 null，则执行 user=new User()；创建一个新的 User 对象，并将该对象放置在 Session 范围中，即(session.setAttribute("user",user))。若 user 不为 null，则直接使用 user，输出 user 中的属性值。

### 3. 设置 JavaBean 对象中的属性值

（1）示例 1：

```
<jsp:setProperty name="user"  property="abc"/>
```

说明：

name：指定的值就是 User 的对象引用，与上述<jsp:userBean>中的 ID 值一样，需对应起来。

property：指定值与 user 中的方法有关，而不是与对象的属性（attribute）有关。

执行步骤：

① 线程调用，String value=request.getParameter("abc")。

② 若 value 不为 null，则执行 user.setAbc(value)。

③ 若 value 为 null，则不执行。

**注意**：abc 在这里可以为 id、name、age 等，它们都对应于 user 中的方法 setId()、setName()和 setAge()。

（2）示例 2：

```
<jsp:setProperty name="user"  property="abc" param="efg"/>
```

执行步骤：

① 线程调用，String value=request.getParameter("efg")。

② 若 value 不为 null，则执行 user.setAbc(value)。

③ 若 value 为 null，则不执行。

（3）实例 3：

```
<jsp:setProperty name="user"  property="abc" value="jack"/>
```

说明：

用 value 指定的固定值对属性赋值 user.setAbc(jack)。value 中可以是 JSP 表达式，例如，<jsp:setProperty name="user" property="abc" value="<%=exception%>"/>表示用 value 指定的固定值对属性赋值，即 user.setAbc(<%=exception%>)；也可以是"*"，如<jsp:setProperty name="user" property="*"/>。

此时隐式的表示如下。

```
<jsp:setProperty name="user" property="id"/>
<jsp:setProperty name="user" property="name"/>
<jsp:setProperty name="user" property="password"/>
<jsp:setProperty name="user" property="age"/>
<jsp:setProperty name="user" property="gender"/>
<jsp:setProperty name="user" property="address"/>
<jsp:setProperty name="user" property="telphone"/>
```

### 4．输出 JavaBean 对象中的属性值

举例：

```
<jsp:getProperty name="user" property="abc"/>
```

执行步骤：

① Object value=user.getAbc()。

② value 由对象类型转换为 Object 类型。

③ out.print(value)输出 value 的值。

### 5．使用<jsp:useBean>的 4 种方式

语法：

```
<jsp:useBean id=" " typeSpec scope=" "/>
```

typeSpec 有以下 4 种取值。

（1）class="className"：表示通过 new 来创建一个对象。

（2）type="typeName"：表示如果 ID 不存在，则不会自动构造一个对象。

举例：

```
List list=new ArrayList();
session.setAttribute("list",list);
<jsp:useBean id="list" type="java.util.ArrayList" scope="session"/>
//获得 session 中的 list
<jsp:useBean id="list" type="java.util.List" scope="session"/>
//获得 session 中的 list
```

（3）class="className"　type="typeName"：表示通过 new 来创建一个 typeName 类型的对象。

（4）beanName="beanName" type="typeName"：表示通过反射来构造一个对象。

说明：

class：JavaBean 的类路径和类名，不能为抽象类，必须有一个 public 及无参的构造器。

typeName：可以是一个类的本身（Class），也可以是一个类的父类或者一个接口。

不能同时使用 class 和 beanname，beanname 表示 JavaBean 的名称（JavaBean 的名称就是类路径和类名），其形式为"a.b.c"，如"com.tdfy.bean.javabean.user"。

## 8.2.8　EL 表达式

### 1．EL 的表达方式

语法：

```
${}
```

举例：

```
${student.name}
${student['name']}
${student["name"]}
```

### 2．数据类型

在 EL 中可以使用的数据类型如下：

基本数据类型，布尔型，String（用" "或者"表示），null，逻辑、关系或者算术表达式，对象、数组、集合、枚举或者迭代器，EL 中的隐含对象，Empty（表示一个对象是否为 null 或者一个字符串是否为" "）。

### 3. EL 的运算符

（1）表 8-4 所示为 EL 表达式中的关系运算符。

表 8-4 关系运算符

| 关系运算符 | 说明 | 范例 | 结果 |
|---|---|---|---|
| ==或 eq | 等于 | ${5==5} | true |
| !=或 ne | 不等于 | ${3 ne 4} | true |
| <或 lt | 小于 | | |
| >或 gt | 大于 | | |
| <=或 le | 小于等于 | | |
| > =或 ge | 大于等于 | | |

（2）表 8-5 所示为 EL 表达式中的逻辑运算符。

表 8-5 逻辑运算符

| 逻辑运算符 | 说明 | 范例 | 结果 |
|---|---|---|---|
| &&或 and | 交集 | ${A && B}或${A and B} | true/false |
| ‖或 or | 并集 | ${A ‖ B}或${A or B} | true/false |
| !或 not | 非 | ${! A }或${not A} | true/false |

（3）Empty 运算符，如${empty a}，Empty 运算符主要用来判断值是否为空（null、空字符串、空集合）。

### 4. EL 表达式的使用场合

（1）EL 可用于一些标签的属性中。

举例：

```
<input type="text" name="username" value="${student.name}"/>
```

（2）EL 可用于页面的空白处。

举例：

```
<body>
${student.name} am from tdfy
</body>
```

### 5. EL 定义的隐含对象

EL 表达式语言定义了如下隐含对象。

（1）pageContext：JSP 页面的上下文，它提供了访问以下对象的方法。

① servletContext：

```
${pageContext.servletContext}=pageContext.getServletContext()
```

② session：

```
${pageContext.session}=pageContext.getSession()
```

③ request：

```
${pageContext.request}=pageContext.getRequest()
```

④ response：

```
${pageContext.response}=pageContext.getResponse()
```

（2）parma：把请求中的参数和单个值进行映射。

举例：

```
${param.name}或者${param["name"]}或者
${param['name']}=request.getParameter("name")
```

**注意**：如果${param.name}获取不到 name 的值，则统一返回""。而 request.getParameter("name")获取不到 name 的值时返回 null。

（3）paramValues：把请求中的参数和一个 array 值进行映射。

```
${paramValues.hobby}或者${paramValues["hobby"]}或者
${paramValues['hobby']}=request.getParameterValues("hobby")
```

（4）header：把请求中 header 的字段和单个值进行映射。

```
${header.name}=request.getHeader("name")
```

（5）headerValues：把请求中 header 的字段和一个 array 值进行映射。

```
${headerValues.name}=request.getHeaders("name")
```

（6）cookie：把请求中的 Cookie 和单一的值进行映射。

```
Cookie cookie = new Cookie("height","100");
Cookie cookie2 = new Cookie("width","200");
```

${cookie.height}：输出一个 Cookie 的对象。

```
${cookie.height.name}=${cookie.height.value}
```

其会分别输出 Cookie 的名称和值(height=100)。

${cookie.width}：同上。

${cookie.width.name}=${cookie.width.value}：同上。

（7）initParam：把上下文的初始参数和单一的值进行映射。

```
${initParam.name}=servletContext.getInitParameter("name");
```

（8）pageScope：把 page 范围中的 names 和 values 进行映射。

```
pageContext.setAttribute("name","jack");
${pageScope.name}=pageContext.getAttribute("name");
```

（9）requestScope: 把 requestScope 范围中的 names 和 values 进行映射。

```
request.setAttribute("name","jack");
${requestScope.name}=request.getAttribute("name");
```

（10）sessionScope: 把 sessionScope 范围中的 names 和 values 进行映射。

```
session.setAttribute("name","jack");
${sessionScope.name}=session.getAttribute("name");
```

（11）application: 把 applicationScope 范围中的 names 和 values 进行映射。

```
servletContext.setAttribute("name","jack");
```

```
${applicationScope.name}=servletContext.getAttribute("name");
```

**注意**：如果没有指明任何的范围而根据属性名来查找对应的值，则默认以 page、request、session 和 application 从小到大的范围开始查找，若找到，则不往更大的范围查找；若没找到，则返回一个""。

例如，${name}，分别从 page request session 和 application 中查找 name 的值。

## 8.2.9 JSTL

### 1．JSTL 定义

JSTL 即第三方标签库，需要在导入 jar 包后才可以使用。该标签库可以完成更复杂的功能，如可以完成遍历集合、条件判断、循环等功能。使用 JSTL 的目的是不希望在 JSP 页面中出现 Java 逻辑代码。JSTL 标签库可分为 5 类：核心标签库、I18N 格式化标签库、SQL 标签库、XML 标签库、函数标签库。

### 2．JSTL 中常用的标签

（1）<c:out>：输出变量到 JspWriter 输出流中。

语法 1：

```
<c:out value="value" [escapeXml]="{true|false}" [default="defaultValue"]/>
```

如果 value 为 null，则输出 default 中的值。

语法 2：

```
<c:out value="value" [escapeXml]="{true|false}">
default value
</c:out>
<c:out value="${student.address.country}"/>
```

（2）<c:set>。

① 使用 value 属性设置一个特定范围中的变量：

```
<c:set var="varName" value="value" [scope="page|...."]/>
```

② 带有一个 Body：

```
<c:set var="varName" [scope]>
    body content
</c:set>
```

scope 指定变量存放的范围，默认为 page。

（3）<c:remove>：删除变量。

```
<c:remove var="varName" [scope]/>
```

（4）<c:if>：判断。

语法：

```
<c:if test="condition" var="varName" [scope]>
    body content
</c:if>
```

var 为 boolean 类型。

（5）<c:choose>：用于条件选择，它和<c:when>及<c:otherwise>一起使用。

语法：

```
<c:choose>
  body content
```

```
  (<when> and <otherwise>)
</c:choose>
```

**注意**：body 的内容只能由以下元素构成。

① 空格。

② 0 个或者多个<when>子标签，<when>必须出现在<c:choose>和<c:ohterwise>之间。

③ 0 个或者多个<ohterwise>。

**提示**：只要满足了一个 when，就会跳出 choose，如果所有的 when 都不满足，则会执行 otherwise。

（6）<c:when>：代表<c:choose>的一个分支。

语法：

```
<c:when test="condition">
    body content
</c:when>
```

**注意**：必须以<c:choose>作为它的父标签，其必须在<c:otherwise>之前出现。

（7）<c:otherwise>：<c:choose>的最后选择。

语法：

```
<c:otherwise>
  body
</c:otherwise>
```

**注意**：必须以<c:choose>作为父标签，且必须是<c:choose>的最后分支。

（8）<c:forEach>：迭代标签（用来迭代集合、数组、枚举或者迭代器）。

语法 1：在 collection/array 中迭代。

```
<c:forEach [var="varName"] items="collection/array/Enumaration/Iterator"
[varStatus="varStatusName"] [begin="begin"] [end="end"]
[step="step"]>
body
</c:forEach>
```

语法 2：迭代固定的次数（做普通的循环输出，类似 for 循环）。

```
<c:forEach [var="varName"] [varStatus="varStatusName"] begin="begin" end="end"
[step="step"]>
body content
</c:forEach>
```

表 8-6 所示为各参数的介绍。

表 8-6 <c:forEach>参数

| 名称 | 类型 | 描述 |
|---|---|---|
| var | String | 迭代参数的名称 |
| items | 任何支持的类型 | 将要迭代 itmes 的集合/数组 |
| varStatus | String | 迭代的状态，可以访问迭代的自身信息 |
| begin | int | 若有 items，则从 index[begin]开始迭代，若没有指定 items，则从 index 开始循环 |
| end | int | 若有 items，则从 index[end]结束，若没有指定 items，则从 end 结束 |
| step | int | 迭代的步长(>0) |

举例：

```
<c:forEach var="fuwa" items="${a}" begin="3" end="4" step="1" varStatus="s">
<c:out value="${fuwa}" />的四种属性：<br>
所在位置，即索引：<c:out value="${s.index}" /><br>
总共已迭代的次数：<c:out value="${s.count}" /><br>
是否为第一个位置：<c:out value="${s.first}" /><br>
是否为最后一个位置：<c:out value="${s.last}" /><br>
</c:forEach>
```

### 3. URL 相关的标签

（1）<c:import>：把其他静态或动态文件包含到 JSP 页面中。它与<jsp:include>的区别是，后者只能包含同一个 Web 应用中的文件，前者可以包含其他 Web 应用中的文件，甚至是网络上的资源。

输入一个基于 URL 的资源：

```
<c:import url="url" [var="varName"] [scope]>
<c:param name="xxx" value="xxx">
    ........
</c:import>
```

这段代码实现的功能和<jsp:include page="url" flush="true"/>一样。

举例：

```
<c:import url="http://www.baidu.com" ></c:import>
```

（2）<c:url>：用于构造 URL，主要用途是 URL 重写。

语法 1：

```
<c:url value="url" [var="varName"] [scope]/>
```

语法 2：

```
<c:url value="url" [var="varName"] [scope]>
<c:param>
</c:url>
```

var：标识此 URL 的变量。

scope：表示此变量作用的范围。

举例：

```
<c:url var="a" value="tag.jsp"></c:url>
<a href="${a }">tag</a>
<c:url var="b" value="/first.jsp" context="/jspTest"></c:url>
<a href="${b }">baiu</a>
```

（3）<c:redirect>：把客户的请求重定向到另一个资源上。

语法 1：

```
<c:redirect url="url"/>
```

语法 2：

```
<c:redirect url="url">
<c:param>
......
</c:redirect>
```

**注意**：重定向的标签已经对 URL 重写过了，若在重定向之前 URL 先被重写了，则重定向的是被重写后的 URL。

<c:url>和<c:redirect>也可以使用绝对路径 http://localhost:8080/jsp/a.jsp(不能使用/jsp/a.jsp)，但是 URL 不能被重写，只有在使用相对路径后 URL 才能被重写。

举例：

```
<c:redirect url="first.jsp">
<c:param name="name" value="tom"></c:param>
</c:redirect>
```

（4）<c:param>：在<c:import>、<c:url>和<c:redirect>中添加请求的参数。

语法 1：

```
<c:param name="name" value="value"/>
```

语法 2：

```
<c:param name="name">
    parameter value
</c:param>
```

## 习题

1. JSP 的生命周期是怎样的？
2. 理解 JSP 和 Servlet 的异同点，以及 JSP 中各元素的使用。
3. JSP 中的跳转有几种？
4. JSP 的 9 个内置对象分别是什么？
5. 实现注册的功能。

（1）新建一个 register.jsp 页面：页面中有一个 form 表单，表单中有用户名、密码等信息。

（2）当表单提交时，提交给 registerCheck.jsp 页面。注册的信息保存到 map<用户名,密码>集合中。如果用户名已经存在，则无法注册。

（3）如果注册成功，则跳转到 success.jsp 页面，并在页面上显示注册成功的用户名。

（4）如果失败，则跳转到 fail.jsp 页面。在 fail.jsp 页面中有超链接跳转到 register.jsp 页面，重新注册。

6. 简单描述对 JavaBean 的理解。
7. 用 JSP、Servlet 和 JDBC 实现登录及注册功能。

（1）新建包 com.briup.bean。

新建类 Customer.java：

```
private String username;
private String password;
private int age;
private String gender;
```

（2）新建包 com.briup.common，新建类 ConnectionFactory.java，该类实现 connection 对象的创建。

（3）新建包 com.briup.dao，接口 customerDao.java。

```
Customer findCustomerByName(String name)throws Exception;
```

```
    void savaCustomer(Customer customer)throws Exception;
```

（4）新建包 com.briup.service，接口 CustomerService.java。

```
    void register(Customer customer)throws Exception;
    void login(String username,String password)throws Exception;
```

（5）新建注册页面 register.jsp，form 表单中有 username、password、age、gender，将其提交给 registerServlet。

（6）RegisterServlet.java 文件处理从页面中获取数据并做业务逻辑处理：调用 CustomerService 中的 register 方法进行注册。

成功时跳转到 login.jsp 页面进行登录；失败时跳转到 register.jsp 页面继续注册。

（7）新建 login.jsp。

（8）提交给 LoginServlet。

LoginServlet 获取数据，并做业务逻辑处理，调用 service 包下的 CustomerService 类的 login 方法进行登录。

成功时跳转到 success.jsp 页面，并将登录成功的信息显示（用 EL 表达式显示）在该页面中；失败时跳转到 login.jsp 页面。

# 第2篇 框 架 篇

# 第9章 Struts2

本章主要内容：

- MVC 模式
- Struts2 框架
- Struts2 原理
- 构建基于 Struts2 的应用

本章全面讲述了 Struts2 框架，通过学习本章内容，读者可以轻松地运用 Struts2 来实现 Java 与前端页面的数据交互。

## 9.1 Struts2 概述

### 1. MVC 模式

MVC 是一种架构型模式，它本身并不引入新的功能，只是用来指导用户如何改善应用程序的架构，使得应用的模型和视图分离，从而得到更高的开发和维护效率。

在 MVC 模式中，应用程序被划分成了模型（Model）、视图（View）和控制器（Controller）3 个部分。其中，模型部分包含了应用程序的业务逻辑和业务数据；视图部分封装了应用程序的输出形式，即通常所说的页面或者界面；而控制器部分负责协调模型和视图，根据用户请求来选择要调用哪个模型来处理业务，以及最终由哪个视图为用户做出应答。

MVC 模式的 3 个部分的职责非常明确，而且相互分离，因此每个部分都可以独立的改变而不影响其他部分，从而大大提高了应用的灵活性和重用性。

### 2. Struts2 框架

最早出现的 Struts1 是一个非常著名的框架，它实现了 MVC 模式。Struts1 简单小巧，其中最成熟的版本是 Struts1.2。之后出现了 WebWork 框架，其实现技术比 Struts1 先进，但影响力不如 Struts1。致力于组件化和代码重用的 J2EE Web 框架同时是一个成熟的基于 Web 的 MVC 框架。

随着 WebWork 框架的发展，衍生出了 Struts2 框架，因此 Struts2 框架是 WebWork 的升级，而不是一个全新的框架，因此在稳定性方面有很好的保证。它同时吸取了 Struts1 框架和 WebWork 的优点，所以 Struts2 框架也是一个基于 Web 的 MVC 框架。

### 3. Struts2 介绍

Struts2 是一个全新的基于 MVC 的 Web 编程框架。它的整体设计完全不同于 Struts1。新的 Struts2 框架在很多方面采纳了 WebWork 的设计思想。Struts2 具有如下特点。

（1）Struts2 是一个运行于 Web 容器的表示层框架，其核心作用是帮助用户处理 HTTP 请求。

（2）Struts2 代码级别的实现，无论如何进行封装，都离不开对 Servlet 标准或者 JSP 标准指定的底层 API 的调用。从这个角度来说，Struts2 只是实现了一个具备通用性的 HTTP 请求处理机制，支持的 Servlet 标准的最低版本是 2.4，相应的 JSP 标准的最低版本是 2.0。

（3）Struts2 是由 WebWork 演变而来的，在技术上完全继承了 WebWork 的核心，舍弃了 Struts1 的代码，与 WebWork 有着相同的核心依赖。

（4）Struts2 由两部分组成，即真正意义上的 Struts2 和 Xwork。从职责上来说，Xwork 才是真正实现 MVC 的框架，Struts2 的工作是在对 HTTP 请求进行一定处理后，委托 Xwork 完成真正的逻辑处理，将 Web 容器与 MVC 分离，这是 Struts2 区别于其他 Web 框架的最重要的特性。

（5）Struts2 有两条主线，即初始化主线和 HTTP 请求处理主线。

（6）Struts2 线程具有安全核心 ThreadLocal（每个线程都有其不同的 ThreadLocalMap）。

（7）Struts2 中的容器由一系列对象接口组成，容纳了 Struts2 依赖注入的对象实例。

## 9.2 Struts2 工作原理

### 1. Struts2 接收相应 HTTP 请求流程

在 Struts2 的应用中，在用户请求到服务器返回结果给用户端的过程中，包含了许多组件，如 Controller、ActionProxy、ActionMapping、Configuration Manager、ActionInvocation、Inerceptor、Action、Result 等。这些组件有什么联系，它们之间是怎样在一起工作的？下面通过图 9-1 进行简单说明。

（1）客户端（Client）向 Action 发送一个请求（Request）。

（2）Container 通过 web.xml 映射请求，并获得控制器（Controller）的名称。

（3）Container 调用控制器（StrutsPrepareAndExecuteFilter 或 FilterDispatcher），在 Struts2.1 以前调用 FilterDispatcher，在 Struts2.1 以后调用 StrutsPrepareAndExecuteFilter。

（4）Controller 通过 ActionMapper 获得 Action 的信息。

（5）Controller 调用 ActionProxy。

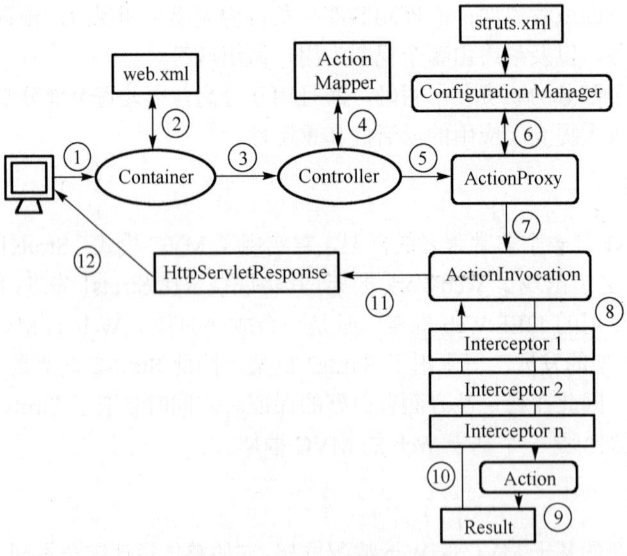


图 9-1 Struts2 工作原理

（6）ActionProxy 读取 struts.xml 文件，获取 Action 和 Interceptor Stack 的信息。
（7）ActionProxy 把 Request 请求传递给 ActionInvocation。
（8）ActionInvocation 依次调用 Action 和 Interceptor。
（9）根据 Action 的配置信息，产生 Result。
（10）Result 信息返回给 ActionInvocation。
（11）产生一个 HttpServletResponse 响应。
（12）将产生的响应行为发送给客户端。

### 2. Struts2 中的 Controller

Struts2 的 Controller 是一个过滤器，所有的请求都需要经过该过滤器，其类型为 org.apache.struts2.dispatcher.FilterDispatcher，当 FilterDispatcher 接收到一个请求后，会根据相关的配置信息查找服务于该请求的 interceptors、action 类，自动创建它们的实例并调用它的方法服务于请求，它还会根据 interceptors 或 action 的执行结果来调用视图层组件 Result 来生成响应。FilterDispatcher 过滤器必须在应用的 web.xml 中部署，并配置为过滤所有请求，配置方法如下。

```
<filter>
    <filter-name>filterDispatcher</filter-name>
    <filter-class>org.apache.struts2.dispatcher.FilterDispatcher</filter-class>
</filter>

<filter-mapping>
    <filter-name>filterDispatcher</filter-name>
    <url-pattern>/*</url-pattern>
</filter-mapping>
```

### 3. Struts2 中的 Model

Struts2 中的 Model 包括 action 和 interceptor。action 是一个简单的 POJO（JavaBean）对象，它不需要依赖于 Struts2 框架，因此独立性及复用性都很好，适用于在该类中同业务代码及数据访问代码进行交互。

action 的开发基于 Struts2 项目的核心任务。interceptor（拦截器）是一个遵守 Struts2 规范的对象，类似于 Web 编程中的 Filter，控制层会在 action 方法执行之前及之后执行 interceptor 中的代码。在实际开发中，最好将一些切面任务，如日志、安全、调试等代码放到 interceptor 中实现， 然后通过配置的方式将 interceptor 和 action 在运行时关联到一起，从而使 interceptor 及 action 各为一层，这就是 AOP 设计思想。

为了加速基于 Struts2 的 Web 应用的开发，Struts2 内置了很多常用的 interceptor 供开发者使用，这些 interceptor 提供的功能被称为 Struts2 的系统级服务。常用的服务包括请求参数到 action 属性的绑定、参数校验、消息解析、文件上传处理等。开发者也可以根据需要编写自己的 interceptor 以实现项目级的服务代码。

开发者必须为 Struts2 的 Model 对象提供配置信息，以便当请求到来时控制器可以调用 Model 层的对象来处理请求。在 Struts2 中，这些配置信息可以在 XML 文件中指定，也可以在 action 类源代码中指定（使用注释）。

1）XML 配置

默认的 XML 配置文件的名称为 struts.xml，该文件需要放置在 Web 应用的类路径下，即 WebRoot/WEB-INF/classes 目录下。

```
<struts>
    <package name="albumDefault" extends="struts-default" namespace="/core">
      <action name="welcome" class="com.allanlxf.struts2.action.WelcomeAction">
        <result>/welcome.jsp</result>
        <paramname="message">Welcome to the world of Struts</param>
        <paramname="majorVersion">2</param>
        <paramname="minorVersion">0.11</param>
      </action>
    </package>
</struts>
```

2）Annotation 配置

Annotation 配置类似于 XML 的配置，开发者可以使用注释在 action 类的源代码中指定等同于 XML 文件的配置信息，这样更便于配置信息的维护。

```
package com.allanlxf.struts2.action.annotation;
import org.apache.struts2.config.Result;
import org.apache.struts2.config.Results;
@Results(@Result("/welcome.jsp")) public class WelcomeAction{
}
```

如果使用注释来提供配置信息，则部署者必须通知控制器哪些 action 类包含这些配置信息，可以通过 FilterDispatcher 的初始化参数 actionPackages 来指定这些包含了注释配置信息的 action 类所在的包的列表（用逗号分隔）。

```
<web-app xmlns="http://java.sun.com/xml/ns/j2ee" li"htt//3/2001/XMLShit"
xm lns:xsi="http://www.w3.org/2001/XMLSchema-instance" xsi:schemaLocation=
"http://java.sun.com/xml/ns/j2ee
http://java.sun.com/xml/ns/j2ee/web-app_2_4.xsd"  version="2.4">
  <filter>
    <filter-name>filterDispatcher</filter-name>
    <filter-class>org.apache.struts2.dispatcher.FilterDispatcher</filter-class>
      <init-param>
        <param-name>actionPackages</param-name>
        <param-value>com.allanlxf.struts2.annotation</param-value>
      </init-param>
</filter>
<filter-mapping>
    <filter-name>filterDispatcher</filter-name>
    <url-pattern>/*</url-pattern>
  </filter-mapping>
</web-app>
```

### 4. Struts2 中的 View

Result 是 Struts2 中的视图（View）组件。Struts2 支持多种视图技术，包括 JSP、Velocity、FreeMarker、XSLT 等。更为重要的是该框架可以很容易地被扩展以支持其他的视图技术。

Action 执行完毕后，返回一个代表某个视图组件的逻辑名称，该名称同某个视图资源关联并由某个具体类型的 Result 对象调用该视图资源，从而生成到客户端的响应。

```
<action name="welcome" class="com.allanlxf.struts2.action.WelcomeAction">
<result name="success" type="dispatcher">/welcome.jsp</result>
</action>
```

当 WelcomeAction 的 execute 方法返回字符串"success"时，Struts2 会通过 ServletDispatcherResult 来调用“/welcome.jsp”，以为客户做出响应。

### 5. Model 和 View 间的数据传递

在 View 层生成响应内容的过程中，经常需要访问 Model 层中的数据，所以数据传递是开发中十分重要的内容。在早期的模型中，开发者大多会使用 Servlet 规范中规定的请求对象或会话对象的属性空间来实现数据的传递。

Struts2 在设计上为开发者提供了更为方便数据传递的模型，Struts2 的数据传递是通过 ActionContext、ValueStack 及 OGNL 实现的，如图 9-2 所示。

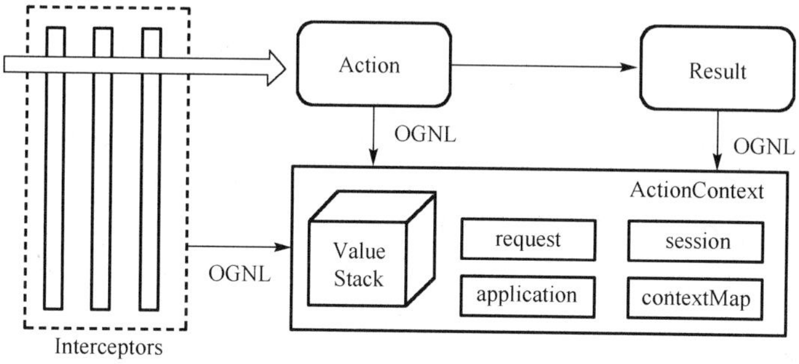


图 9-2　View 和 Model 间的数据传递

1）ActionContext

ActionContext 是一个只在当前线程中可用的对象，即它存储在 ThreadLocal 中，它用来存放一些同当前的 action 密切相关的信息。使用它可以在所有服务于当前请求的对象之间共享信息。在 interceptor、action 及 result 中均可访问该对象。

2）ValueStack

ValueStack 是一个精心设计的栈结构，在栈中可以存放程序运行过程中产生的数据以便实现共享。更为重要的是，可以使用 EL 对 ValueStack 中的对象进行赋值及读取对象的信息。所有的 EL 操作都是针对最先找到的栈中的对象进行的，搜索顺序为从栈顶到栈底。

3）OGNL

OGNL（Object Graphic Navigation Language，对象图导航语言）是一种表达式语言，使用它可以动态地根据某个字符串的表达式对某个对象进行方法调用操作，而不需要知道该对象的具体类型。Struts2 的 ValueStack 支持使用 OGNL 来动态地操作栈中的对象。

## 9.3 构件基于 Struts2 的应用

### 1. 建立一个 Java Web 应用

Java Web 应用是一个遵守 Java EE Web 应用规范的目录结构，以及存放在该目录结构中的资源的集合。该目录结构如图 9-3 所示。

（1）album-app 为应用的根，默认情况下它是本应用的虚拟访问路径。

（2）WEB-INF 是每个 Java Web 应用必须包含的目录，该目录内的所有内容只有服务器有权访问，不对客户端开放。

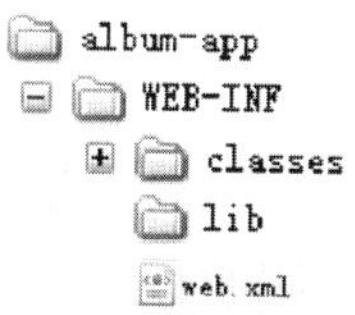


图 9-3　Java Web 项目目录结构

（3）WEB-INF 下必须包含一个 web.xml 文件，该文件是本应用的部署描述文件，应用中 Listener、Filter 及 Servlet 都在该文件中进行部署。

（4）classes 文件夹是本 Web 应用的类路径，没有打包的类及文件都需要放到该目录下。

（5）lib 目录下的所有 jar 文件都将自动添加到 Web 应用的类路径中。

（6）WEB-INF 目录外的应用的其他目录及文件都对客户端开放。

### 2．下载 Struts2

可以在 http://struts.apache.org/download.cgi 上下载 Struts2 的最新版本。

### 3．在应用中安装 Struts2 及其相关的类库

将下载的压缩包解开，可以看到 lib 文件夹，将文件夹中下述的 jar 文件复制到刚建立的 Web 应用的 lib 目录下。

antlr-2.7.2.jar，commons-beanutils-1.6.jar，commons-chain-1.1.jar，commons-logging-1.0.4.jar，commons-logging-api-1.1.jar，commons-validator-1.3.0.jar，freemarker-2.3.8.jar，ognl-2.6.11.jar，oro-2.0.8.jar，struts2-core-2.0.11.1.jar，xwork-2.0.4.jar。

其中，struts2-core-2.0.11.1.jar 和 xwork-2.0.4.jar 包含了 Struts2 的核心类文件，编译 Struts2 的 action 类时需要这两个文件。其他 jar 文件中的类只有运行时才需要。

### 4．部署 Struts2 配置文件

Struts2 是一个很灵活的框架，提供了很强的可配置性，考虑到以往的一些框架为了追求灵活性而导致程序员不得不编写大量的配置文件，给开发及维护带来了很大的不便，因此，Struts2 在启动的时候会读取自己内置的配置文件来配置 Struts2 的默认工作模式，开发者根据需要可以在应用级的配置文件中覆盖这些默认配置。

构建基于 Struts2 的 Web 应用涉及的配置文件包括：web.xml (Required)、struts-default.xml (System)、defaultproperties(System)、default.properties(System)、struts.xml (Application Specific)、struts.properties(Application Specific)、struts-default.vm (Velocity)、velocity.properties(Velocity)、struts-plugin.xml (Module Plugin)。

### 5．web.xml 文件配置

Struts2 的核心控制器 FilterDispatcher 必须在该文件中配置，在该文件中说明控制器的控制范围，通常为应用下的所有请求。

FilterDispatcher 是一个过滤器，它用来初始化 Struts 框架并负责调用与当前请求相关的 Interceptors、Actions 及 Result。

可以为 FilterDispatcher 指定如下初始化参数，以通知控制器如何定位与控制相关的配置信息。

（1）config：指定用来配置 Interceptors、Actions 及 Results 的 XML 配置文件的名称，如果有多个文件，则可以用逗号分开，默认为 strutsxml。

（2）actionPackages：指定包含配置类所在的包，此时与 Action 相关的配置信息都包含到 Action 类的源代码中，如果有多个包，则可以用逗号将它们分开。

```
<web-app xmlns="http://java.sun.com/xml/ns/j2ee" li"htt//3/2001/XMLShit" xm
lns:xsi="http://www.w3.org/2001/XMLSchema-instance"
xsi:schemaLocation="http://java.sun.com/xml/ns/j2ee
http://java.sun.com/xml/ns/j2ee/web-app_2_4.xsd"  version="2.4">
  <filter>
```

```
    <filter-name>filterDispatcher</filter-name>
    <filter-class>org.apache.struts2.dispatcher.FilterDispatcher</filter-class>
      <init-param>
        <param-name>actionPackages</param-name>
        <param-value>com.allanlxf.struts2.annotation</param-value>
      </init-param>
</filter>
<filter-mapping>
    <filter-name>filterDispatcher</filter-name>
    <url-pattern>/*</url-pattern>
  </filter-mapping>
</web-app>
```

### 6. struts-default.xml 和 default.properties

它们是系统级别的配置文件，都存放在 struts2-core-2.0.11.1.jar 中，开发者不需要修改这两个文件。struts-default.xml 配置了 Struts2 自带的 Results、Interceptors、Interceptor Stacks 及 struts-default 包的配置，该配置文件的内容对所有的应用级别的配置文件（如 struts.xml 及其引用的文件）是可见的。default.properties 配置了 Struts2 框架的很多运行时的默认配置参数，如文件上传配置参数、Action 请求的扩展名、配置信息及资源的重载等。

### 7. struts.xml 和 struts.properties

它们是应用级别的配置文件，需要将它们放置在应用的类路径的根目录下，即 WEB-INF/classes 目录下。struts.xml 中配置应用内的 Actions、Results、Interceptors 等信息，在该配置文件中可以使用 struts-default.xml 文件中配置的所有信息。struts.properties 用来覆盖 default.properties 文件中的配置信息。

### 8. struts.xml 文件

在 classes 文件夹下放置如下 struts.xml 文件。

```
<?xml version="1.0" encoding="ISO-8859-1"?>
<!DOCTYPE struts PUBLIC "//ApacheSoftwareFoundation//DTDStrutsConfiguration20//EN"
-//Apache Software Foundation//DTD Struts Configuration 2.0//EN
"http://struts.apache.org/dtds/struts-2.0.dtd">
<struts>

</struts>
```

### 9. 文件目录

在 classes 文件夹中放置一个空的名称为 struts.properties 的文件，如图 9-3 所示。

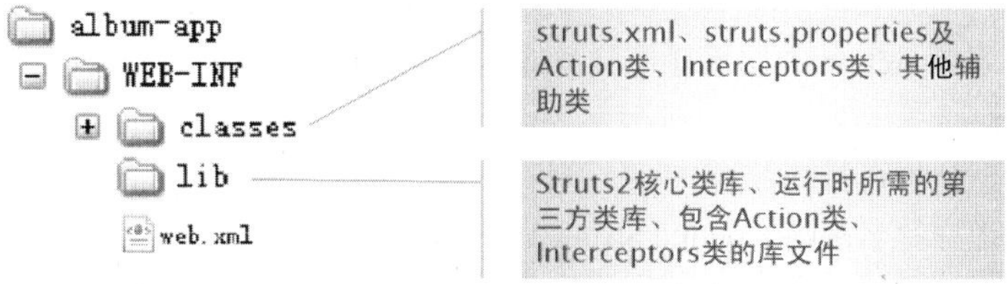


图 9-3　文件目录

## 9.4 第一个 Struts2 应用程序

开发第一个基于 Struts2 的程序，此程序的功能是，向访问者输出一句问候的话，并告知目前应用的 Struts2 的版本号。

### 1. 编写 WelcomeAction 类

WelcomeAction 类的代码如下。

```
package com.allanlxf.struts2.action;
public class WelcomeAction{
  private int majorVersion;
  private float minorVersion;
  private String message;

  public Stringexecute() {
    setMessage(message + "." + majorVersion+   "." + minorVersion);
    return "success";
  }

  public String getMessage() {
    return message;
  }

  public void setMessage(String message) {
    this.message= message;
  }

  public int getMajorVersion() {
    return majorVersion;
  }

  public void setMajorVersion(int majorVersion) {
    this.majorVersion=majorVersion;
  }
  public float getMinorVersion() {
    return minorVersion;
  }
  public void setMinorVersion(float minorVersion) {
    this.minorVersion = minorVersion;
  }
}
```

Struts2 框架不强制 Action 类继承任何父类或实现任何接口，只要一个类中满足如下要求即可作为 Struts2 的 Action。

（1）有公共的默认构造器。

（2）业务方法遵守签名规则：public String methodName()。

在默认情况下，控制器会调用 Action 类的 execute 方法。如果要调用其他的方法，则可以在<action>标签中通过属性 method 来指定其他的方法名。在开发时，为了保证编译期方法签名的检验，Struts2 提供了一个轻量级的接口 com.opensymphony.xwork.Action，该接口中规定了 execute 方法，实现该接口并且不影响程序的便携性。为了更为方便地使用 Struts2 的其他特性，如读取资源文件、实现校验等，Struts2 提供了该接口的一个实现类供开发者继承使用：com.opensymphony. xwork.ActionSupport。

Struts2 中的 Action 对象既是业务处理对象，也是数据传输对象，它工作在单线程环境下，这是它同 Struts1 的最大的不同之处。这样设计的好处是可以使开发者从复杂的多线程控制代码中解脱出来，也使其在业务方法中操作业务相关的数据变得更为方便。

### 2．配置 WelcomeAction 类

在 struts.xml 中配置 WelcomeAction，代码如下。

```
<!DOCTYPE struts PUBLIC "-//Apache Software Foundation//DTD Struts
Configuration 2.0//EN" "http://struts.apache.org/dtds/struts-2.0.dtd">
  <struts>
  <constant name="struts.devMode" value="true" />
<package name="albumDefault" extends="struts-default">
  <action name="welcome" class="com.allanlxf.struts2.action.WelcomeAction">
    <param name="message">Welcome to the world of Struts</param>
    <param name="majorVersion">2</param>
      <result>/welcome.jsp</result>
    </action>
  </package>
</struts>
```

Struts2 的 Action 类需要在 struts.xml 文件中进行配置，这样每个 Action 类都对应一个可以被访问的 URL。

在配置文件中，action 是通过 package 来组织的。一个 package 中可以包含多个 action 的定义，并且一个 package 可以通过继承于其他的 package 来复用父 package 中的配置信息。Struts2 提供了一个称为 struts-default 的默认 package，自定义的 package 通常继承于 struts-default。

```
<package name="albumDefault" extends="struts-default" namespace="/core">
    <action name="welcome" class="com.allanlxf.struts2.action.WelcomeAction">
    <result>/welcome.jsp</result>
  </action>
</package>
```

每个 package 都同某个 namespace 关联，这样在控制器接收到请求时，可以将请求的 URL 映射为某个 namespace，并从该 namespace 对应的 package 中查找 action。

多个 package 可以对应同一个 namespace，没有指定 namespace 的 package 被认为在“默认的”namespace 中。控制器在查找 action 时，先看指定的 namespace 中是否存在该 action，如果不存在，则在默认的 namesapce 中查找。

查找 http://localhost:8080/album-app/core/welcome.action 的过程如下。

（1）welcome 被认为是要查找的 action 的名称。

（2）在 namespace：/core 对应的 package 中进行查找。

（3）如果找不到，则在默认的 namespace 对应的 package 中查找。

（4）如果依然找不到，则报告异常。

**注意**：在处理任意一个请求的过程中，系统最多查找两个名称空间，即最长的名称空间和默认的名称空间。此外，“/” 并不代表默认的名称空间。

为了便于 Struts2 应用的开发与调试，可以使 Struts2 工作在开发模式下，这样可以在不重新装载应用的前提下实现以下功能。

（1）在请求之间自动重新载入 struts.xml 文件的信息。

（2）在请求之间自动重新载入资源文件。

（3）在请求之间自动重新载入校验文件。

工作在开发模式下，Struts2 可以输出更多的运行时的调试信息，这样有助于跟踪调试程序。要使 Struts2 工作在开发模式下，可以在 struts.xml 文件中加入以下代码。

```
<constant name="struts.devMode" value="true" />
```

也可以在 struts.properties 文件中加入以下代码。

```
strutsdevMode=true struts.devMode = true
```

另外，也可以通过指定

```
struts.i18n.reload=true 及 struts.configuration.xml.reload=true
```

来单独实现资源文件及 struts.xml 文件的自动重载。

### 3．编写 welcome.jsp

编写 welcome.jsp 的内容如下。

```
<%@page contentType="text/html;charset=gbk" %>
<%@tagliburi="/struts-tags" prefix="s"%>

<html>
  <head><title>welcome</title></head>
  <body>
    <h3 align=center><s:property value=message /></h3>
  </body>
</html>
```

在上述代码中，<s:property value=message/>用于使用 struts 的标签来读取当前 ActionContext 关联的 ValueStack 中的对象的信息，message 为一个 OGNL 表达式。

### 4．访问 WelcomeAction

若要访问 WelcomeAction，可在浏览器地址栏中输入 http://localhost:8080/album-app/core/ welcome.action。其中，/core 为 namespace，welcome 为 action 的名称。

## 习题

1．MVC 有什么优缺点？结合 Struts，说明在一个 Web 应用中如何使用 Struts？

2．简述 Struts2 的执行流程。

3．Struts 的 Action 是不是线程安全的？如果不是，有什么方式可以保证 Action 的线程安全？如果是，请说明原因。

4．请按照自己的理解说明为什么要使用 Struts2？

# 第10章 持久层框架技术

本章主要内容：

- JDBC
- Hibernate
- MyBatis

本章主要讲述了 JDBC、Hibernate、MyBatis 等持久层技术。本章首先对 JDBC 的相关概念、JDBC 的使用做了详细介绍；然后讲述了 Hibernate 的概念、工作原理、持久化对象、延迟加载机制、关系映射等内容；最后讲述了 MyBatis 的概念、优点、工作流程、基础配置、SQL 映射、SqlSession 接口等内容。通过学习持久层框架技术，读者可以很方便地通过配置 XML 文件属性的方法实现 Java 与数据库的交互。

## 10.1 JDBC

### 10.1.1 JDBC 相关概念

JDBC（Java DataBase Connectivity，Java 数据库连接）是一种用于执行 SQL 语句的 Java API，可以为多种关系数据库提供统一访问，它由一组用 Java 语言编写的类和接口组成。

JDBC API 是 Sun 公司提出的访问数据库的接口标准。有了 JDBC API，就不必为访问不同的数据库编写不同的程序，程序员可以使用相同的一套 API 访问不同的数据库；同时，将 Java 语言和 JDBC 结合起来可使程序员不必为不同的平台编写不同的应用程序，只需写一遍程序即可使它在任何平台上运行，这也是 Java 语言“一次编译，处处运行”的优势。JDBC 对 Java 程序员而言是 API，对数据库厂商而言是接口模型。作为 API，JDBC 为程序开发提供标准的接口，并为数据库厂商及第三方中间件厂商实现与数据库的连接提供了标准方法。如图 10-1 所示，可以清晰地看出 JDBC 作为数据库接口的作用。

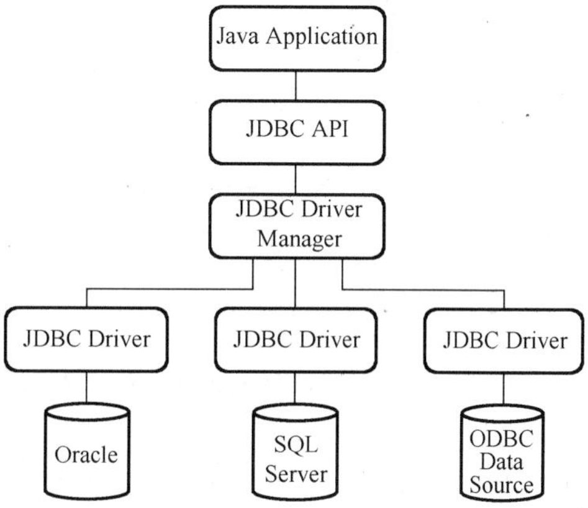

图 10-1　JDBC 结构图

简单来说，JDBC 可做 3 件事：与数据库建立连接、发送操作数据库的语句、返回处理结果。

JDBC 驱动程序可以通过以下 4 种类型实现。

（1）JDBC-ODBC 桥：将对数据库的调用转换为对 ODBC 的调用，需要在 Java 程序所在的机器安装 ODBC 驱动管理器，效率差，不能跨平台。

（2）JDBC 程序由两部分组成：一部分用 Java 编写，另一部分是其他语言编写的二进制代码。

（3）纯 Java，将对数据库的调用转换为对中间服务器的调用。

（4）纯 Java，直接和数据库进行交互。对相关代码进行了优化，性能最高。

JDBC 中常用的类有以下几个。

（1）Driver：通过 connect()方法实现和数据库的连接。

```
Connection connect(String url, Properties pro);
```

url：用来区分不同的驱动程序。

pro：封装数据库的用户名和密码，用户名和密码的 key 值分别为 user 和 password。

（2）DriverManager：管理多个加载的驱动程序。

（3）Connection：和数据库连接的对象形式，代表了一个和数据库的连接。

（4）Statement：用以执行 SQL 语句，推荐在异构操作的时候使用，Statement 有 3 个接口，即 Statement、PreparedStatement（继承自 Statement）、CallableStatement（继承自 PreparedStatement）。

其使用方法是通过 Connection.createStatement()得到一个 Statement 对象。

（5）PreparedStatement：用以执行 SQL 语句，推荐同构的 SQL 语句使用，建设配合占位符号使用。

Statement 和 PreparedStatement 区别如下。

① 建立的代码不同。

```
stm=conn.createStatement();
pstm=conn.prepareStatement(sql);
```

② 执行的代码不同。

```
stm.execute(sql);
```

Statement 可以执行多条（异构的）SQL，它包含数据的完整的 SQL 命令。

```
pstm.execute();
```

PreparedStatement 只能执行一条 SQL，它只包含数据。

③ 使用环境不同。

执行同构 SQL，用 PreparedStatement 效率高；执行异构 SQL，用 Statement 效率高；构成 SQL 语句需要外部的变量值时，需要用 PreparedStatement。

（6）CallableStatement：用来调用数据库中的存储过程，继承自 PreparedStatement。

使用方法如下。

```
cCallableStatement cstm = connection.prepareCall("{call return_student[?,?]}");
cstm.setString(1,"8623034");
cstm.registerOutparameter(2, Types.REAL);
cstm.execute();
float gpa = cstm.getFloat(2);
```

（7）ResultSet：封装 Select 语句返回的数据集，提供方法对数据集中内容进行获取和其他操作。

（8）DatabaseMetadata：获取数据库版本、用户名、对象名等数据库信息。

（9）ResultSetMetadata：获取一次查询结果的列名、数量、类型等信息。

（10）Types：提供一系列常量代表数据类型。

## 10.1.2 JDBC 的使用

### 1. 注册 Driver

这里以注册 MySQL 驱动 com.mysql.jdbc.Driver 为例进行说明。

方式 1：

```
Class.forName("com.mysql.jdbc.Driver");
```

方式 2：

```
Driver driver = new DriverImpl();
DriverManager.registerDriver(driver);
```

方式 3：

```
-Djdbc.drivers=com.mysql.jdbc.Driver
```

常见的数据库驱动名如下。

1）MySQL

驱动程序类名：com.mysql.jdbc.Driver。

数据库 URL 格式如下。

```
jdbc:mysql://[host][,failoverhost...][:port]/[database][?propertyName1]
[=propertyValue1][&propertyName2][=propertyValue2]...
```

举例：

```
jdbc:mysql://localhost:3306 /test
jdbc:mysql://localhost:3306 /test?user=uncletoo&password =123
```

2）SQL Server

驱动程序类名：com.microsoft.sqlserver.jdbc.SQLServerDriver。

数据库 URL 格式如下。

```
jdbc:sqlserver://[serverName[\instanceName][:portNumber]][;property=val
ue[;property=value]]
```

举例：

```
jdbc:sqlserver://localhost;integratedSecurity=true;
jdbc:sqlserver://localhost\\sqlexpress;integratedSecurity=true
jdbc:sqlserver://localhost\\sqlexpress;user=uncletoo;password=123
```

3）Oracle

驱动程序类名：oracle.jdbc.OracleDriver。

数据库 URL 格式如下。

```
jdbc:oracle:<drivertype>:@<database>
jdbc:oracle:<drivertype>:<user>/<password>@<database> where drivertype
can be thin, oci or kprb.
```

举例：

```
jdbc:oracle:thin:@localhost:1521:testdb
jdbc:oracle:thin:root/secret@localhost:1521:testdb
jdbc:oracle:oci:@hoststring
jdbc:oracle:oci:@localhost:1521:testdb
jdbc:oracle:oci:root/secret@hoststring>
Jdbc:oracle:oci:root/secret@localhost:1521:testdb
```

4）PostgreSQL

驱动程序类名：org.postgresql.Driver。

数据库 URL 格式如下。

```
jdbc:postgresql:database
jdbc:postgresql://host/database
jdbc:postgresql://host:port/database
```

举例：

```
jdbc:postgresql:testdb
jdbc:postgresql://localhost/testdb
jdbc:postgresql://localhost:5432/testdb
```

5）SQLite

驱动程序类名：org.sqlite.JDBC。

数据库 URL 格式如下。

```
jdbc:sqlite:database_file_path
```

举例：

```
jdbc:sqlite:sample.db
jdbc:derby:D:/work/project/data.db
```

### 2. 获得 Connection

获得 Connection 的方法有以下两种。

方式 1：

```
Connection conn = DriverManager.getConnection(url,user,password);
```

方式 2：

```
Driver driver = new DriverImpl();
Connection conn = driver.connect(url,pro);
```

### 3. 创建 Statement

创建 Statement 的代码如下。

```
Statement stmt = conn.createStatement();
//和数据库交互，传输 SQL 语句到数据库中，SQL 语句会在数据库内编译、优化，以进一步执行
PreparedStatement pstmt = conn.prepareStatement(sql);
```

### 4. 执行 SQL 语句

执行以下 SQL 语句。

```
//实现和数据库的交互，传输 SQL 语句到数据库中并执行 SQL
ResultSet rs = stmt.executeQuery(sql);
int i = stmt.executeUpdate(sql);
boolean flag = stmt.execute(sql);
//实现和数据库的交互，传输参数值到数据库中并执行 SQL
pstmt.setInt(1,100);
pstmt.setString(2,"zs");
pstmt.setDate(3,Date.valueOf("1979-9-1"));
ResultSet rs = pstmt.executeQuery();
int i = pstmt.executeUpdate();
boolean flag = pstmt.execute();
```

### 5. 处理结果集

（1）使用结果集（ResultSet）对象的访问方法获取数据。

① next()：下一个记录。

② first()：第一个记录。

③ last()：最后一个记录。

④ previous()：上一个记录。

（2）通过字段名或索引取得数据。

（3）结果集保持了一个指向当前行的指针，初始化位置为第一个记录前。

### 6. 关闭对象、释放资源

一般推荐先构建的对象后释放，可在 finally 里定义。

（1）关闭记录集。

（2）关闭声明。

（3）关闭连接对象。

### 7. 数据表和类的关系

数据表和类有以下 3 种关系。

（1）一个表对应一个类。

（2）一个表对应相关类。

（3）一个表对应整个类关系层。

### 8. SQL 数据类型及其相应的 Java 数据类型

表 10-1 所示列出了 SQL 数据类型及其相应的 Java 数据类型。

表 10-1　SQL 数据类型与 Java 数据类型对应表

| SQL 数据类型 | Java 数据类型 | 说明 |
|---|---|---|
| INTEGER 或 INT | int | 通常是一个 32 位整数 |
| SMALLINT | short | 通常是一个 16 位整数 |
| NUMBER(m,n)或 DECIMAL(m,n) | Java.sql.Numeric | 合计位数是 m 的定点十进制数，小数后面有 n 位数 |
| DEC(m,n) | Java.sql.Numeric | 合计位数是 m 的定点十进制数，小数后面有 n 位数 |
| FLOAT(n) | double | 运算精度为 n 位二进制数的浮点数 |
| REAL | float | 通常是 32 位浮点数 |
| DOUBLE | double | 通常是 64 位浮点数 |
| CHARACTER(n)或 CHAR(n) | String | 长度为 n 的固定长度字符串 |
| VARCHAR(n) | String | 最大长度为 n 的可变长度字符串 |
| BOOLEAN | boolean | 布尔值 |
| DATE | Java.sql.Date | 根据具体设备而实现的日历日期 |
| TIME | Java.sql.Time | 根据具体设备而实现的时戳 |
| TIMESTAMP | Java.sql.Timestamp | 根据具体设备而实现的当日日期和时间 |
| BLOB | Java.sql.Blob | 二进制大型对象 |
| CLOB | Java.sql.Clob | 字符大型对象 |

## 10.2 Hibernate

### 10.2.1 Hibernate 相关概念

Hibernate 是开源的、用于封装数据访问层的组件，被称之为数据访问层框架（持久层框架）。之前我们通过 JDBC/SQL 语句从数据库中访问/操作数据，而 Hibernate 就是封装了这些操作，专门用于数据访问层的组件技术。出现 Hibernate 框架之前，在企业项目开发过程中，如下几点造成了程序员们的痛苦。

（1）SQL 语句过于繁杂，和数据库的耦合度高：指有些 SQL 会涉及多表操作，或者有些表会非常庞大，这时写在 DAO 中的 SQL 会非常复杂，同时导致 DAO 和数据库的耦合度较高。

（2）不同数据库之间 SQL 的不同，导致移植困难：不同数据库虽然 SQL 语句大致相同，但是也有一些细节上的差别，如 Oracle 中的分页方式和 MySQL 中的分页是不同的，所以存在代码移植困难的因素。

（3）二维关系表和对象之间数据结构的不匹配：我们从数据库中取出的数据是结果集（一张表），而开发时需要将查询到的结果集封装为对象，但数据库中二维表的数据结构和内存中 Java 对象的数据结构是不匹配的（表中的数据需要经过处理才能变为 Java 对象）。

### 10.2.2 Hibernate 工作原理

Hibernate 的工作原理：对象-关系映射。

在应用程序中，数据用对象来体现，而在数据库中，数据使用表的形式保存。Hibernate 用于表示应用程序中的对象与表中的数据关系之间的映射，即把对象保存到关系表中或者把关系表中的数据取出映射为对象。

可以这样理解，当使用 Hibernate 框架技术时，可以直接从数据库中取出 Java 对象，或者把 Java 对象直接保存到数据库中，中间写 SQL 语句等繁琐的步骤被 Hibernate 封装起来了，对用户是透明的。

Hibernate 是自动化程度很高的组件，因此较难驾驭，在对 Hibernate 理解不够透彻的情况下使用可能会影响性能。

### 10.2.3 持久化对象

在 Hibernate 中有 3 种状态：瞬时态或自由态（Transient）、持久态（Persistent）、脱管态或游离态（Detached）。处于持久态的对象也称为 PO（Persistence Object），瞬时对象和脱管对象也称为 VO（Value Object）。

#### 1．瞬时态或自由态

由 new 操作符创建，且尚未与 Hibernate Session 关联的对象被认定为瞬时的。瞬时对象不会被持久化到数据库中，也不会被赋予持久化标识。如果瞬时对象在程序中没有被引用，它会被垃圾回收器销毁。使用 Hibernate Session 可以将其变为持久状态。Hibernate 会自动执行必要的 SQL 语句。

瞬时状态的特点如下。

（1）与数据库中的记录没有任何关联，即没有与其相关联的数据库记录。

（2）与 Session 没有任何关系，即没有通过 Session 对象的实例对其进行任何持久化的操作。

（3）只是一个内存对象。

举例：

```
User user=new User();
/*user 是一个瞬时对象，在数据库的表中是没有记录和该对象相对应的，和 session 没有关系*/
user.setName("ddd");
user.setBirthday(new Date());
session.save(user);         //持久化状态
```

### 2. 持久态

持久态是指实例在数据库中有对应的记录，并拥有一个持久化标识。持久态的实例可能是刚被保存的，或刚被加载的，无论哪一种，按定义而言，它存在于相关联的 Session 作用范围内。Hibernate 会检测到处于持久状态的对象的任何改动，在当前操作单元执行完毕时将对象数据与数据库同步。开发者不需要手动执行 Update。将对象从持久状态变成瞬时状态同样不需要手动执行 Delete 语句。

持久对象具有如下特点。

（1）和 session 实例关联。

（2）在数据库中有与之关联的记录。

（3）Hibernate 会根据持久态对象的属性变化而改变数据库中的相应记录。

举例：

```
Session session = factory.openSession();
Transaction tx = session.beginTransaction();
session.save(stu);              //持久态
System.out.println(stu);
tx.commit();
session.close();                //执行 close()方法之后，会由持久对象转换成脱管对象
System.out.println(stu);        //脱管对象
```

### 3. 脱管态或游离态

与持久态对象关联的 Session 被关闭后，对象就变为脱管的。对脱管对象的引用依然有效，对象可继续被修改。脱管对象如果重新关联到某个新的 Session 上，则会再次转变为持久态（在脱管期间的改动将被持久化到数据库中）。这个功能是一种编程模型，即中间会给用户思考时间的长时间运行的操作单元脱管对象拥有数据库的识别值，可通过 update()、saveOrUpdate()等方法转变成持久对象。

脱管对象具有如下特点。

（1）本质上与瞬时对象相同，在没有任何变量引用它时，JVM 会在适当的时候将它回收。

（2）比瞬时对象多了一个数据库记录标识值。

（3）不再与 Session 相关联。

（4）脱管对象一定是由持久态对象转化而来的。

### 4. Hibernate 各种状态对象之间的转换

（1）当一个对象被 new 后此对象处于瞬时态。

（2）对此对象执行 session 的 save() 或者 saveOrUpdate()方法后，此对象被放入 session 的一级缓存并进入持久态。

（3）当对此对象执行 evict()/close()/clear()的操作后，此对象进入游离态。

（4）游离态和瞬时态的对象由于没有被 session 管理，会在适当的时机被 Java 的垃圾回收站回收。

（5）执行 session 的 get()/load()/find()/iternte()等方法，从数据库里查询到的对象，处于持久态。

（6）当对数据库中的记录进行 update()/saveOrUpdate()/lock()操作后，游离态的对象过渡到持久态。

（7）处于持久态与游离态的对象在数据库中都有对应的记录。

（8）瞬时态与游离态的对象都可以被回收，但是瞬时态的对象在数据库中没有对应的记录，而游离态的对象在数据库中有对应的记录。

### 10.2.4 延迟加载机制

通过对比 session 中的 get 和 load 方法，可以很容易地看出延迟加载机制的作用，延迟加载是通过 load 方法实现的。

#### 1．从返回结果上对比

load 方式检索不到时会抛出 org.hibernate.ObjectNotFoundException 异常，get 方法检索不到时会返回 null。

#### 2．从检索执行机制上对比

get 方法直接从数据库中检索。而 load 方法的执行比较复杂，首先查找 session 的 persistent Context 中是否有缓存，如果有则直接返回，如果没有则判断是否是 lazy，如果不是，则直接访问数据库检索，查到记录返回，查不到抛出异常。如果是 lazy，则需要建立代理对象，对象的 initialized 属性为 false，target 属性为 null，在访问获得的代理对象的属性时检索数据库，如果找到记录，则把该记录的对象复制到代理对象的 target 上，并使 initialized=true，如果找不到，则抛出异常。

（3）根本区别说明

如果使用 load 方法，Hibernate 认为该 ID 对应的对象（数据库记录）在数据库中是一定存在的，所以可以放心使用，即使用代理来延迟加载该对象。在用到对象中的其他属性数据时才查询数据库，但是若数据库中不存在该记录，则只能抛异常。所说的 load 方法抛异常是指在使用该对象的数据时，数据库中不存在该数据时抛出异常，而不是在创建这个对象时抛出异常。

由于 session 中的缓存对于 Hibernate 来说相当廉价，所以在 load 时会先查一下 session 缓存，检查该 ID 对应的对象是否存在，不存在则创建代理。所以如果已知道该 ID 在数据库中一定有对应记录存在，则可以使用 load 方法来实现延迟加载。

对于 get 方法，Hibernate 会确认该 ID 对应的数据是否存在，先在 session 缓存中查找，然后在二级缓存中查找，若没有则查数据库，数据库中没有则返回 null。

对于 load 和 get 方法返回类型：虽然好多书中写到“get()永远只返回实体类”，但实际上这是不正确的，get 方法如果在 session 缓存中找到了该 ID 对应的对象，如果刚好该对象是被代理过的，如被 load 方法使用过，或者被其他关联对象延迟加载过，则返回的还是原来的代理对象，而不是实体类对象，如果该代理对象还没有加载实体数据（即 ID 以外的其他属性数据），则它会查询二级缓存或者数据库来加载数据，但是返回的是代理对象，只是已经加载了实体数据。

get 方法先查询 session 缓存，再查询二级缓存，最后查询数据库；而 load 方法创建时先查询 session 缓存，再创建代理，实际使用数据时才查询二级缓存和数据库。

总之，load 方法认为该数据在数据库中一定存在，可以放心地使用代理来延迟加载，如果在使用过程中发现了问题，则只能抛出异常；而对于 get 方法，Hibernate 一定要获取到真实的数据，否则返回 null。

## 10.2.5　关系映射

Hibernate 关系映射包括一对一关系映射、一对多关系映射、多对多关系映射。具体介绍如下。

### 1．一对一关系映射

1）唯一外键关联

表上唯一外键关联：

```
table user(
id<PK>
name
age
addressid<FK>
);
table address(
id<PK>
city
street
);
```

类上唯一外键关联：

```
class User{
id
name
age
Address
}
class Address{
id
city
street
User
}
```

映射文件上唯一外键关联：

User.hbm.xml：

```
<class name="User" table="user">
        <id name="id" column="id" type="int"/>
        <property name="name" column="name" type="string"/>
        <property name="age" column="age" type="int"/>
        <many-to-one name="address" class="Address" unique="true"
column="addressid"></many-to-one>
    </class>
```

Address.hbm.xml：

```
<class name="Address" table="address">
        <id name="id" column="id" type="int"/>
        <property name="city" column="city" type="string"/>
        <property name="street" column="street" type="string"/>
        <one-to-one name="user" class="User"></one-to-one>
</class>
```

数据库操作语句如下。

```
drop table user;
drop table address;
create table address(
id  number primary key,
city varchar2(50),
street varchar2(100)
);
create table user(
id  number primary key,
name varchar2(25),
age number,
addressid number references address(id)
);
```

2）主键关联

表上的主键关联：

```
table user(
id<PK>
name
age
);
table address(
id<PK><FK>
city
street
);
```

类上的主键关联：

```
class User{
id
name
age
Adresss
}
class Address{
id
city
street
User
}
```

映射文件上的主键关联：

User.hbm.xml：

```
<class name="User" table="user">
        <id name="id" column="id" type="int"/>
        <property name="name" column="name" type="string"/>
        <property name="age" column="age" type="int"/>
        <one-to-one name="address" class="Address"></one-to-one>
</class>
```

Address.hbm.xml：

```
<class name="Address" table="address">
        <id name="id" column="id" type="int">
            <generator class="foreign">
                <param name="property">user</param>
            </generator>
        </id>
        <property name="city" column="city" type="string"/>
        <property name="street" column="street" type="string"/>
        <one-to-one name="user" class="User"></one-to-one>
</class>
```

数据库操作语句如下。

```
create table user(
id  number primary key,
name varchar2(25),
age number
);
create table address(
id  number references user(id),
city varchar2(50),
street varchar2(100),
primary key(id)
);
```

### 2. 一对多关系映射

1）单向映射

表上的单向映射：

```
table user(
id<PK>
name
age
addressid<FK>
);
table address(
id<PK>
city
street
);
```

类上的单向映射：

```
class User{
id
name
age
Address
}
class Address{
id
```

```
city
street
}
```

映射文件上的单向映射：

User.hbm.xml：

```
<class name="User" table="user">
        <id name="id" column="id" type="int"/>
        <property name="name" column="name" type="string"/>
        <property name="age" column="age" type="int"/>
        <many-to-one name="address" class="Address"
column="addressid"></many-to-one>
</class>
```

Address.hbm.xml：

```
<class name="Address" table="address">
        <id name="id" column="id" type="int"/>
        <property name="city" column="city" type="string"/>
        <property name="street" column="street" type="string"/>
</class>
```

数据库操作语句如下。

```
create table address(
id  number primary key,
city varchar2(50),
street varchar2(100)
);
create table user(
id  number primary key,
name varchar2(25),
age number,
addressid number references address(id)
);
insert into address values(1,'Shanghai','Guotai Road');
insert into user values(10,'briup10',10,1);
insert into user values(11,'briup11',11,1);
commit;
```

2）双向映射

表上的双向映射：

```
table user(
id<PK>
name
age
addressid<FK>
);
table address(
id<PK>
city
);
```

类上的双向映射：

```
class User{
id
name
age
Address
}
class Address{
id
city
street
Set<User>
}
```

映射文件上的双向映射：

User.hbm.xml：

```
<class name="User" table="user">
        <id name="id" column="id" type="int"/>
        <property name="name" column="name" type="string"/>
        <property name="age" column="age" type="int"/>
        <many-to-one name="address" class="Address"
column="addressid"></many-to-one>
</class>
```

Address.hbm.xml：

```
<class name="Address" table="address">
        <id name="id" column="id" type="int"/>
        <property name="city" column="city" type="string"/>
        <property name="street" column="street" type="string"/>
        <set name="users">
            <key column="addressid"/>
            <one-to-many class="User"/>
        </set>
</class>
```

### 3. 多对多关系映射

1）单向映射

表上的单向映射：

```
table user(
id<PK>
name
age
street
);
table user_address(
userid<FK><PK>
addressid<FK><PK>
);
table address(
```

```
id<PK>
city
);
```

类上的单向映射：

```
class User{
id
name
age
Set<Address>
}
class Address{
id
city
street
}
```

映射文件上的单向映射：

User.hbm.xml：

```
<class name="User" table="user">
        <id name="id" column="id" type="int"/>
        <property name="name" column="name" type="string"/>
        <property name="age" column="age" type="int"/>
        <set name="addresses" table="user_address">
            <key column="userid"/>
            <many-to-many column="addressid" class="Address"/>
        </set>
</class>
```

Address.hbm.xml：

```
<class name="Address" table="address">
        <id name="id" column="id" type="int"/>
        <property name="city" column="city" type="string"/>
        <property name="street" column="street" type="string"/>
</class>
```

数据库操作语句如下。

```
create table user(
id  number primary key,
name varchar2(25),
age number
);
create table address(
id  number primary key,
city varchar2(50),
street varchar2(100)
);
create table user_address(
userid number references user(id),
addressid number references address(id),
```

```
primary key(userid,addressid)
);
```

2）双向映射

表上的双向映射：

```
table user(
id<PK>
name
age
street
);
table user_address(
userid<FK><PK>
addressid<FK><PK>
);
table address(
id<PK>
city
);
```

类上的双向映射：

```
class User{
id
name
age
Set<Address>
}
class Address{
id
city
Set<User>
}
```

映射文件上的双向映射：

User.hbm.xml：

```
<class name="User" table="user">
        <id name="id" column="id" type="int"/>
        <property name="name" column="name" type="string"/>
        <property name="age" column="age" type="int"/>
        <set name="addresses" table="user_address">
            <key column="userid"/>
            <many-to-many column="addressid" class="Address"/>
        </set>
</class>
```

Address.hbm.xml：

```
<class name="Address" table="address">
        <id name="id" column="id" type="int"/>
        <property name="city" column="city" type="string"/>
        <property name="street" column="street" type="string"/>
```

```
            <set name="users" table="user_address" inverse="true" >
                <key column="addressid"/>
                <many-to-many column="userid" class="User"/>
            </set>
    </class>
```

数据库操作语句如下。

```
create table user(
id  number primary key,
name varchar2(25),
age number
);
create table address(
id  number primary key,
city varchar2(50),
street varchar2(100)
);
create table user_address(
userid number references user(id),
addressid number references address(id),
primary key(userid,addressid)
);
```

## 10.3 MyBatis

### 10.3.1 MyBatis 相关概念

#### 1. MyBatis 定义

MyBatis 的前身是 iBatis，iBatis 由 ClintonBegin 开发，后来捐给了 Apache 基金会，成立了 iBatis 开源项目。2010 年 5 月，该项目由 Apache 基金会迁移到了 Google Code，并且改名为 MyBatis。

MyBatis 是一个数据持久层框架。它对 JDBC 操作数据库的过程进行了封装，使开发者只需要关注 SQL 本身，而不需要花费精力去处理 JDBC 繁杂的过程代码如注册驱动、创建 connection、创建 statement、手动设置参数、结果集检索等。它通过 XML 或注解的方式将要执行的 statement 配置起来，并通过 Java 对象和 statement 中的 SQL 进行映射，生成最终执行的 SQL 语句，最后由 MyBatis 框架执行 SQL，将结果映射成 Java 对象并返回。

#### 2. MyBatis 的优点

（1）MyBatis 基于 SQL 语法，简单易学。
（2）MyBatis 了解底层组装过程。
（3）SQL 语句封装在配置文件中，便于统一管理与维护，降低了程序的耦合度。
（4）程序调试方便。

#### 3. 与传统 JDBC 的比较

（1）MyBatis 减少了 61%的代码量。
（2）最简单的持久化框架。

（3）架构级性能增强。

（4）SQL 代码从程序代码中彻底分析，可重用。

（5）MyBatis 增强了项目中的分工。

（6）MyBatis 增强了移植性。

从如下代码可以直观地看出 MyBatis 相对于 JDBC 的优势。

```
//JDBC 代码
1. Class.forName("com.mysql.jdbc.Driver");
2. Connection conn = DriverManager.getConnection(url,user,password);
3. java.sql.PreparedStatement st = conn.prepareStatement(sql);
4. st.setInt(0,1);
5. st.execute();
6. java.sql.ResultSet rs = st.getResultSet();
7. While(rs.next()){
8.   String result = rs.getString(colname);
9. }
//MyBatis 配置文件
<mapper namespace="org.mybatis.example.BlogMapper">
  <select id="selectBlog" parameterType="int" resultType="Blog">
    Select * from Blog where id = #{id}
  </select>
</mapper>
```

MyBatis 就是将上面几行代码分解包装，前两行是对数据库数据源的管理及事务管理；3、4 行是 MyBatis 通过配置文件来管理 SQL 及输入参数的映射；6、7、8 行是 MyBatis 通过配置文件管理获取返回结果到 Java 对象的映射。

#### 4．与 Hibernate 的对比

MyBatis 是一个 SQL 语句映射的框架（工具）；注重 POJO 与 SQL 之间的映射关系，不会为程序员在运行期间自动生成 SQL；自动化程度低、需手工映射 SQL，但灵活程度高，需要开发人员熟练掌握 SQL 语句。

Hibernate 是主流的 ORM 框架，提供了从 POJO 到数据库表的全套映射机制；会自动生成全套 SQL 语句。因为其自动化程度高、映射配置复杂，因此 API 也相对复杂、灵活度低；开发人员不必关注 SQL 底层语句的开发。

### 10.3.2　MyBatis 的工作流程

（1）MyBatis 配置。

SqlMapConfig.xml 文件是 MyBatis 的全局配置文件，配置了 MyBatis 的运行环境等信息。

mapper.xml 文件即 SQL 映射文件，文件中配置了操作数据库的 SQL 语句。此文件需要在 SqlMapConfig.xml 中加载。

（2）通过 MyBatis 环境等配置信息构造 SqlSessionFactory，即会话工厂。

（3）由会话工厂创建 SqlSession，操作数据库需要通过 SqlSession 进行。

（4）MyBatis 底层自定义了 Executor 接口以操作数据库，Executor 接口有两个实现，一个是基本执行器，另一个是缓存执行器。

（5）Mapped Statement 也是 MyBatis 的一个底层封装对象，它包装了 MyBatis 配置信息及 SQL 映射信息等。mapper.xml 文件中一个 SQL 对应一个 Mapped Statement 对象，SQL 的 ID 即是 Mapped Statement 的 ID。

（6）Mapped Statement 对 SQL 执行输入参数进行定义，包括 HashMap、基本类型、POJO，Executor 通过 Mapped Statement 在执行 SQL 前将输入的 Java 对象映射至 SQL 中，输入参数映射就是 JDBC 编程中对 preparedStatement 设置参数。

（7）Mapped Statement 对 SQL 执行输出结果进行定义，包括 HashMap、基本类型、POJO，Executor 通过 Mapped Statement 在执行 SQL 后将输出结果映射至 Java 对象中，输出结果映射过程相当于 JDBC 编程中对结果的解析处理过程。

从图 10-2 可以直观地看出 MyBatis 的工作流程。

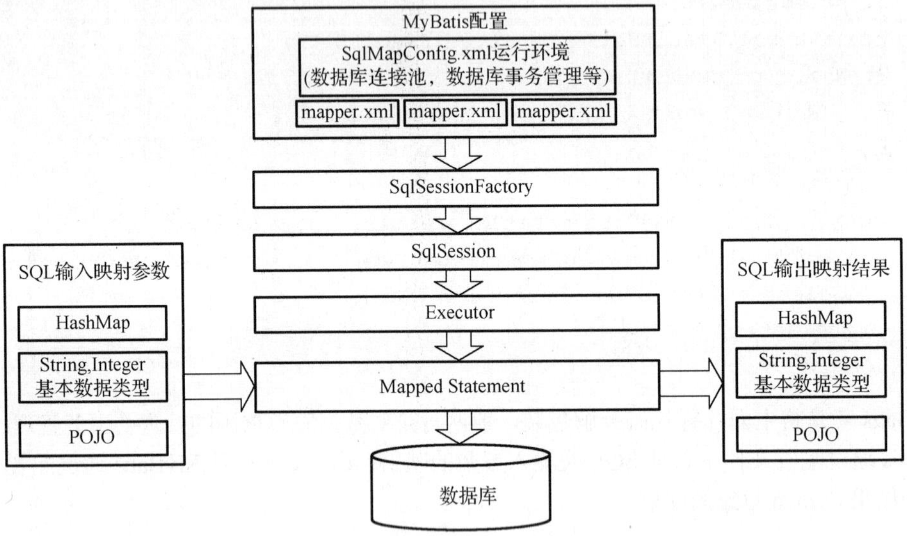


图 10-2 MyBatis 工作流程图

## 10.3.3 基础配置

configuration.xml 是系统的核心配置文件，包含数据源和事务管理器等设置和属性信息。

### 1. XML 文档结构

XML 文档的结构如下。

```
configuration                      //配置
  properties                       //可以配置在 Java 属性配置文件中
  settings                         //修改 MyBatis 在运行时的行为方式
  typeAliases                      //为 Java 类型取一个短的名称
  typeHandlers                     //类型处理器
  objectFactory                    //对象工厂
  plugins                          //插件
  environments                     //环境
    environment                    //环境变量
      transactionManager           //事务管理器
      dataSource                   //数据源
  mappers                          //映射器
```

### 2. 配置环境

配置环境的代码如下。

```
<configuration>
  <environments default="development">
    <environment id="development">
      <transactionManager type="JDBC">
      <dataSource type="POOLED">
      <property name="driver" value="${driver}"/>
      <property name="url" value="${url}"/>
      <property name="username" value="${username}"/>
      <property name="password" value="${password}"/>
    </environment>
    <environment id="development">
      ..........
    </environment>
  </environments>
</configuration>
```

### 3. MyBatis 的管理类型

MyBatis 中有如下两种事务管理类型。

JDBC：这个类型会直接使用全部 JDBC 的提交和回滚功能；它依靠使用连接的数据源来管理事务的作用域。

MANAGED：这个类型什么都不做，它从不提交、回滚和关闭连接，而是让窗口来管理事务的全部生命周期。

MyBatis 数据源类型有如下 3 种。

（1）UNPOOLED：这个数据源实现只是在每次请求的时候简单地打开和关闭一个连接。虽然有点慢，但作为一些不需要性能和立即响应的简单应用来说不失为一种好选择。

（2）POOLED：这个数据源缓存 JDBC 连接对象，用于避免每次都要连接和生成连接实例而需要的验证时间。对于并发 Web 应用，这种方式非常流行，因为它有最快的响应时间。

（3）JNDI：这个数据源实现是为了准备和 Spring 或应用服务一起使用，可以在外部或者内部配置此数据源，然后在 JNDI 上下文中引用它。

### 4. 导入 SQL 映射文件

（1）使用相对路径：

```
<mappers>
  <mapper resource="org/mybatis/builder/UserMapper.xml"/>
  <mapper resource="org/mybatis/builder/AuthorMapper.xml"/>
  <mapper resource="org/mybatis/builder/BlogMapper.xml"/>
  <mapper resource="org/mybatis/builder/PostMapper.xml"/>
</mappers>
```

（2）使用绝对路径：

```
<mappers>
  <mapper url="file:///var/salmaps/UserMapper.xml"/>
  <mapper url="file:///var/salmaps/AuthorMapper.xml"/>
  <mapper url="file:///var/salmaps/BlogMapper.xml"/>
  <mapper url="file:///var/salmaps/PostMapper.xml"/>
</mappers>
```

## 10.3.4 SQL 映射

SQL 映射文件结构如下。

```
Cache：配置给定名称空间的缓存
Cache-ref：从其他名称空间引用缓存配置
ResultMap：最复杂、最有力量的元素，用来描述如何从数据库结果集中加载对象
Sql：可以重用的 SQL 块，也可以被其他语句引用
Insert：映射插入语句
Update：映射更新语句
Delete：映射删除语句
Select：映射查询语句
```

（1）Select 的作用：

```
<mapper namespace="org.mybatis.example.BlogMapper">
  <select id="selectBlog" parameterType="int" resultType="Blog">
    Select * from Blog where id=#{id}
  </select>
</mapper>
```

使用完全限定名调用映射语句，代码如下。

```
Blogblog=(Blog)session.selectOne("org.mybatis.example.BlogMapper",101);
String blogName = blog.getBlogName();
<mapper namespace="org.mybatis.example.BlogMapper">
  <select id="selectBlog2" parameterType="int" resultType="map">
    Select * from Blog where id=#{id}
  </select>
</mapper>
```

调用：

```
Map map = (Map)session.selectOne("org.mybatis.example.BlogMapper.selectBlog",101);
String blogName = map.get("BLOG_NAME");//即对象的属性名
```

（2）Insert 的作用：

```
<insert id="insertAuthor" parameterType="domain.blog.Author">
  Insert into Author (id,username,password,email,bio) values
    (#{id},#{username},#{password},#{email},#{bio})
</insert>
```

主键策略：如果使用数据库支持自动生成主键，则可以设置 useGeneratedKeys="true"，然后把 keyProperty 设为对应的列。

```
<insert id="insertAuthor" parameterType="domain.blog.Author"
  useGeneratedKeys="true" keyProperty="id">
  Insert into Author (username,password,email,bio) values
    (#{username},#{password},#{email},#{bio})
</insert>
```

（3）Update 的作用：

```
<update id="updateAuthor" parameterType="domain.blog.Author">
  Update Author set
  username = #{username},
```

```
    Password = #{password},
    Email = #{email},
    Bio = #{bio}
    Where id = #{id}
</update>
```

（4）Delete 的作用：

```
<delete id="deleteAuthor" parameterType="int">
    delete from Author where id = #{id}
</delete>
```

## 10.3.5　SqlSession 接口

MyBatis 默认情况下是没有开启缓存的，除了局部的 session 缓存之外。若要开启二级缓存，则需要在 SQL 映射文件中添加以下代码。

```
<cache/>
```

例如：

```
<cache eviction="FIFO" flushInterval="60000" size="512" readOnly="true"/>
```

这个配置创建了一个 FIFO 缓存，并每隔 60s 刷新，存取 512 个结果对象或列表的引用，而且返回的对象为只读，因此在不同线程的调用者之间修改它们会导致冲突。

MyBatis 中可以使用的回收策略如下。

（1）LRU：最近最少使用的，移除最长时间不被使用的对象。

（2）FIFO：先进先出，按对象进入缓存的顺序来移除它。

（3）SOFT：软引用，移除基于垃圾回收期状态和软引用规则的对象。

（4）WEAK：弱引用，更积极地移除基于垃圾收集器状态和弱引用规则的对象。

MyBatis 在默认情况下是使用 LRU 规则的。

图 10-3 所示为 MyBatis 核心类和接口的结构图。

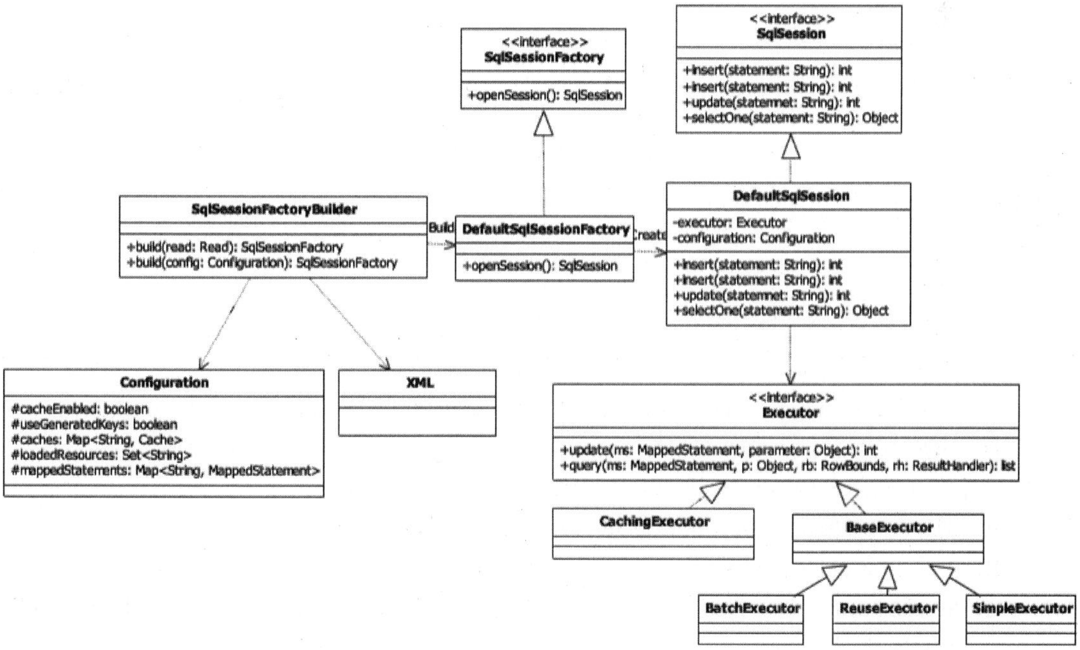


图 10-3　核心类和接口的结构

（1）SqlSessionFactoryBuilder：这个类可以被初始、使用和丢弃，如果已经创建好 SqlSessionFactory，则不用再保留它。因此，SqlSessionFactoryBuilder 的最好作用域是方法体内，如定义一个方法变量。可以重复使用 SqlSessionFactoryBuilder 生成多个 SqlSessionFactory 实例，但是最好不要强行保留，因为 XML 的解析资源要用来做其他更重要的事情。

（2）SqlSessionFactory：一旦创建，SqlSessionFactory 就会在整个应用过程中始终存在。所以没有理由销毁和再创建它，一个应用运行中也不建议多次创建 SqlSessionFactory。因此，SqlSessionFactory 最好的作用域是 Application。有多种方法实现，最简单的方法是单例模式或者静态单例模式，但这种方法使用不多，现在大多使用 Spring 框架生成管理器以管理 SqlSessionFactory 的单例生命周期。

（3）SqlSession：每个线程都有自己的 SqlSession 实例，SqlSession 实例不能被共享，是非线程安全的。因此，最好使用 Request 作用域或者方法体作用域。不要使用类的静态变量来引用一个 SqlSession 实例，也不要使用类的一个实例变量来引用。如果使用 Web 框架，则应该让 SqlSession 跟随 HTTP 请求的相似作用域。也就是说，在收到一个 HTTP 请求后，打开 SqlSession 是非常重要的，必须确保 SqlSession 在 finally 方法体中正常关闭。

可以使用下面的标准方式来关闭。

```
SqlSession session = sqlSessionFactory.openSession();
try{
  //do work
}finally{
  session.close();
}
```

SqlSession 的获取方式如下。

```
Reader reader = Resources.getResourceAsReader("configuration.xml");
SqlSessionFactory sqlSessionFactory = new SqlSessionFactoryBuilder().
build(reader);
SqlSession sqlSession = sqlSessionFactory.openSession();
```

SqlSession 的使用：调用 insert、update、selectList、selectOne、delete 等方法执行增、删、改、查等操作。

## 习题

1. 关于 HQL 与 SQL，以下说法正确的是（　　）。
   A. HQL 与 SQL 没什么差别
   B. HQL 面向对象，而 SQL 操纵关系数据库
   C. 在 HQL 与 SQL 中，都包含 select、insert、update、delete 语句
   D. HQL 仅用于查询数据，不支持 insert、update 和 delete 语句
2. 以下关于 SessionFactory 的说法中，正确的是（　　）。
   A. 对于每个数据库事务，应该创建一个 SessionFactory 对象
   B. 一个 SessionFactory 对象对应一个数据库存储源
   C. SessionFactory 是重量级的对象，不应该随意创建。如果系统中只有一个数据库存储源，则只需要创建一个

D．SessionFactory 的 load()方法用于加载持久化对象

3．Hibernate 的工作顺序是（　　）。

A．打开 Sesssion　　B．创建事务 Transation

C．读取并解析配置文件　　D．关闭 SesstionFactory

E．提交事务　　F．关闭 Session

G．持久化操作　　H．读取并解析映射信息，创建 SessionFactory

4．以下属于 Session 的方法是（　　）。

A．load()　　B．save()　　C．delete()　　D．update()

E．open()　　F．close()

5．下列线程安全的对象是（　　）。

A．SessionFactory　　B．Session　　C．Query　　D．Transaction

6．对于以下程序，Customer 对象在第（　　）行后变为持久态。

```
Customer customer=new Customer(); //line1
customer.setName(\"Tom\"); //line2
Session session1=sessionFactory.openSession(); //line3
Transaction tx1 = session1.beginTransaction(); //line4
session1.save(customer); //line4
tx1.commit(); //line5
session1.close(); //line6
```

A．line1　　B．line2　　C．line3　　D．line4　　E．line5　　F．line6

7．事务隔离级别是由（　　）实现的。

A．Java 应用程序　　B．Hibernate

C．数据库系统　　D．JDBC 驱动程序

8．以下擅长做动态查询（查询条件动态变化）的类是（　　）。

A．Query　　B．Criteria　　C．Criterion　　D．Example

9．新创建一个对象，它处于 Hibernate 中的（　　）状态。

A．Transient　　B．Persistent　　C．Detoched　　D．Unknown

10．JDBC 编程中负责事务管理的类是________，开启一个事务使用________方法，回滚使用________方法。Hibernate 编程中负责事务管理的类是________，开启一个事务使用________类的________方法，提交一个事务使用________类的 commit 方法。

11．简述 Hibernate 中 get 方法和 load 方法的区别。

12．MyBatis 和 Hibernate 有什么区别？你更喜欢使用哪个持久层框架？

# 第11章 Spring

本章主要内容：

- Spring 介绍
- IoC 注入
- 自动装配
- 继承装入
- 属性编辑器
- 创建 Bean
- Bean 的生命周期
- IoC 中的 annotation 配置
- AOP
- 代理模式
- 静态代理和动态代理
- Advice
- AutoProxy
- aop:config 标签
- Spring 事务管理机制

本章全面讲述了 Spring 概念、IoC 注入、自动装配、继承装入、属性编辑器、创建 Bean、Bean 的生命周期、IoC 中的 annotation 配置、AOP、代理模式、静态代理和动态代理、Advice、AutoProxy、aop:config 标签、Spring 事务管理机制等内容，通过学习本章内容，读者可以对 Spring 框架有所了解，通过使用 Spring 的控制反转和面向切面的特性来编程可以大大提高开发效率。

## 11.1 Spring 概述

### 1. Spring 定义

Spring 是一个开源框架，由 Rod Johnson 创建，是基于控制反转（Inversion of Control，IoC）和面向切面（Aspect Oriented Programming，AOP）的轻量级容器框架。Spring 是致力于 J2EE 各层应用的解决方案，而不是仅仅专注于某一层的方案。可以说 Spring 是企业应用开发的“一站式”选择，并贯穿表现层、业务层及持久层。然而，Spring 并不想取代那些已有的框架，而是与它们无缝整合。

### 2. Spring 的特点

（1）Spring 是一个轻量级的框架，从大小和开销两方面来说，Spring 都是轻量级的。

（2）Spring 通过控制翻转的技术达到松耦合的目的。

（3）提供了面向切面编程的丰富支持，允许通过分离应用的业务逻辑与系统服务进行内聚性的开发。

（4）包含并管理应用对象的配置和生命周期，从这个意义上来说 Spring 是一种容器。

（5）将简单的组件配置组合成复杂的应用，从这个意义上来说 Spring 是一个框架。

（6）在 Spring 上，开发应用将变得简单、方便、快捷。

### 3. Spring 相关概念

1）轻量级的容器

（1）容器：Spring 容器帮助用户管理业务逻辑层，其中有很多业务逻辑对象，有对象就有对象的生命周期的管理（创建，销毁）。

（2）轻量级：Spring 给用户提供的服务完全由用户自己决定，Spring 想用什么服务自己开启使用即可。Spring 容器从来不能独立运行，一定要借助于其他容器启动，或者借助 Web 容器启动，或者借助 EJB 容器启动。

（3）特点：应用模块之间耦合度小，组件都是可重用的，都是各自打包的。

2）为什么要用 Spring？

（1）动态解耦，方便开发，面向接口设计。通过 Spring 提供的 IoC 容器，可以将对象之间的依赖关系交由 Spring 进行控制，避免硬编码所造成的过度程序耦合。有了 Spring，用户不必再为单实例模式类、属性文件解析等底层需求编写代码，可以专注于上层的应用。

（2）方便程序的测试 TDD。可以用非容器依赖的编程方式进行几乎所有的测试工作，在 Spring 中，测试不再是昂贵的操作，而是随手可做的事情。

（3）降低 Java EE API 的使用难度。Spring 对很多难用的 Java EE API（如 JDBC、JavaMail、远程调用等）提供了一个简单的封装层，通过 Spring 的简易封装，这些 Java EE API 的使用难度大在降低了。

（4）方便集成各种优秀框架。Spring 不排斥各种优秀的开源框架，相反，Spring 可以降低各种框架的使用难度，Spring 提供了对各种优秀框架（如 Struts、Hibernate、Hessian、Quartz 等）的直接支持。

（5）AOP 编程的支持。通过 Spring 提供的 AOP 功能，方便进行面向切面的编程，许多不容易用传统 OOP 实现的功能可以通过 AOP 轻松解决。

（6）声明式事务的支持。在 Spring 中，我们可以从单调烦锁的事务管理代码中解脱出来，通过声明方式灵活地进行事务的管理，提高开发效率和质量。

（7）对异常的处理方式，所有的异常都转换成 Unchecked 的。

（8）它不是一个一体化的解决方案。

（9）Spring 设计良好，容易扩展，有很多可重用的组件。

3）Spring 核心组件（主要学习的是 IoC 和 AOP 模块）

（1）Spring Core：核心容器，提供组件的创建、装备、销毁。

（2）Spring Context：Spring 上下文，是一个接口 ApplicationContext（继承于 BeanFactory 接口）的实现。

（3）Spring Web 容器：Web 应用上下文，是 webApplicationContext 接口的实现。

（4）SpringDAO 容器：SpringDAO 的支持模块，简化了 DAO 的使用。

（5）SpringORM：Spring 提供对主流 ORM 框架的支持。

（6）Spring AOP：支持 AOP 编程的模块。

（7）Spring MVC：Spring 表现层的一个框架。

4）Spring IoC

（1）IoC 的概念

IoC 是指依赖对象控制权的反转，应用程序本身不负责依赖对象的创建和维护，而由外部容器负责创建和维护，避免了代码的纠缠，使代码更容易被维护，模板之间的耦合性降低，容易测试。

IoC 意味着将设计好的类交给容器去控制，而不是在类的内部进行控制，即控制权由应用代码中转到了外部容器。

（2）IoC 的内容。

DI：Dependency Injectio，依赖注入，是实现 IoC 的一种方式，组件不做定位查询，只提供相应方法，由容器创建对象，并调用相应方法设置对象需要的组件。

DL：Dependency Lookup，依赖查找，容器创建对象并提供回调接口和上下文环境给组件，需要时通过接口从容器中查找对象、依赖对象，现在使用不太多（EJB 使用的更多，将对象创建好并放到容器中）。

5）Spring IoC 核心 API

（1）BeanFactory 接口和容器.

BeanFactory 是 Spring 中的 Bean 容器，是 IoC 的核心接口，主要用于处理 Bean 的初始化和配置，建立对象间的依赖关系，定义了如下方法。

```
//根据指定名称返回一个 Bean 实例
Object getBean(String name)
//返回一个与给定 Class 唯一匹配的 Bean 实例
<T> T getBean(Class<T> requiredType)
<T> T getBean(String name, Class<T> requiredType)
Object getBean(String name, Object... args)
//得到名称为 name 的 Bean 的 Class 对象
Class<?> getType(String name)
//判断名称为 name 的 Bean 是否为原型，即是否总是返回一个新实例
boolean isPrototype(String name)
//判断名称为 name 的 Bean 是否为单例
boolean isSingleton(String name)
//判断是否包含给定名称的 Bean 实例
boolean containsBean(String name)
/判断名称为 name 的 Bean 实例是否为 targetType 类型
boolean isTypeMatch(String name, Class<?> targetType)
//如果名称为 name 的 Bean 有别名则返回
String[] getAliases(String name)
```

通过 getBean 方法可以得到相应的类实例，但是最好永远不调用，而使用注入，避免对 Spring API 的依赖。在 Spring 中，同一 Spring 容器中的 Bean 默认情况下是 Singleton（单例）。

（2）ApplicationContext 接口。

该接口继承于 BeanFactory，增强了 BeanFactory，提供了事务处理 AOP。

6）配置文件

Spring 通过读取配置元数据来对应用中的各个对象进行实例化、配置及组装，通常使用 XML 文件来作为配置元数据的描述格式。

可以将 XML 配置分别写在多个文件中，将多个配置放在一个 String 数组中传递给容器并进行初始化：

```
    ApplicationContext ac = new ClassPathXmlApplicationContext( new tring[]
{"services.xml", "daos.xml"})
```

也可以在 XML 中使用<import resource="" />进行导入：

```
<?xml version="1.0" encoding="UTF-8"?>
<beans xmlns=".....">
   <bean id=".." class="..." >
      <property name="..." ... />
   </bean>
   ...
</beans>
```

容器的初始化和 ClassPathXmlApplicationContext：ClassPathXmlApplication 实现了 ApplicationContext，用于读取 XML 初始化上下文，初始化方法如下。

```
ApplicationContext ac = new ClassPathXmlApplicationContext ("…/path/beans.xml");
```

## 11.2 IoC 注入

### 1．依赖注入的方式

IoC 注入是指在启动 Spring 容器并加载 Bean 配置的时候，完成对变量的赋值行为。Spring IoC 常用注入方式有两种，即设值注入和构造注入。

1）设值注入

设值注入方式：Java Bean 必须对 Bean 中的属性提供 set 方法，Spring 根据配置文件通过 set 方法自动装配属性值。下面对基本类型（8 种基本类型+字符串）、对象类型、集合的装配做简单说明。

（1）基本类型的装配。

**注意：** *若要用设值方式注入，则必须要用 set 方法。*

方式：配置元素<value/>。

举例：

```
public class HelloBean {
private String name;
private int age;
public String sayHello(){
        return "hello "+name +", your age is" + age;
    }
}
```

配置文件 applicationContext.xml：

```
<bean id="helloBean" class="ioc.HelloBean">
    <property name="name">
        <value>terry</value>
    </property>
    <property name="age" value="20">
    </property>
</bean>
    <!--id 是 Bean 的唯一标识，要求在整个配置文件中唯一，也可使用 name 属性，bean 标签中
的 id 和 name 属性都可以用来标识这个配置的对象，但是 id 会帮助用户检查给对象取的名称是否规范(名称不能
重复、不能用数字开头、不能有空格等)，如果检查出来了，则会报错。name 属性不会检查这些元素。-->
    <!--property 对于所有用 setter 方式注入的值必须用 Property 来指定-->
    <!--value 可以实现自动的数据类型转换-->
```

测试类：

```
public class Test {
    public static void main(String[] args) {
        ApplicationContext ac =
        new ClassPathXmlApplicationContext("ioc1applicationContext.xml");
```

```
            //获取容器的一个实例
            HelloBean hb = (HelloBean) ac.getBean("helloBean");
            System.out.println(hb.sayHello());
        }
    }
```

(2) 对象类型的装配

① <ref local=" "/> 用于涉及的对象的 ID 在本配置文件中。

② <ref bean=" "/> 用于涉及的对象的 ID 不在本配置文件中。

③ 使用 property 的 ref 属性引用。

```
public class OtherBean {
    private String str1;
    public String getStr1() {
        return str1;
    }
    public void setStr1(String str1) {
        this.str1 = str1;
    }
    public String toString(){
        return "OtherBean "+str1;
    }
}

public class SomeBean {
    private OtherBean ob;
    public void printInfo(){
        System.out.println("someBean "+ob);
    }
    public OtherBean getOb() {
        return ob;
    }
    public void setOb(OtherBean ob) {
        this.ob = ob;
    }
}
```

配置 applicationContext.xml:

```
<bean id="someBean" class="ioc.SomeBean">
    <property name="ob">
        <ref bean="otherBean" />
    </property>
</bean>
```

配置 other.xml 文件:

```
<bean id="otherBean" class="ioc2.OtherBean">
    <property name="str1">
        <value>string1</value>
    </property>
</bean>
```

测试类：

```
public static void main(String[] args) {
    ApplicationContext ac = new ClassPathXmlApplicationContext(new
        String[]{"ioc2//applicationContext.xml", "ioc2//other.xml"});
    SomeBean sb = (SomeBean) ac.getBean("someBean");
    sb.printInfo();
    }
```

（3）集合的装配

方式：配置元素<list> <set> <map> <props>。

```
public class SomeBean {
    private List listProperty;
    private Set setProperty;
    private Map mapProperty;
    private Properties<String, String> property;
    public List getListProperty() {
      return listProperty;
    }
    public void setListProperty(List listProperty) {
      this.listProperty = listProperty;
    }
    public Set getSetProperty() {
      return setProperty;
    }
    public void setSetProperty(Set setProperty) {
      this.setProperty = setProperty;
    }
    public Map getMapProperty() {
      return mapProperty;
    }
    public void setMapProperty(Map mapProperty) {
      this.mapProperty = mapProperty;
    }
    public Properties getProperty() {
      return property;
    }
    public void setProperty(Properties property) {
      this.property = property;
    }
    public void printInfo(){
      System.out.println("listProperty");
      System.out.println(listProperty);
      System.out.println("setProperty");
      System.out.println(setProperty);
      Set set = mapProperty.entrySet();
      Iterator it = set.iterator();
      while(it.hasNext()){
         Map.Entry entry = (Entry) it.next();
         System.out.println("Key " +entry.getKey() );
```

```
            System.out.println("value "+entry.getValue());
          }
          System.out.println("props: ");
          Set set2 = property.entrySet();
          Iterator it2 = set2.iterator();
          while(it2.hasNext()){
            Map.Entry entry= (Entry) it2.next();
            System.out.println("key "+entry.getKey());
            System.out.println("value "+entry.getValue());
          }
        }
    }
```

配置 applicationContext.xml：

```
<bean id="someBean" class="ioc.SomeBean">
    <property name="listProperty">
       <list>
          <value>list1</value>
          <value>list1</value>
          <value>list3</value>
       </list>
</property>
    <property name="setProperty">
       <set>
          <value>set1</value>
          <value>set1</value>
          <value>set3</value>
       </set>
    </property>
    <property name="mapProperty">
        <map>
          <entry key="key1">
             <value>value1</value>
          </entry>
         <entry key="key2">
             <value>value2</value>
          </entry>
        </map>
    </property>
    <property name="property">
         <props>
            <prop key="key1">prop1</prop>
            <prop key="key2">prop2</prop>
            <prop key="key3">prop3</prop>
        </props>
    </property>
</bean>
```

测试类：Test。

```
public static void main(String[] args) {
    // TODO Auto-generated method stub
```

```
        ApplicationContext  ac =
            new ClassPathXmlApplicationContext("ioc3applicationContext.xml");
        SomeBean sb = (SomeBean) ac.getBean("someBean");
        sb.printInfo();
    }
```

2）构造注入

构造注入方式是通过 Bean 的构造器函数进行属性值的设置，所以构造注入需要在 Bean 中提供带属性参数的构造器函数，不需要提供 set 方法。XML 配置文件通过配置<constructor-arg>元素进行构造注入的配置。

重载：个数、类型、顺序。

```
<constructor-arg type="int" value="">
<constructor-arg  index="0" value="">
```

举例：

```
public class SomeBean {
    //构造器配置
    private String str1;
    private String str2;
    private int value1;
    public SomeBean(String str1,  String str2,  int value1) {
      super();
      this.str1 = str1;
      this.str2 = str2;
      this.value1 = value1;
    }
    public void printInfo(){
       System.out.println("str1 "+str1 +"str2 "+str2+" value1 "+value1 );
    }
}
```

配置 applicationContext.xml：

```
<bean id="someBean" class="ioc.SomeBean">
    //方式 1：使用类型注入
    <constructor-arg type="java.lang.String">
      <value>String1</value>
    </constructor-arg>
    <constructor-arg type="java.lang.String" value="String2">
    </constructor-arg>
    <constructor-arg type="int">
      <value>100</value>
    </constructor-arg>
    //方式 2：使用参数的索引注入
    <constructor-arg index="1"> <!--表示第二个参数-->
      <value>String1</value>
    </constructor-arg>
    <constructor-arg index="0">
```

```
        </constructor-arg>
        <constructor-arg index="2">
          <value>100</value>
        </constructor-arg>
</bean>
```

### 2. 自动装配

（1）自动装配：自动装配是指容器依照一些规则来装配 Bean 中的一个属性，自动装配只对对象类型起作用，对基本类型不起作用。

（2）装配方式：在 beans 标签中配置装载有两种方式，即 default-autowire="byName"或者在 beans 标签中指定配置方式。

① autowire="byName"：Spring 容器会到当前的类中查找 property 的名称，然后根据此名称到 Spring 容器中查找有无和这个 property 名称相同的对象，若有则把这个对象当做参数放到 setXxxx 方法中。

② autowire="byType"：Spring 容器会根据当前类中的 set 方法中的参数类型，到容器中查找相匹配的对象，如果找到一个则注入进来，如果找到多个，报错。

③ autoWrite = "constructor"：根据构造器的参数类型匹配。

④ autoWrite = "autoDetect"：Spring 自动检测属性，自动装配。

举例：

```
public class SomeBean {
    //自动装配
    private String str2;
    private OtherBean ob;
    public SomeBean(OtherBean ob) {
        super();
        this.ob = ob;
    }
    public String getStr2() {
        return str2;
    }
    public void setStr2(String str2) {
        this.str2 = str2;
    }
    public OtherBean getOb() {
        return ob;
    }
    public void setOb(OtherBean ob) {
        this.ob = ob;
    }
    public void printInfo(){
        System.out.println("str2 "+str2 +" ob "+ob);
    }
}

public class OtherBean {
    //自动装配
    private String str1;
```

```
        public String getStr1() {
    return str1;
    }
    public void setStr1(String str1) {
        this.str1 = str1;
    }
    @Override
    public String toString() {
        // TODO Auto-generated method stub
        return "str1 "+str1;
    }
}
```

配置文件：

```
<bean id="otherBean" class="ioc.OtherBean">
    <property name="str1" value="String1" />
</bean>
<!--
<bean id="someBean" class="ioc.SomeBean" autowire="byName">
    <property name="str2" value="String2" />
</bean>
<bean id="someBean" class="ioc.SomeBean" autowire="byType">
    <property name="str2" value="String2" />
</bean>
-->

<bean id="someBean" class="ioc.SomeBean" autowire="constructor">
    <property name="str2" value="String2" />
</bean>
```

**注意**：自动装配的优先级低于手动装配。

自动装配一般用于快速开发建立系统原型的情况，但是在正式的开发中很少使用，因为容易出错，并且难以维护。

### 3. 继承装入

（1）继承装入：此处的继承并不是面向对象的继承关系，而是指 Bean 定义的继承，指 Bean 的配置可继承父类的配置信息。抽象继承类使用 abstract="true"，子类继承使用 parent="父类 Id"。

举例：

```
public class Car {
    //Bean 定义的继承
    private String owner;
    private String name;
    private int price;
    public String getOwner() {
    return owner;
    }
    public void setOwner(String owner) {
        this.owner = owner;
    }
    public String getName() {
```

```
            return name;
        }
        public void setName(String name) {
            this.name = name;
        }
        public int getPrice() {
            return price;
        }
        public void setPrice(int price) {
            this.price = price;
        }
        @Override
        public String toString() {
        // TODO Auto-generated method stub
            return owner+" "+name+" "+price;
        }
    }
```

配置文件：

```
<bean id="abstractCar" class="ioc.Car" abstract="true">
    <property name="owner" value="zwb" />
</bean>
<bean id="car1" parent="abstractCar">
    <property name="name" value="qq" />
    <property name="price" value="10" />
</bean>
<bean id="car2" parent="abstractCar">
    <property name="name" value="baoma" />
    <property name="price" value="70" />
</bean>
```

测试代码：

```
public class Test {
    public static void main(String[] args){
        ApplicationContext ac = new ClassPathXmlApplicationContext
                                ("ioc6applicationContext.xml");
        Car car1=(Car) ac.getBean("car1");
        Car car2=(Car) ac.getBean("car2");
        System.out.println(car1.toString());
        System.out.println(car2.toString());
    }
}
```

## 11.3 PropertyEditor 和创建 Bean

### 11.3.1 PropertyEditor

#### 1. 自定义属性编辑器 PropertyEditor

有时需要一个类的多个不同对象，在容器中实例化多个 Bean 是比较麻烦的，在 Spring 中可以使用属性编辑器来将特定的字符串转换为对象。

java.beans.PropertyEditor（JDK 中）用于将 XML 文件中的字符串转换为特定的类型，JDK 为用户提供了一个实现类 PropertyEditorSupport。Spring 在注入时，如果遇到类型不一致则会调用相应的属性编辑器进行转换，调用属性编辑器的 setAsText（String str）进行处理，调用其 getValue()可获取处理后得到的对象。

## 2. 自定义属性编辑器示例

```
public class AddressEditor extends PropertyEditor{
public void setAsText(String text) throws IllegalArgumentException{
        String str = text.split("[，]");
        Address addr = new Address(str[0], str[1], Integer.parseInt(str[2]));
        //设置到父类中，以便 Spring 调用 getValue
        setValue(addr);
    }
}

public class User {
    private Address address;
    //getter setter
    ......
}

public class Address {
    private String city;
    private String street;
    private int code;
    //getter setter
    ......
}
```

XML 配置：

```
/*customEditors 是 CustomEditorConfigurer 类的一个属性，这个属性的值是一个
  Map 类型的，Map 的 key 是需要编辑的属性的类型，对应的 value 值是属性编辑器类*/

<bean id="customEditorConfigurer"
    class="org.springframework.beans.factory.config.CustomEditorConfigurer">
        <property name="customEditors">
            <map>
                <entry key="com.briup.ioc.Address> //key 为目标类
                    <bean class="com.briup.ioc.AddressEditor" />
                                    //属性编辑器
                </entry>
        </map>
    </property>
</bean>

<bean id="user" class="com.briup.ioc.User">
    <property name="address" value="城市，街道，471900" />
                                    //此处字符串会被转换
</bean>
```

### 11.3.2 创建 Bean

创建 Bean 实例的方式有以下 4 种。

（1）通过构造器（有参或无参）创建。

语法方式：

```
<bean id="" class=""/>
```

（2）通过静态工厂方法创建。

语法方式：

```
<bean id/name="目标对象" class="工厂类" factory-method="静态工厂方法"/>
```

**注意：工厂类不会被实例化。**

利用静态 factory 方法创建时，可以统一管理各个 Bean 的创建，若各个 Bean 在创建之前需要相同的初始化处理，则可用 factory 方法进行统一的处理等。

举例：

```
public class HelloBeanFactory {
    public static HelloBean createHelloBean() {
        return new HelloBean();
    }
}
```

XML 配置：

```
//构造器配置
<bean id="sayhello" class="test.service.impl.HelloBean"/>
//静态工厂
<bean id="sayhello2" class="test.service.impl.HelloBeanFactory"
                     factory-method="createHelloBean"/>
```

（3）通过实例工厂方法（非静态方法）创建

语法：

```
<bean id="factory" class="工厂类"/>
<bean id="" factory-bean="factory" factory-method="实例工厂方法"/>
```

利用实例化 factory 方法创建，即将 factory 方法作为业务 Bean 来控制工厂。

Java 文件：

```
public class HelloBeanInstanceFactory {
    public Hello createHelloBean() {
        return new HelloBean();
    }
}
```

XML 配置：

```
<bean id="factory" class="test.service.impl.HelloBeanInstanceFactory"/>
<bean id="sayhello" factory-bean="factory" factory-method="createHelloBean"/>
```

（4）利用 Spring 提供的 FactoryBean 接口创建，如接口提供工厂方法、返回构建对象的 Class 及是否单例的方法。

## 11.4 Bean 的生命周期

Spring 中 Bean 的生命周期分为以下 4 步。

（1）Bean 的定义。

（2）Bean 的初始化。

（3）Bean 的使用。

（4）Bean 的销毁。

Spring 中 Bean 的生命周期的执行过程如下。

（1）寻找所有的 Bean，根据 Bean 定义的信息来实例化 Bean，默认 Bean 都是单例的。

（2）使用依赖注入，spring 按 Bean 定义的信息配置 Bean 的所有属性。

（3）若 Bean 实现了 BeanNameAware 接口，则工厂调用 Bean 的 setBeanName()方法传递 Bean 的 ID。

（4）若 Bean 实现了 BeanFactoryAware 接口，则工厂调用 setBeanFactory（BeanFactory） 方法传入工厂自身。

（5）若 Bean 实现了 ApplicationContextAware()接口，则 setApplicationContext()方法会被调用。

（6）若 Bean 实现了 InitializingBean，则 afterPropertiesSet 被调用。

（7）若 Bean 指定了 init-method="init"方法，则指定的方法将被调用。

（8）若 BeanPostProcessor 和 Bean 关联，则它们的 postProcessBeforeInitialization()方将被调用。

（9）若 BeanPostProcessor 和 Bean 关联，则它们的 postProcessAfterInitialization() 方法被调用。

**注意：**通过以上操作，此时的 Bean 可以被应用的系统使用，并将其保留在 BeanFactory 中直到不再需要为止。但可以通过（10）或者（11）进行销毁。

（10）若 Bean 实现了 DisposableBean 接口，则 distroy()方法被调用。

（11）如果指定了 destroy-method="close"定制的销毁方法，则指定的方法将被调用。

## 11.5 IoC 中的 annotation 配置

### 11.5.1 @Autowired

（1）Spring 通过 BeanPostProcessor 对 @Autowired 进行了解析，所以要使@Autowired 起作用必须事先在 Spring 容器中声明 AutowiredAnnotationBeanPostProcessor Bean。

```
<!--该 BeanPostProcessor将自动起作用，对标注 @Autowired的 Bean进行自动注入 -->
<bean class="org.springframework.beans.factory.annotation.
      AutowiredAnnotationBeanPostProcessor"/>
```

也可以使用下面的隐式注册（隐式注册包括 AutowiredAnnotationBeanPostProcessor，CommonAnnotationBeanPostProcessor，PersistenceAnnotationBeanPostProcessor，RequiredAnnotationBeanPostProcessor）代码。

```
<?xml version="1.0" encoding="UTF-8"?>
    <beans xmlns="">
        <context:annotation-config/>
</beans>
```

（2）@Autowired 默认按照类型匹配的方式进行注入。

（3）@Autowired 注解可以用于成员变量、setter 方法、构造器函数等。

（4）使用 @Autowired 注解必须有且仅有一个与之匹配的 Bean，当找不到匹配的 Bean 或有多个匹配的 Bean 时，Spring 容器将抛出异常。

（5）Spring 允许用户通过 @Qualifier 注释指定注入 Bean 的名称。@Autowired 和 Qualifier 结合使用时，自动注入的策略从 byType 转变为 byName。

```
public class MovieRecommender {
    @Autowired
    @Qualifier("mainCatalog")
    private MovieCatalog movieCatalog;

    private CustomerPreferenceDao customerPreferenceDao;

    @Autowired
    public MovieRecommender(CustomerPreferenceDao customerPreferenceDao) {
        this.customerPreferenceDao = customerPreferenceDao;
    }

    // ...
}
```

## 11.5.2 @Resource

（1）@Resource 的作用相当于 @Autowired，只是@Autowired 按 byType 自动注入，@Resource 默认先使用 byName，如果找不到合适的则使用 byType 来注入。

（2）要让类似 JSR-250（@Resource 的注释生效，除了在 Bean 类中标注这些注释外，还需要在 Spring 容器中注册一个负责处理这些注释的 BeanPostProcessor。

```
<bean class="org.springframework.context.annotation.
        CommonAnnotationBeanPostProcessor"/>
```

（3）@Resource 有两个属性是比较重要的，分别是 name 和 type，Spring 将@Resource 注释的 name 属性解析为 Bean 的名称，而 type 属性解析为 Bean 的类型。所以如果使用 name 属性，则使用 byName 的自动注入策略，而使用 type 属性时需使用 byType 自动注入策略。如果既不指定 name 又不指定 type 属性，则将通过反射机制使用 byName 自动注入策略。

```
public class SimpleMovieLister {
    private MovieFinder movieFinder;
    @Resource
    public void setMovieFinder(MovieFinder movieFinder) {
        this.movieFinder = movieFinder;
    }
}
```

## 11.5.3 @PostConstruct 和 @PreDestroy

标注了@PostConstruct 注释的方法将在类实例化后调用，而标注了@PreDestroy 的方法将在类销毁之前调用。

举例：

```
public class CachingMovieLister {
@PostConstruct
    public void populateMovieCache() {
        // populates the movie cache upon initialization...
    }

    @PreDestroy
    public void clearMovieCache() {
        // clears the movie cache upon destruction...
    }
}
```

## 11.5.4　@Component

（1）使用@Component 注解可以直接定义 Bean，而无需在 XML 中定义。但是若两种定义同时存在，则 XML 中的定义会覆盖类中注解的 Bean 定义。

（2）@Component 有一个可选的入参，用于指定 Bean 的名称。

```
@Component
public class ActionMovieCatalog implements MovieCatalog {
    // ...
}
```

（3）<context:component-scan/>允许定义过滤器将基包下的某些类纳入或排除。

Spring 支持以下 4 种类型的过滤方式。

```
过滤器类型    表达式范例
annotation  org.example.SomeAnnotation
assignable  org.example.SomeClass
regex       org\.example\.Default.*
aspectj     org.example..*Service+
```

下面的 XML 配置会忽略所有的 @Repository 注解：

```
<beans ...>
<context:component-scan base-package="org.example">
          <context:include-filter type="regex" expression=".*Stub.
                    *Repository"/>
          <context:exclude-filtertype="annotation"expression="org.springframework.
                    stereotype.Repository"/>
      </context:component-scan>
</beans>
```

（4）默认情况下，通过 @Component 定义的 Bean 都是 singleton 的，如果需要使用其他作用范围的 Bean，则可以通过 @Scope 注释来达到目标，其默认作用域是"singleton"，如果需换为其他作用域，则直接在后面添加类型即可，如@Scope（"prototype"），Spring 2.0 后又增加了 request、session 和 global session 等作用区域。

举例：

```
@Scope("prototype")
@Component
public class MovieFinderImpl implements MovieFinder {
```

```
    // ...
}
```

（5）Spring 2.5 以后引入了更多典型化注解：@Component、@Service 和@Controller。

@Component 是所有受 Spring 管理的组件通用形式；而@Repository、@Service 和@Controller 是@Component 的细化，用来表示更具体的用例（例如，分别对应了持久化层、服务层和表现层）。

```
@Service
public class SimpleMovieLister {

    private MovieFinder movieFinder;

    @Autowired
    public SimpleMovieLister(MovieFinder movieFinder) {
        this.movieFinder = movieFinder;
    }
}

@Repository
public class JpaMovieFinder implements MovieFinder {
    // implementation elided for clarity
}
```

（6）要检测这些类并注册相应的 Bean，需要在 XML 中包含以下元素，其中'basePackage'是两个类的公共父包（也可以用逗号分隔的列表来分别指定包含各个类的包）。

```
<?xml version="1.0" encoding="UTF-8"?>
<beans xmlns="http://www.springframework.org/schema/beans"
      xmlns:xsi="http://www.w3.org/2001/XMLSchema-instance"
      xmlns:context="http://www.springframework.org/schema/context"
      xsi:schemaLocation="http://www.springframework.org/schema/beans
         http://www.springframework.org/schema/beans/spring-beans-3.2.xsd
         http://www.springframework.org/schema/context
         http://www.springframework.org/schema/context/
                spring-context-3.2.xsd">

     <context:component-scan base-package="org.example"/>
</beans>
```

此外，在使用组件扫描元素时，AutowiredAnnotationBeanPostProcessor 和 CommonAnnotation-BeanPostProcessor 会隐式地被包含进来。也就是说，各个组件都会被自动检测并注入。这些都不需要在 XML 中提供任何 Bean 来配置元数据。

## 11.6 AOP

### 1. AOP 定义

AOP 意为面向切面编程，是通过预编译方式和运行期动态代理实现程序功能的统一维护的一种技术。利用 AOP 可以对业务逻辑的各个部分进行隔离，从而使业务逻辑各部分之间的耦合度降低，提高程序的可重用性，提高开发的效率。

AOP 的主要功能包括：日志记录、性能统计、安全控制、事务处理、异常处理等，如图 11-1 所示。

一个系统中各个功能模块是相互并列的形式，而切面相对于系统功能来说是垂直的，如系统各个功能模块可能都需要日志服务、安全验证服务等，面向切面编程将日志记录、性能统计、安全控制、事务处理、异常处理等代码从业务逻辑代码中划分出来，通过对这些行为的分离，希望可以将它们独立到非指导业务逻辑的方法中，进而在改变这些行为的时候不影响业务逻辑的代码。

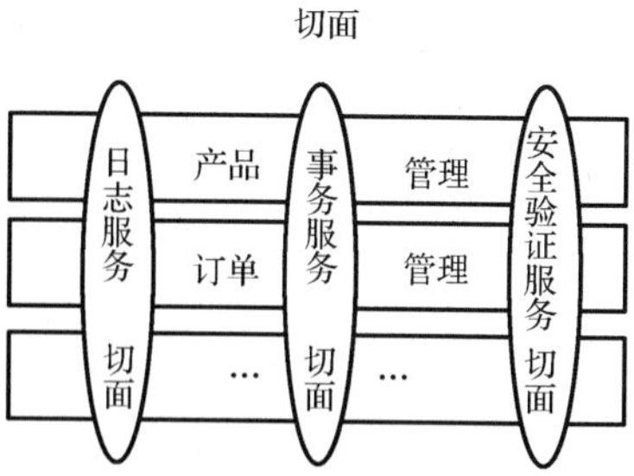


图 11-1　AOP 部分功能

### 2. AOP 的实现方式

AOP 有以下两种实现方式。

（1）预编译方式，如 AspectJ。

（2）运行期动态代理（JDK 动态代理、CGLib 动态代理），如 Spring AOP、JbossAOP。

### 3. AOP 的相关概念

（1）切面（Aspect）：一个关注点的模块化，这个关注点可能会横切多个对象。事务管理是 J2EE 应用中一个关于横切关注点的很好的例子。在 Spring AOP 中，切面可以使用通用类（基于模式的风格）或者在普通类中以@Aspect 注解（@AspectJ 风格）来实现。

（2）连接点（Joinpoint）：在程序执行过程中某个特定的点，如某方法调用的时候或者处理异常的时候。在 Spring AOP 中，一个连接点总是代表一个方法的执行。通过声明一个 org.aspectj.lang.JoinPoint 类型的参数可以使通知的主体部分获得连接点信息。

（3）通知（Advice）：在切面的某个特定的连接点上执行的动作。通知有各种类型，其中包括“around”、“before”和“after”等通知。通知的类型将在后面章节中进行讨论。许多 AOP 框架，包括 Spring，都是以拦截器作为通知模型的，并维护一个以连接点为中心的拦截器链。

（4）切入点（Pointcut）：匹配连接点的断言。通知和一个切入点表达式关联，并在满足这个切入点的连接点上运行（例如，当执行某个特定名称的方法时）。切入点表达式如何和连接点匹配是 AOP 的核心：Spring 默认使用 AspectJ 切入点语法。

（5）引入（Introduction）：也被称为内部类型声明，声明额外的方法或者某个类型的字段。Spring 允许引入新的接口及一个对应的实现到任何被代理的对象。例如，可以使用一个引入来使 Bean 实现 IsModified 接口，以便简化缓存机制。

（6）目标对象（Target Object）：被一个或者多个切面通知的对象。既然 Spring AOP 是通过运行时代理实现的，这个对象就永远是一个被代理对象。

（7）AOP 代理（AOP Proxy）：AOP 框架创建的对象，用来实现切面契约（包括通知方法执行等功能）。在 Spring 中，AOP 代理可以是 JDK 动态代理或者 CGLib 代理。注意：Spring 2.0 最新引入了基于模式风格和@AspectJ 注解风格的切面声明，对于使用这些风格的用户来说，代理的创建是透明的。

（8）织入（Weaving）：把切面连接到其他的应用程序类型或者对象上，并创建一个被通知的对象。这些可以在编译时（如使用 AspectJ 编译器）、类加载时和运行时完成。Spring 和其他纯 Java AOP 框架一样，在运行时完成织入。

（9）通知的类型有以下几种。

① 前置通知：在某连接点之前执行的通知，但这个通知不能阻止连接点前的执行（除非它抛出一个异常）。

② 返回后通知：在某连接点正常完成后执行的通知。例如，一个方法没有抛出任何异常，正常返回。

③ 抛出异常后通知： 在方法抛出异常退出时执行的通知。

④ 后通知：当某连接点退出的时候执行的通知（不论是正常返回还是异常退出）。

⑤ 环绕通知：包围一个连接点的通知，如方法调用。这是最强大的一种通知类型。环绕通知可以在方法调用前后完成自定义的行为。它也会选择是否继续执行连接点或直接返回自己的返回值或抛出异常来结束执行。

### 4．Spring AOP 的实现

（1）Spring AOP 是纯 Java 实现的，无需特殊的编译过程，不需要控制类加载层次。

（2）Spring AOP 目前只支持方法执行连接点（通知 Spring Bean 的方法执行）。

（3）不是为了提供最完整的 AOP 实现（尽管它非常强大），而是侧重于提供一种 AOP 实现和 IoC 容器之间的整合，用于帮助解决企业应用中常见的问题。

（4）Spring AOP 不会与 AspectJ 竞争，从而提供全面的 AOP 解决方案。

（5）有接口和无接口的 Spring AOP 的实现区别如下。

SpringAOP 默认使用标准的 JavaSE 动态代理作为 AOP 的代理，这使得任何接口（或者接口集）都可以被代理；

SpringAOP 中也可以使用 CGLib 代理（一个业务对象并没有实现一个接口）。

### 5．代理模式

代理模式是常用的 Java 设计模式，它的特征是代理类与委托类有同样的接口，代理类主要负责为委托类预处理消息、过滤消息、把消息转发给委托类，以及事后处理消息等。代理类与委托类之间通常会存在关联关系，一个代理类的对象与一个委托类的对象关联，代理类的对象本身并不真正实现服务，而是通过调用委托类的对象的相关方法来提供特定的服务。按照代理类的创建时期，代理类分为静态代理类和动态代理类。

静态代理类：由程序员创建或由特定工具自动生成源代码，再对其进行编译。在程序运行前，代理类的.class 文件就已经存在了。

动态代理类：在程序运行时，运用反射机制动态创建而成。

### 6．静态代理

接口：HelloService。

代理类：HelloServiceProxy。

委托类：HelloServiceImpl。

举例：

```
HelloService.java
public interface HelloService{
    public String echo(String msg);
    public Date getTime();
}

----------------------------------------------

HelloServiceImpl.java
```

```
public class HelloServiceImpl implements HelloService{
    public String echo(String msg){
        return "echo:"+msg;
    }
    public Date getTime(){
        return new Date();
    }
}

-----------------------------------------------
HelloServiceProxy.java
    public class HelloServiceProxy implements HelloService{
        private HelloService helloService; //表示被代理的 HelloService 实例
        public HelloServiceProxy(HelloService helloService){
            this.helloService=helloService;
        }
        public void setHelloServiceProxy(HelloService helloService){
            this.helloService=helloService;
        }
        public String echo(String msg){
            System.out.println("before calling echo()");     //预处理
            String result=helloService.echo(msg);
            //调用被代理的 HelloService 实例的 echo()方法
            System.out.println("after calling echo()");      //事后处理
            return result;
        }
        public Date getTime(){
            System.out.println("before calling getTime()"); //预处理
            Date date=helloService.getTime();
            //调用被代理的 HelloService 实例的 getTime()方法
            System.out.println("after calling getTime()");  //事后处理
            return date;
        }
    }

----------------------------------------
Client.java

public class Client1{
    public static void main(String args[]){
        HelloService helloService=new HelloServiceImpl();
        HelloService helloServiceProxy=new HelloServiceProxy(helloService);
        System.out.println(helloServiceProxy.echo("hello"));
    }
}
```

### 7. 动态代理

动态代理：与静态代理类对照的是动态代理类，动态代理类的字节码在程序运行时由 Java 反射机制动态生成，无需程序员手工编写源代码。动态代理类不仅简化了编程工作，还提高了软件系统的可扩展性，因为 Java 反射机制可以生成任意类型的动态代理类。java.lang.reflect 包中的 Proxy 类

（构建代理对象）和 InvocationHandler 接口（完成注入操作和代理操作的执行）提供了生成动态代理类的能力。

举例：

```
/**
* 动态代理类对应的调用处理程序类
*/
public class SubjectInvocationHandler implements InvocationHandler {

    //代理类持有一个委托类的对象引用
    private Object delegate;

    public SubjectInvocationHandler(Object delegate) {
        this.delegate = delegate;
    }

    @Override
    public Object invoke(Object proxy, Method method, Object[] args)
                throws Throwable {
        long stime = System.currentTimeMillis();
    /*利用反射机制将请求分派给委托类处理。Method 的 invoke 返回 Object 对象作为方法
      的执行结果。因为示例程序没有返回值，所以这里忽略了返回值处理*/
        Object obj = method.invoke(delegate， args);
        long ftime = System.currentTimeMillis();
        System.out.println("执行任务耗时"+(ftime - stime)+"毫秒");
        return obj;
    }
}

/**
* 生成动态代理对象的工厂
*/
public class DynProxyFactory {
    //客户类调用此工厂方法获得代理对象
    //对客户类来说，其并不知道返回的是代理类对象还是委托类对象
    public static Subject getInstance(){
        Subject delegate = new RealSubject();
        InvocationHandler handler = new SubjectInvocationHandler(delegate);
        Subject proxy = null;
        proxy = (Subject)Proxy.newProxyInstance(
            delegate.getClass().getClassLoader(),
            delegate.getClass().getInterfaces(),
            handler);
            return proxy;
    }
}

public class Client {
    public static void main(String[] args) {
    Subject proxy = DynProxyFactory.getInstance();
    proxy.dealTask("DBQueryTask");
```

```
    }
}
```

### 8. CJLib 代理

JDK 实现动态代理需要实现类通过接口定义业务方法，对于没有接口的类，如何实现动态代理呢？这时需要 CGLib。CGLib 采用了非常底层的字节码技术，其原理是通过字节码技术为一个类创建子类，并在子类中采用方法拦截的技术拦截所有父类方法的调用，顺势织入横切逻辑。JDK 动态代理与 CGLib 动态代理均是实现 Spring AOP 的基础。

举例：这是一个需要被代理的类，即父类，通过字节码技术创建这个类的子类，实现动态代理。

```
public class SayHello {
   public void say(){
      System.out.println("hello everyone");
   }
}
```

以下类实现了创建子类的方法与代理的方法。getProxy（SuperClass.class）方法通过父类的字节码，通过扩展父类的 class 来创建代理对象。intercept()方法拦截所有目标类方法的调用，obj 表示目标类的实例，method 为目标类方法的反射对象，args 为方法的动态入参，proxy 为代理类实例。proxy.invokeSuper（obj，args）通过代理类调用父类中的方法。

```
public class CglibProxy implements MethodInterceptor{
   private Enhancer enhancer = new Enhancer();
   public Object getProxy(Class clazz){
     //设置需要创建子类的类
     enhancer.setSuperclass(clazz);
     enhancer.setCallback(this);
     //通过字节码技术动态创建子类实例
     return enhancer.create();
   }
   //实现 MethodInterceptor 接口方法
   public Object intercept(Object obj, Method method, Object[] args,
                  MethodProxy proxy) throws Throwable {
      System.out.println("前置代理");
      //通过代理类调用父类中的方法
      Object result = proxy.invokeSuper(obj, args);
      System.out.println("后置代理");
      return result;
   }
}
```

具体实现类：

```
public class DoCGLib {
  public static void main(String[] args) {
    CglibProxy proxy = new CglibProxy();
    //通过生成子类的方式创建代理类
    SayHello proxyImp = (SayHello)proxy.getProxy(SayHello.class);
    proxyImp.say();
  }
}
```

输出结果：

```
前置代理
hello everyone
后置代理
```

## 11.7 Advice

在 Spring 中，Advice 都是通过 Interceptor 来实现的，主要有以下几种。

### 1. Before Advice

语法：

```
public interface MethodBeforeAdvice extends BeforeAdvice {
    void before(Method m, Object[] args, Object target) throws Throwable;
}
```

### 2. After Advice

语法：

```
public interface AfterReturningAdvice extends Advice {
    voidafterReturning(Objectreturnvalue, Methodm, Object[]args, Objecttarget)
    throws Throwable;
}
```

一个 After Advice 可以访问返回值（但不能进行修改）、被调用方法、方法参数及目标对象。

### 3. 环绕 Advice

语法：

```
public interface MethodInterceptor extends Interceptor {
      Object invoke(MethodInvocation invocation) throws Throwable;
}
public class DebugInterceptor implements MethodInterceptor {
    public Object invoke(MethodInvocation invocation) throws Throwable {
        System.out.println("Before:invocation=["+invocation+"]");  //(1)
        Object rval = invocation.proceed();
        System.out.println("Invocation returned");  //(2)
        return rval;
    }
}
```

环绕 Advice 类似一个拦截器链，这个拦截器链的中心就是被拦截的方法。在程序（1）、（2）处可以加入用户自己的代码，以表示在方法执行前后需要做什么。invocation.proceed()方法运行指向连接点的拦截器链并返回 proceed()的结果。

### 4. Throws Advice

ThrowsAdvice 是一个空接口，起标识作用。

语法：

```
public interface ThrowsAdvice extends Advice {

}
```

所给对象必须实现一个或者多个针对特定类型的异常通知方法。

语法：

```
afterThrowing([Method], [args], [target], Throwable)
```

只有最后一个参数是必需的。因此方法参数的个数可为一个或者多个。

### 5. Advistor

Advisor 是 Pointcut 和 Advice 的综合体，完整描述了一个 Advice 将会在 Pointcut 所定义的位置被触发。也就是说，它包含了 Pointcut 和 Advice 两项内容，这两项内容用于分别给出 Advice 调用发生的位置和发生的内容。其接口如下。

```
public interface PointcutAdvisor {
    Pointcut getPointcut();
    Advice getAdvice();
}
```

语法：

```
<!-- 配置 Advisor -->
   <!-- 作用:筛选要拦截的方法 -->
   <bean name="Advisor"
          class="org.springframework.aop.support.RegexpMethodPointcutAdvisor">
       <!-- 注入 advice -->
       <property name="advice" ref="beforeAdvice"></property>
       <!-- 注入需要被拦截的目标对象中的方法 -->
       <property name="patterns">
           <list>
               <value>.*delete</value>
               <value>.*update</value>
           </list>
       </property>
</bean>
```

## 11.8 AutoProxy 和 aop:config 标签

### 11.8.1 AutoProxy

#### 1. AutoProxyByName

使用自动代理 byName 方式的时候需要注意以下几方面。

（1）当前的配置里有没有 Advisor 的配置都可以。

（2）需要向自动代理类中注入目标对象的名称和 Advisor 或者 Advice。

（3）不管目标对象是否实现了一个或多个接口，自动代理的方式都能够为它产生代理对象。

（4）如果目标对象是没有实现接口的类，那么将自动使用 CGlib 代理对象。

（5）从 Spring 容器中取代理对象的时候，需要通过目标对象的名称来获取。

语法：

```
<!-- 这里使用自动代理的方式 autoproxybyname -->
<bean name="proxy"
```

```
class="org.springframework.aop.framework.autoproxy.BeanNameAutoProxyCreator">
<!-- 注入需要被代理的对象名称 -->
<property name="beanNames">
    <list>
        <value>target2</value>
            <value>target3</value>
        </list>
    </property>

    <!-- 注入 Advice 或者 Advisor -->
        <property name="interceptorNames">
            <list>
            <value>beforeAdvice</value>
        </list>
    </property>
</bean>
```

### 2. AutoProxy

使用自动代理的时候需要注意以下方面。

（1）当前的配置中一定要有一个 Advisor 的配置。

（2）不需要向自动代理类中注入任何信息。

（3）不管目标对象是否实现了一个或多个接口，自动代理的方式都能够为它产生代理对象。

（4）如果目标对象是没有实现接口的类，那么将自动使用 CGlib 代理对象。

（5）从 Spring 容器中获取代理对象的时候，需要通过目标对象的名称来获取。

语法：

```
<bean name="proxy"
class="org.springframework.aop.framework.autoproxy.DefaultAdvisorAutoProxyCreator">
</bean>
```

## 11.8.2 aop:config 标签

使用 AOP 相关标签来完成配置和应用，其中主要是使用 AspectJ 的 expression 操作。

```
execution(modifiers-pattern ret-type-pattern declaring-type-pattern
         name-pattern(param-pattern) throws-pattern)
```

除了返回类型模式、名称模式和参数模式以外，所有的部分都是可选的。 返回类型模式决定了方法的返回类型必须依次匹配一个连接点。使用最频繁的返回类型模式是 *，它代表了匹配任意返回类型。一个全称限定的类型名将只匹配返回给定类型的方法。名称模式匹配的是方法名。可以使用 * 通配符作为所有或者部分命名模式。 参数模式稍微有些复杂：() 匹配了一个不接收任何参数的方法， 而 （..） 匹配了一个接收任意数量参数的方法（零个或者更多个）。 模式 （*） 匹配了一个接收任何类型的参数的方法。 模式 （*，String） 匹配了一个接受两个参数的方法，第一个参数可以是任意类型，第二个参数必须是 String 类型。

下面给出一些常见切入点表达式的例子。

（1）任意公共方法的执行：

```
execution(public * *(..))
```

（2）任何一个以“set”开始的方法的执行：

```
execution(* set*(..))
```

（3）AccountService 接口的任意方法的执行：

```
execution(* com.briup.service.AccountService.*(..))
```

（4）定义在 service 包中的任意方法的执行：

```
execution(* com.briup.service.*.*(..))
```

（5）定义在 service 包或者子包中的任意方法的执行：

```
execution(* com.briup.service..*.*(..))
```

（6）service 包中的任意连接点（在 Spring AOP 中只是方法执行）：

```
within(com.xyz.service.*)
```

（7）在 service 包或者子包中的任意连接点（在 Spring AOP 中只是方法执行）：

```
within(com.xyz.service..*)
```

**注意**：①从 Spring 容器中获取代理对象的时候也要用目标对象的名称来获取。
②没有实现任何接口的目标对象也能产生代理对象。

```
<!-- 配置 AOP 的代理 -->
<aop:config id/name>
    <!-- 定义一个切入点，并给切入点取名为 myPointCut -->
    <aop:pointcut expression="execution(public * com.briup.aop.service.*.*(..))"
        id="myPointCut"/>
    <!-- 定义哪一个 Advice 在切入点上起作用 -->
    <aop:advisor advice-ref="beforeAdvice" pointcut-ref="myPointCut"/>
</aop:config>
```

## 11.9 Spring+jdbc

JDBC 编程不变，主要是 Connection 对象的维护，即配置并使用数据源。
（1）基于 java.sql 的相关操作如下。

```
<bean name="dataSource1" class="oracle.jdbc.pool.OracleConnectionPoolDataSource">
        <property name="networkProtocol">
            <value>tcp</value>
        </property>
        <property name="databaseName">
            <value>xe</value>
        </property>
        <property name="driverType">
            <value>thin</value>
        </property>
        <property name="portNumber">
            <value>1521</value>
        </property>
        <property name="user">
            <value>briup</value>
        </property>
```

```
        <property name="serverName">
            <value>localhost</value>
        </property>
        <property name="password">
            <value>briup</value>
        </property>
</bean>
```

（2）基于 DBCP 的配置。

```
<bean class="org.apache.commons.dbcp.BasicDataSource"
        destroy-method="close"
        name="dataSource2">
        <property name="driverClassName">
            <value>oracle.jdbc.driver.OracleDriver</value>
        </property>
        <property name="url">
            <value>jdbc:oracle:thin:@localhost:1521:xe</value>
        </property>
        <property name="username">
            <value>briup</value>
        </property>
        <property name="password">
            <value>briup</value>
        </property>
</bean>
```

或者

```
<bean id="dataSource" class="org.apache.commons.dbcp.BasicDataSource">
    <property name="driverClassName">
        <value>${jdbc.driverClassName}</value>
    </property>
    <property name="url">
        <value>${jdbc.url}</value>
    </property>
    <property name="username">
        <value>${jdbc.username}</value>
    </property>
    <property name="password">
        <value>${jdbc.password}</value>
    </property>
    <property name="maxActive">
        <value>80</value>
    </property>
    <property name="maxIdle">
        <value>20</value>
    </property>
    <property name="maxWait">
        <value>3000</value>
    </property>
</bean>
```

（3）使用 Spring 提供的 JDBC 的实现。

```
<bean id="dataSource" class="org.springframework.jdbc.datasource.
                              DriverManagerDataSource">
    <property name="driverClassName">
        <value>${jdbc.driverClassName}</value>
    </property>
    <property name="url">
        <value>${jdbc.url}</value>
    </property>
    <property name="username">
        <value>${jdbc.username}</value>
    </property>
    <property name="password">
        <value>${jdbc.password}</value>
    </property>
</bean>
```

## 11.10 Spring+Hibernate

使用 Spring+Hibernate 时可以不需要 hibernate.cfg.xml 文件。

操作步骤如下。

（1）在 Spring 的 xxx.xml 中配置数据源（dataSource）。

（2）在 Spring 的 xxx.xml 中配置 session 工厂 Bean。

```
    <bean class="org.springframework.orm.hibernate3.LocalSessionFactoryBean"
name="sessionFactory">
```

注入的信息有以下几个。

（1）数据源 Bean。

```
<property name="dataSource">
    <ref local="dataSource"/>
</property>
```

（2）所有持久化类的配置文件。

```
<property name="mappingResources">
    <list>
        <value>account.hbm.xml</value>
    </list>
</property>
```

（3）Hibernate 的 sessionFactory 的属性。

```
<property name="hibernateProperties">
    <props>
        <prop key="hibernate.dialect">org.hibernate.dialect.Oracle9Dialect
                </prop>
        <prop key="hibernate.show_sql">true</prop>
    </props>
</property>
```

或者先配置 hibernate_cfg.xml，然后在 Spring 的 xxx.xml 中注入 sessionFactory。

```
<bean id="sessionFactory" class="org.springframework.orm.hibernate3.
                                LocalSessionFactoryBean">
    <property name="configLocation">
        <value>classpath:spring/hibernate.cfg.xml</value>
    </property>
</bean>
```

## 11.11 Spring 事务管理机制

### 11.11.1 编程式事务管理

编程式事务管理：所谓编程式事务管理指的是通过编码方式实现事务管理，即类似于 JDBC 编程实现事务管理。

Spring 框架提供了一致的事务抽象，因此无论对 JDBC 还是 Hibernate 的 JTA 事务都采用了相同的 API 编程。

编程式事务提供了 TransactionTemplate 模板类，使用的时候必须向其提供一个 PlatformTransactionManager 实例。只要 TransactionTemplate 获取了 PlatformTransactionManager 的引用，TransactionTemplate 即可完成事务操作。

TransactionTemplate 提供了一个 execute 方法，它接收一个 TransactionCallback 实例。TransactionCallback 包含如下方法。

```
Object doInTransaction(TransactionStatus status)
```

这是需要有返回值的情况。如果不需要有返回值，则可以用 TransactionCallback- WithOutResult 类来代替 TransactionCallback 类，它也有一个方法，则：

```
void doInTransaction(TransactionStatus status)
```

在这两个方法中，在出现异常时，TransactionStatus 的实例 status 可以调用 setRollbackOnly()方法进行回滚。

一般情况下，向 execute 方法传入 TransactionCallback 或 TransactionCallbackWithOutResult 实例时，采用的是匿名内部类的形式。

举例：

```
AccountServiceImpl{
    private TransactionTemplate transactionTemplate;

        public void setTransactionTemplate(PlatformTransactionManager
            manager){
            this.transactionTemplate = new TransactionTemplate(manager);
        }

        public void delete(Order order) throws OrderException {
            transactionTemplate.execute(new TransactionCallback(){
            public Object doInTransaction(TransactionStatus status) {
            return null;
        }
    });
}
```

XML 配置：

```
<beans>
    <bean class="com.briup.transaction.program.OrderServiceImpl"
        name="orderService">
        <property name="transactionTemplate">
            <ref bean="transactionManager" />
        </property>
    </bean>
</beans>
```

## 11.11.2　声明式事务管理

声明式事务管理的配置方式通常有以下 3 种。

（1）使用 TransactionProxyFactoryBean 为目标 Bean 生成事务代理的配置。

（2）使用 BeanNameAutoProxyCreator，根据 Bean Name 自动生成事务代理的方式，这是直接利用 Spring 的 AOP 框架配置事务代理的方式，需要对 Spring 的 AOP 框架有所了解。

（3）使用 DefaultAdvisorAutoProxyCreator，这也是直接利用 Spring 的 AOP 框架配置事务代理的方式，只是这种配置方式的可读性不如使用 BeanNameAutoProxyCreator 的配置方式。

```
<bean id="transactionManager"
        class="org.springframework.orm.hibernate3.HibernateTransactionManager">
    <property name="sessionFactory">
        <ref local="sessionFactory" />
    </property>
</bean>
```

或者

```
<bean class="org.springframework.jdbc.datasource.DataSourceTransactionManager"
        name="transactionManager">
    <property name="dataSource">
        <ref bean="dataSource" />
    </property>
</bean>
<bean id="userDAOProxy"
        class="org.springframework.transaction.interceptor.
                TransactionProxyFactoryBean">
    <property name="transactionManager">
       <ref bean="transactionManager" />
    </property>
    <property name="target">
       <ref local="AccountService" />
    </property>
    <property name="transactionAttributes">
       <props>
          <prop key="create*">PROPAGATION_REQUIRED</prop>
       </props>
    </property>
</bean>
<!-- 定义 BeanNameAutoProxyCreator，该 Bean 是一个 Bean 后处理器，无需被引用，
        因此没有 ID 属性，这个 Bean 后处理器根据事务拦截器为目标 Bean 自动创建事务代
```

```
            理，指定对满足哪些 Bean Name 的 Bean 自动生成业务代理 -->
    <bean class="org.springframework.aop.framework.autoproxy.
            BeanNameAutoProxyCreator">
        <property name="beanNames">
            <!--   下面是所有需要自动创建事务代理的 Bean-->
            <list>
              <value>accountDao</value>
              <!--   此处可增加其他需要自动创建事务代理的 Bean-->
            </list>

        </property>
        <!--   下面定义了 BeanNameAutoProxyCreator 所需的事务拦截器-->
        <property name="interceptorNames">
            <list>
                <value>transactionInterceptor</value>
                <!-- 此处可增加其他新的 Interceptor -->
            </list>
        </property>
    </bean>
```

或者使用新的语法：

```
    <!-- 配置事务管理器 -->
    <bean id="transactionManager" class="org.springframework.orm.hibernate3.
        HibernateTransactionManager">
        <property name="sessionFactory">
            <ref bean="sessionFactory"/>
        </property>
    </bean>
```

这里创建了一个 ID 为 transactionManager 的事务管理器，它匹配一个 session 工厂，<ref bean="sessionFactory"/>中的 sessionFactory 指 session 工厂的 ID。

对事务管理器进行事务设置。增加如下代码：

```
    <tx:advice id="smAdvice" transaction-manager="transactionManager">
        <tx:attributes>
            <tx:method name="save*" propagation="REQUIRED"/>
            <tx:method name="del*" propagation="REQUIRED"/>
            <tx:method name="update*" propagation="REQUIRED"/>
        </tx:attributes>
    </tx:advice>
```

这里创建了一个通知，对事务管理器进行事务设置，这里是指对以 save、del、update 开头的方法应用事务。

应用：

```
    <aop:config>
        <aop:pointcut id="smMethod" expression="execution(*
                test.service.impl.*.*(..))"/>
        <aop:advisor pointcut-ref="smMethod" advice-ref="smAdvice"/>
    </aop:config>
```

### 11.11.3　事务描述

语法：

```
PROPAGATION, ISOLATION, readOnly, -Exception, +Exception
```

其中，PROPAGATION 的取值有如下几种。

PROPAGATION_REQUIRED：支持当前事务，如果当前没有事务，则新建一个事务，这是最常见的选择。

PROPAGATION_SUPPORTS：支持当前事务，如果当前没有事务，则以非事务方式执行。

PROPAGATION_MANDATORY：支持当前事务，如果当前没有事务，则抛出异常。

PROPAGATION_REQUIRES_NEW：新建事务，如果当前存在事务，则把当前事务挂起。

PROPAGATION_NOT_SUPPORTED：以非事务方式执行操作，如果当前存在事务，则把当前事务挂起。

PROPAGATION_NEVER：以非事务方式执行，如果当前存在事务，则抛出异常。

PROPAGATION_NESTED：如果当前存在事务，则在嵌套事务内执行；如果当前没有事务，则进行与 PROPAGATION_REQUIRED 类似的操作。

另外，如果出现如下配置：

```
<prop key="myMethod">PROPAGATION_REQUIRED, readOnly, -Exception</prop>
```

则-Exception：表示有 Exception 抛出时，事务回滚，-代表回滚，+代表提交；readonly 就是 read only，设置操作权限为只读，一般用于查询的方法，优化作用。

**注意：**指定事务属性的取值有较复杂的规则，具体的书写规则如下。

传播行为 [，隔离级别] [，只读属性] [，超时属性] [不影响提交的异常] [，导致回滚的异常]

#### 1．事务传播行为

所谓事务的传播行为是指，在开始当前事务之前，一个事务上下文已经存在，此时有若干选项可以指定一个事务性方法的执行行为。在 TransactionDefinition 定义中包括如下几个表示传播行为的常量。

TransactionDefinition.PROPAGATION_REQUIRED：如果当前存在事务，则加入该事务；如果当前没有事务，则创建一个新的事务。

TransactionDefinition.PROPAGATION_REQUIRES_NEW：创建一个新的事务，如果当前存在事务，则把当前事务挂起。

TransactionDefinition.PROPAGATION_SUPPORTS：如果当前存在事务，则加入该事务；如果当前没有事务，则以非事务的方式继续运行。

TransactionDefinition.PROPAGATION_NOT_SUPPORTED：以非事务方式运行，如果当前存在事务，则把当前事务挂起。

TransactionDefinition.PROPAGATION_NEVER：以非事务方式运行，如果当前存在事务，则抛出异常。

TransactionDefinition.PROPAGATION_MANDATORY：如果当前存在事务，则加入该事务；如果当前没有事务，则抛出异常。

TransactionDefinition.PROPAGATION_NESTED：如果当前存在事务，则创建一个事务作为当前事务的嵌套事务来运行；如果当前没有事务，则该取值等价于 TransactionDefinition. PROPAGATION_REQUIRED。

这里需要指出的是，前面的 6 种事务传播行为是 Spring 从 EJB 中引入的，它们共享相同的概念。而 PROPAGATION_NESTED 是 Spring 特有的。

以 PROPAGATION_NESTED 启动的事务内嵌于外部事务中（如果存在外部事务），此时，内嵌事务并不是一个独立的事务，它依赖于外部事务的存在，只有通过外部的事务提交，才能引起内部事务的提交，嵌套的子事务不能单独提交。如果熟悉 JDBC 中的保存点的概念，嵌套事务就很容易理解了，其实嵌套的子事务就是保存点的一个应用，一个事务中可以包括多个保存点。另外，外部事务的回滚也会导致嵌套子事务的回滚。

### 2．事务隔离级别

隔离级别是指若干个并发的事务之间的隔离程度。TransactionDefinition 接口中定义了如下 5 个表示隔离级别的常量。

（1）TransactionDefinition.ISOLATION_DEFAULT：这是默认值，表示使用底层数据库的默认隔离级别。对于大部分数据库而言，此值通常是 TransactionDefinition.ISOLATION_READ_COMMITTED。

（2）TransactionDefinition.ISOLATION_READ_UNCOMMITTED：该隔离级别表示一个事务可以读取另一个事务修改但还未提交的数据。该级别不能防止脏读和不可重复读，因此很少使用该隔离级别。

（3）TransactionDefinition.ISOLATION_READ_COMMITTED：该隔离级别表示一个事务只能读取另一个事务已经提交的数据。该级别可以防止脏读，这也是大多数情况下的推荐值。

（4）TransactionDefinition.ISOLATION_REPEATABLE_READ：该隔离级别表示一个事务在整个过程中可以多次重复执行某个查询，并且每次返回的记录都相同。即使在多次查询之间有新增的数据满足该查询，这些新增的记录也会被忽略。该级别可以防止脏读和不可重复读。

（5）TransactionDefinition.ISOLATION_SERIALIZABLE：所有的事务依次执行，这样事务之间就完全不可能产生干扰，也就是说，该级别可以防止脏读、不可重复读及幻读。但是这将严重影响程序的性能。通常情况下不会用到该级别。

### 3．事务及事务所引发的问题

（1）脏读，主要针对 update 操作：一个事务 A 读到另一个事务 B 中修改过但是还没有提交的数据。

（2）不可重复读，主要针对 update 操作：一个事务 A 在第一次读数据和第二次读数据之间，有另一个事务 B 把这个数据更改并提交了，所以出现了事务 A 中读一个数据两次的情况，但是读到的结果是不同的。

（3）幻读，主要针对 insert/delete 操作：事务 A 第一次用 where 条件筛选出了 10 条数据，事务 A 第二次用同样的 where 条件筛选出了 11 条数据，因为事务 B 在事务 A 的第一次和第二次查询之间进行了插入操作，并且插入的这个数据满足事务 A 的 where 筛选条件。

### 4．Spring 的事务隔离级别主要解决的问题

（1）read-uncommitted：不提交也能读。

（2）read-committed：提交之后才能读，解决了脏读问题。

（3）repeatable-read：解决了脏读和不可重复读问题。

（4）Serializable：3 个问题都解决了。

级别越高，解决的问题越多，但是效率越低。

**注意**：并不是所有数据库都支持这 4 种事务隔离级别，如 Oracle 只支持第二种和第四种，而 MySQL 就 4 种全支持。

### 5．事务的只读属性

事务的只读属性是指对事务性资源进行只读操作或者读写操作。

所谓事务性资源是指那些被事务管理的资源，如数据源、JMS 资源，以及自定义的事务性资源等。如果确定只对事务性资源进行只读操作，则可以将事务标志为只读的，以提高事务处理的性能。

在 TransactionDefinition 中以 boolean 类型来表示该事务是否只读。

### 6．事务超时

所谓事务超时，就是指一个事务所允许执行的最长时间，如果超过该时间限制但事务还没有完成，则自动回滚事务。在 TransactionDefinition 中以 int 的值来表示超时时间，其单位是秒。

### 7．事务的回滚规则

通常情况下，如果在事务中抛出了未检查异常（继承自 RuntimeException 的异常），则默认回滚事务。如果没有抛出任何异常，或者抛出了已检查异常，则仍然提交事务。这通常也是大多数开发者希望的处理方式，也是 EJB 中的默认处理方式。但是，可以根据需要人为控制事务在抛出某些未检查异常时仍然提交事务，或者在抛出某些已检查异常时回滚事务。

## 11.12 HibernateTemplate 类与 HibernateDaoSupport 类

HibernateTemplate 类的常用方法如下。

（1）void delete（Object entity）：删除指定的持久化实例。

（2）deleteAll（Collection entities）：删除集合内全部的持久化类实例。

（3）find（String queryString）：根据 HQL 查询字符串来返回实例集合。

（4）findByNamedQuery（String queryName）：根据命名查询返回实例集合。

（5）get（Class entityClass， Serializable id）：根据主键加载特定持久化类的实例。

（6）save（Object entity）：保存新的实例。

（7）saveOrUpdate（Object entity）：根据实例状态，选择保存或者更新。

（8）update（Object entity）：更新实例的状态，要求 entity 是持久态。

（9）setMaxResults（int maxResults）：设置分页的大小。

HibernateDaoSupport：它是 Spring 为 Hibernate 的 DAO 提供的工具类。该类主要提供了如下几个方法，方便 DAO 的实现。

（1）public final HibernateTemplate getHibernateTemplate()。

（2）public final void setSessionFactory（SessionFactory sessionFactory）。

（3）getSessionFactory()。

（4）getSession()。

其中，setSessionFactory 方法用来接收 Spring 的 ApplicationContext 的依赖注入，可接收配置在 Spring 的 SessionFactory 实例，getHibernateTemplate 方法则用来根据获得的 sessionFactory 产生 Session，最后生成 HibernateTeplate 来完成数据库访问。

HibernateDaoSupport 类其实并不做太多的事情，它只有两个方法，即 getHibernateTemplate()和 setSessionFacotry()。就像在配置文件中配置的 sessionFactory 属性一样。而 getHibernateTemplate()方法就是常用的 save、delete 等基本操作。

## 习题

1．Spring IoC 是什么？它解决了哪些问题？

2．IoC 的常见注入方式有哪些？

3．按照如下要求，完成 Bean 的 Factory 注入操作。

（1）静态工厂：创建具体 Bean 实例的是静态方法。

① 在包 com.tdfy.ioc.staticFactory 中构建类 StaticFactoryBean。

② 书写静态方法 public static Integer createRandom()。

方法内容如下：

```
return new Integer(new Random().nextInt());
```

③ 书写 staticFactory.xml，将其纳入 Spring 容器中进行管理，需要通过 factory-method 指定静态方法名称，完成注入配置。

④ 在包下书写 StaticFactoryTest，测试是否注入成功。

（2）实例工厂：创建具体 Bean 实例的是实例，不是静态方法。

① 在包 com.tdfy.ioc.instanceFactory 中构建类 InstanceFactoryBean。

② 在类中构建 String 属性 format，并提供 get/set 方法。

③ 创建工厂方法 createTime。

```
public String createTime() {
        return new SimpleDateFormat(format).format(new Date());
}
```

④ 书写 instanceFactory.xml，将其纳入 Spring 容器中进行管理，配置实例工厂时，format 赋值为"yy-MM-dd HH:mm:ss"，利用实例工厂类方式完成注入配置。

⑤ 在包下书写 InstanceFactoryTest 测试是否注入成功。

（3）实现 FactoryBean 接口。

① 在 com.tdfy.ioc.factory 包下构建类 FactoryBeanimpl 并实现 FactoryBean 接口。

② 实现 getObject 方法，返回一个 Double 数据。

③ 实现了 FactoryBean 接口的 Bean，不再被视为普通的 Bean，Spring 会自动检测。构建 factory.xml，完成注入配置。

④ 书写 FactoryTest 完成测试。

（4）在 com.tdfy.ioc.proEdit 中书写类，提供了如下 get/set 方法。

```
Address:
String city,int zip,String street
User
int id,String name,Address
```

4．什么是代理模式？静态代理和动态代理有什么区别？

5．Spring 如何配置数据源，有哪些方式？

6．事务隔离级别有几种，作用分别是什么？

7．Spring 中的 IoC 和 AOP 在项目中的作用是什么？

# 第3篇 平 台 篇

## 第12章 快速开发平台

本章主要内容：

- 平台简介
- 设计思想
- 安装部署
- 系统配置文件
- 内置功能
- 技术选型
- 文件结构

本章通过快速开发平台内置功能、设计思想、技术选型、安装部署、文件结构、系统配置文件等方面内容的介绍，对快速开发平台做了全面讲述。通过学习本章内容，读者可以对快速开发平台有一个整体的了解，在后期使用的过程中可以有一个全局的认识。

### 12.1 平台的概念

当我们最开始接触软件开发的时候，大都是采用记事本来编写程序，运用 JDK、MFC 等提供的 API 自己编写代码来完成想要的功能，编写完之后还要编译成可执行的文件，然后再运行。这种方式虽然通俗，但是不方便。慢慢地，编程人员开始寻求比较方便开发的工具，于是诸如 eclipse、jbuilder、VC++等等一系列的开发工具便出现在了市面上，这些工具的出现，大大方便了开发人员的编程工作，减少了编程人员很多不必要的麻烦。像包括编译、异常处理、发布、模拟运行等操作，都可以在这些开发工具上完成。

但是，随着时间的推移，编程人员发现，即使有这么好的开发工具，在开发的过程中，依然要写很多的代码，而且仔细分析来看，很多代码基本上都是重复编写，功能大同小异。于是，他们便开始琢磨另一种更为方便高效的开发工具，比如说：我们可以将很多重复的代码封装起来，然后在需要用到的时候自行调用？或者是我们可以搭出一个基本的开发框架，然后编程人员可以在这个框架的基础上进行二次开发？通过编程人员一次一次的实验，最终形成了一种新的开发工具，那就是开发平台。

开发平台，简单的理解就是：以某种编程语言或者某几种编程语言为基础，开发出来的一个软件，而这软件不是一个最终的软件产品，它是一个二次开发软件框架，用户可以在这个产品上进行各种各样的软件产品的开发，并且在这个产品上进行开发的时候，不需要像以往的编程方式那样编写大量的代码，而是只需要进行一些简单的配置，或者是写极少量的代码便可以完成一个业务系统的开发工作。

## 12.2 平台的模式

市面上的快速开发平台主要分为两种模式。一种是引擎模式，一种是生成源代码模式。

拿报表来举例，所谓引擎模式是指通过报表设计器设计出报表模板，发布到报表引擎中，在运行时，只需要向报表引擎里传递相关的参数，如报表条件，报表引擎负责查询数据库，加工数据，然后以各种方式展现出来，在这个过程中是不需要开发人员编写代码的，也不产生源代码。即使是在开发过程中也是如此，利用开发平台开发业务系统时，开发者不需要编码，只需通过 Web 页面进行参数定制即可，这些参数存放在系统数据库或 XML 文件中。系统运行时，引擎会调用这些参数进行页面展现及业务处理。

这种模式的主要成功代表是广州天翎 myApps 柔性软件平台、万立软件制作大师、迪西客 DcxCreator，他们的产品完全采用引擎模式，完全不需要懂技术，不需要写代码，就可快速制作 ERP、OA、CRM、HRM、EAM、BI、PMS 等软件，节省 95%成本和时间。

另一种便是生成源代码，这种方式主要通过一个桌面式设计器来定义业务模块，辅助生成源代码框架，然后用户可以在生成的源代码的基础上编写、修改自己的源代码，实现业务逻辑，包括生成、修改 JSP 页面。所以生成源代码模式也可认为是一种代码生成器。这种模式的主要代表是普元平台，另外有宏天软件的 EST-BPM，这种模式的产品对开发者的要求比较高，但由于面向的对象基本都是软件开发商或者有研发实力的企事业单位，深受政府单位和大中型企业的欢迎。

本篇我们就以 TDFY 快速开发平台为例讲解快速开发平台的技术和使用方法。

## 12.3 TDFY 快速开发平台简介

本平台以 Spring Framework 为核心容器，以 Spring MVC 为模型视图控制器，以 MyBatis 为数据访问层，以 Apache Shiro 为权限授权层，Ehcahe 对常用数据进行缓存。

平台包括：系统权限组件、数据权限组件、数据字典组件、核心工具组件、视图操作组件、代码生成等。前端界面风格采用了结构简单、性能优良、页面美观大气的 Twitter Bootstrap 页面展示框架。采用了分层设计、双重验证、提交数据安全编码、密码加密、访问验证、数据权限验证。使用 Maven 做项目管理，提高了项目的易开发性、扩展性。

平台提供了常用工具进行封装，包括日志工具、缓存工具、服务器端验证、数据字典、当前组织机构数据（用户、机构、区域）及其他常用小工具等。另外，它提供了一个强大的在线代码生成工具，此工具提供了简单的单表、一对多、树结构功能的生成，如果对外观要求不是很高，则生成的功能即可使用。

## 12.4 内置功能

本平台的内置功能如下。

用户管理：用户是系统操作者，该功能主要完成系统用户配置。

机构管理：配置系统组织机构（公司、部门、小组），树结构展现，可随意调整上下级。

区域管理：系统城市区域模型，如国家、省市、地市、区县的维护。

菜单管理：配置系统菜单、操作权限、按钮权限标识等。

角色管理：角色菜单权限分配、角色按机构进行权限划分。

字典管理：对系统中经常使用的一些较为固定的数据进行维护，如是否、男女、类别、级别等。

操作日志：系统正常操作日志记录和查询；系统异常信息日志记录和查询。

连接池监视：监视当期系统数据库连接池状态，可分析 SQL 以找出系统性能瓶颈。

## 12.5 设计思想

分层设计：（数据访问层，业务逻辑层，展示层）层次清楚，低耦合，各层必须通过接口才能接入并进行参数校验（如在展示层不可直接操作数据库），保证数据操作的安全。

双重验证：用户表单提交双验证，包括服务器端验证及客户端验证，防止用户通过浏览器恶意修改（如不可写文本域、隐藏变量篡改、上传非法文件等）而跳过客户端验证操作数据库。

安全编码：用户表单提交所有数据，在服务器端进行安全编码，防止用户提交非法脚本及 SQL 注入获取敏感数据等，确保数据安全。

密码加密：登录用户密码进行 SHA1 散列加密，此加密方法是不可逆的，保证密文泄露后的安全。

访问验证：系统对所有管理端链接都进行用户身份权限验证，防止用户直接通过 URL 访问未授权页面。

数据验证：对指定数据集权限进行过滤，有 7 种数据权限可供选择（所有权限，公司及子公司，本公司，部门及子部门，本部门，本人数据，跨机构数据）。

快速编码：提供基本功能模块的源代码生成器，提高开发效率及质量。

## 12.6 技术选型

### 1．后端

核心框架：Spring Framework 4.0。

安全框架：Apache Shiro 1.2。

视图框架：Spring MVC 4.0。

服务端验证：Hibernate Validator 5.1。

布局框架：SiteMesh 2.4。

工作流引擎：Activiti 5.15。

任务调度：Spring Task 4.0。

持久层框架：MyBatis 3.2。

数据库连接池：Alibaba Druid 1.0。

缓存框架：Ehcache 2.6、Redis。

日志管理：SLF4J 1.7、Log4j。

工具类：Apache Commons、Jackson 2.2、Xstream 1.4、Dozer 5.3、POI 3.9。

### 2．前端

JS 框架：jQuery 1.9。

CSS 框架：Twitter Bootstrap 2.3.1。

客户端验证：jQuery Validation Plugin 1.11。

富文本：CKEcitor。

文件管理：CKFinder。

动态页签：Jerichotab。

手机端框架：Jingle。

数据表格：jqGrid。

对话框：jQuery jBox。

下拉列表框：jQuery Select2。

树结构控件：jQuery zTree。

日期控件： My97DatePicker。

### 3．平台

服务器中间件：在 Java EE 5 规范（Servlet 2.5、JSP 2.1）下开发，支持应用服务器的中间件有 Tomcat 6、Jboss 7、WebLogic 10、WebSphere 8。

数据库支持：目前仅提供 Oracle 数据库的支持，但不限于数据库，平台留有其他数据库支持接口，可方便更改为其他数据库，如 SQL Server 2008、MySQL 5.5、H2 等。

开发环境：Java EE、Eclipse、Git。

## 12.7 安装部署

（1）运行 Maven 目录下的 settings.bat 文件，用来设置 Maven 仓库路径，并按提示操作（设置 PATH 系统变量、配置 Eclipse）。

（2）执行 jeesite/bin/eclipse.bat 生成工程文件并下载 jar 包（如果需要修改默认项目名，则可打开 pom.xml 修改第 7 行 artifactId，再执行 eclipse.bat 文件）。

（3）将 jeesite 工程导入 Eclipse，选中工程，按 F5 键刷新。

（4）设置数据源：src/main/resources/javaee.properties。

（5）导入数据表并初始化数据：运行 db/init-db.bat 文件（导入时如果出现“drop”失败提示信息，则可忽略）。

（6）新建 Server（Tomcat），注意选中如图 12-1 所示的两个复选框。

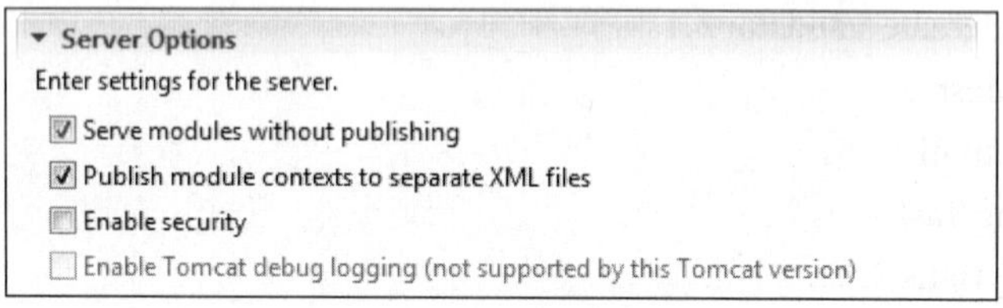


图 12-1 选中复选框

（7）配置 server.xml 的 Connector 项，增加 URIEncoding="UTF-8"。

（8）部署到 Tomcat，设置 Auto Reload 为 Disabled。

（9）访问工程 http://127.0.0.1:8080/ javaee，用户名为 admin，密码为 admin。

常见问题如下。

（1）'mvn' 不是内部或外部命令，原因如下：

① PATH 未配置或配置了多个不一致的 Maven 地址，如用户/系统变量。

② M2_HOME 系统/用户变量地址不正确，可删除 M2_HOME 变量。

③ 检查 Maven 运行是否正常，在 CMD 模型下执行 mvn–v。

（2）运行 eclipse.bat 找不到文件路径或乱码：一般原因是路径中包含空格或中文。

（3）导入到 Eclipse 后找不到 jar 包：Maven 未配置，查看 m2_repo 仓库路径是否正确。

（4）运行 init-db.bat 提示 ORA-xxx：根据错误码排除错误，一般是数据库 URL 不对，用户名或密码错误。

（5）部署时出现某某被锁定情况，一般原因是 Tomcat 中的两个复选框未选中。

（6）字典列表，添加键值，出现乱码：server.xml 未配置 URL 编码为 UTF-8。

## 12.8 文件结构

### 1．源码目录

源代码目录如表 12-1 所示。

表 12-1　src/main/java

| | |
|---|---|
| com.tdfy.javaee | Java EE 平台目录 |
| ├ common | 公共模块存放目录 |
| │ ├ beanvalidator | 实体 Bean 验证相关类 |
| │ ├ log | 日志工具相关类 |
| │ ├ mapper | 各种 Object 到 XML、Object 到 JSON 的映射转换类 |
| │ ├ persistence | 持久层相关类 |
| │ ├ security | 安全相关类 |
| │ ├ service | 业务层相关类 |
| │ ├ servlet | 公共 Servlet 相关类 |
| │ ├ utils | 各种操作小工具类 |
| │ └ web | 模型控制器层相关类 |
| └ modules | JeeSite 内置功能模块存放目录 |
| ├ act | Activiti 工作流引擎目录 |
| ├ cms | 内容管理、新闻发布模块目录 |
| ├ gen | Web 版本代码生成器目录 |
| ├ oa | 在线办公模块演示用例存放目录 |
| └ sys | 系统核心模块存放目录 |
| ├ dao | 数据访问层相关类 |
| ├ entity | 实体相关类 |
| ├ interceptor | 系统模块拦截器相关类 |
| ├ service | 业务处相关类 |
| ├ web | 模型控制器层相关类 |
| └ utils | 系统模块的工具类 |

### 2．资源目录

资源目录如表 12-2 所示。

表 12-2　src/main/resource

| | |
|---|---|
| act | Activiti 工作流引擎相关文件（部署文件、bpmn） |
| cache | Ehcache 缓存配置存放目录 |
| mappings | MyBatis SQL 映射文件存放目录 |
| javaee.properties | 系统配置属性文件 |
| spring-*.xml | Spring 相关文件 |
| log4j.properties | Log4j 日志配置属性文件 |

### 3. 发布目录

发布目录如表 12-3 所示。

表 12-3 src/main/webapp

| | |
|---|---|
| static | 静态文件存放目录（JS、CSS、前端插件类库等） |
| └ compressor.bat | JavaScript 和 CSS 文件压缩脚本 |
| userfiles | 用户上传文件目录 |
| WEB-INF | Web 应用安全目录，通过映射访问相关文件 |
| ├ lib | 依赖 jar 包目录 |
| ├ tags | 标签存放目录 |
| ├ views | 视图文件目录 |
| │ ├ reportlets | 软报表文件存放路径 |
| │ ├ resources | 软报表配置文件存放目录 |
| │ ├ error | 系统异常映射相关页面 |
| │ ├ include | 视图相关包含文件 |
| │ ├ layouts | 视图布局相关文件 |
| │ └ modules | 内置核心功能模块视图相关文件 |
| │ ├ act | Activiti 模块视图相关文件 |
| │ ├ cms | 内容管理模块视图相关文件 |
| │ ├ gen | 代码生成模块视图相关文件 |
| │ ├ oa | 在线办公模块视图相关文件 |
| │ └ sys | 系统管理模块视图相关文件 |
| ├ ckfinder.xml | CKfinder 配置文件 |
| ├ decorators.xml | Decorator 配置文件 |
| └ web.xml | Web 配置文件 |

### 4. 执行目录

执行目录如表 12-4 所示。

表 12-4 执行目录

| | |
|---|---|
| db | |
| db | 数据库相关脚本、模型及执行文件 |
| ├ act | 各模块数据初始化，Oracle 建表脚本，数据初始数据脚本文件 |
| ├ cms | |
| ├ gen | |
| ├ oa | |
| ├ sys | |
| └ init-db.bat | 初始化数据库执行脚本（需要 Maven 支持） |
| bin | |
| clean.bat | 清理项目生成的文件脚本 |
| eclipase.bat | 生成 Eclipse 项目执行脚本 |
| package.bat | 生成编译项目文件（war 包） |
| run-jetty.bat | Jetty 服务器运行脚本 |
| run-tomcat6.bat | Tomcat 6 服务器运行脚本 |
| run-tomcat7.bat | Tomcat 7 服务器运行脚本 |

## 12.9 系统配置文件

### 1. 数据源配置

（1）数据库驱动，连接设置。

```
jdbc.driver=oracle.jdbc.driver.OracleDriver
jdbc.url=jdbc:oracle:thin:@127.0.0.1:1521:orcl
jdbc.username=jeesite
jdbc.password=123456
```

（2）连接池设置，初始化最小、最大连接数。

```
jdbc.pool.init=1
jdbc.pool.minIdle=3
jdbc.pool.maxActive=20
```

（3）测试连接 SQL 语句。

```
jdbc.testSql=SELECT 'x' FROM DUAL
```

### 2. 系统配置

（1）配置产品名称，版权日期和版本号。

```
productName=JeeSite Admin
copyrightYear=2014
version=V1.1.1
```

（2）是否演示模式，如果是，则如下模块无法进行保存操作。

```
# sys: area/office/user/role/menu/dict, cms: site/category
demoMode=false
```

（3）管理端根路径。

```
adminPath=/a
```

（4）前端根路径。

```
frontPath=/f
```

（5）信息发布时的 URL 后缀，可配置 HTML 后缀的页面进行缓存。

```
urlSuffix=.html
```

（6）分页大小，默认每页 15 条。

```
page.pageSize=15
```

（7）说明组件是否使用 Cache（一般开发阶段，关闭 Cache）。

```
supcan.useCache=false
```

（8）设置通知间隔访问时间，单位为 ms。

```
oa.notify.remind.interval=60000
```

### 3. 框架参数配置

（1）设置 session 超时时间，web.xml 中的设置无效，单位为 ms。

```
session.sessionTimeout=120000
session.sessionTimeoutClean=120000
```

（2）缓存设置。

```
ehcache.configFile=cache/ehcache-local.xml
#ehcache.configFile=cache/ehcache-rmi.xml
```

（3）首页地址。

```
web.view.index=/a
```

（4）视图文件配置，前缀和后缀。

```
web.view.prefix=/WEB-INF/views/
web.view.suffix=.jsp
```

（5）最大上传字节数 10MB=10*1024*1024(B)=10485760。

```
web.maxUploadSize=10485760
```

（6）设置日志拦截器，拦截的 URI、@RequestMapping 值。

```
web.logInterceptExcludeUri=/, /login, /sys/menu/tree, /sys/menu/treeData,
/oa/oaNotify/self/count
web.logInterceptIncludeRequestMapping=save, delete, import, updateSort
```

（7）工作流配置。

```
activiti.isSynActivitiIndetity=false
activiti.export.diagram.path=c:/activiti_diagram
#activiti font (windows font: \u5B8B\u4F53  linux font: simsun)
activiti.diagram.activityFontName=\u5B8B\u4F53
activiti.diagram.labelFontName=\u5B8B\u4F53
activiti.form.server.url=http://127.0.0.1:8075/xxxx
```

# 第13章　常用组件

本章主要内容：

- 布局组件
- 全局缓存
- 功能权限控制
- 智能分页组件
- 工具类组件
- EL 函数组件
- 用户工具
- 字典工具
- 数据权限
- 树选择组件
- 自定义标签组件
- JavaScript 组件

本章全面介绍了快速开发平台的布局组件、用户工具、全局缓存、字典工具、功能权限控制、数据权限、智能分页组件、树选择组件、工具类组件、自定义标签组件、EL 函数组件、JavaScript 组件等，通过认识这些组件，在开发过程中遇到类似的开发需求时可以直接调用组件而不需重新开发，提高开发效率。

### 1. 布局组件

1）SiteMesh

SiteMesh 是一个基于 Web 页面布局、装饰及与现存 Web 应用整合的框架。它能帮助用户在由大量页面构成的项目中创建一致的页面布局和外观，如一致的导航条、一致的 banner、一致的版权，等等。它不仅仅能处理动态的内容，如 JSP，PHP，ASP 等产生的内容，还能处理静态的内容，如 HTM 的内容，尽管它是由 Java 语言来实现的，但它能与其他 Web 应用很好地集成。

SiteMesh 框架是 OpenSymphony 团队开发的一个非常优秀的页面装饰器框架，它通过对用户请求进行过滤，并对服务器向客户端响应进行过滤，给原始页面加入一定的装饰，然后把结果返回给客户端。通过 SiteMesh 的页面装饰，可以提供更好的代码复用，所有的页面装饰效果耦合在目标页面中，无需再使用 include 指令来包含装饰效果，目标页与装饰页完全分离，如果所有页面使用相同的装饰器，则可以使整个 Web 应用具有统一的风格，如图 13-1 所示。

2）使用布局组件

布局文件的配置路径为/ jeesite/src/main/webapp/WEB-INF/decorators.xml。

默认布局文件的路径为/jeesite/src/main/we。

非公共，自己建立的布局文件：/ jeesite/src/main/webapp/WEB-INF/views/模块路径/layouts/布局文件.jsp。

使用布局文件：在 JSP 的 head 中添加<meta name="decorator" content="default"/>。

### 2. 用户工具

应用场景：在 Java 文件或 JSP 页面上，获取当前用户的相关信息。

1）获取当前用户

（1）在 Java 文件中，通过调用 UserUtils 类的 getUser()方法获取当前用户。

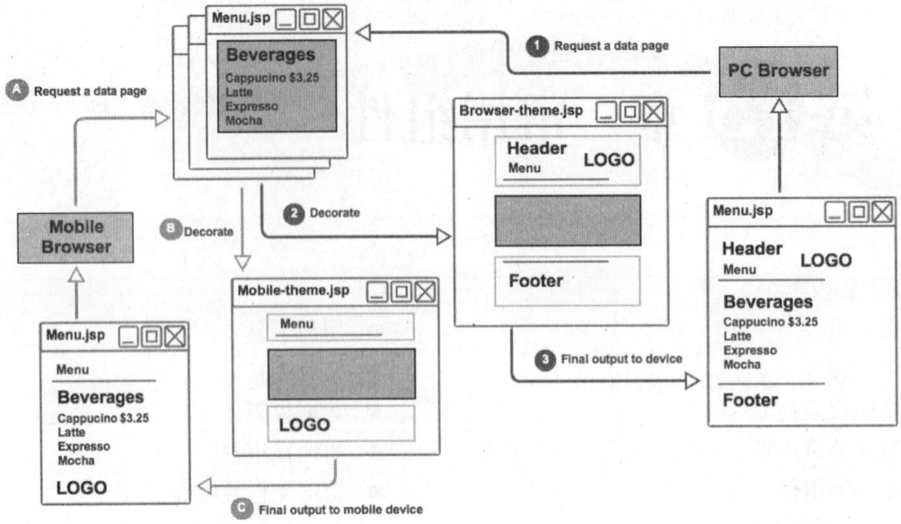


图 13-1　SiteMesh 组件

```
UserUtils.getUser();
```

（2）在 Java 文件中，通过调用实体类的 currentUser()方法获取当前用户。

```
entity.currentUser()
```

（3）在 JSP 页面中，通过 fns 标签获取当前用户。

```
${fns:getUser()}
```

2）获取当前用户部门

（1）在 Java 文件中，通过调用 UserUtils 类的 getOfficeList()方法获取当前用户部门。

```
UserUtils.getOfficeList()
```

（2）在 JSP 文件中，通过 fns 标签获取当前用户部门。

```
${fns:getOfficeList()}
```

3）获取当前用户区域

（1）在 Java 文件中，通过调用 UserUtils 类的 getAreaList()方法获取当前用户区域。

```
UserUtils.getAreaList()
```

（2）在 JSP 文件中，通过 fns 标签获取当前用户区域。

```
${fns:getAreaList()}
```

4）获取当前用户菜单

（1）在 Java 文件中，通过调用 UserUtils 类的 getMenuList()方法获取当前用户菜单。

```
UserUtils.getMenuList()
```

（2）在 JSP 文件中，通过 fns 标签获取当前用户菜单。

```
${fns:getMenuList()}
```

5）获取当前用户缓存

（1）调用 UserUtils.getCache(key)。

（2）${fns:getCache(cacheName, defaultValue)}。

6）设置当前用户缓存

```
UserUtils.putCache(key);
```

### 3. 全局缓存

应用场景：系统字典。

设置应用程序缓存：CacheUtils.put(key);。

获取应用程序缓存：CacheUtils.get(key);。

### 4. 字典工具

应用场景：系统全局固定的字典数据，在 Java 或 JSP 中获取字典相关数据。

（1）根据类型和值获取字典标签（列表取值）：

① DictUtils.getDictLabel(String value, String type, String defaultValue)。

② ${ fns:getDictLabel (value, type, defaultValue)}。

（2）根据类型和标签获取字典值（根据标签取值）：

① DictUtils.getDictValue(String label, String type, String defaultLabel)。

② ${fns:getDictValue(label, type, defaultValue)}。

（3）根据类型获取字典列表（下拉列表框，复选框，单选框）：

① DictUtils.getDictList(String type)。

② ${fns:getDictList(type)}。

### 5. 功能权限控制

应用场景：访问功能授权、查看权限、编辑权限、导入权限、审核权限。

（1）给方法添加权限标志：

```
@RequiresPermissions("sys:submodule:user:view")
@RequiresUser
```

（2）在菜单中设置权限标志。

（3）判断权限：

```
SecurityUtils.getSubject().isPermitted("sys:user:edit");
```

（4）在视图中控制按钮（shiro.tld）：

```
<shiro:hasPermission name="sys:user:edit">
    <input id="btnSubmit" class="btn btn-primary" type=
        "submit" value="保存"/> 
</shiro:hasPermission>
<!-- 任何一个符合条件的权限 -->
<shiro:hasAnyPermissions name="sys:user:view, sys:user:edit,">
    <input id="btnSubmit" class="btn btn-primary" type="submit"
              value="返回"/> 
</shiro: hasAnyPermissions>
```

### 6. 数据权限

应用场景：某用户访问数据范围为公司及子公司，本公司，部门及子部门，本部门，当前用户，明细设置。

举例：

```
/*生成数据权限过滤条件（dsf 为 dataScopeFilter 的简写，在 XML 中使用
        ${sqlMap.dsf}调用权限*/
    user.getSqlMap().put("dsf", dataScopeFilter(user.
            getCurrentUser(), "o", "u"));

    <!-- 分页查询用户信息 -->
    <select id="findList" parameterType="User" resultMap="userResult">
        SELECT
            <include refid="userColumns"/>
        FROM sys_user a
        <include refid="userJoins"/>
        WHERE a.del_flag = '0'
        <!-- 数据范围过滤 -->
        ${sqlMap.dsf}
    </select>

/**
    * 数据范围过滤
    * @param user 为当前用户对象，通过“entity.getCurrentUser()”获取
    * @param officeAlias 为机构表别名，多个别名用“,”逗号隔开
    * @param userAlias 为用户表别名，多个别名用“,”逗号隔开，若传递为空，则忽略此参数
    * @return 为标准连接条件对象
    */
    String dataScopeFilter (User user, String officeAlias, String userAlias)
```

### 7. 智能分页组件

（1）如果设置分页参数，则分页；如果不设置分页参数，则根据条件获取全部分页。

```
user.setPage(page);
```

（2）执行分页查询：

```
page.setList(userDao.findPage(user));
```

### 8. 树选择组件

标签文件为/ javaee/src/main/webapp/WEB-INF/tags/treeselect.tag。

1）区域选择组件

区域选择如图 13-2 所示。

图 13-2 区域选择

```
    <tags:treeselect id="area" name="area.id" value="${area.id}" labelName=
"area.name" labelValue="${area.name}" title="区域" url="/sys/area/ treeData"
cssClass="input-small" allowClear="true" notAllowSelectParent="true"/>
```

多选时需要加 checked="true" 属性。

2）公司选择组件

公司选择如图 13-3 所示。

图 13-3 公司选择

```
<tags:treeselect id="office" name="office.id" value="${user.office.id}"
labelName="office.name"  labelValue="${user.office.name}"  title=" 部 门 "
url="/sys/office/treeData?type=1"  cssClass="input-small"  allowClear="true"
notAllowSelectParent="true"/>
```

多选时需要加 checked="true" 属性。

3）人员选择组件

人员选择如图 13-4 所示。

图 13-4 人员选择

```
<tags:treeselect id="user" name="user.id" value="${user.id}" labelName=
"user.name" labelValue="${user.name}" title="用户" url="/sys/office/treeData?
type=3" cssClass="input-small" allowClear="true" notAllowSelectParent="true"/>
```

多选时需要加 checked="true" 属性。

## 9. 文件选择、文件上传组件

```
<form:hiddenpath="name"htmlEscape="false"maxlength="255"class="input-xlarge"/>
<tags:ckfinder input="name" type="files" uploadPath="/test "/>
```

## 10. 富文本在线编辑器组件

```
<form:textarea id="name" htmlEscape="true" path="name" rows="4" maxlength=
"200" class="input-xxlarge"/>
<tags:ckeditor replace="name" uploadPath="/test " />
```

## 11. 封装及组件

1）工具类组件

工具类组件如下。

UserUtils：用户工具类（获取当前用户的相关信息）。

CacheUtils：系统级别 Cache 工具类。

CookieUtils：Cookie 操作工具类

DateUtils：日期时间工具类。

FileUtils：文件操作工具类。

StringUtils：字符串操作工具类。

Reflections：Java 对象操作反射工具类。

BeanMapper：Bean 与 Bean、Bean 与 Conllection 的互转。

JaxbMapper：XML 与 Object 的互转。

JsonMapper：Json 与 Object 的互转。

Cryptos、Digests：密钥工具类，如 SHA1、MD5。

Collections3：集合对象工具类。

Encodes：各种编码转换工具类。

Exceptions：异常工具类。

FreeMarkers：FreeMarkers 模板工具类。

Identities：唯一标识生成算法工具类。

PropertiesLoader：属性文件操作工具类（uuid、random）。

Threads：线程相关操作工具类。

2）自定义标签组件

自定义标签组件如下。

ckeditor.tag：HTML 在线编辑器。

ckfinder.tag：在线文件管理。

iconselect.tag：图标选择。

message.tag：消息弹出对话框。

validateCode.tag：验证码。

3）EL 函数组件

EL 函数组件只有一个，即 fns.tld，系统相关 EL 函数。

4）JavaScript 组件

jQuery：强大的 JS 框架，动态特性，AJAX、插件扩展。

jQuery Validate：基于 jQuery 的客户端校验插件。

jBox：基于 jQuery 的多功能对话框插件。

zTree：基于 jQuery 的树结构展示查看。

My7DatePicker：日期选择控件。

treeTable：基于 jQuery 的表格树显示插件。

CKEditor：富文本在线 HTML 编辑器。

CKFinder：在线文件资源管理器。

SuperSlide：基于 jQuery 的滑动门插件。

# 第 14 章　代码生成器应用

代码生成器的使用步骤如下。

（1）使用 ERMaster 建立数据模型。

（2）进入代码生成模块，添加业务表配置。

（3）进入代码生成模块，添加生成方案配置并生成代码。

（4）根据生成代码的 Controller，配置菜单和权限。

### 1．数据模型

进行数据库设计创建表。当字段需要存储为中文字符的时候要使用 nvarchar 类型，不要用 varchar 类型。自己建立表模型时可复制一份“db/test/javaee.erm”文件，在此模型的基础上建立自己的业务表。

业务表必须包含的字段如图 14-1 所示，其框内的字段是必需的。

一对多必须包含的字段如图 14-2 所示，其框内的字段是必需的。

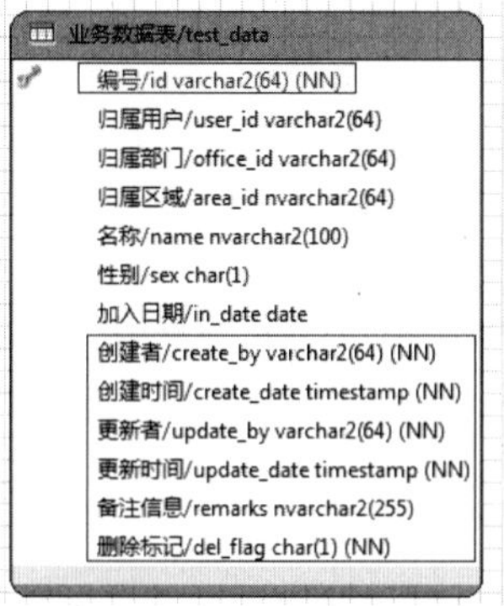


图 14-1　必需的字段

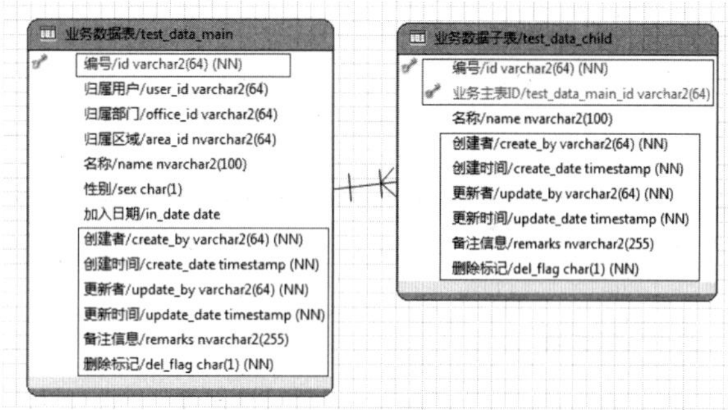


图 14-2　一对多必须包括的字段

树结构必须包含的字段如图 14-3 所示，其框内的字段是必需的。

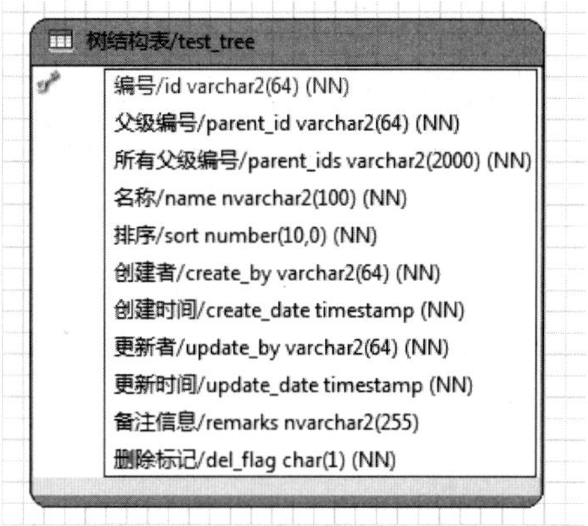


图 14-3　树结构必须包含的字段

在 test/jeesite.erm 文件中已内置了两个字段组，分别是 common 和 tree_field，在表编辑界面中可快速选择并添加相应字段，如图 14-4 所示。

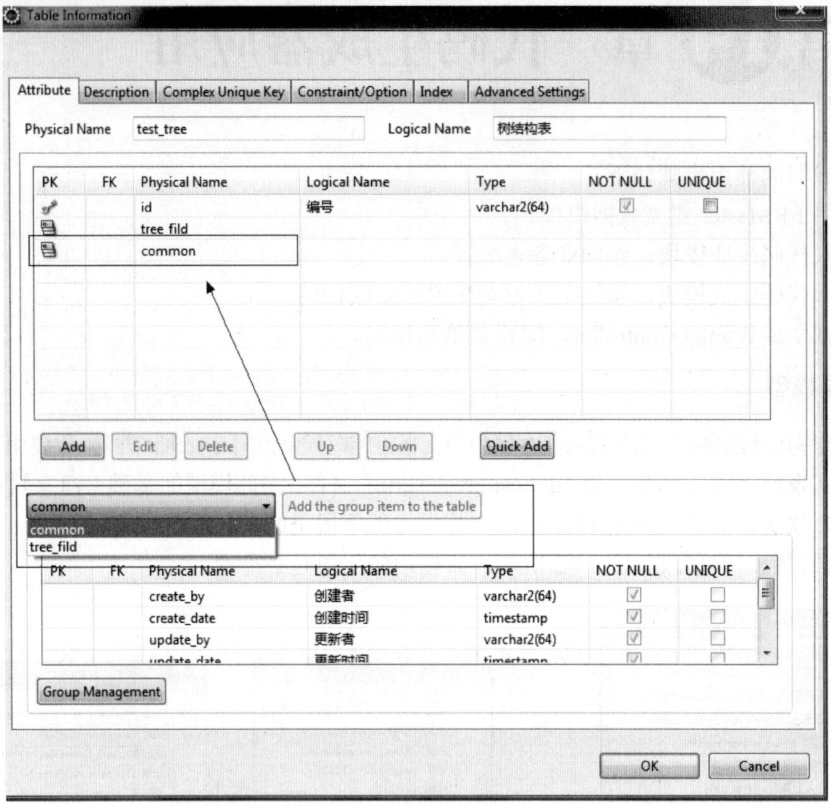


图 14-4　快速添加必须的字段

## 2. 业务表配置

（1）选择表，如图 14-5 所示。

图 14-5　选择表

（2）配置表，如图 14-6 所示。

该图中的参数说明如下。

① 表名：物理表名。

② 说明：物理表描述。

③ 类名：生成表关联的实体类名称。

④ 父表表名：关联父表的表名。外键：当前表关联父表的主键，如果当前表为子表，则需在此指定父表及外键。外键字段需在字段列表中手动设置属性名（对象.主键，如将 userId 修改为 user.id）。

图 14-6　配置法

⑤ 列名：数据表定义的字段名称。

⑥ 说明：数据表定义的字段注释。

⑦ 物理类型：数据表定义字段类型。

⑧ Java 类型：实体对象的属性字段类型。

⑨ Java 属性名称：实体对象的属性字段（对象名.属性名|属性名 2|属性名 3，如用户 user.id|name|loginName，属性名 2 和属性名 3 为 Join 时关联查询的字段）。

⑩ 主键：是否为主键字段。

⑪ 可空：该字段否可为空。

⑫ 插入：是否插入字段，如果是，则包含在 insert 语句中。

⑬ 编辑：是否编辑字段，如果是，则包含在 update 语句中。

⑭ 列表：是否列表查询，如果是，则包含在列表页的表格列中。

⑮ 查询：是否查询字段，如果是，则包含在查询页的查询列表中。

⑯ 查询方式：查询字段的查询方式，即 where 后的条件表达式，如字段 1=字段 2　AND　字段 3>字段 4　AND　字段 5 !=字段 6。

⑰ 字段生成方案：表单中字段生成的样式，如 input、select、treeselect、areatext 等。

⑱ 字典类型：如果字段生成方案为：下拉列表框、复选框、单选框，则该字段必须指定一个字典类型，字典类型为字段管理中的类型。

⑲ 排序：字段生成的先后顺序。

### 3. 生成方案配置

生成方案配置如图 14-7 所示。

（1）方案名称：自定义的方案名称。

（2）模板分类：生成的模板，目前可生成的模板有增删改查（单表）、增删改查（一对多）、仅持久层（dao/entity/mapper）、树结构表（一体）。

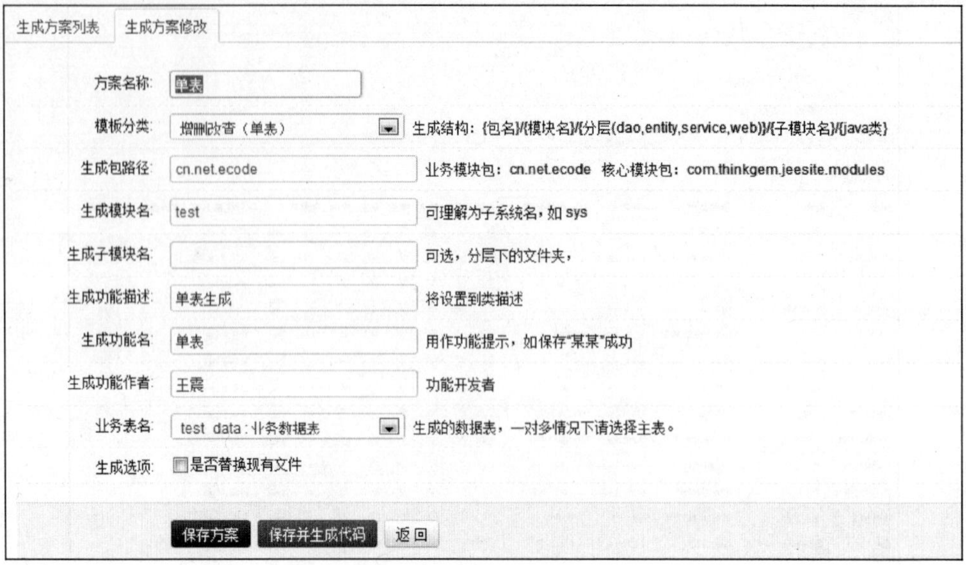


图 14-7 生成方案配置

（3）生成包路径：生成于哪个包下。

（4）生成模块名：生成包的模块名称，在模块名称下进行分层。

（5）生成子模块名：分层下的文件夹，可为空。

（6）生成功描述：生成到类注释中。

（7）生成功能名：生成功能提示，如 TAB 上、列表上、提示信息等。

（8）生成功能作者：开发者姓名。

（9）生成选项：是否替换现有文件，提供重复生成，覆盖原有文件。

### 4．菜单权限

根据控制器@RequestMapping 及@RequiresPermissions 添加菜单和权限标志。

### 5．生成示例

导入“db/gen/example_xx.sql”文件（默认已导入），将导入“业务表配置”、“生成方案配置”、“菜单权限”示例信息，生成代码后效果如图 14-8～图 14-11 所示。

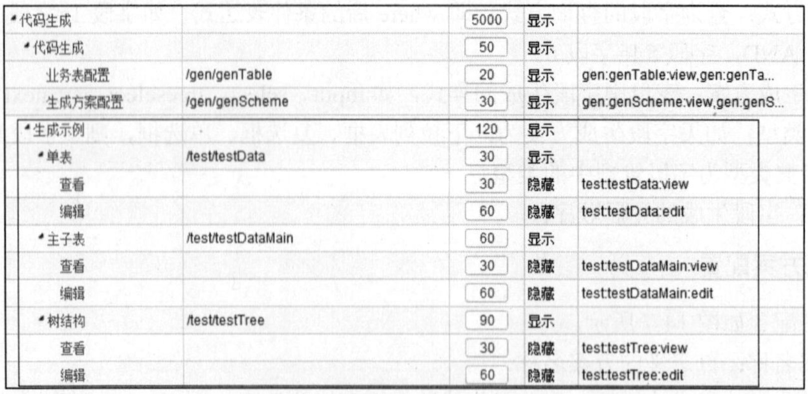

| | | | | |
|---|---|---|---|---|
| 代码生成 | | 5000 | 显示 | |
| 代码生成 | | 50 | 显示 | |
| 业务表配置 | /gen/genTable | 20 | 显示 | gen:genTable:view,gen:genTa... |
| 生成方案配置 | /gen/genScheme | 30 | 显示 | gen:genScheme:view,gen:genS... |
| 生成示例 | | 120 | 显示 | |
| 单表 | /test/testData | 30 | 显示 | |
| 查看 | | 30 | 隐藏 | test:testData:view |
| 编辑 | | 60 | 隐藏 | test:testData:edit |
| 主子表 | /test/testDataMain | 60 | 显示 | |
| 查看 | | 30 | 隐藏 | test:testDataMain:view |
| 编辑 | | 60 | 隐藏 | test:testDataMain:edit |
| 树结构 | /test/testTree | 90 | 显示 | |
| 查看 | | 30 | 隐藏 | test:testTree:view |
| 编辑 | | 60 | 隐藏 | test:testTree:edit |

图 14-8 菜单

(a)

(b)

图 14-9　单表

(a)

(b)

图 14-10　主子表

(a)

(b)

图 14-11　树结构

### 6. 主子表（一对多）注意事项

主子表（一对多）生成需要配置一个主表、一个或多个子表。

子表配置需要指定父表表名和外键，如图 14-12 所示。

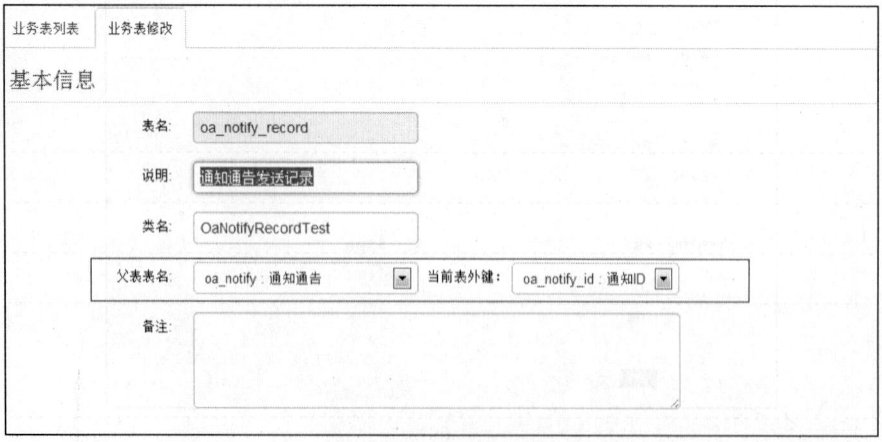


图 14-12　子表配置

表配置结果如图 14-13 所示。

| 表名 | | 说明 | 类名 | 父表 | 操作 |
|---|---|---|---|---|---|
| oa_notify | 主表 | 通知通告 | OaNotifyTest | | 修改 删除 |
| oa_notify_record | 子表1 | 通知通告发送记录 | OaNotifyRecordTest | oa_notify | 修改 删除 |
| test_staff | 子表2 | 通告子表2 | TestStaffTest | oa_notify | 修改 删除 |

图 14-13　表配置结果

在生成方案中选择“增删改查（一对多）”，业务表表名选择主表，如图 14-14 所示。

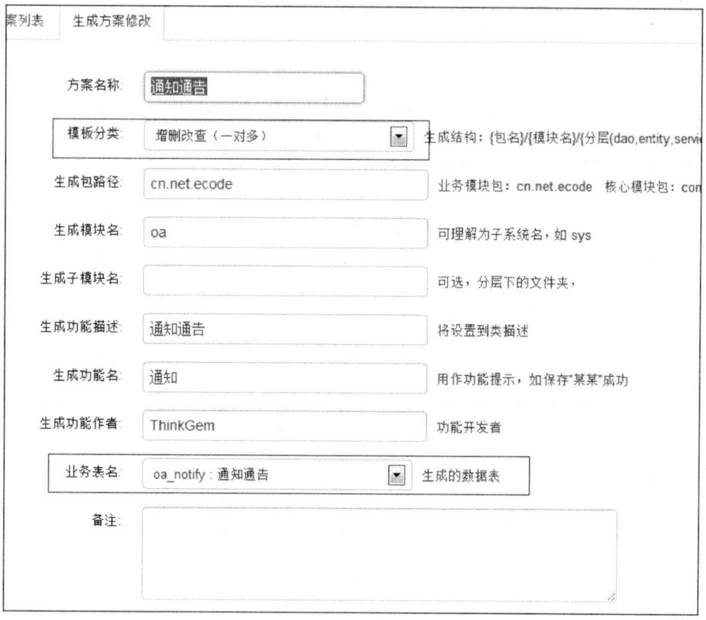


图 14-14　生成方案的选择

其他操作与单表生成相同。

# 第15章 手机端基础接口

本章主要内容：

- 传输格式
- 账号登录
- 登录成功
- 登录失败
- 请求页面
- 获取基础信息

本章全面讲述了快速开发平台对手机端应用程序提供的基础接口，介绍了传输格式、账号登录、登录成功、登录失败、请求页面、获取基础信息等内容。

## 1．传输格式

传输格式均为 JSON 字符串，使用 Spring MVC 返回对象，并自动通过 FasterXML Jackson 工具类（JsonMapper.java）进行对象到 JSON 的转换。

输出格式符合 JSON 标准，并使用 UTF-8 编码。

## 2．账号登录

在浏览器地址栏中输出 http://127.0.0.1:8080/ javaee/a/login?__ajax=true。

提交如下参数。

用户名： username。

密　码： password。

验证码： validatjeesite（isValidatjeesiteLogin 为 true 时需要提交验证码）。

手机登录：mobileLogin=true。

提交方式：POST。

获取验证码图片：http://127.0.0.1:8080/javaee/servlet/validatjeesiteServlet。

## 3．登录成功

举例：

```
http://127.0.0.1:8080/javaee/a
{
    "id": "1",（ID 生成策略为 UUID，字符串格式，系统自带用户为数值序列）
    "loginName": "system",（登录名）
    "name": "系统管理员",（用户姓名）
    "mobileLogin": true,（是否为手机登录）
    "sessionid": "b6b486a8919e4fc196358e10b6a82a2b"（当前用户 SESSIONID）
}
```

## 4．登录失败

举例：

```
{
    "username": "system",（登录用户名）
    "rememberMe": false,（是否选择了“记住我”）
    "mobileLogin": true,（是否为手机登录）
    "isValidatjeesiteLogin": true,（登录 3 次失败为验证码登录，显示验证码图片）
    "message":"用户或密码错误，请重试."（登录失败信息，验证码错误提示验证码错误信息）
}
```

### 5．请求页面

在请求路径后包含会话 ID（JSESSIONID 一定要大写）即可，即：

```
URL  = "请求 URL" + ";JSESSIONID="+ "会话 ID"
```

举例：

```
    http://127.0.0.1:8080/javaee/a/test/test/listData;JSESSIONID=b6b486a891
9e4fc196358e10b6a82a2b?__ajax=true
```

### 6．获取基础信息

1）当前用户信息

登录 http://127.0.0.1:8080/javaee/a/sys/user/info，控制代码如下。

```
/**
 * 用户信息显示及保存
 * @param user
 * @param model
 * @return
 */
@RequiresPermissions("user")
@RequestMapping(value = "info")
public String info(User user, HttpServletResponse response, Model model) {
        User currentUser = UserUtils.getUser();
        if (StringUtils.isNotBlank(user.getName())){
            if(Global.isDemoMode()){
                model.addAttribute("message", "演示模式，不允许操作！");
                return "modules/sys/userInfo";
            }
            currentUser.setEmail(user.getEmail());
            currentUser.setPhone(user.getPhone());
            currentUser.setMobile(user.getMobile());
            currentUser.setRemarks(user.getRemarks());
            currentUser.setPhoto(user.getPhoto());
            systemService.updateUserInfo(currentUser);
            model.addAttribute("message", "保存用户信息成功");
        }
        model.addAttribute("user", currentUser);
        model.addAttribute("Global", new Global());
        return "modules/sys/userInfo";
}
```

2）获取区域列表

登录 http://127.0.0.1:8080/javaee/a/sys/area/treeData，控制代码如下。

```
    @RequiresPermissions("user")
    @ResponseBody
    @RequestMapping(value = "treeData")
    public List<Map<String, Object>> treeData(@RequestParam(required=false)
                String extId, HttpServletResponse response) {
            List<Map<String, Object>> mapList = Lists.newArrayList();
            List<Area> list = areaService.findAll();
            for (int i=0; i<list.size(); i++){
                Area e = list.get(i);
                if (StringUtils.isBlank(extId) || (extId!=null && !extId.equals
                    (e.getId()) && e.getParentIds().indexOf(","+extId+",")==-1)){
                    Map<String, Object> map = Maps.newHashMap();
                    map.put("id", e.getId());
                    map.put("pId", e.getParentId());
                    map.put("name", e.getName());
                    mapList.add(map);
                }
            }
            return mapList;
        }
```

3）获取部门列表

登录 http://127.0.0.1:8080/javaee/a/sys/office/treeData，控制代码如下。

```
    /**
     * 获取机构 JSON 数据
     * @param extId 排除的 ID
     * @param type  类型（1 表示公司；2 表示部门/小组/其他；3 表示用户）
     * @param grade 显示级别
     * @param response
     * @return
     */
    @RequiresPermissions("user")
    @ResponseBody
    @RequestMapping(value = "treeData")
    public List<Map<String, Object>> treeData(@RequestParam(required=false)
            String extId, @RequestParam(required=false) String type,
                @RequestParam(required=false) Long grade, @RequestParam
                    (required=false) Boolean isAll, HttpServletResponse response) {
            List<Map<String, Object>> mapList = Lists.newArrayList();
            List<Office> list = officeService.findList(isAll);
            for (int i=0; i<list.size(); i++){
                Office e = list.get(i);
                if ((StringUtils.isBlank(extId) || (extId!=null && !extId.equals
                    (e.getId()) && e.getParentIds().indexOf(","+extId+",")==-1))
                        && (type == null || (type != null && (type.equals("1") ?
                            type.equals(e.getType()) : true)))
                        && (grade == null || (grade != null && Integer.
                            parseInt(e.getGrade()) <= grade.intValue()))
```

```
                    && Global.YES.equals(e.getUseable())){
                Map<String, Object> map = Maps.newHashMap();
                map.put("id", e.getId());
                map.put("pId", e.getParentId());
                map.put("pIds", e.getParentIds());
                map.put("name", e.getName());
                if (type != null && "3".equals(type)){
                    map.put("isParent", true);
                }
                mapList.add(map);
            }
        }
        return mapList;
    }
```

4）获取用户列表

登录 http://127.0.0.1:8080/javaee/a/sys/user/treeData?officeId=2，返回的用户 ID 需要替换 "u_"，返回原始 ID 字符串，控制代码如下。

```
    @RequiresPermissions("user")
    @ResponseBody
    @RequestMapping(value = "treeData")
    public List<Map<String, Object>> treeData(@RequestParam(required=false)
                String officeId, HttpServletResponse response) {
        List<Map<String, Object>> mapList = Lists.newArrayList();
        List<User> list = systemService.findUserByOfficeId(officeId);
        for (int i=0; i<list.size(); i++){
            User e = list.get(i);
            Map<String, Object> map = Maps.newHashMap();
            map.put("id", "u_"+e.getId());
            map.put("pId", officeId);
            map.put("name", StringUtils.replace(e.getName(), " ", ""));
            mapList.add(map);
        }
        return mapList;
    }
```

# 第4篇 应 用 篇

# 第16章 公共资源交易平台

本章主要内容：

- 项目概述
- 需求分析
- 系统设计
- 功能设计
- 场地安排模块快速开发实例

本章主要通过讲述公共资源交易平台系统案例，来使读者了解真正的软件开发流程。这里主要从项目概述、需求分析、系统设计、功能设计、场地安排模块快速开发实例等方面详细地讲解了公共资源交易平台系统的开发过程。

## 16.1 项目概述

### 1. 项目背景

随着信息技术的发展和招投标管理理念的不断提升，采用信息技术对传统纸质招投标方式进行改造升级，实现招投标流程无纸化、网络化、信息化，促进公共资源交易的信息化建设，将公共资源交易市场打造成一个公正开放、竞争有序、服务到位、监管有力、透明高效的招投标全过程监管服务平台，已成为招标投标行业加快发展方式转变的必然要求，也已成为社会各界的共识。

为进一步规范我市公共资源交易市场，提高政府工作的透明度，实现国有资源合理有偿使用，彻底打破条块分割、行业垄断的管理现状，缩小行政权力的寻租空间，促进公共资源交易活动在阳光下进行，有效预防腐败现象的发生，为运城市经济发展创造良好的环境，使公共资源交易真正做到公平、公正、公开、透明，交易过程全程电子化监控，运城市公共资源交易中心和太原理工大学合作建设了《运城市公共资源交易平台信息系统》，以实现对建设工程、国土资源、政府采购、产权交易等不同公共资源交易的全过程、无纸化监控和管理。

### 2. 建设内容

《运城市公共资源交易平台信息系统》建设内容包括运城市公共资源交易门户网、公共资源交易系统、信用信息系统、专家管理系统、保证金管理系统、电子辅助评标系统等六大子系统。

### 3. 建设目标

依托公共资源交易中心现有资源，建立公共资源交易平台。本次项目的建设目的是通过公共资源交易中心对公共资源交易数据信息的采集和信息共享，实现公共资源交易信息的集中发布，促进公共资源交易竞价机制的形成；通过对公共资源交易过程的信息监测，实现公共资源交易过程的动态监管，规范公共资源交易行为；通过对公共资源交易信息的统计分析，建立公共资源交易监测预警系统等，为公共资源交易和宏观决策提供参考依据。按照“统一录入、分类汇总、对口上报”的程序，形成标准统一、信息互通、流程管理对接的公共资源交易平台。

通过公共资源交易平台的实施，最终实现以下 4 个目标。

（1）全程无纸：标书全过程电子化，大大加快信息的流动速度，提高社会效率；节约大量纸张，绿色环保。

（2）全程共享：场地、网络、服务机构等资源共享；评标专家信息共享；投标单位诚信记录共享；中标价格信息共享。

（3）全程受控：全方位规范化网上备案、监管、监察。流程固化并预先定义；全过程电子化网上留痕、可溯可查；关键节点自动预警提醒；违规行为自动监控，及时纠正。

（4）全程安全：结合数字证书技术，对招投标过程进行安全保护；基于 CA 的身份认证；标书加密签名；使用多方密钥开标；数字文件投标远比纸质文件投标具有更高的安全性。

## 16.2 需求分析

### 1. 业务需求

具有本系统具有以下功能。

（1）能够实现招标、投标、开标、评标及中标公告发布等功能，对电子招投标的全过程进行管理。

（2）管理电子招投标过程中产生的业务数据，如招标文件、投标文件、评标委员会组成表、评标结果、支付记录、合同信息的管理与维护。

（3）具有配套的系统后台管理维护功能，能够对招标单位信息、投标单位信息、评标专家、技术人员、交易中心等信息进行管理与维护，并能对相应的权限进行管理。

（4）安全性较高，保证企业、人员身份真实，信息完整。

（5）运行较稳定，易于维护。

### 2. 业务主要流程

1）招标

招标是指从招标登录系统、录入项目交易登记资料、编制招标公告、监管人员审核招标信息，到招标信息发布和招标书发布的整个过程。

具体步骤设置如下。

（1）招标方人员使用证书，登录公共资源交易系统，系统验证用户数字证书完，以成身份认证。

（2）招标方人员登录系统后，填写项目入场交易登记信息，编制招标公告，并提交项目信息到公共资源交易系统中。

（3）交易中心人员登录系统后查看招标项目信息，完成对招标项目信息的审核工作，审核通过后招标信息自动发布到交易中心网站。

（4）招标公告发布后，招标方人员登录系统将制作好的招标文件导入公共资源交易系统。

（5）招标文件导入成功后，招标流程结束。

2）投标

投标是指投标方从网上报名、下载招标文件、导入投标文件到公共资源交易系统的过程。

具体步骤如下。

（1）投标方访问公共资源交易中心网站，查看投标公告，找到预备投标的项目后，投标方使用数字证书确认身份进行网上报名操作。

（2）投标方使用数字证书登录公共资源交易系统后下载招标文件。

（3）投标方人员根据招标文件的要求，准备投标文件、投标报价、投标方案、缴纳保证金等，在开标当天携带投标电子文件到交易中心，通过数字证书验证投标人身份后，将投标文件导入公共资源交易系统。

（4）投标文件导入成功后，投标流程结束。

3）场地安排

场地安排是指招标方对招标项目的开标时间、开标场地进行预约，交易中心人员进行审核并安排开标时间和开标地点的过程。

具体步骤如下。

（1）招标方使用数字证书登录公共资源交易系统，在系统中对已经审核通过的项目预约开标时间和开标地点，提交交易中心人员审核。

（2）交易中心人员登录公共资源交易系统对招标方预约的开标时间和开标地点进行审核，审核通过后发布到交易中心网站。

4）专家抽取

（1）业主、行业主管部门、交易中心三方在场的情况下，由计算机随机从专家库中抽取符合条件的专家并语音通知专家。确认参加的评委，系统自动发送短信通知，告知集合的地点、时间。

（2）交易中心人员登录公共资源交易系统，选择要抽取的专家所在的行业以及该行业要抽取的专家人数。

（3）系统根据选择的条件随机从专家库中抽取符合条件的专家，并语音通知专家（通知内容如下：评标专家您好，这里是运城市公共资源交易中心，现通知您参加评标会议，如果您能参加请按1，否则请挂机。谢谢）。

（4）系统对确认参加的评委自动发送短信通知，告知集合的时间、地点。

（5）如果确认参加评标会议的专家人数不够预先设定的人数，则系统自动重新抽取专家并进行通知。

5）评标

（1）在评标现场，通过数字证书验证投标人身份后，将投标文件导入公共资源交易系统，然后进行唱标、评标、定标。

（2）导入投标方的电子投标文件到公共资源交易系统中，由相关人员进行唱标。

（3）专家进入公共资源交易电子辅助评标系统进行电子评标。

（4）由评标专家组的成员对投标方的投标文件、报价、方案设计合理性等进行评判和比较。

（5）根据评标专家组的评判结果并结合电子辅助评标系统的评标结果选择最终的项目中标人。

（6）评标结束。

6）中标公告发布

评标专家组完成评标后，会产生评标结果及推荐，监管人员需要根据评标结果及推荐，整理评标报告，并发布中标公告信息。中标公告发布流程如下。

（1）交易中心人员登录公共资源交易系统。

（2）通过中标公告信息发布页面设置项目的中标信息并进行发布。

（3）相关的投标方在公共资源交易系统中可以查看自己投标的项目是否中标，也可以在交易中心网站的中标公告栏目查询项目的中标结果。

（4）中标公告流程结束。

7）中标通知书打印

（1）中标公示期满后，交易中心工作人员在公共资源交易系统中打印中标通知书。

（2）交易中心人员登录公共资源交易系统。

（3）通过中标通知书打印页面选择需要打印的中标通知书。

（4）打印纸质中标通知书。

（5）中标通知书打印流程结束。

## 16.3 公共资源交易系统功能设计

### 1. 入场交易登记

入场交易登记是整个招投标流程的开启端，招标单位登录系统填写入场交易登记表和详细入场登记表，保存后等待交易中心人员审核。

1）入场交易登记

招标企业在此模块中对需要招标的项目进行入场登记，填写《入场交易登记表》和《详细入场交易登记表》，并上传相关的批复文件或证件，填写完毕后保存，等待交易中心人员审核。系统按照设定的规则自动分配项目编码，此项目编码为后续所有流程的唯一编码。

2）入场交易登记审核

招标企业填写《入场交易登记表》后，交易中心人员在此模块中对企业填写的内容进行审核，审核通过后企业进行下一步（招标公告编写）操作。

### 2. 招标公告

入场交易登记审核通过后，招标代理机构在此编写招标公告，交易中心人员进行审核并发布。

1）招标公告编制

入场交易登记审核通过后，招标代理机构在此编制招标公告并设定投标企业的资质条件，并自行打印系统生成的《运城市公共资源交易项目公告发布表》，报行业主管部门盖章备案。备案后在此上传经行业主管部门盖章的《运城市公共资源交易项目公告发布表》扫描件，同时上传 PDF 或 Word 格式的招标文件。

2）招标公告审核

交易中心工作人员对招标代理机构编制的招标公告和已经备案的《运城市公共资源交易项目公告发布表》扫描件进行审核。

3）招标公告发布

交易中心工作人员对招标公告审核无误后进行外网发布。

### 3. 网上报名

投标单位访问公共资源交易中心网站，查看招标公告，找到预备投标的项目后，投标单位人员使用数字证书确认身份登录公共资源交易系统进行网上报名操作。

所有投标单位可以选择用 IC 卡在运城市公共资源交易中心总部或者分部设置的任何一个划卡处划卡报名，或者使用自己的 CA 认证锁在任何一个联网的计算机上通过身份认证后，以合法的身份登录系统完成报名工作。

1）网上报名

投标单位找到预备投标的项目后，在此进行投标报名，报名时需要指定一个项目经理，一个项目经理只能参加一个在建项目。

2）招标文件下载

报名成功后投标人单位在此下载项目招标文件（招标文件费用在投标时现场交代理公司）。招标代理公司可以查看招标文件的下载次数，开标前不能显示哪些企业下载了招标文件。

### 4. 场地安排

招标单位在此模块中对招标项目的开标时间、开标场地进行预约，交易中心人员进行审核并安排开标时间和开标地点。

1）场地预约

招标单位登录系统后在此预约项目的开标时间、开标地点，预约时可以看到某一天开标室的占用情况，预约后等待交易中心人员审核，审核通过后系统对招标单位进行提示。

2）场地安排

交易中心人员在此模块中对招标单位预约的开标时间、开标地点进行审核，审核时可以修改招标单位填写的时间和地点。

### 5. 开标

交易中心工作人员在此进行开标、唱标操作，开标时需要招标方、投标方、交易中心人员三方同时解密。开标后即可看到投标企业的名称，开标后招标项目的所有信息都不能修改。

### 6. 专家抽取

项目开标后进行评标专家抽取，业主、行业主管部门、交易中心三方在场的情况下由计算机随机抽取并语音通知专家，确认参加的评委，系统自动发送短信通知，告知集合的地点、时间。

1）专家抽取

交易中心人员首先选择专家抽取条件，如专家总人数、某行业专家人数、回避单位、回避专家等，系统根据条件随机从专家库中抽取评标专家。

2）语音通知

专家抽取完成后系统自动语音通知专家并记录可以参会的专家，通知内容如下：【评标专家您好，这里是运城市公共资源交易中心，现通知您参加评标会议，如果您能参加请按 1，否则请挂机。谢谢】。如果同意参会的专家总人数和设定的不一致，可继续随机抽取并语音通知。

3）短信发送

系统自动给同意参会的专家发送手机短信，告知集合的地点和时间。

### 7. 标书导入

评标现场，通过数字证书验证投标人身份后，交易中心工作人员将电子投标文件导入公共资源交易系统。

### 8. 电子辅助评标

唱标完毕后，进行电子评标。评标专家网上浏览招投标文件、工程量清单、商务标、技术标数据；根据评标办法实现项目的初步评审、详细评审；根据少数服从多数的原则自动汇总评审结果，自动排序推荐拟中标候选人名单和顺序。

### 9. 定标/流标

评标结束后，评标专家组根据电子辅助评标推荐的拟中标候选人名单和顺序，确定中标单位。

如果没有符合的中标单位或者出现其他情况不能定标的，在此可以做流标标操作，流标后此招标项目流程自动结束。

### 10. 中标公示

项目中标单位确定后，交易中心工作人员在此进行中标公示的外网发布，做到信息公开、举报自由。公示期满，没有争议的项目可进入打印中标（成交）通知书环节。

### 11. 中标通知书打印

中标公示期满没有争议的项目，即可打印系统自动生成的中标通知书。招标代理机构在系统中可以看到自己需要打印中标通知书的项目，交易中心工作人员可以看到所有需要打印中标通知书的项目，并能分类查询、打印中标通知书。

## 16.4 场地安排模块快速开发实例

在此模块中招标单位对招标项目的开标时间、开标场地进行预约，交易中心人员进行审核并安排开标时间和开标地点，其包括场地预约和场地安排两大功能。

### 1. 场地预约

招标单位登录系统后在此预约项目的开标时间、开标地点，预约时可以看到某一天开标室的占用情况，预约后等待交易中心人员审核，审核通过后系统对招标单位进行提示。

### 2. 场地安排

交易中心人员在此模块中对招标单位预约的开标时间、开标地点进行审核，审核时可以修改招标单位填写的时间和地点。

### 16.4.1 利用 PowerDesigner 设计表

根据需求设计一张表对场地预约和当地安排记录进行存储，并用一张字典表来维护各区域开标室记录。图 16-4 所示为在 PowerDesigner 中设计完成后的表结构。

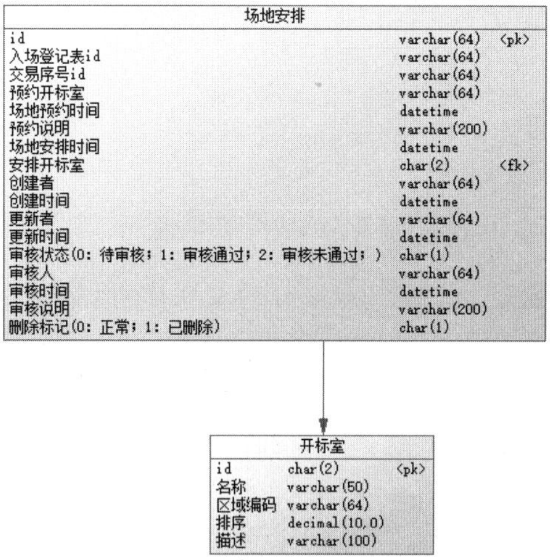


图 16-4　场地安排

双击表结构可以打开表的编辑窗口，在这个窗口中，可以在相应的菜单中对表结构做修改和补充。图 16-5 所示为对表的字段进行了修改、增加、删除等操作后的页面。

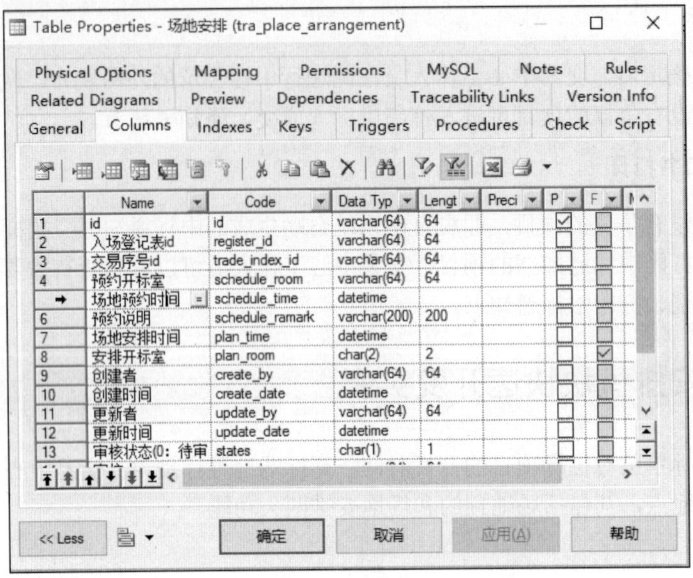

图 16-5 列编辑

还可以在 script 菜单中编辑插入语句，在生成表的时候自动向表中插入数据，其在字典表中使用比较多，如图 16-6 所示。

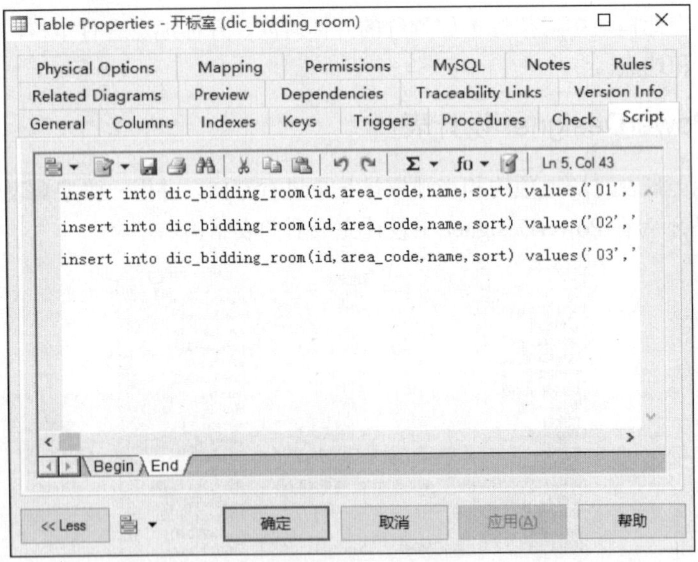


图 16-6 脚本编辑

当然，也可以在页面空白处右击，选择 new diagram 选项，进行新增表。

## 16.4.2 使用代码生成器生成代码

图 16-7 所示为代码生成器的操作页面。

图 16-7　代码生成器

单击“业务表添加”按钮，添加业务表，搜索需要生成代码的表，如图 16-8 所示。

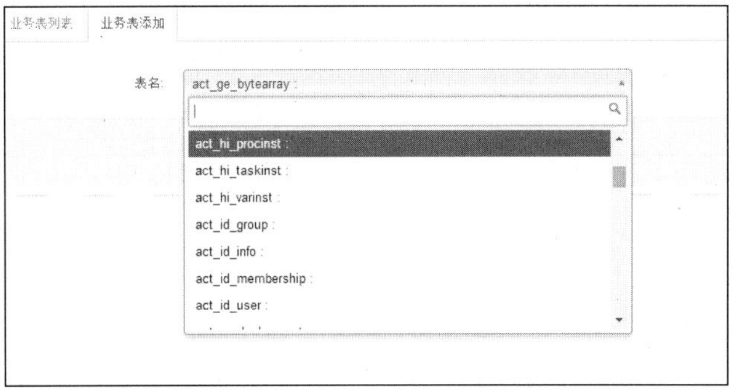


图 16-8　选择业务表

选择好表后，单击“下一步”按钮，进入业务表配置页面，如图 16-9 所示，在这个页面中可以设置表之间的关系，以及表中字段在代码中的作用，包括主键、可空、插入、编辑、列表、查询、查询匹配方式、显示表单类型、字典类型、排序等设置。

图 16-9　业务表配置

设置完成后，单击“保存”按钮，业务表生成。

选择“生成方案配置”选项，开始进行方案配置，图 16-10 所示为已经生成的方案列表，可以对已生成的方案进行修改配置。

图 16-10 生成方案列表

单击“生成方案添加”按钮，可以进入添加方案配置页面，在配置页面中，需要填写方案名称，选择模板分类（单表增删改查、一对多增删改查、仅持久层、一体的树结构表、左树右表的树结构表），填写生成包的路径，填写生成模块名，可选填生成子模块名，填写生成功能描述（会设置到类描述中），填写生成功能名（如保存“××”成功），填写生成功能作者，选择业务表名，如图 16-11 所示。

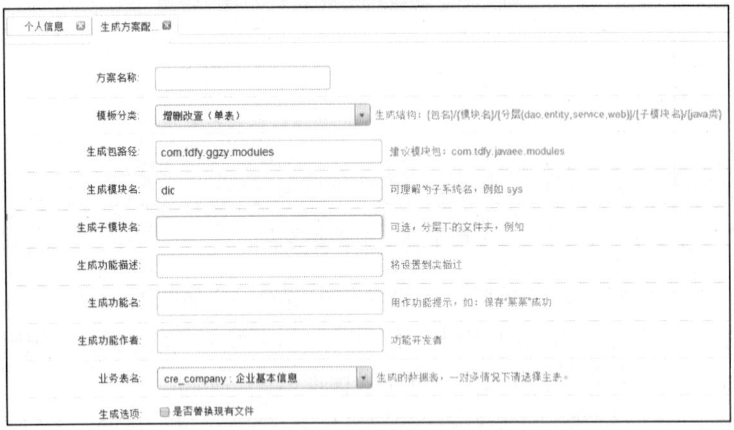


图 16-11 生成方案配置

配置信息填写完整后单击“保存”按钮保存方案，生成需要的代码，生成成功后如图 16-12 所示。

图 16-12 生成代码成功

生成代码的结构如图 16-13～图 16-16 所示。

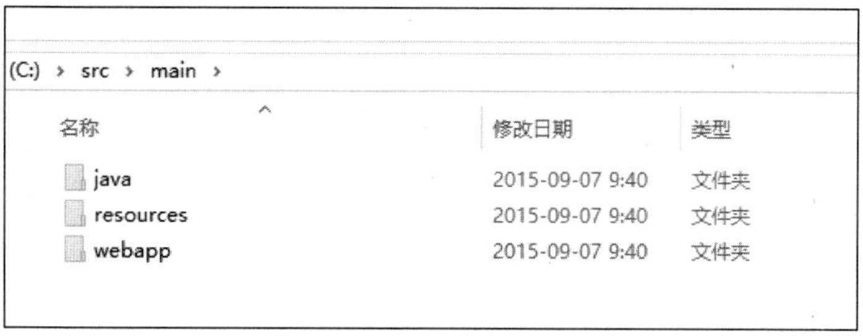


图 16-13　代码结构（1）

图 16-14　代码结构（2）

图 16-15　代码结构（3）

图 16-16　代码结构（4）

至此，代码生成功能已经完成，只需要把生成的代码按照结构放入工程目录即可。这时候的代码是根据统一模板生成的，特殊功能的代码需要进行修改加工。

由需求分析可以知道，招标代理机构的功能就是登录系统查看工程，然后选择需要预约场地的工程，进入场地预约功能。为了用户体验的快捷性，此处需要设计一个页面，显示每天的开标室安排情况。招标代理机构只需要根据方框的颜色与提示判断某天是否可以预约开标室即可完成场地预约流程。

交易中心工作人员有两种查看方式，一种是预约列表的方式，另一种类似于场地预约的日历查看方式。之所以有两种方式是为了应对工作人员针对不同需求的选择可以选择不同方式，以便迅速地完成场地安排，在日历模式中可以很快速地查看近几天开标室的安排情况，而在列表模式中可以看到所有预约场地的项目。这样，根据操作习惯可以选择方便的方式去完成场地安排。

### 16.4.3 Java 各层代码修改

首先，需要修改的是 java 文件夹下的代码，包括控制层、服务层、持久层、实体类层，实现了这些代码功能，即可在 JSP 页面中通过一定的方法调用控制层方法实现对数据表的操作。

场地安排控制层代码 PlaceArrangementController.java 如下。

```
/**
 * PlaceArrangement - 场地安排
 * @author zhangjh
 * @version  2015-4-13 17:38:14
 */
@Controller   //控制层需要添加的标签
@RequestMapping(value = "${adminPath}/tra/placeArrangement")
                           //表示 URL 相对路径
public class PlaceArrangementController extends BaseController {

    @Autowired          //自动装配服务类实例
    private PlaceArrangementService placeArrangementService;
    @Autowired
    private ProjectRegisterService projectRegisterService;
    @Autowired
    private BiddingRoomService biddingRoomService;
    @Autowired
    private AreaService areaService;
    @Autowired
    private TradeIndexService tradeIndexService;
    @Autowired
    private BidSectionService bidSectionService;
    @ModelAttribute
       //所有 URL 请求都会先访问 get 方法
    public PlaceArrangement get(@RequestParam(required=false) String id) {
        PlaceArrangement entity = null;
        if (StringUtils.isNotBlank(id)){
            entity = placeArrangementService.get(id);
        }
        if (entity == null){
            entity = new PlaceArrangement();
        }
        return entity;
    }
    //本方法是查询数据库中所有场地的安排记录，显示到列表页面中
    @RequiresPermissions("tra:placeArrangement:view")
    @RequestMapping(value = {"list", ""})
    public String list(PlaceArrangement placeArrangement,
          HttpServletRequest request, HttpServletResponse response, Model model) {
     placeArrangement.setSqlWhere("true");
     Page<ProjectRegister> page = placeArrangementService.findALLPage(new
          Page<ProjectRegister>(request, response), new ProjectRegister());
```

```
        model.addAttribute("page", page);
        return "tmodules/tra/placeArrangeList";
          //这里表示返回的展示页面的 JSP 文件的路径
    }
    //arrangeForm 是在无需预约的情况下，交易中心人员直接为代理机构安排的开标室
    @RequiresPermissions("tra:placeArrangement:view")
    @RequestMapping(value = "arrangeForm")
    public String arrangeForm(PlaceArrangement placeArrangement, Model model) {
     if(StringUtils.isNotBlank(placeArrangement.getId())){
          placeArrangement = placeArrangementService.get
                             (placeArrangement.getId());
     }else{
          List<PlaceArrangement> placeArrangementList = placeArrangementService.
                             findList(placeArrangement);
          if(placeArrangementList.size()>0){
              placeArrangement = placeArrangementList.get(0);
              placeArrangement.setId(null);
          }
     }
     List<BiddingRoom> bidRoomList = Lists.newArrayList();
     if (StringUtils.isNotBlank(placeArrangement.getScheduleRoom())){
          BiddingRoom biddingRoom = new BiddingRoom();
          biddingRoom.setAreaCode(placeArrangement.getScheduleRoom());
          bidRoomList = biddingRoomService.findList(biddingRoom);
     }
     if(null == placeArrangement.getScheduleRoom()){
          List<Area> scheduleAreaList = Lists.newArrayList();
          ProjectRegister register = placeArrangement.getRegister();
          register = projectRegisterService.get(register.getId());
          //项目区域
          Area prjArea = register.getArea();
          prjArea = areaService.get(prjArea.getId());
          scheduleAreaList.add(prjArea);
          BiddingRoom biddingRoom = new BiddingRoom();
          biddingRoom.setAreaCode(prjArea.getCode());
          List<BiddingRoom> bidRoomList2 = biddingRoomService.
                             findList(biddingRoom);
          //项目登记区域
          Area regArea = areaService.getByCode(register.getBidAreaId());
          if(!regArea.getCode().equals(prjArea.getCode())){
              scheduleAreaList.add(regArea);
          }
          biddingRoom.setAreaCode(regArea.getCode());
          List<BiddingRoom> bidRoomList1 = biddingRoomService.
                                            findList(biddingRoom);
          model.addAttribute("regArea", regArea);
          model.addAttribute("scheduleAreaList", scheduleAreaList);
          model.addAttribute("bidRoomList1", bidRoomList1);
          model.addAttribute("bidRoomList2", bidRoomList2);
     }
     model.addAttribute("bidRoomList", bidRoomList);
```

```
    model.addAttribute("placeArrangement", placeArrangement);
    return "tmodules/tra/placeArrangeForm";
}
/**
 * 场地安排日历
 * @param placeArrangement
 * @param model
 * @return
 */
@RequiresPermissions("tra:placeArrangement:view")
@RequestMapping(value = "form")
public String form(PlaceArrangement placeArrangement, Model model) {
        //预约记录
        //String sqlWhere = "AND a.schedule_time >= curdate()";
        //placeArrangement.setSqlWhere(sqlWhere);
        List<PlaceArrangement> placeArrangementList = placeArrangementService.
                    findList(placeArrangement);
        model.addAttribute("placeArrangement", placeArrangement);
        SimpleDateFormat df=new SimpleDateFormat("yyyy-MM-dd");
        long dayType = 24 * 60 * 60 * 1000;
        //横坐标:日期
        Date now=new Date();
        if(null != placeArrangement.getNextDate()){
          now = placeArrangement.getNextDate();
        }
        now = new Date(exceptWeekend(now.getTime()));
        if(null == placeArrangement.getNextDate()){
          placeArrangement.setNextDate(now);
        }
        Calendar calendar=Calendar.getInstance();
        String[] week = new String[]{"星期日","星期一","星期二","星期三",
                    "星期四","星期五","星期六"};
        calendar.setTime(now);
        String day0 = df.format(exceptWeekend(now.getTime() -7*dayType));
        String day1 = df.format(now);
        calendar.setTime(now);
        String week1 = week[calendar.get(Calendar.DAY_OF_WEEK)-1];

        now = new Date(exceptWeekend(now.getTime() +dayType));
        String day2 = df.format(now);
        calendar.setTime(now);
        String week2 = week[calendar.get(Calendar.DAY_OF_WEEK)-1];

        now = new Date(exceptWeekend(now.getTime() +dayType));
        String day3 = df.format(now);
        calendar.setTime(now);
        String week3 = week[calendar.get(Calendar.DAY_OF_WEEK)-1];

        now = new Date(exceptWeekend(now.getTime() +dayType));
        String day4 = df.format(now);
        calendar.setTime(now);
```

```
String week4 = week[calendar.get(Calendar.DAY_OF_WEEK)-1];

now = new Date(exceptWeekend(now.getTime() +dayType));
String day5 = df.format(now);
calendar.setTime(now);
String week5 = week[calendar.get(Calendar.DAY_OF_WEEK)-1];

now = new Date(exceptWeekend(now.getTime() +dayType));
String day6 = df.format(now);
calendar.setTime(now);
String week6 = week[calendar.get(Calendar.DAY_OF_WEEK)-1];

now = new Date(exceptWeekend(now.getTime() +dayType));
String day7 = df.format(now);
calendar.setTime(now);
String week7 = week[calendar.get(Calendar.DAY_OF_WEEK)-1];

now = new Date(exceptWeekend(now.getTime() +dayType));
String day8 = df.format(now);
model.addAttribute("day0",day0);
model.addAttribute("day1",day1);
model.addAttribute("day2",day2);
model.addAttribute("day3",day3);
model.addAttribute("day4",day4);
model.addAttribute("day5",day5);
model.addAttribute("day6",day6);
model.addAttribute("day7",day7);
model.addAttribute("day8",day8);

model.addAttribute("week1",week1);
model.addAttribute("week2",week2);
model.addAttribute("week3",week3);
model.addAttribute("week4",week4);
model.addAttribute("week5",week5);
model.addAttribute("week6",week6);
model.addAttribute("week7",week7);
List<BiddingRoom> bidRoomList = biddingRoomService.findList
                                (new BiddingRoom());
model.addAttribute("bidRoomList",bidRoomList);
//已有开标室的区域
Set<Area> areaSet = new TreeSet<Area>(new AreaComparator());
for(BiddingRoom bidRoom : bidRoomList){
  String areaCode = bidRoom.getAreaCode();
  Area tArea = areaService.getByCode(areaCode);
  areaSet.add(tArea);
}
model.addAttribute("areaSet",areaSet);
Map<String,Object> areaBidRoom = Maps.newHashMap();
//区域个数
int areaSize = areaSet.size();
//区域开标室:初始化
```

```
for(int i=1;i<=areaSize;i++){
  areaBidRoom.put("area"+i+"BidRoom", Lists.newArrayList());
}
//将其分别放入各区域开标室 List 中
for(BiddingRoom bidRoom : bidRoomList){
  int i = 1;
  for(Iterator<Area> iterator = areaSet.iterator();
                      iterator.hasNext();){
      if(bidRoom.getAreaCode().equals(iterator.next().
          getCode())){
          @SuppressWarnings("unchecked")
                  //表示下面代码的警告保持静默
          List<BiddingRoom> areaNBidRoom = (List<BiddingRoom>)
                  areaBidRoom.get("area"+i+"BidRoom");
          areaNBidRoom.add(bidRoom);
          areaBidRoom.put("area"+i+"BidRoom", areaNBidRoom);
          i++;
      }
  }
}
//区域开标室:模型
model.addAttribute("areaBidRoom", areaBidRoom);
//单元格:内容
Map<String, Object> placeArrangeMap = Maps.newHashMap();
for (int i=0;i<14;i++){
  for (int j=0;j<areaSize;j++){
      placeArrangeMap.put("placeArrangeMap_"+i+"_"+j,
              Lists.newArrayList());
  }
}
for (PlaceArrangement parr :placeArrangementList){
  Date scheduleTime = parr.getScheduleTime();
  String scheduleArea = parr.getScheduleRoom();
  if(parr.getPlanTime() != null && !(scheduleTime.
              equals(parr.getPlanTime()))){
      scheduleTime = parr.getPlanTime();
  }
  Calendar cal=Calendar.getInstance();
  cal.setTime(scheduleTime);
  int hour = cal.get(Calendar.HOUR_OF_DAY);
  int i = 0;
  for(Iterator<Area> iterator = areaSet.iterator();
              iterator.hasNext();){
      //第一天
      if(df.format(scheduleTime).equals(day1) && scheduleArea.equals
              (iterator.next().getCode())){
          if(hour < 12){
              @SuppressWarnings("unchecked")
              List<PlaceArrangement>placeArrList = (List<PlaceArrangement>)
                  placeArrangeMap.get("placeArrangeMap_0_"+i);
              placeArrList.add(parr);
```

```
            placeArrangeMap.put("placeArrangeMap_0_"+i,
                placeArrList);
        }else{
            @SuppressWarnings("unchecked")
            List<PlaceArrangement> placeArrList =
                (List<PlaceArrangement>)placeArrangeMap.get
                ("placeArrangeMap_1_"+i);
            placeArrList.add(parr);
            placeArrangeMap.put("placeArrangeMap_1_"+i,
                placeArrList);
        }
        i++;
    }
    //第二天
    else if(df.format(scheduleTime).equals(day2) &&
            scheduleArea.equals(iterator.next().getCode())){
        if(hour < 12){
            @SuppressWarnings("unchecked")
            List<PlaceArrangement> placeArrList =
                (List<PlaceArrangement>)placeArrangeMap.get
                ("placeArrangeMap_2_"+i);
            placeArrList.add(parr);
            placeArrangeMap.put("placeArrangeMap_2_"+i,
                placeArrList);
        }else{
            @SuppressWarnings("unchecked")
            List<PlaceArrangement> placeArrList =
                (List<PlaceArrangement>)placeArrangeMap.get
                ("placeArrangeMap_3_"+i);
            placeArrList.add(parr);
            placeArrangeMap.put("placeArrangeMap_3_"+i,
                placeArrList);
        }
        i++;
    }
    //第三天
    else if(df.format(scheduleTime).equals(day3) &&
                scheduleArea.equals(iterator.next().
                getCode())){
        if(hour < 12){
            @SuppressWarnings("unchecked")
            List<PlaceArrangement> placeArrList =
                (List<PlaceArrangement>)placeArrangeMap.get
                ("placeArrangeMap_4_"+i);
            placeArrList.add(parr);
            placeArrangeMap.put("placeArrangeMap_4_"+i,
                placeArrList);
        }else{
            @SuppressWarnings("unchecked")
            List<PlaceArrangement> placeArrList =
                (List<PlaceArrangement>)placeArrangeMap.get
```

```
                ("placeArrangeMap_5_"+i);
            placeArrList.add(parr);
            placeArrangeMap.put("placeArrangeMap_5_"+i,
                placeArrList);
        }
        i++;
    }
    //第四天
    else if(df.format(scheduleTime).equals(day4) &&
                scheduleArea.equals(iterator.next().
                getCode())){
        if(hour < 12){
            @SuppressWarnings("unchecked")
            List<PlaceArrangement> placeArrList =
                (List<PlaceArrangement>)placeArrangeMap.get
                ("placeArrangeMap_6_"+i);
            placeArrList.add(parr);
            placeArrangeMap.put("placeArrangeMap_6_"+i,
                    placeArrList);
        }else{
            @SuppressWarnings("unchecked")
            List<PlaceArrangement> placeArrList =
                (List<PlaceArrangement>)placeArrangeMap.get
                ("placeArrangeMap_7_"+i);
            placeArrList.add(parr);
            placeArrangeMap.put("placeArrangeMap_7_"+i,
                placeArrList);
        }
        i++;
    }
    //第五天
    else if(df.format(scheduleTime).equals(day5) &&
            scheduleArea.equals(iterator.next().getCode())){
        if(hour < 12){
            @SuppressWarnings("unchecked")
            List<PlaceArrangement> placeArrList =
                (List<PlaceArrangement>)placeArrangeMap.get
                ("placeArrangeMap_8_"+i);
            placeArrList.add(parr);
            placeArrangeMap.put("placeArrangeMap_8_"+i,
                placeArrList);
        }else{
            @SuppressWarnings("unchecked")
            List<PlaceArrangement> placeArrList =
                (List<PlaceArrangement>)placeArrangeMap.get
                ("placeArrangeMap_9_"+i);
            placeArrList.add(parr);
            placeArrangeMap.put("placeArrangeMap_9_"+i,
                placeArrList);
        }
        i++;
```

```
        }
        //第六天
        else if(df.format(scheduleTime).equals(day6) &&
                scheduleArea.equals(iterator.next().
                getCode())){
            if(hour < 12){
                @SuppressWarnings("unchecked")
                List<PlaceArrangement> placeArrList =
                    (List<PlaceArrangement>)placeArrangeMap.get
                    ("placeArrangeMap_10_"+i);
                placeArrList.add(parr);
                placeArrangeMap.put("placeArrangeMap_10_"+i,
                    placeArrList);
            }else{
                @SuppressWarnings("unchecked")
                List<PlaceArrangement> placeArrList =
                    (List<PlaceArrangement>)placeArrangeMap.get
                    ("placeArrangeMap_11_"+i);
                placeArrList.add(parr);
                placeArrangeMap.put("placeArrangeMap_11_"+i,
                    placeArrList);
            }
            i++;
        }
        //第七天
        else if(df.format(scheduleTime).equals(day7) &&
                scheduleArea.equals(iterator.next().
                getCode())){
            if(hour < 12){
                @SuppressWarnings("unchecked")
                List<PlaceArrangement> placeArrList =
                    (List<PlaceArrangement>)placeArrangeMap.get
                    ("placeArrangeMap_12_"+i);
                placeArrList.add(parr);
                placeArrangeMap.put("placeArrangeMap_12_"+i,
                    placeArrList);
            }else{
                @SuppressWarnings("unchecked")
                List<PlaceArrangement> placeArrList =
                    (List<PlaceArrangement>)placeArrangeMap.get
                    ("placeArrangeMap_13_"+i);
                placeArrList.add(parr);
                placeArrangeMap.put("placeArrangeMap_13_"+i,
                    placeArrList);
            }
            i++;
        }
        else{
            iterator.next();
        }
    }
```

```
        }
        model.addAttribute("placeArrangeMap", placeArrangeMap);

    return "tmodules/tra/placeArrangementForm";
}


@RequiresPermissions("tra:placeArrangement:view")
@RequestMapping(value = "applyForm")
public String applyForm(PlaceArrangement placeArrangement, Model model) {
 List<PlaceArrangement> placeArrangementListTemp =
         placeArrangementService.findList(placeArrangement);
 ProjectRegister register = placeArrangement.getRegister();
 register = projectRegisterService.get(register.getId());
 if(placeArrangementListTemp.size()>0){
     placeArrangement = placeArrangementListTemp.get(0);
    }else{
     placeArrangement.setRegister(register);
    }
    model.addAttribute("placeArrangement", placeArrangement);
    if(register != null && StringUtils.isNotBlank(register.getId())){
       //prjReg = projectRegisterService.get(prjReg);
       //项目所在地
       //String prjAreaCode = register.getArea().getCode();
       //placeArrangement.setScheduleRoom(prjAreaCode);
     List<PlaceArrangement> placeArrangementList =
         placeArrangementService.findList(new PlaceArrangement());
       SimpleDateFormat df=new SimpleDateFormat("yyyy-MM-dd");
       long dayType = 24 * 60 * 60 * 1000;
       //横坐标:日期
       Date now=new Date();
       if(null != placeArrangement.getNextDate()){
         now = placeArrangement.getNextDate();
       }
       if(null != placeArrangement.getPlanTime()){
         now = new Date(placeArrangement.getPlanTime().getTime());
       }
       now = new Date(exceptWeekend(now.getTime()));
       if(null == placeArrangement.getNextDate()){
         placeArrangement.setNextDate(now);
       }
       Calendar calendar=Calendar.getInstance();
       String[] week = new String[]{"星期日","星期一","星期二","星期三",
             "星期四","星期五","星期六"};
       calendar.setTime(now);
       String day0 = df.format(exceptWeekend(now.getTime() -7*dayType));
       String day1 = df.format(now);
       calendar.setTime(now);
       String week1 = week[calendar.get(Calendar.DAY_OF_WEEK)-1];
```

```
now = new Date(exceptWeekend(now.getTime() +dayType));
String day2 = df.format(now);
calendar.setTime(now);
String week2 = week[calendar.get(Calendar.DAY_OF_WEEK)-1];

now = new Date(exceptWeekend(now.getTime() +dayType));
String day3 = df.format(now);
calendar.setTime(now);
String week3 = week[calendar.get(Calendar.DAY_OF_WEEK)-1];

now = new Date(exceptWeekend(now.getTime() +dayType));
String day4 = df.format(now);
calendar.setTime(now);
String week4 = week[calendar.get(Calendar.DAY_OF_WEEK)-1];

now = new Date(exceptWeekend(now.getTime() +dayType));
String day5 = df.format(now);
calendar.setTime(now);
String week5 = week[calendar.get(Calendar.DAY_OF_WEEK)-1];

now = new Date(exceptWeekend(now.getTime() +dayType));
String day6 = df.format(now);
calendar.setTime(now);
String week6 = week[calendar.get(Calendar.DAY_OF_WEEK)-1];

now = new Date(exceptWeekend(now.getTime() +dayType));
String day7 = df.format(now);
calendar.setTime(now);
String week7 = week[calendar.get(Calendar.DAY_OF_WEEK)-1];

now = new Date(exceptWeekend(now.getTime() +dayType));
String day8 = df.format(now);
model.addAttribute("day0",day0);
model.addAttribute("day1",day1);
model.addAttribute("day2",day2);
model.addAttribute("day3",day3);
model.addAttribute("day4",day4);
model.addAttribute("day5",day5);
model.addAttribute("day6",day6);
model.addAttribute("day7",day7);
model.addAttribute("day8",day8);

model.addAttribute("week1",week1);
model.addAttribute("week2",week2);
model.addAttribute("week3",week3);
model.addAttribute("week4",week4);
model.addAttribute("week5",week5);
model.addAttribute("week6",week6);
model.addAttribute("week7",week7);
List<BiddingRoom> bidRoomList = biddingRoomService.findList
     (new BiddingRoom());
```

```
//已有开标室的区域
Set<Area> areaSet = new TreeSet<Area>(new AreaComparator());
for(BiddingRoom bidRoom : bidRoomList){
  String areaCode = bidRoom.getAreaCode();
  Area tArea = areaService.getByCode(areaCode);
  areaSet.add(tArea);
}
model.addAttribute("areaSet",areaSet);
Map<String,Object> areaBidRoom = Maps.newHashMap();
//区域个数
int areaSize = areaSet.size();
//区域开标室:初始化
for(int i=1;i<=areaSize;i++){
  areaBidRoom.put("area"+i+"BidRoom", Lists.newArrayList());
}
//将其分别放入各区域开标室 List 中
for(BiddingRoom bidRoom : bidRoomList){
  int i = 1;
  for(Iterator<Area> iterator = areaSet.iterator();
          iterator.hasNext();){
      if(bidRoom.getAreaCode().equals(iterator.next().
          getCode())){
          @SuppressWarnings("unchecked")
          List<BiddingRoom> areaNBidRoom =
              (List<BiddingRoom>)areaBidRoom.get
              ("area"+i+"BidRoom");
          i++;
          areaNBidRoom.add(bidRoom);
          areaBidRoom.put("area"+i+"BidRoom", areaNBidRoom);
      }
  }
}
//区域开标室的模型
model.addAttribute("areaBidRoom", areaBidRoom);
//单元格的内容
Map<String, Object> placeArrangeMap = Maps.newHashMap();
for (int i=0;i<14;i++){
  for (int j=0;j<areaSize;j++){
      placeArrangeMap.put("placeArrangeMap_"+i+"_"+j,
              Lists.newArrayList());
  }
}
for (PlaceArrangement parr :placeArrangementList){
  Date scheduleTime = parr.getScheduleTime();
  if(parr.getPlanTime() != null && !(scheduleTime.
          equals(parr.getPlanTime()))){
      scheduleTime = parr.getPlanTime();
  }
  String scheduleArea = parr.getScheduleRoom();
  Calendar cal=Calendar.getInstance();
  cal.setTime(scheduleTime);
```

```
            int hour = cal.get(Calendar.HOUR_OF_DAY);
            int i = 0;
            for(Iterator<Area> iterator = areaSet.iterator();
                    iterator.hasNext();){
                //第一天
                if(df.format(scheduleTime).equals(day1) && scheduleArea.equals
                    (iterator.next().getCode())){
                    if(hour < 12){
                        @SuppressWarnings("unchecked")
                            List<PlaceArrangement> placeArrList =
                            (List<PlaceArrangement>)placeArrangeMap.get
                            ("placeArrangeMap_0_"+i);
                        placeArrList.add(parr);
                        placeArrangeMap.put("placeArrangeMap_0_"+i,
                            placeArrList);
                    }else{
                        @SuppressWarnings("unchecked")
                        List<PlaceArrangement> placeArrList =
                            (List<PlaceArrangement>)placeArrangeMap.get
                            ("placeArrangeMap_1_"+i);
                        placeArrList.add(parr);
                        placeArrangeMap.put("placeArrangeMap_1_"+i,
                            placeArrList);
                    }
                    i++;
                }
                //第二天
                else if(df.format(scheduleTime).equals(day2) &&
                    scheduleArea.equals(iterator.next().getCode())){
                    if(hour < 12){
                        @SuppressWarnings("unchecked")
                        List<PlaceArrangement> placeArrList =
                            (List<PlaceArrangement>)placeArrangeMap.get
                            ("placeArrangeMap_2_"+i);
                        placeArrList.add(parr);
                        placeArrangeMap.put("placeArrangeMap_2_"+i,
                            placeArrList);
                    }else{
                        @SuppressWarnings("unchecked")
                        List<PlaceArrangement> placeArrList =
                            (List<PlaceArrangement>)placeArrangeMap.get
                            ("placeArrangeMap_3_"+i);
                        placeArrList.add(parr);
                        placeArrangeMap.put("placeArrangeMap_3_"+i,
                            placeArrList);
                    }
                    i++;
                }
                //第三天
                else if(df.format(scheduleTime).equals(day3) &&
                    scheduleArea.equals(iterator.next().getCode())){
```

```
            if(hour < 12){
                @SuppressWarnings("unchecked")
                List<PlaceArrangement> placeArrList =
                    (List<PlaceArrangement>)placeArrangeMap.get
                    ("placeArrangeMap_4_"+i);
                placeArrList.add(parr);
                placeArrangeMap.put("placeArrangeMap_4_"+i,
                    placeArrList);
            }else{
                @SuppressWarnings("unchecked")
                List<PlaceArrangement> placeArrList =
                    (List<PlaceArrangement>)placeArrangeMap.get
                    ("placeArrangeMap_5_"+i);
                placeArrList.add(parr);
                placeArrangeMap.put("placeArrangeMap_5_"+i,
                    placeArrList);
            }
            i++;
        }
        //第四天
        else if(df.format(scheduleTime).equals(day4) &&
            scheduleArea.equals(iterator.next().getCode())){
            if(hour < 12){
                @SuppressWarnings("unchecked")
                List<PlaceArrangement> placeArrList =
                    (List<PlaceArrangement>)placeArrangeMap.get
                    ("placeArrangeMap_6_"+i);
                placeArrList.add(parr);
                placeArrangeMap.put("placeArrangeMap_6_"+i,
                    placeArrList);
            }else{
                @SuppressWarnings("unchecked")
                List<PlaceArrangement> placeArrList =
                    (List<PlaceArrangement>)placeArrangeMap.get
                    ("placeArrangeMap_7_"+i);
                placeArrList.add(parr);
                placeArrangeMap.put("placeArrangeMap_7_"+i,
                    placeArrList);
            }
            i++;
        }
        //第五天
        else if(df.format(scheduleTime).equals(day5) &&
            scheduleArea.equals(iterator.next().getCode())){
            if(hour < 12){
                @SuppressWarnings("unchecked")
                List<PlaceArrangement> placeArrList =
                    (List<PlaceArrangement>)placeArrangeMap.get
                    ("placeArrangeMap_8_"+i);
                placeArrList.add(parr);
                placeArrangeMap.put("placeArrangeMap_8_"+i,
```

```
                placeArrList);
        }else{
            @SuppressWarnings("unchecked")
            List<PlaceArrangement> placeArrList =
                (List<PlaceArrangement>)placeArrangeMap.get
                ("placeArrangeMap_9_"+i);
            placeArrList.add(parr);
            placeArrangeMap.put("placeArrangeMap_9_"+i,
                placeArrList);
        }
        i++;
    }
    //第六天
    else if(df.format(scheduleTime).equals(day6) &&
        scheduleArea.equals(iterator.next().getCode())){
        if(hour < 12){
            @SuppressWarnings("unchecked")
            List<PlaceArrangement> placeArrList =
                (List<PlaceArrangement>)placeArrangeMap.get
                ("placeArrangeMap_10_"+i);
            placeArrList.add(parr);
            placeArrangeMap.put("placeArrangeMap_10_"+i,
                placeArrList);
        }else{
            @SuppressWarnings("unchecked")
            List<PlaceArrangement> placeArrList =
                (List<PlaceArrangement>)placeArrangeMap.get
                ("placeArrangeMap_11_"+i);
            placeArrList.add(parr);
            placeArrangeMap.put("placeArrangeMap_11_"+i,
                placeArrList);
        }
        i++;
    }
    //第七天
    else if(df.format(scheduleTime).equals(day7) &&
        scheduleArea.equals(iterator.next().getCode())){
        if(hour < 12){
            @SuppressWarnings("unchecked")
            List<PlaceArrangement> placeArrList =
                (List<PlaceArrangement>)placeArrangeMap.get
                ("placeArrangeMap_12_"+i);
            placeArrList.add(parr);
            placeArrangeMap.put("placeArrangeMap_12_"+i,
                placeArrList);
        }else{
            @SuppressWarnings("unchecked")
            List<PlaceArrangement> placeArrList =
                (List<PlaceArrangement>)placeArrangeMap.get
                ("placeArrangeMap_13_"+i);
            placeArrList.add(parr);
```

```
                    placeArrangeMap.put("placeArrangeMap_13_"+i,
                        placeArrList);
                }
                i++;
            }
            else{
                iterator.next();
            }
        }
    }
    model.addAttribute("placeArrangeMap", placeArrangeMap);
}

return "tmodules/tra/placeApplyForm";
}
/**
 * 申请场地
 * @param placeArrangement
 * @param model
 * @param redirectAttributes
 * @return
 */
@RequiresPermissions("tra:placeArrangement:edit")
@RequestMapping(value = "applySave")
public String applySave(PlaceArrangement placeArrangement, Model model,
                RedirectAttributes redirectAttributes) {
 PlaceArrangement pArr = placeArrangementService.fetch
                (placeArrangement);
 SimpleDateFormat df=new SimpleDateFormat("yyyy-MM-dd");
 if (null != pArr){
     pArr.setScheduleRoom(placeArrangement.getScheduleRoom());
     pArr.setScheduleTime(placeArrangement.getScheduleTime());
     addMessage(redirectAttributes, "重新请成功");

     placeArrangementService.save(pArr);
     return "redirect:"+adminPath+"/tra/placeArrangement/applyForm?
         register.id="+placeArrangement.getRegister().getId()+"&nextDate="
         +df.format(placeArrangement.getNextDate());
 }
 placeArrangementService.save(placeArrangement);
    addMessage(redirectAttributes, "场地申请成功");
    return "redirect:"+adminPath+"/tra/placeArrangement/applyForm?
         register.id="+placeArrangement.getRegister().getId()+
         "&nextDate="+df.format(placeArrangement.getNextDate());
}

/**
 * 关闭开标室
 * @param placeArrangement
 * @param model
 * @param redirectAttributes
```

```
 * @return
 */
@RequiresPermissions("tra:placeArrangement:edit")
@RequestMapping(value = "cancelSave")
public String cancelSave(PlaceArrangement placeArrangement, Model model,
        RedirectAttributes redirectAttributes) {
 SimpleDateFormat df=new SimpleDateFormat("yyyy-MM-dd");
 placeArrangementService.save(placeArrangement);
    addMessage(redirectAttributes, "开标室休息成功");
    return "redirect:"+adminPath+"/tra/placeArrangement/form?
        nextDate="+df.format(placeArrangement.getNextDate());
}
/**
 * 恢复开标室
 * @param placeArrangement
 * @param model
 * @param redirectAttributes
 * @return
 */
@RequiresPermissions("tra:placeArrangement:edit")
@RequestMapping(value = "recoverSave")
public String recoverSave(PlaceArrangement placeArrangement,
     Model model, RedirectAttributes redirectAttributes) {
 SimpleDateFormat df=new SimpleDateFormat("yyyy-MM-dd");
 placeArrangementService.delete(placeArrangement);
    addMessage(redirectAttributes, "开标室恢复成功");
    return "redirect:"+adminPath+"/tra/placeArrangement/form?
        nextDate="+df.format(placeArrangement.getNextDate());
}
//保存场地安排，跳转到日历安排页面
@RequiresPermissions("tra:placeArrangement:edit")
@RequestMapping(value = "save")
public String save(PlaceArrangement placeArrangement, Model model,
        RedirectAttributes redirectAttributes) {
    if (!beanValidator(model, placeArrangement)){
        return form(placeArrangement, model);
    }
    SimpleDateFormat df=new SimpleDateFormat("yyyy-MM-dd");
    addMessage(redirectAttributes, "保存场地安排成功");
    return "redirect:"+adminPath+"/tra/placeArrangement/form?
        nextDate="+df.format(placeArrangement.getNextDate());
}
//保存场地安排，跳转到场地安排列表页中
@RequiresPermissions("tra:placeArrangement:edit")
@RequestMapping(value = "arrangeSave")
public String arrangeSave(PlaceArrangement placeArrangement,
        Model model, RedirectAttributes redirectAttributes) {
    if (!beanValidator(model, placeArrangement)){
        return form(placeArrangement, model);
    }
    addMessage(redirectAttributes, "保存场地安排成功");
```

```
        return "redirect:"+adminPath+"/tra/placeArrangement/list";
    }
    //删除场地安排
    @RequiresPermissions("tra:placeArrangement:edit")
    @RequestMapping(value = "delete")
    public String delete(PlaceArrangement placeArrangement,
            RedirectAttributes redirectAttributes) {
        placeArrangementService.delete(placeArrangement);
        addMessage(redirectAttributes, "删除场地安排成功");
        return "redirect:"+adminPath+"/tra/projectRegister/
            listPlaceArrangement?repage";
    }

    /**
     * 除去周六、周日
     * @param date
     * @return
     */
    private long exceptWeekend(long now){
     Date date = new Date(now);
     Calendar calendar=Calendar.getInstance();
        calendar.setTime(date);
        long dayType = 24 * 60 * 60 * 1000;
        if((calendar.get(Calendar.DAY_OF_WEEK)-1) == 0){
         date = new Date(date.getTime() +dayType);
        }
        if((calendar.get(Calendar.DAY_OF_WEEK)-1) == 6){
         date = new Date(date.getTime() +2*dayType);
        }
        return date.getTime();
    }

}
//排序规则类
class AreaComparator implements Comparator<Area>{
    @Override  //方法重写标志
    public int compare(Area o1, Area o2) {
        return o1.getCode().compareTo(o2.getCode());
    }
}
```

以上代码主要实现了对各个页面的访问入口，每一个方法都对应一个 URL 请求，不同的请求访问不同的方法，进行不同的动作。

服务层 PlaceArrangementService.java 代码如下。

```
/**
 * PlaceArrangementService -- 场地安排 Service
 * @author zhangjh
 * @version 2015-4-13 17:38:14
 */
@Service
@Transactional(readOnly = true)
```

```
/*此处注意，所有的服务层代码都需要继承 CrudService，因为 CrudService 对增、删、改、
  查的方法已经实现了，可以直接通过 super 关键字调用*/
public class PlaceArrangementService extends CrudService<PlaceArrangementDao,
        PlaceArrangement> {
    //查找一个场地安排对象
    public PlaceArrangement fetch(PlaceArrangement placeArrangement) {
        return dao.fetch(placeArrangement);
    }
    //查找符合条件的场地安排集合，在 placeArrangement 对象中定义筛选条件
    public List<PlaceArrangement> findList(PlaceArrangement
         placeArrangement) {
        return super.findList(placeArrangement);
    }
    //查找符合条件的带分页功能的场地安排集合
    public Page<PlaceArrangement> findPage(Page<PlaceArrangement> page,
         PlaceArrangement placeArrangement) {
        return super.findPage(page, placeArrangement);
    }
    //保存
    @Transactional(readOnly = false)
    public void save(PlaceArrangement placeArrangement) {
        super.save(placeArrangement);
    }
    //修改
    @Transactional(readOnly = false)
    public void delete(PlaceArrangement placeArrangement) {
        super.delete(placeArrangement);
    }
      //查找符合条件的带分页功能的场地安排集合
    public Page<ProjectRegister> findALLPage(Page<ProjectRegister> page,
            ProjectRegister projectRegister) {
        projectRegister.setPage(page);
        List<ProjectRegister> projectRegisterList = dao.findAllBidList
            (projectRegister);
        page.setList(projectRegisterList);
        return page;
    }
}
```

以上代码主要用来调用持久层的数据库操作方法，组合成相应的服务方法，为控制层提供数据获取、存储、删除等服务。

持久层 PlaceArrangementDao.java 代码如下。

```
/**
 * PlaceArrangementDAO 接口 --  场地安排 DAO
 * @author zhangjh
 * @version 2015-4-13 17:38:14
 */
@MyBatisDao
/*此处注意要继承 CrudDao，在 CrudDao 中已经写了增、删、改、查的接口方法，此处无需再写，
  只需添加自己新定义的方法*/
```

```
public interface PlaceArrangementDao extends CrudDao<PlaceArrangement> {
    /**
     * 获取单条数据
     * @param PlaceArrangement
     * @return
     */
    public PlaceArrangement fetch(PlaceArrangement placeArrangement);

    /**
     * 获取场地安排列表
     * @param placeArrangement
     * @return
     */
     public List<ProjectRegister> findAllBidList(ProjectRegister
         projectRegister);
}
```

以上代码主要是提供数据库增、删、改、查功能的接口，其中的方法会在 MyBatis 映射文件中一一对应，实现 SQL 语句操作。

实体类层就是 JavaBean 代码，这里不再列出代码。

### 16.4.4 MyBatis 映射文件修改

场地安排的 MyBatis 映射文件如下。

```
<?xml version="1.0" encoding="UTF-8" ?>
<!DOCTYPE mapper PUBLIC "-//mybatis.org//DTD Mapper 3.0//EN"
        "http://mybatis.org/dtd/mybatis-3-mapper.dtd">
<mapper namespace="com.tdfy.modules.tra.dao.PlaceArrangementDao">

    <sql id="placeArrangementColumns">
                a.id AS "id",
                a.register_id AS "register.id",
                a.schedule_time AS "scheduleTime",
                a.schedule_room AS "scheduleRoom",
                a.schedule_ramark AS "scheduleRamark",
                a.plan_time AS "planTime",
                a.plan_room AS "planRoom.id",
                a.create_by AS "createBy.id",
                a.create_date AS "createDate",
                a.update_by AS "updateBy.id",
                a.update_date AS "updateDate",
                a.states AS "states",
                a.check_by AS "checkBy.id",
                a.check_date AS "checkDate",
                a.check_remark AS "checkRemark",
                a.del_flag AS "delFlag"
                ,tpr.pro_name AS "register.proName"
                ,tpr.pro_code AS "register.proCode"
                ,dbr.name AS "planRoom.name"
                ,sar.name AS "scheduleArea.name"
     </sql>
```

```
<sql id="placeArrangementJoins">
    left join sys_area sar on a.schedule_room = sar.code
    left join dic_bidding_room dbr on a.plan_room = dbr.id
    left join tra_project_register tpr on a.register_id = tpr.id
    left join sys_user suc on a.create_by = suc.id
    left join sys_user suu on a.update_by = suu.id
    left join sys_user sucy on a.check_by = sucy.id
    left join sys_office soo on suc.office_id = soo.id
    left join sys_office soc on suc.company_id = soc.id
</sql>

<select id="get" resultType="PlaceArrangement">
    SELECT
        <include refid="placeArrangementColumns"/>
    FROM tra_place_arrangement a
        <include refid="placeArrangementJoins"/>
    WHERE a.id = #{id}
</select>

<select id="fetch" resultType="PlaceArrangement">
    SELECT
        <include refid="placeArrangementColumns"/>
    FROM tra_place_arrangement a
        <include refid="placeArrangementJoins"/>
    <where>
        <if test="id != null and id != ''">
            AND a.id = #{id}
        </if>
        <if test="register !=null and register.id != null and register.id != ''">
            AND a.register_id = #{register.id}
        </if>
    </where>

</select>

<select id="findList" resultType="PlaceArrangement">
    SELECT
        <include refid="placeArrangementColumns"/>
    FROM tra_place_arrangement a
        <include refid="placeArrangementJoins"/>
    <where>
        a.del_flag = #{DEL_FLAG_NORMAL}
        <if test="nextDate != null">
            AND ((a.schedule_time between DATE_ADD(#{nextDate},
                INTERVAL -14 DAY) and DATE_ADD(#{nextDate},INTERVAL 14
                DAY)) or (a.plan_time between DATE_ADD
                (#{nextDate},INTERVAL -14 DAY) and
                DATE_ADD(#{nextDate},INTERVAL 14 DAY)))
        </if>
```

```
            <if test="register != null and register.proCode != null and
                    register.proCode != ''">
                AND tpr.pro_code = #{register.proCode}
            </if>
            <if test="register != null and register.proName != null and
                    register.proName != ''">
                AND tpr.pro_name like CONCAT('%',#{register.proName}, '%')
            </if>
            <if test="register != null and register.id != null and
                    register.id != ''">
                AND tpr.id = #{register.id}
            </if>
            <if test="sqlWhere != null and sqlWhere != ''">
                AND tpr.id is not null
            </if>
        </where>
        <choose>
            <when test="page !=null and page.orderBy != null and
                    page.orderBy != ''">
                ORDER BY ${page.orderBy}
            </when>
            <otherwise>
                ORDER BY a.update_date DESC
            </otherwise>
        </choose>
    </select>

    <select id="findAllList" resultType="PlaceArrangement">
SELECT
            <include refid="placeArrangementColumns"/>
        FROM tra_place_arrangement a
            <include refid="placeArrangementJoins"/>
        <where>
            a.del_flag = #{DEL_FLAG_NORMAL}
        </where>
        <choose>
            <when test="page !=null and page.orderBy != null and
                    page.orderBy != ''">
                ORDER BY ${page.orderBy}
            </when>
            <otherwise>
                ORDER BY a.update_date DESC
            </otherwise>
        </choose>
    </select>
    <resultMap id="projectPlaceArrangeMap" type="com.tdfy.modules.
                tra.entity.ProjectRegister">
        <id property="id" column="id" />
        <result property="proName" column="pro_name" />
```

```
    <result property="proCode" column="pro_code" />
    <result property = "engCategory.name" column = "deca.name" />
    <result property = "proUnits" column = "pro_units" />
    <result property = "area.name" column = "sa.name" />
    <result property = "agents.name" column = "sof.name" />
    <collection property="placeArrangements" column="id" ofType=
            "com.tdfy.modules.tra.entity.PlaceArrangement"
            select="listPlaceArrangement"/>
</resultMap>
<select id="findAllBidList" resultMap="projectPlaceArrangeMap">
    SELECT
    a.id AS "id",
    a.pro_name AS "proName",
    a.pro_code AS "proCode",
    a.pro_units AS "proUnits"
    ,sa.name AS "area.name"
    ,sof.name AS "agents.name"
    ,deca.name AS "engCategory.name"
    FROM tra_project_register a
    left join sys_office sof on sof.id = a.agents_id
    left join sys_area sa on sa.id = a.area_id
    left join dic_eng_category deca on deca.id = a.eng_category_id
    WHERE a.del_flag = #{DEL_FLAG_NORMAL}
    <if test="proCode != null and proCode != ''">
        AND a.pro_code = #{proCode}
    </if>
    <if test="proName != null and proName != ''">
        AND a.pro_name like CONCAT('%',#{proName}, '%')
    </if>
    <choose>
        <when test="page !=null and page.orderBy != null and page.orderBy != ''">
            ORDER BY ${page.orderBy}
        </when>
        <otherwise>
            ORDER BY a.update_date DESC
        </otherwise>
    </choose>
</select>
<select id="listPlaceArrangement"  parameterType="java.lang.String"
            resultType="com.tdfy.modules.tra.entity.PlaceArrangement">
    SELECT
            a.id AS "id",
            a.schedule_time AS "scheduleTime",
            a.schedule_room AS "scheduleRoom",
            a.schedule_ramark AS "scheduleRamark",
            a.plan_time AS "planTime",
            a.plan_room AS "planRoom.id",
            a.create_by AS "createBy.id",
            a.create_date AS "createDate",
```

```
                a.update_by AS "updateBy.id",
                a.update_date AS "updateDate",
                a.states AS "states",
                a.check_by AS "checkBy.id",
                a.check_date AS "checkDate",
                a.check_remark AS "checkRemark",
                a.del_flag AS "delFlag"
                ,dbr.name AS "planRoom.name"
                ,sar.name AS "scheduleArea.name"
        FROM tra_place_arrangement a
            left join dic_bidding_room dbr on a.plan_room = dbr.id
            left join sys_area sar on a.schedule_room = sar.code
        <where>
            a.del_flag = '0'
            AND a.register_id = #{register_id}

        </where>
    </select>

    <insert id="insert">
        INSERT INTO tra_place_arrangement(
                id,
                register_id,
                schedule_time,
                schedule_room,
                schedule_ramark,
                plan_time,
                plan_room,
                create_by,
                create_date,
                update_by,
                update_date,
                states,
                check_by,
                check_date,
                check_remark,
                del_flag
        ) VALUES (
                #{id},
                #{register.id},
                #{scheduleTime},
                #{scheduleRoom},
                #{scheduleRamark},
                #{planTime},
                #{planRoom.id},
                #{createBy.id},
                #{createDate},
                #{updateBy.id},
                #{updateDate},
```

```
                #{states},
                #{checkBy.id},
                #{checkDate},
                #{checkRemark},
                #{delFlag}
        )
    </insert>

    <update id="update">
        UPDATE tra_place_arrangement SET
                id = #{id},
                register_id = #{register.id},
                schedule_time = #{scheduleTime},
                schedule_room = #{scheduleRoom},
                schedule_ramark = #{scheduleRamark},
                plan_time = #{planTime},
                plan_room = #{planRoom.id},
                create_by = #{createBy.id},
                create_date = #{createDate},
                update_by = #{updateBy.id},
                update_date = #{updateDate},
                states = #{states},
                check_by = #{checkBy.id},
                check_date = #{checkDate},
                check_remark = #{checkRemark},
                del_flag = #{delFlag}
        WHERE id = #{id}
    </update>

    <update id="delete">
```

通过以上代码，MyBatis 会自动将其翻译成可执行的 SQL 语句并执行，在 Debug 模式下，修改其中的代码，会自动重新部署这个文件，不用重启服务器，调试也方便不少。

## 16.4.5 WebApp 展示层代码修改

这里主要看一个具有代表性的 JSP 文件场地安排列表页面，placeArrangementList.jsp 的代码如下。

```
<%@ page contentType="text/html;charset=UTF-8" %>
<%@ include file="/WEB-INF/views/include/taglib.jsp"%>
<!--上面代码主要用于在此页面中导入 taglib.jsp，此时这个页面就可以使用 fns、fn、
c 等 tag 标签来获取 application 或 session 中的信息，并进行页面展示-->
<html>
<head>
    <title>场地预约管理</title>
    <meta name="decorator" content="default"/>
    <%@include file="/WEB-INF/views/include/treetable.jsp" %>
    <script type="text/javascript">
      //页面加载时会运行这个方法中的内容
      $(document).ready(function() {

      });
```

```
        //此方法会在页面单击下一页等功能按钮时触发，进行翻页动作
        function page(n,s){
            $("#pageNo").val(n);
            $("#pageSize").val(s);
            $("#searchForm").submit();
        return false;
        }
    </script>
</head>
<body>
    <ul class="nav nav-tabs">
        <li class="active"><a href="${ctx}/tra/projectRegister/
                listPlaceArrangement">场地预约列表</a></li>
    </ul>
    <form:form id="searchForm" modelAttribute="projectRegister"
                action="${ctx}/tra/projectRegister/listPlaceArrangement"
                method="post" class="breadcrumb form-search">
        <input id="pageNo" name="pageNo" type="hidden"
                value="${page.pageNo}"/>
        <input id="pageSize" name="pageSize" type="hidden"
                value="${page.pageSize}"/>
        <ul class="ul-form">
            <li><label>项目编码：</label><form:input path="proCode"
                htmlEscape="false" maxlength="50" class="input-medium"/></li>
            <li><label>项目名称：</label><form:input path="proName"
                htmlEscape="false" maxlength="50" class="input-medium"/>
                </li>
            <li class="btns"><input id="btnSubmit" class="btn btn-primary"
                type="submit" value="查询"/>  <input id=
                "btnSubmit" class="btn btn-primary" type="button" value=
                "清空" onclick="return page_search_clear();"/></li>
            <li class="clearfix"></li>
        </ul>
    </form:form>
    <sys:message content="${message}"/>
    <table id="contentTable" class="table table-bordered table-hover
                table-condensed">
        <thead>
            <tr>
                <th style="width:130px;">项目编码</th>
                <th>项目名称</th>
                <th>所属市县</th>
                <th>行业类别</th>
                <th>代理机构</th>
                <th style="width:60px;">操作</th>
            </tr>
        </thead>
        <tbody>
            <c:forEach items="${page.list }" var="register">
            <tr>
                <td>${register.proCode }</td>
                <td>${register.proName }</td>
                <td>${register.area.name }</td>
                <td>${register.engCategory.name }</td>
```

```
                    <td>${register.agents.name }</td>
                    <td>
                        <c:if test="${register.placeArrangements.size() == 0 }">
                            <a href="${ctx}/tra/placeArrangement/applyForm?
                            register.id=${register.id}">场地预约</a>
                        </c:if>
                        <c:if test="${register.placeArrangements.size() > 0}">
                            <a href="${ctx}/tra/placeArrangement/applyForm?
                            register.id=${register.id}">查看</a>
                        </c:if>
                    </td>
                </tr>
                </c:forEach>
            </tbody>
        </table>
        <div class="pagination">${page}</div>
</body>
```

以上代码就是列表展示页面的 JSP 代码，通过 jstl 及自定义的 tag 标签即可轻松访问需要展示的数据。列表中常用的是 c:forEach 标签和 c:if 标签，通过这两个标签即可实现大多数逻辑的列表显示。

通过 form:form 标签可以建立表单，单击其中的 button 按钮后即可将要提交到服务器中的内容提交。

## 16.4.6　权限控制

本平台中主要使用 Apache Shiro 框架来控制权限，简单且易操作。在展示层页面中可以通过 shiro 标签控制某些功能是否展示，如以下代码片段所示。

```
<div class="form-actions">
        <shiro:hasPermission name="tra:placeArrangement:edit">
            <input id="btnSubmit" class="btn btn-primary" type="submit"
        z       value="保 存" /> </shiro:hasPermission>
        <input id="btnCancel" class="btn" type="button" value="返 回"
            onclick="history.go(-1)" />
</div>
```

在以上代码中，只有拥有 tra:placeArrangement:edit 权限的用户登录到这个页面时才可以看到“保存”按钮，无此权限的用户看不到该按钮。

在控制层代码中则通过在方法前添加权限注解来标志该功能的权限，只有获得该权限的用户才能访问该方法，否则会显示无权限访问。

举例：

```
@RequiresPermissions("tra:placeArrangement:edit")
@RequestMapping(value = "recoverSave")
public String recoverSave(PlaceArrangement placeArrangement, Model model,
        RedirectAttributes redirectAttributes) {
    SimpleDateFormat df=new SimpleDateFormat("yyyy-MM-dd");
    placeArrangementService.delete(placeArrangement);
   addMessage(redirectAttributes, "开标室恢复成功");
   return "redirect:"+adminPath+"/tra/placeArrangement/
        form?nextDate="+df.format(placeArrangement.getNextDate());
}
```

那么权限标志在哪里定义呢？

直接进入平台系统，选择“系统设置”，然后选择“菜单管理”，在此即添加权限标识，每个菜单可以对应多个权限标识，如图 16-17 所示。

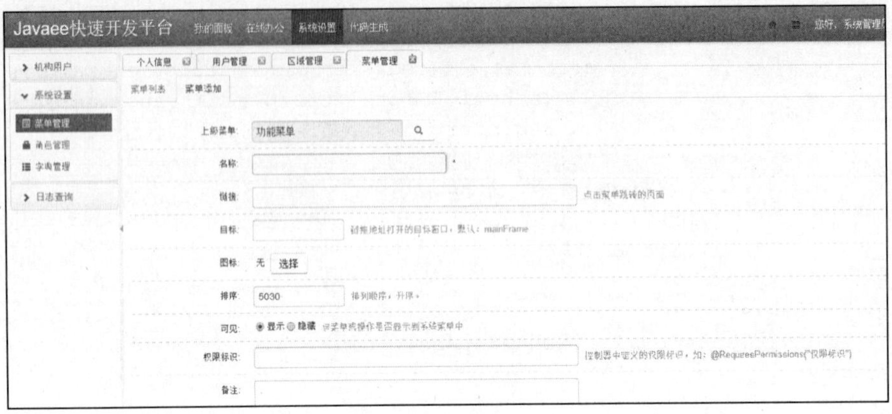


图 16-17　菜单设置

在“角色管理”中，可以通过角色授权，为角色提供相应的权限，如图 16-18 所示。

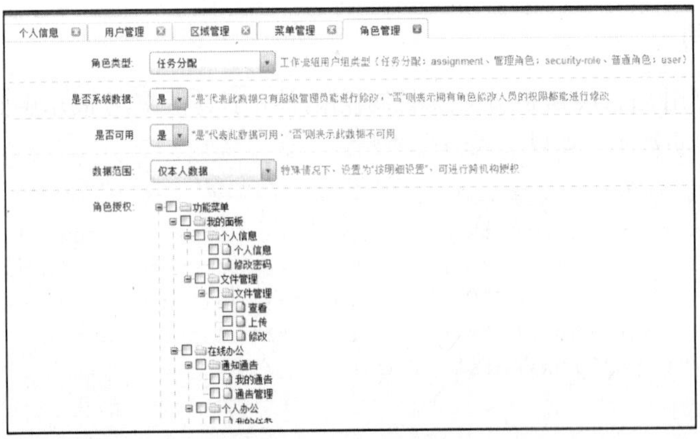


图 16-18　角色设置

一个用户可以设定多个角色，如图 16-19 所示。

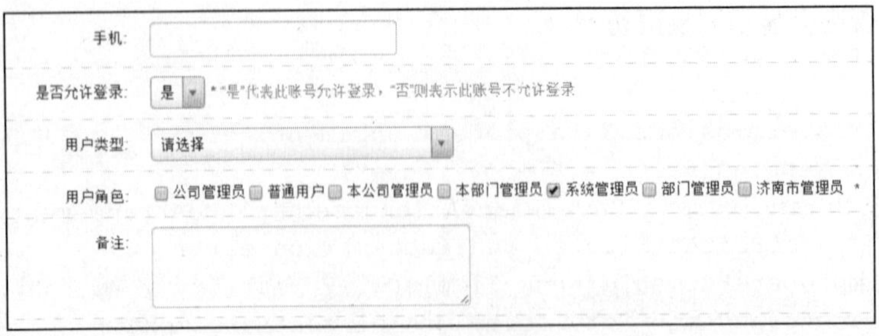


图 16-19　角色设置

这样，整个权限的设置和控制方法可以简单地实现，只需简单配置即可实现复杂的权限分配功能，节省了开发时间。

### 16.4.7 程序调试

当代码写好后需调试程序，调试的时候需要以 Debug 模式运行 Tomcat 服务器，将程序部署到服务器上并运行，如图 16-20 所示。

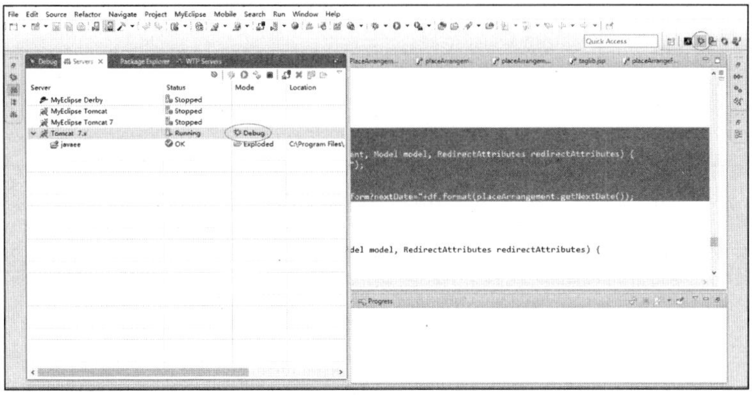

图 16-20 以 Debug 模式运行

运行期间可以在自己认为可能有问题的地方设定断点，当程序执行到断点处时会停下来，这时可以在控制台查看日志信息，或者在 Debug 菜单中查看变量的值，来判断程序是否执行正确，只要保证程序能运行，变量的值是正确的，程序调试即可完成。

调试过程中可以通过使用快捷键来控制程序在断点后如何运行，F5 代表 Step Into 单步执行程序，遇到方法时进入，F6 代表 Step Over 单步执行程序，遇到方法时跳过，F7 代表 Step Return 单步执行程序，从当前方法跳出，F8 将代码执行到下一个断点，如果没有断点，则将代码执行到程序的结束，如图 16-21 所示。

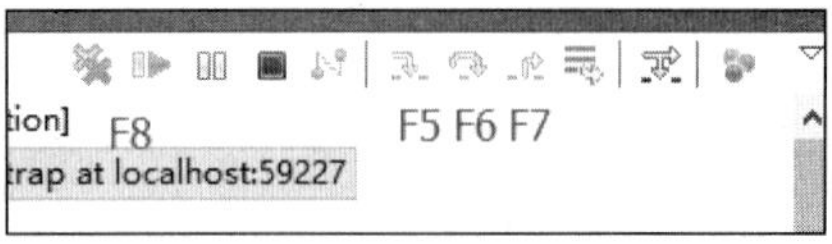


图 16-21 调试按钮

可以在 variables 窗口中查看某个断点处相关变量的值，如图 16-22 所示。

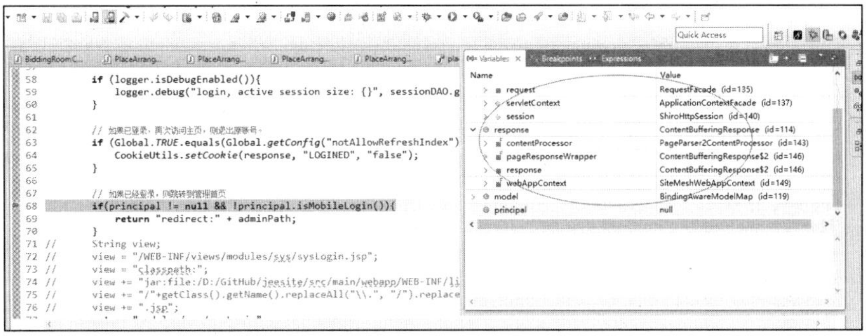

图 16-22 变量显示

通过以上方法进行反复调试即可实现应用开发的需求。

最终程序效果如下。

（1）代理机构可以在图 16-23 所示页面中预约开标的时间和地点。

（2）交易中心人员可以使用场地安排功能对招标代理机构申请的项目进行安排，也可以直接为某个项目安排开标室，如图 16-24 所示。

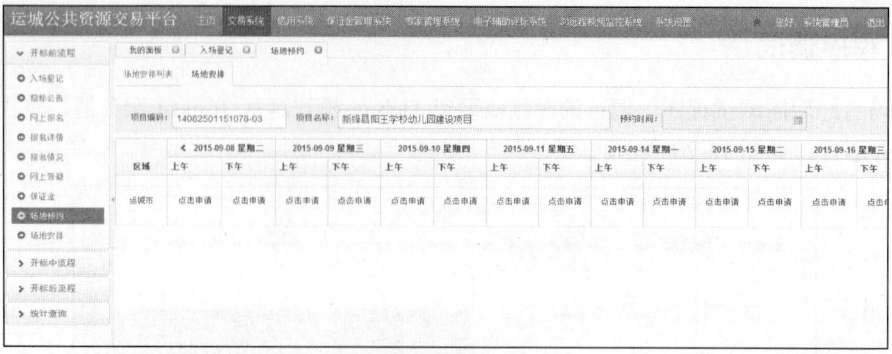

图 16-23　场地预约

图 16-24　场地安排

（3）在图 16-25 所示的页面中，交易中心人员可以在某些特殊情况下对某个开标室设置关闭，这样，招标代理机构人员就不能选择这个开标室进行预约，大大方便了在网上进行场地预约的流程，减少了不必要的沟通。

图 16-23　场地安排日历

至此，整个场地安排的功能已经开发完毕。

## 习题

请选择一个模块功能进行开发，看看自己能否实现。

# 参 考 文 献

[1] [美]高斯林（Gosling，J.）等编著. 陈宗斌，沈金河译. Java 编程规范. 北京：中国电力出版社，2006 年.

[2] [美]埃克尔. Java 编程思想. 北京：机械工业出版社，2014 年.

[3] 贾蓓，镇明敏，杜磊编著. Java Web 整合开发实战：基于 Struts 2+Hibernate+Spring. 北京：清华大学出版社，2013 年.

[4] 计文柯著. Spring 技术内幕（第 2 版）. 北京：机械工业出版社，2012 年.

# 反侵权盗版声明